铁路职业教育铁道部规划教材

（高　职）

电工电子技术基础

俎以宏　主　编

刘海燕　冯　燕　副主编

谢奕波　主　审

U0261391

中国铁道出版社有限公司

2020年·北京

内 容 简 介

　　本书系统介绍了直流电路的组成和相关定律,电容器和电磁现象、磁路,正弦交流电路、三相正弦交流电路和电机的相关知识,半导体元器件的原理和应用,基本放大电路的原理、分析方法及应用,集成运算放大电路及应用,数字电路基础知识,直流稳压电源的组成、工作原理、性能指标,最后介绍了晶闸管及由晶闸管组成的可控整流电路的原理及应用。本书注重从基础抓起,强调基本知识和基本技能的掌握。

　　本书主要对象是铁路高职、中专、技校学生,也可作为职工培训、函授学历教育教材。

图书在版编目（CIP）数据

电工电子技术基础 /俎以宏主编. —北京:中国铁道出版社,2007.8（2020.1重印）
铁路职业教育铁道部规划教材.高职
ISBN 978-7-113-08258-1

Ⅰ.电… Ⅱ.俎… Ⅲ.①电工技术-职业教育-教材②电子技术—职业教育—教材 Ⅳ.TM TN

中国版本图书馆 CIP 数据核字(2007) 第 134445 号

书　　名	电工电子技术基础
作　　者	俎以宏

责任编辑:赵静 阙济存　　电话:010-51873133　　电子信箱:td73133 @sina.com
封面设计:陈东山
责任印制:金洪泽

出版发行:中国铁道出版社有限公司
　地　　址:北京市西城区右安门西街 8 号　　邮政编码:100054
　网　　址:www. tdpress.com　　电子信箱:发行部 ywk@tdpress.com
　　　　　　　　　　　　　　　　　　总编办 zbb@tdpress.com
印　　刷:三河市宏盛印务有限公司
版　　次:2007 年 8 月第 1 版　　2020 年 1 月第 10 次印刷
开　　本:787 mm × 1092mm　1/16　印张:20.5　字数:511 千
书　　号:ISBN 978-7-113-08258-1
定　　价:52.00 元

前　言

本教材以《教育部关于加强高职高专教育人才培养工作的意见》（教高【2002】2号）精神为指导，以"必须、够用、实用、好用"为原则，根据高职高专教育的目的和要求，针对高职高专生源及在职职工的特点而编写。

本教材回避了繁杂和冗长的数学推导或计算过程，避免其掩盖重要的物理概念，对于基本概念和基本理论（定理或定律）的阐述以定性解释为主，定量计算为辅，易于学生掌握电工电子技术的重要概念和定理、定律。同时力求体现教学内容适宜、适度、通观全面、确定重点、重视实验、化难为易、层次分明的特点，也力求体现应用、实用、价值、实践的原则。

本教材包括电工学和电子学两部分内容，在章节上分为三篇，分别是电工部分、电子部分和实验部分，电工部分主要包括直流电路、电容器和电磁现象、磁路基本物理量、正弦交流电路、三相正弦交流电路、电机和实验等内容；电子部分主要包括半导体元件、三极管基本放大电路、集成运算放大器及其应用、数字电路基础、直流稳压电源、晶闸管电路和电子实验等内容。每章后配有适量的练习题，便于教学与学生自学。

本书由郑州铁路职业技术学院俎以宏任主编，负责全书内容的组织与定稿；刘海燕、冯燕任副主编天津铁道职业技术学院谢奕波主审。具体编写分工如下：第一章由俎以宏编写，第二章由陈林编写，第三章、第四章和实验一至实验九由高艳平编写，第五章由冯燕编写，第六章由常仁杰编写，第七章和第八章由曹冰编写，第九章由韦成杰编写，第十章、实验十和实验十一由吴昕编写，第十一章由刘海燕编写，实验十二至实验二十三由任全会编写。

由于编者水平有限，加之时间比较仓促，书中难免有疏漏和不妥之处，恳请读者指正。

编者
2007 年 8 月

目录

第一篇 电工部分

第1章 直流电路 ··· 1

1.1 电路的组成及基本物理量 ·· 1

1.2 电阻元件及欧姆定律 ··· 5

1.3 电路的三种状态 ·· 6

1.4 电路中各点电位的概念及计算 ······································ 8

1.5 基尔霍夫定律 ·· 9

1.6 电阻的串联、并联及混联 ··· 11

1.7 电压源与电流源及其等效变换 ······································ 13

1.8 支路电流法 ··· 17

1.9 节点电位法 ··· 19

1.10 电路基本定理 ·· 19

练习题 ··· 23

第2章 电容器和电磁现象、磁路基本物理量 ························ 28

2.1 电容器及其充、放电现象 ··· 28

2.2 电容器的并联与串联 ·· 32

2.3 磁场的基本物理量及基本定律 ······································ 35

2.4 铁磁物质的磁化 ··· 38

2.5 电磁感应定律 ··· 41

2.6 互感及互感电压 ··· 43

2.7 磁路及磁路定律 ··· 50

2.8 交变磁心下的铁芯损耗 ·· 52

2.9 电磁铁 ·· 54

练习题 ··· 55

第3章 正弦交流电路 ··· 58

3.1 正弦交流电的基本概念 ··· 58

3.2 正弦量的相量表示法 ·· 62

3.3 电阻、电感、电容元件伏安关系的相量形式 ···························· 64

3.4 基尔霍夫定律的相量形式 ··· 68

3.5 R、L、C 串联电路 ··· 69

3.6 正弦交流电路中的功率 ··· 73

3.7 功率因数的提高……………………………………………………………77

3.8 谐振电路…………………………………………………………………79

练习题………………………………………………………………………83

第4章 三相正弦交流电路……………………………………………………85

4.1 三相对称电源……………………………………………………………85

4.2 三相电源的连接…………………………………………………………86

4.3 三相负载的连接…………………………………………………………89

4.4 对称三相电路的计算……………………………………………………92

4.5 不对称三相电路的计算…………………………………………………95

4.6 三相电路的功率…………………………………………………………99

4.7 安全用电…………………………………………………………………102

练习题………………………………………………………………………108

第5章 电　　机……………………………………………………………111

5.1 直流电机的工作原理……………………………………………………111

5.2 直流电机的构造…………………………………………………………114

5.3 直流电机的励磁方式、铭牌数据和主要系列…………………………118

5.4 同步发电机的结构及工作原理…………………………………………120

5.5 三相异步电动机的结构…………………………………………………124

5.6 三相异步电动机的转动原理……………………………………………126

5.7 三相异步电动机的电磁转矩与机械特性………………………………130

5.8 三相异步电动机的起动、调速与制动…………………………………134

5.9 三相异步电动机的铭牌和技术数据……………………………………140

5.10 三相异步电动机的选择…………………………………………………143

5.11 单相异步电动机…………………………………………………………144

练习题………………………………………………………………………146

第二篇　电子技术部分

第6章 半导体元器件………………………………………………………148

6.1 半导体和 PN 结…………………………………………………………148

6.2 半导体二极管……………………………………………………………150

6.3 几种常见的特殊二极管…………………………………………………154

6.4 半导体三极管……………………………………………………………156

6.5 场效应管…………………………………………………………………161

6.6 单结晶体管………………………………………………………………164

6.7 晶闸管……………………………………………………………………166

练习题………………………………………………………………………170

第7章 三极管基本放大电路………………………………………………172

7.1 基本放大电路的概念及工作原理………………………………………172

7.2 微变等效电路分析法……………………………………………………175

7.3 放大电路静态工作点的稳定……………………………………………179

　　7.4　共集电极放大电路 ……………………………………………………… 183
　　7.5　多级放大电路 …………………………………………………………… 186
　　练习题 …………………………………………………………………………… 188
第 8 章　集成运算放大器及其应用 …………………………………………………… 189
　　8.1　差动放大电路 …………………………………………………………… 189
　　8.2　负反馈放大电路 ………………………………………………………… 192
　　8.3　集成运算放大器 ………………………………………………………… 197
　　8.4　集成运放的线性应用 …………………………………………………… 200
　　8.5　集成运放的非线性应用 ………………………………………………… 204
　　练习题 …………………………………………………………………………… 207
第 9 章　数字电路基础 ………………………………………………………………… 208
　　9.1　基础知识 ………………………………………………………………… 208
　　9.2　逻辑门运算 ……………………………………………………………… 211
　　9.3　组合逻辑电路的分析和设计 …………………………………………… 216
　　9.4　译码器 …………………………………………………………………… 218
　　9.5　时序逻辑电路 …………………………………………………………… 222
　　9.6　脉冲产生与脉冲转换电路 ……………………………………………… 235
　　练习题 …………………………………………………………………………… 239
第 10 章　直流稳压电源 ……………………………………………………………… 241
　　10.1　直流电源的组成 ………………………………………………………… 241
　　10.2　整流电路 ………………………………………………………………… 242
　　10.3　滤波电路 ………………………………………………………………… 245
　　10.4　稳压电路 ………………………………………………………………… 248
　　10.5　集成稳压电路和开关电源 ……………………………………………… 252
　　练习题 …………………………………………………………………………… 255
第 11 章　晶闸管电路 ………………………………………………………………… 257
　　11.1　可控整流电路 …………………………………………………………… 257
　　11.2　晶闸管的触发电路 ……………………………………………………… 259
　　练习题 …………………………………………………………………………… 261

第三篇　实　验

实验一　直流电路的认识实验 …………………………………………………………… 262
实验二　直流电阻、电压、电流的测量 ………………………………………………… 263
实验三　直流电路的故障检查 …………………………………………………………… 265
实验四　直流单、双臂电桥及兆欧表的使用 …………………………………………… 267
实验五　正弦交流电路的认识实验 ……………………………………………………… 269
实验六　示波器的使用 …………………………………………………………………… 272
实验七　日光灯电路及功率因数的提高 ………………………………………………… 274
实验八　单相电度表的认识实验 ………………………………………………………… 277
实验九　三相星形负载电路 ……………………………………………………………… 279

实验十　常用电子元器件的识别……………………………………………………… 281

实验十一　单管交流放大电路……………………………………………………… 287

实验十二　两级交流放大电路……………………………………………………… 290

实验十三　射极输出器……………………………………………………………… 291

实验十四　比例求和运算电路……………………………………………………… 294

实验十五　电压比较电路…………………………………………………………… 297

实验十六　门电路逻辑功能及测试………………………………………………… 298

实验十七　组合逻辑电路的设计和测试…………………………………………… 301

实验十八　触发器…………………………………………………………………… 304

实验十九　寄存器及其应用………………………………………………………… 306

实验二十　集成计数器……………………………………………………………… 308

实验二十一　555 时基电路………………………………………………………… 310

实验二十二　整流滤波与并联稳压电路…………………………………………… 313

实验二十三　晶闸管可控整流电路………………………………………………… 315

参考文献……………………………………………………………………………… 319

第一篇 电工部分

第1章

直流电路

1.1 电路的组成及基本物理量

1.1.1 电路和电路模型

1.电路

电路是为能够实现某种需要、由若干电工元器件按一定方式相互连接起来的组合。电气工程中会遇到各种各样的电路,有些比较简单,有些很复杂,通常把比较复杂的电路称为网络,电路与网络没有本质上的差异。

电路一般由电源(信号源)、负载和中间环节三部分组成,图1-1所示电路为手电筒电路模型。

电源(信号源)是将其他形式的能量或信号转换为电能或电信号的装置,例如发电机将机械能转换为电能,传感器将非电量信息转换为电信号等。

负载是电路中的各种用电设备,将电能转换为其他形式能量的装置,例如电动机将电能转换为机械能,扬声器将音频信号转换为声音等。

连接电源与负载之间的中间环节是为电流提供通路,起着传输电能和控制、保护电路的作用,它包括连接导线、控制电器和保护元件开关、熔断器等。

电路分为内电路和外电路。电源内部的电路称为内电路,电源以外的电路称为外电路。

电路的功能和作用有两大类:第一类功能是进行能量的转换、传输和分配;第二类功能是进行信号的传递和处理。如电视机可将接收到的信号,经过处理,转换成图像和声音;扩音机的输入是由声音转换而来的电信号,通过晶体管组成的放大电路,输出的便是放大了的电信号,从而实现了放大功能。

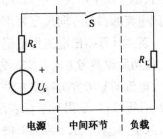

图1-1 手电筒电路模型

2.电路模型

由于组成电路的电气设备和器件种类繁多,即使是很简单的电气设备或器件,在工作时所发生的物理现象也是很复杂的,这给电路分析带来了很大困难。但是,这些复杂的物理现象都是由一些基本的物理现象综合而成,因此我们可以将电气设备或器件中的每一种基本物理性质用一个对应的理想元件来表示。

电路分析的直接对象并不是那些由实际的电工器件构成的电路,而是分析从实际电路抽象出来的电路模型。这些电路模型是由表示实际器件的基本物理性质的理想元件组成的。

基本的理想元件有：电阻、电容、电感、电压源和电流源等。

1.1.2 电路的基本物理量

1．电流

电荷在电场力作用下，做有规则的定向运动就是电流。我们把单位时间内通过导体横截面的电荷量定义为电流强度，用以衡量电流的大小。电流强度简称为电流，即

$$i = \frac{\mathrm{d}q}{\mathrm{d}t} \tag{1-1}$$

大小和方向随时间变化的电流称为交变电流，用小写字母 i 表示。有的电流其大小和方向不随时间变化，这种电流称为恒定电流，简称直流，用大写字母 I 表示。

$$I = \frac{Q}{t} \tag{1-2}$$

电流的单位是 A（安）。若在 1 s 内通过导体横截面的电荷量是 1 C，则电流就是 1 A。常用的电流单位还有 kA（千安）、mA（毫安）、μA（微安）、nA（纳安），它们之间的换算关系是：

$$1\,\mathrm{kA} = 10^3\,\mathrm{A}, 1\,\mathrm{mA} = 10^{-3}\,\mathrm{A}, 1\,\mu\mathrm{A} = 10^{-6}\,\mathrm{A}, 1\,\mathrm{nA} = 10^{-9}\,\mathrm{A}$$

分析电路时，除了要计算电流的大小外，同时还要确定它的方向，习惯上把正电荷运动的方向（或负电荷运动的相反方向）作为电流的方向，这种方向称为电流的实际方向，简称电流的方向。

电流的实际方向，在简单情况下是可以直接确定的。如在简单的电路中，我们可以从电源给定的正负极性判断出电流的方向。但在实际问题中，往往难以凭直观判断电流的实际方向。如在交流电路中，电流的方向随时间交变，根本无法用一固定的箭头标出它的实际方向。另外，即使在直流电路中，当求解复杂电路时，也难以事先判断出电流的实际方向。因此，为了解决这一困难，我们引用参考方向这个概念。

当不知道电流的实际方向时，先任意选取一个方向作为电流的方向并标注在电路图上。然后，就按这个假设的电流方向对电路进行分析计算，这个任意选取的方向就称为参考方向。并把电流的参考方向规定为正电荷运动的方向。

若经计算得出电流为正值，说明所设参考方向与实际方向一致；若经计算得出电流为负值，说明所设参考方向与实际方向相反。

电流的参考方向标注方法有两种，一是在电路中，画一个实线箭头，并标出电流名称，如图 1-2（a）所示；二是用双下标表示，如图 1-2（b）所示，其中，I_{ab} 表示从 a 流向 b 的电流。

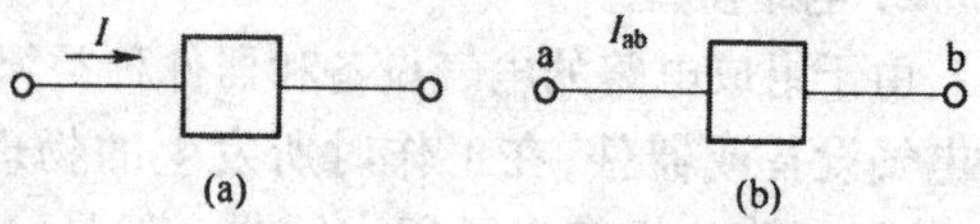

电路中电流的大小，可用电流表进行测量，在测量时，把电流表串接在被测电路中。

用电流表测量电流时要注意以下问题。

图 1-2 电流参考方向的标注方法

（1）粗略估计电路中电流的大小，以便选择电流表的测量范围。如确定不了，需把电流表量程选为最大挡位进行测量，然后逐步缩小测量范围。

(2)测量电流时,如发现表针猛打到头,要立即断开电源,检查原因,以免损坏电流表。

2. 电压

衡量电场力做功本领大小的物理量称为电压。在电路中,我们把电场力将单位正电荷从a 点移到 b 点所做的功定义为 a、b 两点间的电压。用 u_{ab} 表示,即

$$u_{ab} = \frac{\mathrm{d}w_{ab}}{\mathrm{d}q} \tag{1-3}$$

规定:电场力移动正电荷的方向为电压的实际方向。

$$U_{ab} = \frac{W}{Q} \tag{1-4}$$

电压的单位为 V(伏)。如果电场力把 1C 电量从点 A 移到点 B 所做的功是 1J,则 a,b 两点间的电压就是 1V。常用的电压单位还有 kV(千伏)、mV(毫伏)、μV(微伏),它们的换算关系为

$$1\,\mathrm{kV} = 10^3\,\mathrm{V}, 1\,\mathrm{mV} = 10^{-3}\,\mathrm{V}, 1\,\mu\mathrm{V} = 10^{-6}\,\mathrm{V}$$

电压和电流一样,不但有大小而且有方向,电压的正方向规定为从高电位点指向低电位点。电路中任意两点之间的电压大小,可用电压表进行测量,测量时把电压表并联在被测电路中。

在复杂的电路中,电压的实际方向也是很难判定的。因此,和对待电流一样,在所研究的电路两点之间任意选定一个方向作为电压的"参考方向",在假设的电压参考方向下,若经计算得出电压为正值,说明所设参考方向与实际方向一致;若经计算得出电压为负值,说明所设参考方向与实际方向相反。

两点间电压的标法可以用箭头表示,也可以用"+"、"−"极性表示,还可以用双下标表示,如 u_{ab} 表示电压的参考方向由 a 指向 b,如图1-3 所示。

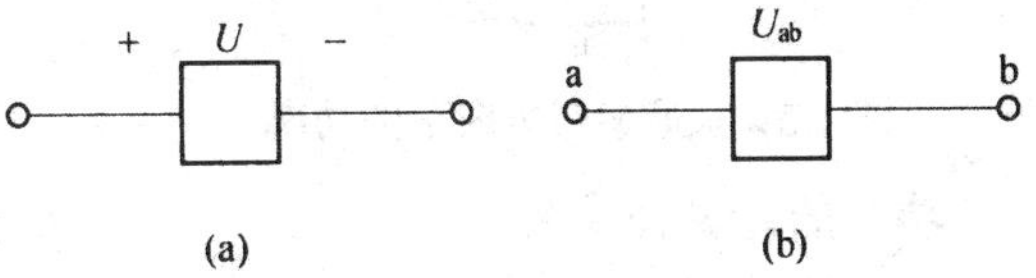

图 1-3　电压参考方向的标注方法

对一个元件或一段电路上的电压参考方向和电流参考方向可以独立地任意选定。若电压和电流的参考方向相同,则把电压和电流的这种参考方向称为关联参考方向,如图 1-4 所示。

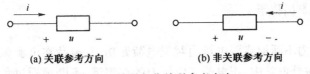

(a) 关联参考方向　　　　　　(b) 非关联参考方向

图 1-4　关联和非关联参考方向

3. 电动势

要使电路中有持续不断的电流,就必须保证电路中有一定的电位差存在,而维持这种电位差依靠的是电源。在电源内部存在着电源力,电源力克服电场力把单位正电荷由低电位移到高电位所做的功,叫做电源电动势。

电动势的单位与电压单位相同,也是 V(伏),如果电源力把 1C 的电量从低电位移到高电位所做的功是 1J,则电动势就等于 1V。

电动势的正方向规定由负极指向正极。

电动势与电压的定义类似,但是两者是有区别的。首先,电动势与电压具有不同的物理意义。电动势表示非电场力(外力)做功的本领,而电压则表示电场力做功的本领。其次,电动势与电压的方向不同。电动势是由低电位指向高电位,即电位升的方向,而电压是由高电位指向低电位,即电压降的方向。再次,电动势仅存于电源内部,而电压不仅存在于电源两端,而且也存在于电源外部。

通常规定电动势的实际方向是由电源的负极指向电源的正极。同电流和电压一样,在电路中所标出的电动势的方向也是它的参考方向。

4．电功率和电能

(1)电功率

电功率是电路分析中常用到的一个物理量。单位时间内电路吸收或发出电能的速率称为该电路的电功率,简称功率,用 p 或 P 表示。习惯上,都把吸收或发出电能说成是吸收或发出功率。功率的单位是 W(瓦),常用的单位还有 kW(千瓦)、mW(毫瓦)。

任选一段电路,如图 1-5 所示。

电压和电流选为关联参考方向,在这样的参考方向下,可以认为正电荷由高电位端移向低电位端,电场力做功,电路吸收功率。其值为

$$p = \frac{\mathrm{d}w}{\mathrm{d}t} = \frac{\mathrm{d}w}{\mathrm{d}q} \times \frac{\mathrm{d}q}{\mathrm{d}t} = ui \tag{1-5}$$

在直流情况下 $\qquad\qquad\qquad P = UI \tag{1-6}$

若电压和电流选为非关联参考方向,如图 1-6 所示。

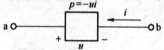

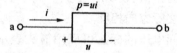

图 1-5　关联参考方向下的功率　　　　图 1-6　非关联参考方向下的功率

功率的计算公式为 $\qquad\qquad\qquad p = -ui \tag{1-7}$

在直流情况下 $\qquad\qquad\qquad P = -UI \tag{1-8}$

总之,在计算功率时,首先,应根据电压和电流的参考方向是否关联,选用相应的计算公式,再代入相应的电压、电流值,u、i 可以为正,也可以为负,但无论 u、i 的正、负如何,无论选用哪一个计算公式,若算得电路的功率为正值,则表示电路在吸收功率;若算得电路的功率为负值,则表示电路在发出功率。

(2)电能

在电源内部,外力不断地克服电场力对正电荷做功,正电荷在电源内部获得了能量,把非电能转换成电能。在外电路中,正电荷在电场力的作用下,不断地通过负载放出能量,把电能转换成为其他形态的能。由此可见,在电路中,电荷只是一种转换和传输能量的媒介物,电荷本身并不产生或消耗任何能量。通常所说的用电,就是指取用电荷所携带的能量而言。

在 t_0 到 t_1 的一段时间内,电路消耗的电能为

$$w = \int_{t_0}^{t_1} p \mathrm{d}t = \int_{t_0}^{t_1} ui \mathrm{d}t \tag{1-9}$$

在直流电路中,电压、电流和功率均为恒定值,则

$$W = P(t - t_0) = UI(t - t_0) \tag{1-10}$$

当选择 $t_0=0$ 时,上式为

$$W = Pt = UIt \tag{1-11}$$

在国际单位制中(SI),电能的单位是 J(焦),它表示功率为 1 W 的用电设备在 1 s 时间内所消耗的电能。实际应用中,供电部门是按度来收取电费的,功率为 1 kW 的用电器工作 1 h,所消耗的电能即为 1kW·h(千瓦时),或称 1 度电,所以

$$1\,度电 = 1\,\text{kW·h} = 1\,000\,\text{W} \times 3\,600\,\text{s} = 3.6 \times 10^6\,\text{J}$$

1.2 电阻元件及欧姆定律

1.2.1 电阻

导体对电流阻碍作用称为电阻,单位为 Ω(欧)。若导体两端所加的电压为 1 V,通过的电流为 1 A,那么该导体的电阻就是 1Ω。常用的电阻单位还有 kΩ(千欧)、MΩ(兆欧),它们之间的换算关系为

$$1\,\text{MΩ} = 10^3\,\text{kΩ} = 10^6\,\text{Ω}, 1\,\text{kΩ} = 10^3\,\text{Ω}$$

金属导体的电阻大小与几何尺寸及材料性质有关。实验证明,导体的电阻跟导体的长度、导体的电阻率成正比,跟导体的横截面积成反比。用公式表示为

$$R = \rho \frac{L}{S} \tag{1-12}$$

式中　R——导体的电阻,Ω;

　　　L——导体的长度,m;

　　　S——导体的横截面积,mm^2;

　　　ρ——导体的电阻率,Ω·m。

电阻率是指长度为 1 m,横截面积为 1 mm^2 的导体,在一定温度下的电阻值,其单位是 Ω·m(欧·米)。

电阻元件的突出作用是耗能。电阻元件又称为耗能元件。

如果电阻元件值的大小仅取决于材料本身的性质而与加在它两端的电压和通过它的电流无关,则这样的电阻元件称为线性电阻元件,否则称为非线性电阻元件。

决定导体电阻大小除了本身因素(长度、截面、材料)以外,导体的电阻还与其他因素互相联系和互相影响着。温度是这种互相影响的因素之一,实验表明,当导体的温度发生变化时,它的电阻值也随着变化。不同的材料,当温度升高时,电阻变化的情况不同,当材料的电阻值随温度的升高而增加。这类导体称为正温度系数材料;当材料的电阻值随温度的升高而下降,这类材料称为负温度系数材料。

电阻的倒数称为电导,用 G 表示,即

$$G = \frac{1}{R} \tag{1-13}$$

电导的单位是 S(西[门子])。

1.2.2 欧姆定律

欧姆定律是反映线性电阻的电流与该电阻两端电压之间关系的,是电路分析中最重要的基本定律之一。其内容是:通过线性电阻 R 的电流 i 与作用其两端的电压 u 成正比。

当线性电阻上的电压与电流取关联参考方向时,如图1-7(a)所示,则有

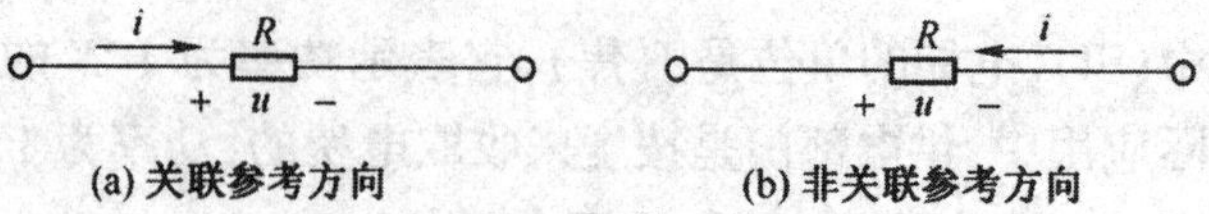

(a) 关联参考方向　　　　　　　　(b) 非关联参考方向

图 1-7　部分电阻电路

$$u = Ri \tag{1-14}$$

直流时
$$U = RI \tag{1-15}$$

由于电阻元件上电压和电流的实际方向总是一致的,当线性电阻上的电压与电流取非关联参考方向时,如图1-7(b)所示,u 和 i 便总是异号,因此,欧姆定律应为

$$u = -Ri \tag{1-16}$$

直流时
$$U = -RI \tag{1-17}$$

欧姆定律揭示了电路中电流、电压和电阻三者之间的关系,应用十分广泛,是计算、分析电路最基本的定律。

【例 1-1】　有一个量程为300 V(即测量范围0~300 V)的电压表,它的内阻是 40 kΩ。用它测量电压时,允许流过的最大电流是多少?

解: 由 $I = \dfrac{U}{R}$ 得

$$I = \frac{300}{40 \times 10^3} = 0.0075(\text{A}) = 7.5(\text{mA})$$

1.3　电路的三种状态

1.3.1　电路的基本状态

电源与负载相连接,根据所接负载情况的不同,电路分为有载、开路和短路三种工作状态。

1. 有载状态

如图1-8(a)所示,开关S闭合后,电源与负载接通,电源向负载输出电流和功率,电路开始功率转换,这种工作状态称为有载工作状态。电源输出的电流和功率取决于外电路中并联的用电器的数量。并联的用电器的数量增多,等效电阻减小,电源输出的电流和功率随之增大。并联的用电器减少,等效电阻增大,电源输出的电流和功率将随之减小。

当电气设备通过工作电流时,由于导体有电阻,所以导体就要发热,于是电气设备的温度升高。如果温度过高,绝缘材料就会因过热而损坏。如果作用在绝缘材料上的电压过高,绝缘材料就会因承受太大的电场强度而引起击穿,使绝缘材料丧失绝缘性能而变成导体。因此,任何电气设备在制造时都规定了电压、电流和功率的使用限额,该限额就是电气设备的额定值。

在使用任何用电器时,必须保证用电器的额定电压与电源电压相同,而电源的容量必须大于或等于用电器所需的功率。

2. 开路状态

如图1-8(b)所示,当开关S未接通时,电路处于开路状态,这时电源空载,负载电阻可视为无限大,电路中没有电流($I = 0$),电源端电压 U 称为开路电压,用 U_∞ 表示,且有 $U_\infty = U_s$,电源不输出功率。

3.短路状态

如图1-8(c)所示,当电源或负载两端由于某种原因而短接在一起时称为短路状态。当电源两端短路时,电流不经过负载而是直接从电源的正极流回负极,这时的电流称为短路电流,用 I_{sc} 表示,$I_{sc}=\dfrac{U_s}{R_0}$。此时,电源的负载电阻为零,电源的端电压为零($U=0$),电源产生的功率全部被内阻所消耗,电源不输出功率。

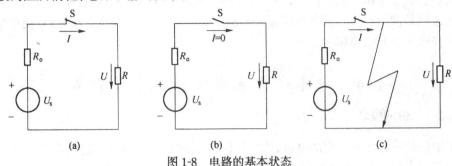

图1-8　电路的基本状态

无论是电源端短路还是负载端短路,电源中都会有极大的电流通过,使电源严重发热而烧毁。因此,通常都要在电路中接入熔断器等保护装置,以便发生短路时能迅速切断短路电流,从而保护电源及电气设备。

在实际工作中,有时为了某种需要人为地用导线把电路中电位差别不大的两点短路起来。当然,这种短路非但不会使电路发生危险事故,反而是有利的。为了和电源短路相区别,常把这种短路称为短接。

1.3.2　电气设备的额定值

电气设备的额定值是指导用户正确使用电气设备的技术数据,这些技术数据是根据生产过程的要求和条件的需要设计制定的,通常标在设备的铭牌上或在说明书中给出。

电气设备的绝缘材料是根据其额定电压设计选用的。施加的电压太高,超过额定值时,绝缘材料可能被击穿。绝缘材料的绝缘强度随材料的老化变质而降低,温度越高,材料老化得越快,当老化到一定程度时,会丧失绝缘性能。

设备运行时,电流在导体电阻上产生的热量和其他原因产生的热量一起将使设备的温度升高。多数绝缘材料是可燃体,温度过高会迅速碳化燃烧,引起火灾,因此,电气设备的额定值主要有额定电压、额定电流、额定功率和额定温升等等。温升是指在规定的冷却方式下高出周围介质的温度(周围介质温度定为40℃)。本教材中额定值用表示物理量的文字符号加下标"N"表示。例如电气设备工作在额定值的情况下就称为额定工作状态。电气设备的额定值一般标在铭牌或说明书上,包括额定电压 U_N、额定电流 I_N 和额定容量 S_N。负载的额定值一般包括额定电压 U_N、额定电流 I_N 和额定功率 P_N。

为了合理使用电气设备,应尽可能使它们工作在额定工作状态,称为满载。电气设备在满载状态下工作是最经济合理和安全可靠的,并能保证电气设备有一定的使用寿命。

设备超过额定值的工作状态称为过载。电气设备在短时间内少量的过载,并不会立即导致电气设备损坏,因为温度的升高是需要一段时间的,但是过载时间较长,电气设备的温度超过了它的最高工作温度,就会大大缩短电气设备的使用寿命。在严重的情况下,甚至会使电气设备很快烧毁。

设备低于额定值的工作状态称为欠载。欠载过多时,电气设备不能正常工作或设备的功能得不到充分发挥,大材小用,造成浪费。

电源设备的额定功率标志着电源的供电能力,是其长期运行时允许的上限值。电源在有载状态工作时,输出的功率由其外电路决定,并不一定等于电源的额定功率。电力工程中,电源向负载提供近似恒定的电压,因此,电源的负荷大小可用供出的电流来表达。

负载设备通常工作于额定状态,小于额定值时达不到预期效果,超过额定值运行时设备将遭到毁坏或缩短使用寿命。只有按照额定值使用才最安全可靠、经济合理,所以使用电器设备之前必须仔细阅读其铭牌和说明书。

1.4 电路中各点电位的概念及计算

1.4.1 电位的概念

电路中的每一点均有一定的电位,这就如同空间的每一处均有一定的高度一样。为了分析电路中某一点的电位,必须先指定一个计算电位的起点,一旦规定了计算起点,则电路中各点电位就可以确定了。电位具有相对性,即电路中某点的电位值随参考点位置的改变而改变;而电位差具有绝对性,即任意两点之间的电位差值与电路中参考点的位置选取无关。

在电路中任选一点为参考点,常用符号"⊥"表示,则某点的电位就是该点到参考点的电压。电位用字母 V 表示,单位是 V。

规定:电场力把单位正电荷从电场中的 A 移到参考点(如 O 点),则 A 点的电位

$$V_A = U_{AO}$$

参考点的电位规定为零,因而电位有正、负之分,低于参考点的电位是负电位,高于参考点的电位是正电位。

如果已知 A、B 两点的电位分别为 V_A、V_B,则此两点间的电压

$$U_{AB} = U_{AO} + U_{OB} = U_{AO} - U_{BO} = V_A - V_B \tag{1-18}$$

可见,两点间的电压就等于这两点的电位的差,所以,电压又叫电位差。

在电路中不指明参考点而谈某点的电位是没有意义的。至于选哪点为参考点,则要视分析问题的方便而定。在电工技术中,通常以与大地连接的点作为参考点;在电子线路中,通常以与公共的接机壳点作为参考点。

需要指出:电路中的参考点可以任意选取,但同一电路中只能选一个点作为参考点,参考点一经选定,电路中其他各点的电位也就确定了。当所选参考点变动时,电路中其他各点的电位将随之而变,但任意两点间的电压则是不变的。

1.4.2 电位的计算

电位的工作状态通过电路中各点的电位可以反映出来,因此在电工和电子技术中经常用到电位的计算。

电路中往往有很多元件和电源相互连接在一起。一个电气元件的工作状态常常是由某两点间的电压所决定的,这一工作状态又会影响电路中其他各点的电位。有时需要讨论电路中许多不同的点,如果用电压参数分析各点就显得繁琐而且不明确,改用电位进行各点的研究就较为清楚、明确,也便于测量。因此,在实际工作中电位计算的应用是相当广泛的。

在电路中,要求得某一点的电位值,必须在电路中选择一个参考点作为零电位点。要计算

某点电位可从这一点通过一定的路径到零电位点。对于电阻两端的电压,如果在绕行过程中是从高端到低端,则此电压取正值,反之取负值。对于电动势,正极电位高于负极电位。

计算电路中某点电位的步骤如下:

(1)任选电路中某一点为参考点(常选大地为参考点),设其电位为零。

(2)标出各电流参考方向并计算。

(3)计算各点至参考点间的电压,即为各点的电位。

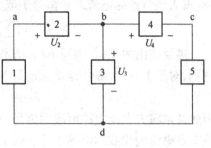

若某点电位为正,说明该点电位比参考点高;某点电位为负,说明该点电位比参考点低。

【例1-2】 图1-9电路中,已知 $U_2 = 5\,\text{V}$,$U_3 = -3\,\text{V}$,$U_4 = 4\,\text{V}$,试分别求:(1)以 d 为参考点;(2)以 a 为参考点时其他各点的电位,并求两种情况下的 U_{ac}。

图 1-9 例 1-2 图

解: (1)$V_d = 0$ 时

$$V_b = U_{bd} = U_3 = -3\,\text{V}$$

$$V_a = U_{ad} = U_{ab} + U_{bd} = U_2 + U_3 = 5 + (-3) = 2\,\text{V}$$

$$V_c = U_{cd} = U_{cb} + U_{bd} = -U_{bc} + U_{bd} = -U_4 + U_3 = -4 + (-3) = -7\,\text{V}$$

$$U_{ac} = V_a - V_c = 2 - (-7) = 9\,\text{V}$$

(2)$V_a = 0$ 时

$$V_b = U_{ba} = -U_{ab} = -U_2 = -5\,\text{V}$$

$$V_c = U_{ca} = U_{cb} + U_{ba} = -U_4 - U_2 = -4 - 5 = -9\,\text{V}$$

$$V_d = U_{da} = U_{db} + U_{ba} = -U_3 - U_2 = -(-3) - 5 = -2\,\text{V}$$

$$U_{ac} = V_a - V_c = 0 - (-9) = 9\,\text{V}$$

1.5　基尔霍夫定律

基尔霍夫定律是分析一切集中参数电路的根本依据,是电路分析的重要理论基础。

1.5.1　电路的几个常用术语

1. 支路:电路中通过同一电流并含有一个以上元件的分支称为支路。

图 1-10 电路中有 abe、ace、ade 三条支路。

2. 节点:三条或三条以上支路的连接点称为节点。

图 1-10 电路中共有两个节点—— a 点和 e 点。

3. 回路:电路中任一闭合的路径称为回路。

图 1-10 电路中共有三个回路—— aceba、adeca 和 adeba。

4. 网孔:在平面电路中,其内部不含有任何支路的回路称为网孔。

图 1-10 电路中共有两个网孔 aceba 和 adeca,而回路 adeba 平面内含有 ace 支路,所以它就

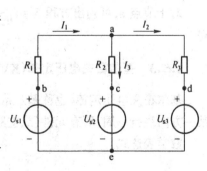

图 1-10　电路术语说明图

不是网孔。可见,网孔一定是回路,但回路不一定是网孔。

1.5.2　基尔霍夫电流定律(KCL)

基尔霍夫电流定律也称基尔霍夫第一定律,其内容是:对电路中任一节点而言,在任一时刻,流入该节点的电流之和恒等于流出该节点的电流之和。数学表达式为

$$\sum i_入 = \sum i_出 \text{ 或 } \sum I_入 = \sum I_出(\text{直流时}) \tag{1-19}$$

需要指出的是:在列写 KCL 方程时,电流的"流入"和"流出"均是针对参考方向而言的。例如,对于 1-10 电路中的节点 a,其 KCL 方程为

$$I_1 = I_2 + I_3 \text{ 或 } I_1 - I_2 - I_3 = 0$$

因此基尔霍夫电流定律可改写为另一形式:对电路中任一节点而言,在任一时刻,流入或流出该节点电流的代数和恒等于零。数学表达式为

$$\sum i = 0 \text{ 或 } \sum I = 0(\text{直流时}) \tag{1-20}$$

在电路中流入某一地方多少电荷,必定同时从该地方流出多少电荷,这一结论称为电流的连续性原理。根据这一原理,KCL 可以推广应用于电路中任一假设封闭面,即流入某封闭面的电流之和恒等于流出该封闭面的电流之和。

【例 1-3】　如图1-11所示为某电路的一部分,根据图中所给的条件,求未知电流 I_1、I_2。

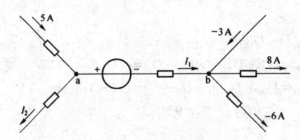

图 1-11　例 1-3 图

解:对于节点 b,根据 KCL 列出方程

$$(-3) + I_1 = 8 + (-6)$$

得　　　　　　　　　　　　　$I_1 = 5A$

对于节点 a,可列出方程 $5 = I_1 + I_2$

得　　　　　　　　　　　　　$I_2 = 0$

1.5.3　基尔霍夫电压定律(KVL)

基尔霍夫电压定律(也称基尔霍夫第二定律):对电路中任一回路而言,在任一时刻,沿着某一方向绕行一周,所有元件(或支路)电压的代数和恒等于零。

数学表达式

$$\sum u = 0 \text{ 或 } \sum U = 0(\text{直流时}) \tag{1-21}$$

应用上式时,必须先选定回路的绕行方向,可以是顺时针,也可以是逆时针。然后,再选定各元件(或支路)的电压参考方向。若电压的参考方向与回路的绕行方向一致,则该项电压取正,反之则取负。

在具体应用时,若遇到电阻元件上仅标出了电流的参考方向,而未标出电压的参考方向时,则默认为电压与电流为关联参考方向。

对于图1-12所示的回路,选择顺时针绕行方向(图中不必标出),按各元件上电压的参考极性,可列出KVL方程为

$$U_{s1} + R_1 I_1 - R_2 I_2 + U_{s2} - U_{s3} - R_3 I_3 + R_4 I_4 = 0$$

基尔霍夫电压定律不仅适用于闭合回路,还是任意两点间的电压与路径无关这一性质的体现。对于图1-13所示电路,a、b两点间的电压可以从5条不同的路径求出,即

$$U_{ab} = R_1 I_1 + U_{S1}$$
$$= R_2 I_2 - U_{S2}$$
$$= -R_3 I_3 + U_{S3}$$
$$= -R_4 I_4 - U_{S4}$$
$$= R_5 I_5$$

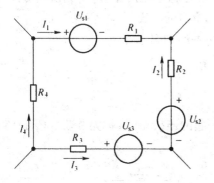

图1-12 基尔霍夫电压定律示意图

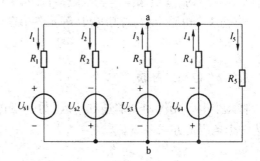

图1-13 KVL应用于两点间电压示意图

1.6 电阻的串联、并联及混联

在实际工作中,为了满足不同的工作需要,常常将电路连接成不同的方式,组成一个电路网络。按照电路连接方式的不同,通常把电路分为串联、并联和混联3种形式。

1.6.1 电阻的串联

在电路中,由若干个电阻按顺序一个接一个地连成一串,形成一条无分支的电路,称为串联电路。如图1-14所示是3个电阻组成的串联电路。

电阻串联电路具有以下几个特点:

1. 流过串联各电阻的电流相等

$$I = I_1 = I_2 = I_3 \qquad (1-22)$$

2. 电路两端的总电压等于各电阻两端电压之和

$$U = U_1 + U_2 + U_3 \qquad (1-23)$$

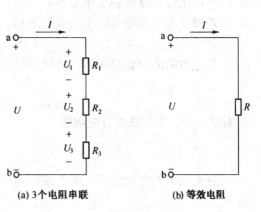

(a) 3个电阻串联　(b) 等效电阻

图1-14 电阻的串联

3. 等效电阻等于各串联电阻阻值之和

$$R = R_1 + R_2 + R_3 \tag{1-24}$$

4. 各电阻上的电压分配与各电阻阻值成正比

$$U_i = \frac{R_i}{R}U \tag{1-25}$$

在计算中,它们的分压公式分别为

$$\begin{cases} U_1 = \dfrac{R_1}{R_1 + R_2 + R_3}U \\[2mm] U_2 = \dfrac{R_2}{R_1 + R_2 + R_3}U \\[2mm] U_3 = \dfrac{R_3}{R_1 + R_2 + R_3}U \end{cases}$$

即:串联的每个电阻的电压与总电压的比等于该电阻与总电阻的比,这个比值叫分压比。在总电压一定时,适当选择串联电阻,可使每个电阻得到所需的电压。

5. 若 3 个电阻串联,总功率 P 等于各串联电阻所消耗的功率之和

$$P = P_1 + P_2 + P_3 \tag{1-26}$$

1.6.2　电阻的并联

将几个电阻元件的一端连在一起,另一端也连在一起的连接方式,称为并联。图 1-15 所示为 3 个电阻的并联电路。

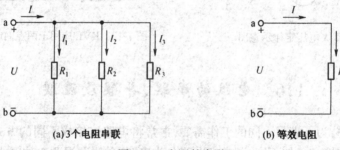

(a) 3个电阻串联　　　　　　　　(b) 等效电阻

图 1-15　电阻的串联

电阻并联电路具有以下几个特点:

1. 电路中各支路两端电压相等:

2. 电路中总电流等于各支路电流之和。

$$I = I_1 + I_2 + I_3 \tag{1-27}$$

3. 等效电阻的倒数,等于各并联电阻的倒数之和:

$$\frac{1}{R} = \frac{1}{R_1} + \frac{1}{R_2} + \frac{1}{R_3} \tag{1-28}$$

对于 3 个电阻并联的总电阻为

$$R = \frac{R_1R_2R_3}{R_1R_2 + R_2R_3 + R_1R_3} \tag{1-29}$$

4. 各支路上的电流分配与该支路电阻成反比:

$$I_i = \frac{R}{R_i}I \tag{1-30}$$

5. 并联电路总功率等于各并联电路所消耗的功率之和：

$$P = UI = U(I_1 + I_2 + I_3) = UI_1 + UI_2 + UI_3$$

$$= \frac{U^2}{R_1} + \frac{U^2}{R_2} + \frac{U^2}{R_3} = P_1 + P_2 + P_3 \tag{1-31}$$

电阻并联电路消耗的总功率等于各电阻上消耗功率之和，由于并联电阻的电压相同，则功率的分配与各电阻值成反比。

并联电阻计算有3个特点：第一，并联等效电阻总比任何一个分电阻小；第二，若两个电阻相等，并联后等效电阻等于一个电阻的一半；第三，若两个相差很大的电阻并联，等效电阻可近似认为等于小的电阻的电阻值。

1.6.3 电阻的混联

在电路中，既有串联又有并联的电阻连接称为电阻的混联。

混联电路的等效电阻、电压、电流和功率的分配，可分别根据电路串联和并联的特点依次计算得出。凡是能用串并联方法逐步化简的电路，无论有多少电阻，结构多么复杂，均称为简单电路，反之称为复杂电路。但有些电阻电路的串并联关系是很难辨清的，遇到这样的电路，应该先进行电路的整理，待画出各电阻连接关系清晰的电路图后，再对电路进行分析计算。

整理电路的方法有以下3点：

(1)一条短路线可以压缩成一个点；反之，一个点也可以拉伸成一条短路线。

(2)电阻的任意一端可以沿导线滑动，但不能越过任何电阻或断点。

(3)在不改变电阻连接端点的前提下，电阻可以移位。

1.7 电压源与电流源及其等效变换

1.7.1 电压源

1. 电压源

理想电压源简称电压源，其端电压恒定不变或者按照某一固有的函数规律随时间变化，与其流过的电流无关。

电压源的符号如图1-16所示。对于直流电压源，通常用 U_S 表示。有时直流电压源是干电池，可用图1-17所示的符号表示。

电压源的伏安特性是一条不通过原点且与电流轴平行的直线，其端电压不随电流变化，如图1-18所示。

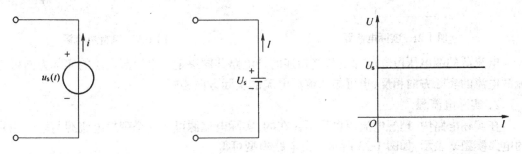

图1-16 理想电压源　　图1-17 直流电压源　　图1-18 理想电压源的伏安特性

电压源的电流是由电压源本身及与之连接的外电路共同决定的。电压源中电流的实际方向可以从电压的高电位流向低电位,也可以从低电位流向高电位。前者电压源吸收功率,后者电压源释放功率。

2．实际电压源

实际中,理想电压源是不存在的,电压源内部总有一定的电阻。实际电压源可以用理想电压源与一个电阻串联的电路模型来表示,如图 1-19 所示。由电路模型可得

$$U = U_s = IR_0 \tag{1-32}$$

实际电压源的伏安特性如图 1-20 所示,其端电压 U 随电流 I 增大而降低。内阻越小,则实际电压源越接近于理想电压源。

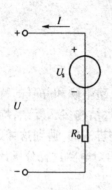

图 1-19　实际电压源

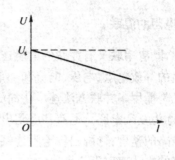

图 1-20　实际电压源的伏安特性

1.7.2 电流源

1．电流源

理想电流源简称电流源,其电流恒定不变或者按照某一固有的函数规律随时间变化,与其端电压无关。

电流源的符号如图 1-21 所示,箭头的方向为电流源电流的参考方向。当电流源电流为常量时,其伏安特性是一条与电压轴平行的直线,如图 1-22 所示。

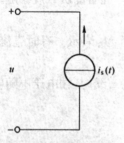

图 1-21　实际电流源

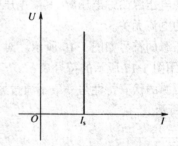

图 1-22　实际电流源

电流源的端电压由电流源及与之相连的外电路共同决定。电流源电压的实际方向可与电流源电流的实际方向相反,也可与电流源电流的实际方向相同。

2．实际电流源

在实际电路中,理想电流源也是不存在的,实际电流源可用一个理想电流源与电阻相并联的电路模型来表示,如图 1-23 所示。由电路模型可得

$$I = I_s - \frac{U}{R_0} \tag{1-33}$$

实际电流源的伏安特性如图 1-24 所示,其电流 I 随电压 U 增大而降低。内阻越大,实际电流源越接近于理想电流源。

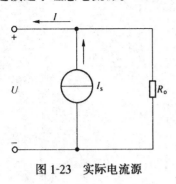

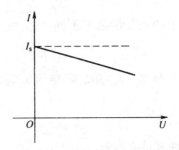

图 1-23 实际电流源   图 1-24 实际电流源的伏安特性

1.7.3 电源模型的连接

实际电路中常常把几个电源模型串联或并联起来应用。

1. n 个电压源串联

n 个电压源串联可以用一个电压源等效代替,如图 1-25 所示。等效电压源的电压等于各个电压源电压的代数和。即

$$U_s = U_{s1} + U_{s2} + \cdots + U_{sn} = \sum_{k=1}^{n} U_{sk} \tag{1-34}$$

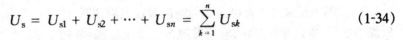
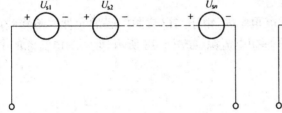
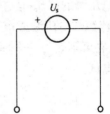

图 1-25   电压源的串联

2. n 个电流源并联

n 个电流源并联可以用一个电流源等效代替,如图 1-26 所示。等效电流源的电流等于各电流源电流的代数和。即

$$I_s = I_{s1} + I_{s2} + \cdots + I_{sn} = \sum_{k=1}^{n} I_{sk} \tag{1-35}$$

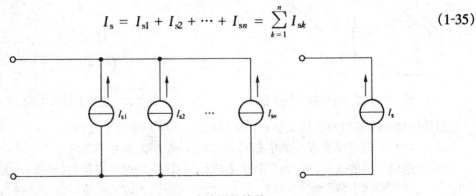

图 1-26   电流源的并联

若 n 个电压源并联,则并联的各个电压源的电压必须相等,否则不能并联。若 n 个电流

源串联,则串联的各个电流源的电流必须相等,否则不能串联。

1.7.4　两种电源模型的等效变换

图 1-19 所示的端电压、电流关系为

$$U = U_s - IR_0$$

图 1-23 所示的端电压、电流关系为

$$I = I_s - \frac{U}{R_0}$$

上两式可变换为

$$U = R_0 I_s - R_0 I$$

对比两式,如果满足条件电流源与电阻并联的电路等效变换为电压源与电阻串联的电路时,有

$$U_s = I_s R_0 \tag{1-36}$$

在等效变换过程中,两个二端网络中的 R_0 保持不变。

等效变换时应注意:

1. 实际中经常会出现电压源与电流源或电阻并联,由于与电压源并联的元件并不影响电压源的电压,所以对外电路,它可等效为一个电压源,如图 1-27 所示,但等效电压源的电流并不等于变换前电压源的电流。

2. 如果电流源与电压源或电阻串联,由于与电流源串联的元件并不影响电流源的电流,所以对外电路,它可等效为一个理想电流源,如图 1-28 所示,但等效电流源的电压并不等于变换前电流源的电压。

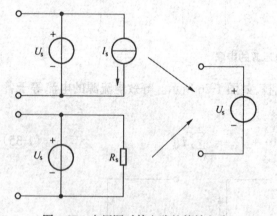

图 1-27　电压源对外电路的等效电路

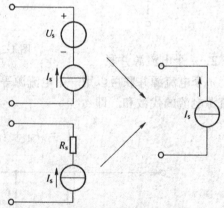

图 1-28　电流源对外电路的等效电路

运用两种电源模型的等效变换可以化简电路,但应注意以下几点:

(1)"等效"只是对模型以外的电路而言,对两种模型内部并不等效。

(2)理想电压源的伏安特性为平行于电流轴的直线,理想电流源的伏安特性为平行于电压轴的直线,两者的伏安特性完全不同。因此,理想电压源和理想电流源间不能进行等效变换。

(3)变换后的电源与变换前的电源所在位置相同,不得变动。电压源从负极到正极的方向与电流源电流的方向在变换前后应保持一致。

(4)R_s(或R_i)不一定特指电源内阻,只要是与电压源(或电流源)串联(或并联)组合就可以进行等效变换。

(5)利用电源的等效变换化简电路时,整体上要有一个清晰的思路,应该有目的地"变",切不可"能变就变"。

【例1-4】 化简图1-29(a)所示电路等效简化为电压源模型。

解:根据两种电源模型的等效变换,将图1-29(a)简化成图1-29(b),由于2Ω的电阻与$3A$的电流源串联,2Ω可去掉。进一步化简得图1-29(c)或图1-29(d)所示电路。

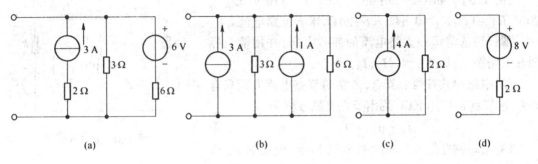

图1-29 例1-4图

【例1-5】 将图1-30(a)所示电路等效化简为电压源模型。

解:由图1-30(a)可以看出,两个电压源、一个电流源均有与其串联、并联的电阻,均可以进行等效变换。但是我们不能盲目地变,我们的目标是电压源模型往"一串"上变。先把6V电压源和6Ω电阻的串联组合变成并联组合,因为变后所得电流源可以将旁边的3A电流源合并掉,变后所得电阻可以将旁边的3Ω电阻合并掉,起到了化简电路的作用。整个化简电路的过程如图1-30(b)、(c)、(d)、(e)所示。

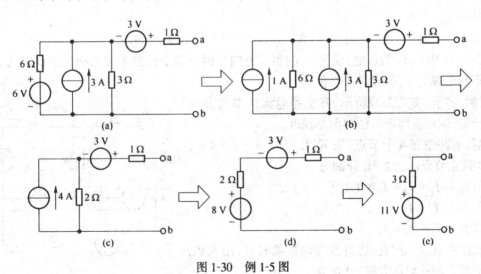

图1-30 例1-5图

1.8 支路电流法

支路电流法是在已知电路中所有的电源和电阻参数时,以支路电流为未知量,应用 KCL

和 KVL,列出与支路数目相等的独立方程组,而后联立求解,得出各支路电流。

步骤:

1.选定各支路电流的参考方向,并标明在电路图上。

2.应用 KCL 列出 $(n-1)$ 个独立节点电流方程,n 为电路节点个数。

3.选定网孔绕行方向,应用 KVL 列出 $m = b-(n-1)$ 个独立网孔电压方程,m 为电路中网孔个数,b 为电路中支路个数。

4.代入数据,联立求解方程组。

【例 1-6】　如图1-31所示,已知 $U_{s1} = 110$ V,$U_{s2} = 90$ V;$R_1 = 1\,\Omega$,$R_2 = 0.6\,\Omega$,$R_3 = 24\,\Omega$,求各支路电流。

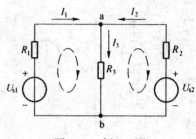

图 1-31　例 1-6 图

解:(1)选定每一支路电流的参考方向,并用箭头标明在电路图上,如图中 I_1、I_2、I_3。

(2)电路中共有两个节点,独立的节点电流方程只有 1 个,选节点 a,应用 KCL 列出节点电流方程为

$$I_1 + I_2 = I_3 \qquad ①$$

(3)选定网孔绕行方向如图 1-31 所示,应用 KVL 分别列出独立网孔电压方程为

$$R_1 I_1 + R_3 I_3 - U_{s1} = 0 \qquad ②$$
$$-R_3 I_3 - R_2 I_2 + U_{s2} = 0 \qquad ③$$

(4)将已知条件代入方程①、②、③中,有

$$\begin{cases} I_1 + I_2 = I_3 \\ I_1 + 24 I_3 - 110 = 0 \\ -24 I_3 - 0.6 I_2 + 90 = 0 \end{cases}$$

解之得

$$I_1 = 14\ \text{A} \qquad I_2 = -10\ \text{A} \qquad I_3 = 4\ \text{A}$$

图 1-31 中的 I_2 为负值,说明 I_2 的实际方向与图中假定的参考方向相反。此时 U_{s2} 在电路中不起电源的作用,而是一个负载。

【例 1-7】　如图1-32所示,各支路电流的参考方向已经选定,试用支路电流法列出方程组。

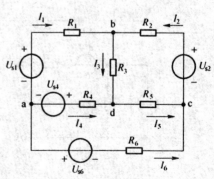

图 1-32　例 1-7 图

解:电路中有 4 个节点,用 KCL 可列 $n-1 = 4-1 = 3$ 个独立节点电流方程,分别为

节点 a:$I_1 + I_4 + I_6 = 0$

节点 b:$I_1 + I_2 = I_3$

节点 c:$I_5 + I_6 = I_2$

电路中有 3 个网孔,绕行方向均取顺时针,用 KVL 列 3 个独立网孔电压方程,分别为

网孔 abda:$-U_{s1} + R_1 I_1 + R_3 I_3 - R_4 I_4 + U_{s4} = 0$

网孔 bcdb:$-R_2 I_2 + U_{s2} - R_5 I_5 - R_3 I_3 = 0$

网孔 adca:$-U_{s4} + R_4 I_4 + R_5 I_5 - R_6 I_6 - U_{s6} = 0$

1:9 节点电位法

在分析计算复杂电路时,经常会遇到一些节点数较少而支路数很多的电路,这种情况使用支路电流法就显得很繁琐,而利用节点电压法会很方便。

电路中任一节点与参考点之间的电压称为节点电压。节点电压法是在电路的 n 个节点中选定一个作为参考节点,再以其余各节点电压为未知量,应用 KCL 列出 $(n-1)$ 个节点电流方程,联立求解得出各节点电压,进而求得各支路电流。

对于只有 2 个节点的电路,求各支路的电流用节点电压法极为方便。如图 1-33(a)所示电路有 4 条支路,2 个节点,用支路电流法需要 4 个方程式,若用节点电压法只需列一个方程式。

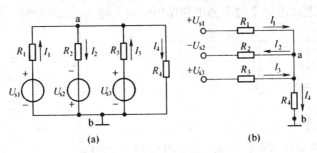

图 1-33 弥尔曼定理用图

图 1-33(a)中,由 KCL 得 $\qquad I_1 + I_3 = I_2 + I_4$

$$I_1 = \frac{V_a - U_{s1}}{R_1} \quad I_2 = \frac{V_a + U_{s2}}{R_2} \quad I_3 = \frac{V_a - U_{s3}}{R_3} \quad I_4 = \frac{V_a}{R_4}$$

把 I_1、I_2、I_3、I_4 的表达式代入整理得

$$\left(\frac{1}{R_1} + \frac{1}{R_2} + \frac{1}{R_3} + \frac{1}{R_4}\right)V_a = \frac{U_{s1}}{R_1} - \frac{U_{s2}}{R_2} + \frac{U_{s3}}{R_3}$$

即

$$V_a = \frac{G_1 U_{s1} - G_2 U_{s2} + G_3 U_{s3}}{G_1 + G_2 + G_3 + G_4}$$

写成一般形式为

$$V_a = \frac{\sum \dfrac{U_s}{R}}{\sum \dfrac{1}{R}} = \frac{\sum (GU_s)}{\sum G}$$

此式称为弥尔曼定理。

在电子电路中,常把图 1-33(a)的电路改画成图 1-33(b)的形式。

1.10 电路基本定理

1.10.1 叠加定理

叠加定理是反映线性电路基本性质的一个重要定理。叠加定理的内容为:在有多个独立源作用的线性电路中,任一支路的电流(或电压),等于各独立源单独作用时在该支路中产生的电流(或电压)分量的叠加。

在应用叠加定理时,应注意以下几点:

1. 叠加定理仅适用于线性电路,不适用于非线性电路。即使在线性电路中,也只能用来计算电压或电流,而不能用来计算功率,因为功率与电压或电流之间不是线性关系。

2. 求各独立源单独作用的响应时,对那些暂时不起作用的独立源应视为零值,即独立电压源用短路代替,独立电流源用开路代替,其他元件的大小和连接方式不变。

3. 叠加时各分量前取"+"或"-",取决于所选的参考方向,若该分量的参考方向与原量的参考方向一致,叠加时取"+",反之取"-"。

现通过举例加深对叠加定理的理解。

【例 1-8】 电路如图1-34(a)所示,试用叠加定理求 4Ω 电阻的电流和电压,并验证叠加定理不适用于功率的计算。

解: 按叠加定理画出每个独立源单独作用时的电路图,如图 1-34(b)、(c)所示。

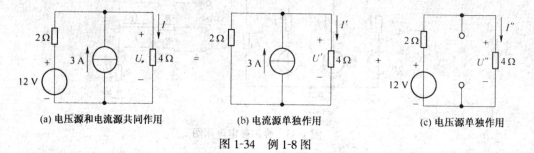

(a) 电压源和电流源共同作用　　(b) 电流源单独作用　　(c) 电压源单独作用

图 1-34　例 1-8 图

当电流源单独作用时,由图(b)可得 4Ω 电阻的电流、电压和功率分量分别为

$$I' = \frac{2}{2+4} \times 3 = 1 \quad (A); \quad U' = 4 \times I' = 4 \times 1 = 4 \quad (V); \quad P' = U'I' = 4 \times 1 = 4 \quad (W)$$

当电压源单独作用时,由图(c)可得 4Ω 电阻的电流、电压和功率分量分别为

$$I'' = \frac{12}{2+4} = 2 \quad (A); \quad U'' = 4 \times I'' = 4 \times 2 = 8 \quad (V); \quad P'' = U''I'' = 8 \times 2 = 16 \quad (W)$$

根据叠加定理叠加

$$I = I' + I'' = 1 + 2 = 3 \quad (A); \quad U = U' + U'' = 4 + 8 = 12 \quad (V)$$

假如功率也可以叠加,则得到

$$P = P' + P'' = 4 + 16 = 20 \quad (W)$$

但是,由图 1-34(a)可知,4Ω 电阻实际消耗的功率为

$$P = 4 \times I^2 = 4 \times 3^2 = 36 \quad (W)$$

由此可见,功率不能用叠加定理计算。

在由叠加定理可以推出,在线性电路中,当所有激励都增大 K 倍或缩小为 $1/K$ 时(K 为实常数),响应也就同样增大或缩小 K 倍,这个结论称为齐性定理。显然,在只有一个独立源的线性电路中,响应与激励成正比。

【例 1-9】 图1-35所示的梯形电路中,$U_s = 10\,\text{V}$,$R_1 = R_3 = 1\,\Omega$,$R_2 = R_4 = R_5 = 2\,\Omega$,求电流 I_5。

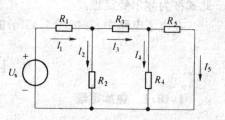

图 1-35　例 1-9 图

解: 此电路属于简单电路,可以用电阻串并联的方法逐步化简求解,但是非常繁琐。为此,可根据齐性定理采用"倒推法"来计算。

假设电阻 R_5 上的电流为 $I'_5 = 1\text{A}$，因 $R_4 = R_5$，所以 R_4 上的电流 $I'_4 = 1\text{A}$，R_3 上的电流 $I'_3 = I'_4 + I'_5 = 2\text{A}$。此时 R_2 上的电流 $I'_2 = \dfrac{R_3 I'_3 + R_4 I'_4}{R_2} = \dfrac{1 \times 2 + 2 \times 1}{2} = 2(\text{A})$，$R_1$ 上的电流 $I'_1 = I'_2 + I'_3 = 2 + 2 = 4(\text{A})$，相应的电压源电压 $U'_s = R_1 I'_1 + R_2 I'_2 = 1 \times 4 + 2 \times 2 = 8(\text{V})$，根据齐性定理，$I_5$ 与 U_s 成正比，可计算得 $I_5 = \dfrac{U_s}{U'_s} \times I'_5 = \dfrac{10}{8} \times 1 = 1.25(\text{A})$。

1.10.2　戴维宁定理

在电路分析中，往往并不需要求出全部支路的电流和电压，而是只需求出某一支路的电流或电压。若将指定的支路从原来的电路中去掉，一般来说电路的其余部分就成为一个有源二端网络。如果能用一个电压源与电阻的串联组合来等效代替这个有源二端网络，再将去掉的支路接在这个等效电路上，则该支路的电流或电压就很容易求得了。问题的关键在于如何求得这个等效电路呢？戴维宁定理给出了解决这类问题的方法。

任何一个线性有源二端网络，对外电路来说，可以用一个电压源和电阻的串联组合来等效。该电压源的电压等于有源二端网络的开路电压 U_{oc}；电阻等于有源二端网络除源后的等效电阻 R_{eq}。这就是戴维宁定理，该电路模型称为戴维宁等效电路。

需要说明的是：

1. 负载可以是线性的，也可以是非线性的；可以是有源的，也可以是无源的；可以是一个元件，也可以是一个网络。但有源二端网络必须是线性的。

2. 这里所说的"除源"，是指将有源二端网络内部的独立源全部视为零值，即把独立电压源视为短路，独立电流源视为开路。

3."等效"是对外部电路而言，对二端网络内部并不等效。

下面通过例题来介绍戴维宁定理的应用。

【例 1-10】　电路如图1-36(a)所示，用戴维宁定理，求负载电阻 $R_L = 1\,\Omega$ 和 $5\,\Omega$ 时的电流 I。

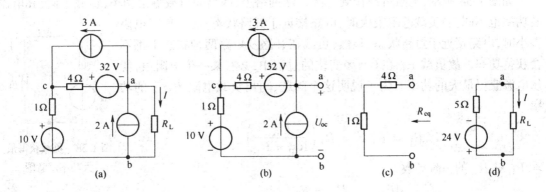

图 1-36　例 1-10 图

解：(1)求开路电压 U_{oc}

自 a、b 处断开待求支路，设 U_{oc} 的参考方向如图(b)所示，求出开路电压

$$U_{oc} = -32 + 4 \times (2 - 3) + 1 \times 2 + 10 = -24 \ (\text{V})$$

(2)求等效电阻 R_{eq}

将图(b)中的电压源代之以短路，电流源代之以断路，电路变为图(c)，求出等效电阻为

$$R_{eq} = 1 + 4 = 5 \quad (\Omega)$$

（3）由所求的 U_{oc}、R_{eq} 画出戴维宁等效电路，接上负载电阻 R_L，如图(d)所示(由于 U_{oc} 为负值，所画电压源的极性应为下"＋"，上"－"，其值为 24 V)。由图(d)可以分别求出

$R_L = 1\,\Omega$ 时 $\qquad\qquad I = -\dfrac{24}{1+5} = -4 \quad (A)$

$R_L = 5\,\Omega$ 时 $\qquad\qquad I = -\dfrac{24}{5+5} = -2.4 \quad (A)$

对于一些内部结构或元件参数未知的有源二端网络如放大电路，其戴维宁等效电路的参数可以用开路、短路法来测量。

测量电路如图 1-37 所示。实线框内是待测有源二端网络的戴维宁等效电路。

仅闭合开关 S_1，电压表的指示值即为开路电压 U_{oc}。由于电压表的内阻并非无穷大，测量结果会有误差，且 R_{eq} 越大，误差越大。

仅闭合开关 S_2，电流表的指示值即为短路电流 I_{sc}。根据测得的 U_{oc}、I_{sc} 可以间接求得

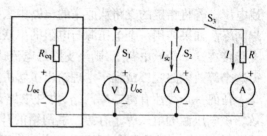

图 1-37　测定戴维宁等效电路参数的电路

$$R_{eq} = \frac{U_{oc}}{I_{sc}}$$

由于电流表的内阻并不是零，测量结果同样也会有误差，且 R_{eq} 越小，误差越大。

如果网络不允许短路，可将电流表串接一个已知电阻后再进行测量。如图 1.37 所示，仅闭合开关 S_3，根据电流表的指示值 I，可以间接求得

$$R_{eq} = \frac{U_{oc}}{I} - R$$

1.10.3　最大功率传输定理

如图 1-38 所示，电阻负载接到有源二端网络上，网络向负载输出功率，负载不同，其电流及功率也不同。当负载电阻很大时，电路接近于开路状态；而当负载电阻很小时，电路接近于短路状态，显然，负载在开路及短路两种状态下都不会获得功率。故负载 R_L 在 $0 \rightarrow \infty$ 变化的过程中，必有某一个电阻值，能从电源获得最大的功率。为了说明这个问题，写出负载电阻 R_L 上的功率

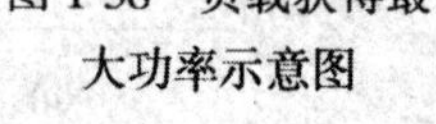

$$P_L = R_L I^2 = R_L \left(\frac{U_{oc}}{R_{eq} + R_L}\right)^2$$

求 P_L 对 R_L 的一阶导数

图 1-38　负载获得最大功率示意图

$$\frac{dP_L}{dR_L} = \frac{R_{eq} - R_L}{(R_{eq} + R_L)^3} U_{oc}^2$$

令 $\dfrac{dP_L}{dR_L} = 0$，可得 $\qquad\qquad\qquad R_L = R_{eq} \qquad\qquad\qquad (1\text{-}37)$

$R_L = R_{eq}$ 为负载从有源二端网络中获得最大功率的条件，也称为最大功率传输定理。电路的这种工状态叫做负载与网络"匹配"。

负载获得的最大功率为

$$P_{\max} = \frac{R_{eq} U_{oc}^2}{(2R_{eq})^2} = \frac{U_{oc}^2}{4R_{eq}} \tag{1-38}$$

如果负载接在一个内阻为 R_s 的电压源上，当 $R_L = R_s$ 时，负载获得最大功率，电路的传输效率为

$$\eta = \frac{R_L I^2}{(R_L + R_s) I^2} = \frac{R_L}{2R_L} = 50\% \tag{1-39}$$

可见，此时虽然负载获得了最大功率，但传输效率只有 50%，有一半的功率在电源内部消耗了。在电力系统中，传输的功率大，要求的效率高，所以决不允许电路工作在匹配状态。而在无线电技术和通信系统中，由于传输的功率小，效率属于次要问题，通常要求负载工作在匹配状态，以获得最大功率，从而达到最佳输出效果。

再次强调，各种等效变换均是对外电路而言的，参与变换的内部电路不存在等效关系。等效变换的目的是为了简化电路，便于分析计算。

练习题

1-1 求图 1-39 所示各电路中的电压。

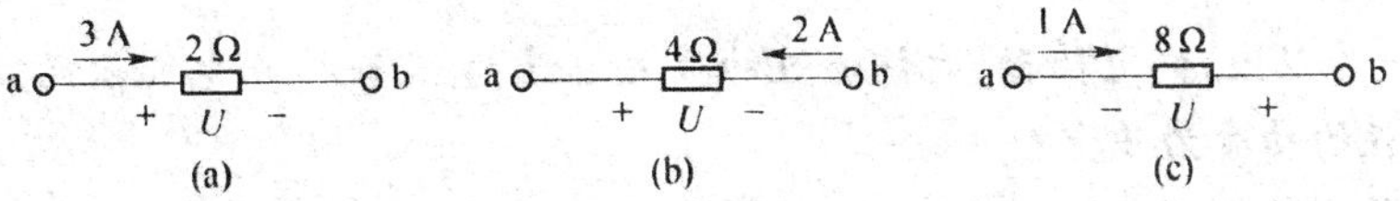

图 1-39 习题 1-1 图

1-2 求图 1-40 所示各电路中的电流。

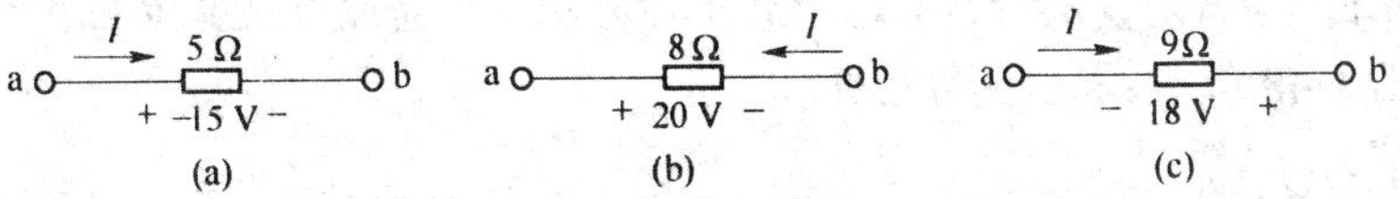

图 1-40 习题 1-2 图

1-3 如图 1-41 所示，当取 c 点为参考点时 $(V_c = 0)$，$V_a = 15\,\text{V}$，$V_b = 8\,\text{V}$，$V_d = -5\,\text{V}$。求：(1) $U_{ad} = ?$，$U_{db} = ?$；

(2) 若改取 b 为参考点 $(V_b = 0)$，V_a、V_c、V_d 各变为多少伏？此时 U_{ad}、U_{db} 又是多少伏？

1-4 如图 1-42 所示，试比较 a、c 两点电位的高低。

(1) b、c 两点用导线连接；

(2) b、d 两点接地；

(3) 两条支路不相连。

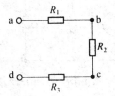

图 1-41 习题 1-3 图

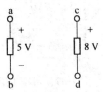

图 1-42 习题 1-4 图

1-5　如图 1-43 所示,计算各元件的功率,并说明各元件是吸收还是发出功率。

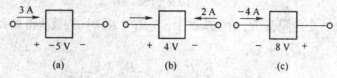

图 1-43　习题 1-5 图

1-6　如图 1-44 所示,计算各段电路的功率,并说明各段电路是吸收还是发出功率。

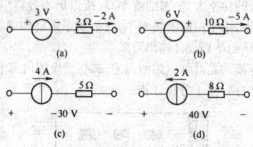

图 1-44　习题 1-6 图

1-7　有一个电阻为 $20\,\Omega$ 的电炉,接在 $220\,V$ 的电源上,连续使用 $4\,h$ 后,问它消耗了几度电?

1-8　有一个 $2\,k\Omega$ 的电阻器,允许通过的最大电流为 $50\,mA$,求电阻器两端允许加的最大电压,此时消耗的功率为多少?

1-9　如图 1-45 所示,已知 R_1 消耗的功率 $40\,W$,求 R_2 两端的电压及消耗的功率。

1-10　如图 1-46 所示,已知开关 S 断开时,$U_{ab}=10\,V$,开关 S 闭合时,$U_{ab}=9\,V$,求内阻 R_s。

1-11　试求图 1-47(a)、(b)所示电路中各元件的功率。是吸收还是发出?

1-12　如图 1-48 所示,求各支路电流。

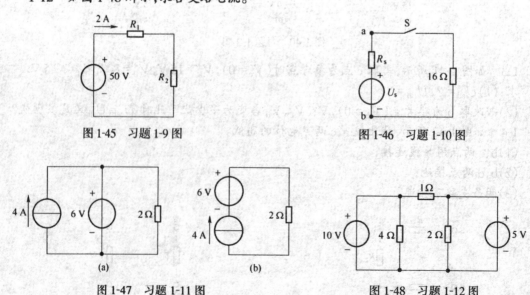

图 1-45　习题 1-9 图　　　　图 1-46　习题 1-10 图

图 1-47　习题 1-11 图　　　　图 1-48　习题 1-12 图

1-13 如图 1-49 所示,求电压 U_{ab}。

1-14 求图 1-50 电路中的 U、I、R。

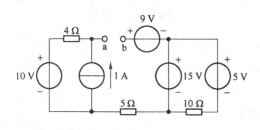

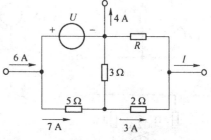

图 1-49 习题 1-13 图   图 1-50 习题 1-14 图

1-15 求图 1-51 所示各电路的等效电路。

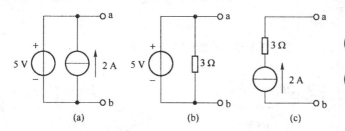

图 1-51 习题 1-15 图

1-16 电路如图 1-52,求等效电阻 R_{ab}。

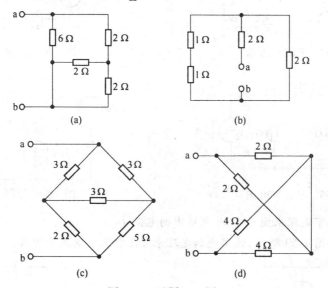

图 1-52 习题 1-16 图

1-17 将图示 1-53 电路化简为一个等效的电压源。

1-18 如图 1-54,各支路电流的参考方向已经选定,试用支路电流法求各支路电流。

1-19 如图 1-55 所示,试用支路电流法求各支路电流。

1-20 用叠加定理求图 1-56 电路中的电压 U_{ab}。

1-21 用叠加定理求图 1-57 电路中各支路的电流及各元件的功率。

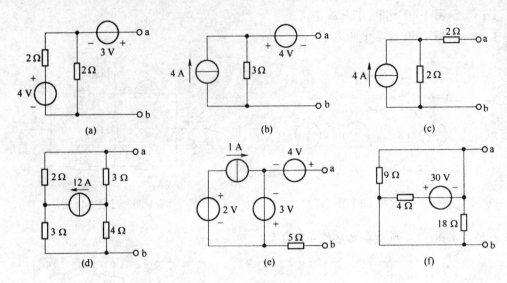

图 1-53　习题 1-17 图

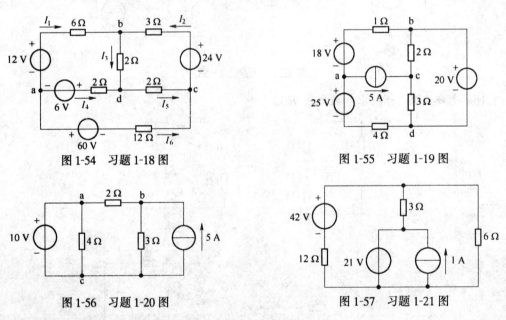

图 1-54　习题 1-18 图　　　　　　　图 1-55　习题 1-19 图

图 1-56　习题 1-20 图　　　　　　　图 1-57　习题 1-21 图

1-22　用戴维宁定理求图示 1-58 电路中的电流 I。

1-23　电路如图 1-59 所示,试用叠加定理求 4Ω 电阻的电流和电压。

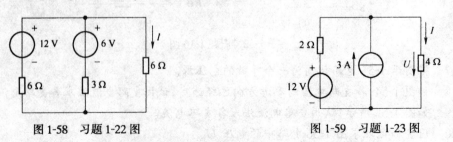

图 1-58　习题 1-22 图　　　　　　　图 1-59　习题 1-23 图

1-24　求图 1-60 所示各电路的戴维宁等效电路。

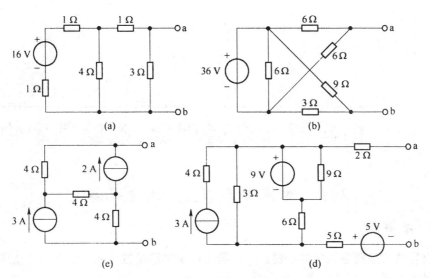

图 1-60 习题 1-24 图

1-25 电路如图 1-61 所示,电阻 R 可调。求 R 为何值时可获得最大功率,并求此最大功率。

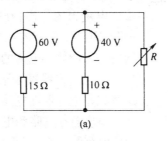

(a)

图 1-61 习题 1-25 图

第2章

电容器和电磁现象、磁路基本物理量

2.1　电容器及其充、放电现象

2.1.1　电容器

所谓电容器就是储存电荷的容器。电容器由两块用绝缘材料隔开的金属片组成。这两块金属片叫做电容器的两个极，或极板；它们之间的绝缘材料叫做电介质，如图 2-1 所示。

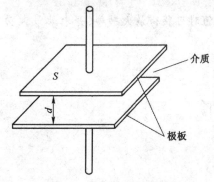

图 2-1　电容器的基本结构

把电容器的两个极板分别与电源的正、负极相连，两个极板就分别聚集等量而异号的电荷，介质中有了电场，储存着电场形式的能量。外电源撤走后，这些电荷依靠电场力的作用，互相吸引，而又为介质所绝缘不能中和，因而极板上的电荷能长久存储下去。因此，电容器是一种能储存电荷的器件，同时又有储存电场能量的作用。当电容器极板聚积的电荷改变时，就形成电流。这些就是电容器在电路中的主要性能。

电容器在电路和电气设备中很常见，例如电力电路中用电容器调整电压和改善功率因数，电子电路中用电容器隔直、滤波，等等。除了人为制造的电容器外，还存在着许多自然形成的电容器。例如两根输电线之间，输电线与地面之间，以及电机变压器绕组各匝之间，绕组与机壳之间都存在电容。

电容器的种类很多，按所使用的介质分类，可分为空气电容器、纸质电容器、云母电容器、油浸电容器、电解电容器等，其中电解电容器标有正负极，不能接反。按电容器的功能可分为固定电容器和可变电容器。

实际的电容器除了具备存储电荷的主要性质外，还有一些漏电现象。这是由于电介质不可能是理想的，多少有点导电的缘故。在变化电压的作用下，电介质内部还会有能量损耗，称为"介质损耗"。电容器所能承受的电压也有一定限度，电压过高会导致电容器中电介质的"击穿"，使介质从原来不导电变成导电，丧失了电容器的作用。所以电容器都规定有"耐压值"，称"额定电压"。

在生产实际中，检修电路时，当有工作在高压下的电容时，虽然电源已经切断，也不能用手摸电容器，以免造成触电事故。必须使电容器短路放电后，再进行检修，防止被电击伤。

2.1.2　电容量

电容元件是实际电容器的理想化模型，它是一个二端元件。电容元件的图形符号如图 2-2(a)所示，图 2-2(b)是可变电容器的图形符号。

电容器最基本的性质是它能储存电荷。

电容器每个极板所带的电荷量 q 和极间电压 u 的比值叫做电容器的电容量,简称电容。

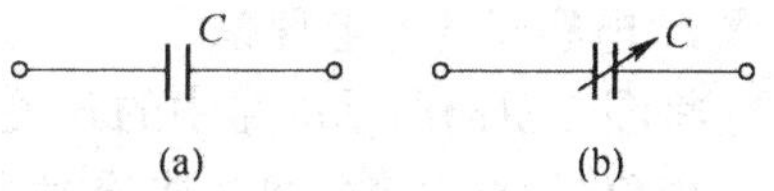

图 2-2　电容元件的图形符号

$$C = \frac{q}{u} \qquad (2-1)$$

电容量反映了电容器聚集电荷的能力。如果 C 是常数,称作线性电容,否则为非线性。本书中若不加特别说明均指线性电容元件。

如果 q 的单位为 C,u 的单位为 V,则电容 C 的国际单位就是 F(法)。

在实际问题中,F 是个很大的单位,常用的还有 μF(微法),$1\,\mu\text{F} = 10^{-6}\,\text{F}$;nF(纳法),$1\,\text{nF} = 10^{-9}\,\text{F}$;pF(皮法),$1\,\text{pF} = 10^{-12}\,\text{F}$。

需要指出的是,"电容元件"和"电容"是两个不同的概念,但在不致引起混淆的情况下,电容元件常被称作电容。

电容量和耐压是电容器的两个主要技术指标。

2.1.3　影响电容器电容的因素

电容器的电容,与电容器极板的形状、尺寸、相对位置及介质的种类都有关系。以图 2-1 所示的平板电容器为例。可以证明,平板电容器的电容

$$C = \frac{\varepsilon S}{d} \qquad (2-2)$$

式中,S 表示两极板的正对面积;d 表示两极板间的距离;ε 则是与介质有关的系数,叫做介电常数,其量纲是 F/m(法每米)。通过改变介质的介电常数、极板的相对面积、极板间的距离可以得到不同大小的电容,形状、尺寸和两极板的相对位置完全相同的电容器,介质不同,其电容一般是不同的。

某种介质的介电常数与真空的介电常数 ε_0 之比

$$\varepsilon_r = \frac{\varepsilon}{\varepsilon_0} \qquad (2-3)$$

叫做这种介质的相对介电常数,相对介电常数是一个无量纲的纯数,并且它的值总是大于 1。

2.1.4　电容器的充放电现象

图 2-3 为电容器充、放电演示电路。其中 G 为检流计,V 为电压表。

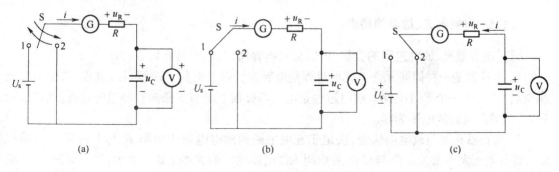

图 2-3　电容器的充放电过程

1. 电容器的充电现象

将图 2-3(a)所示电路中的开关 S 与"1"接通,即可对电容器充电,如图 2-3(b)所示。

现象:如果电容器事先未充过电,开关 S 与"1"接通瞬间,检流计的指示立即达到最大,之后逐渐减小到零;电压表的指示则从零逐渐增大,至检流计的指示为零时,电压表的指示等于电源电压,且不再增大。

物理过程:开关合上瞬间,电容器的极板上还没有电荷积累,电容电压 $u_C = 0$,电源电压全部加在电阻两端,电阻电压 $u_R = U_s$ 达到最大;电路中的电流也达最大值 $i = U_s/R$,其真实方向与图 2-3(b)所示的参考方向相同。这时在电源两极间电场力的作用下,电容器与电阻相连的极板上的自由电子经由电阻—电源正极—电源负极转移到与电源负极相连的电容器极板上,两个极板即分别带上了等量异号的电荷,介质中建立起电场。失去电子的极板带正电,称为正极板;得到电子的极板带负电,称为负极板。随着充电时间的延续,正极板上的正电荷将阻止其进一步失去电子,负极板上的负电荷也要阻止其进一步获得电子。为增加电荷的积累,电源必须克服极板上电荷的阻碍作用而做功,电源的能量即转换成电场的能量储存于电容器中。随着极板上电荷的增加,电容电压 u_C 增大,电阻电压 $u_R = U_s - u_C$ 则减小;电路中的电流 $i = U_s/R$ 也随之减小。当电容电压 $u_C = U_s$ 时,电阻电压 $u_R = 0$;电路中的电流 i 也减小到零。至此,充电过程结束。

2. 电容器的放电现象

充电结束以后,电压表指示等于电源电压值。此时,再将开关 S 从"1"处断开,并与"2"接通,即可使电容器放电,如图 2-3(c)所示。

现象:检流计的指示值也是从开始的最大逐渐减小到零,但指针的偏转方向与充电时相反;电压表的指示值则从 U_s 逐渐减小到零。

物理过程:放电时,在极板间电场力的作用下,负极板上的自由电子通过电阻 R 返回正极板与那里的正电荷中和,形成与充电时方向相反的放电电流。放电开始瞬间,电阻电压 $u_R = u_C = U_s$ 最大,放电电流 $i = U_s/R$ 也最大。随着极板上正、负电荷的不断中和,电容电压 u_C、电阻电压 $u_R = u_C$ 及放电电流 $i = U_R/R$ 都不断减小。至极板上的正、负电荷全部中和,电容电压 u_C 降至零,电流也减小为零,放电过程结束。放电过程中,极板间的电场随电压的下降而逐渐减弱,电容器储存的电场能量逐渐释放并全部为电阻所消耗。

研究电容器的充放电现象有其实际意义,例如长途输电线或电缆,在终端开路条件下,相当于一个电容器,在与电源接通瞬间,可能有很大的充电电流。另外,将充好电的电容器从电路上断开后,电容电压和极板上电荷保持不变,如电压很高时,仍不能直接接触,必须进行放电。

2.1.5 电容器充、放电的特点

通过电容器充、放电过程的分析,可以得到电容器充、放电具有以下特点。

1. 电容器是一种储能元件。充电过程是电容器极板上电荷不断积累的过程,当电容器充满电后,相当于一个等效电源。放电过程是电容器极板上电容不断向外释放的过程,放电结束后,这个等效电源的电压为零。

2. 电容器充电与放电的快慢,决定于充电电路和放电电路中电阻 R 与电容量 C 的乘积 RC,而与电压大小无关。R 与 C 的乘积叫 RC 电路的时间常数,用 τ 表示,即 $\tau = RC$。τ 大,充电越慢,放电也越慢;反之,τ 越小,充电越快,放电也越快。

　　3.电容器能够隔直流通交流。电容器仅仅在接通电源的短暂时间内发生充电现象,只有短暂的电流。充电结束后,电路电流为零,电路处于开路状态,相当于电容把直流隔断,这就说电容器具有隔直流的作用,常常把这一作用简称为"隔直"。

　　当电容器接通交流电源时(交流电的最大值不允许超过电容器的额定工作电压),由于交流电的大小和方向不断交替变化,致使电容器反复进行充放电,其结果,在电路中出现连续的交流电流,这就说电容器具有通过交流的作用,简称"通交流",通常将这种作用称做"通交"。但应该指出的是,这里所说的交流电流是电容器反复充放电而形成的,并不是电荷能够直接通过电容的介质。

2.1.6　电容元件的伏安关系及电场能量

1. 电容元件的电压、电流关系

　　电容是储存电荷的元件,当电容电压 u_C 随时间发生变化时,储存在电容元件极板上的电荷随之变化,出现充电或放电现象,连接电容的导线中就有电流流过。这个电流即电容电流。

　　选择电容元件的电压、电流为关联参考方向,如图 2-4 所示,并假设在 dt 时间内,极板上电荷的变化量为 dq,则电容电流

$$i_C = \frac{dq}{dt} \qquad (2\text{-}4)$$

根据电容元件的定义式 $C = \dfrac{q}{u}$ 可得 $q = Cu$,代入上式后得

$$i_C = C \frac{du_C}{dt} \qquad (2\text{-}5)$$

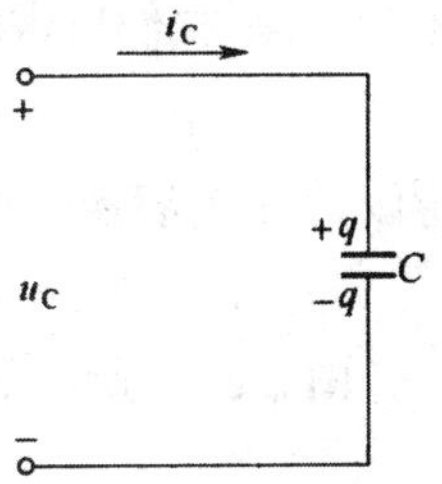

图 2-4　电容上电压与电流

这就是关联参考方向下电容元件的电压、电流关系,或电容元件的 $u\text{-}i$ 关系。若 i_C 和 u_C 为非关联参考方向,上式右侧应冠以负号。

　　式(2-5)表明:(1)电容元件上任一时刻的电流取决于同一时刻电容电压的变化率,而与该时刻电容电压的数值大小无关。(2)电压变化越快,电流越大,即使某时刻电压为零,也可能有电流。(3)当电压为恒定值时,由于电压不随时间而变,因而即使电压可能很大,也没有电流,电容相当于开路,所以电容具有隔离直流的作用。

2. 电容元件的储能

　　当电容元件的电压与电流取关联参考方向时,根据电容元件的 $u\text{-}i$ 关系可得电容元件的瞬时功率

$$p_C = u_C i_C = C u_C \frac{du_C}{dt} \qquad (2\text{-}6)$$

　　设 $t = 0$ 瞬间电容元件的电压为零,经过时间 t 电压升至 u_C,则任一时刻 t 电容元件储存的电场能量

$$W_C = \int_0^t p_C dt = \int_0^t C u_C \frac{du_C}{dt} dt = \int_0^{u_C} C u_C du_C = \frac{1}{2} C u_C^2 \Big|_0^{u_C}$$

所以

$$W_C = \frac{1}{2} C u_C^2 \qquad (2\text{-}7)$$

　　上式中,若电容 C 的单位为 F,u_C 的单位为 V,则 W_C 的单位为 J。

　　可见,电容在任一时刻的储能仅决定于此时刻的电压值,而与电流值无关。电容元件在充电时吸收的能量全部转换为电场能量,放电时又将储存的电场能量释放回电路,它本身不消耗能

量。电容的瞬时功率可能为正或负,但它的储能总是正值。因此,电容元件是一种储能元件。

2.2　电容器的并联与串联

在实际工作中,经常会遇到单个电容元件的电容量或额定工作电压不能满足要求的情况。这时可以把几个电容元件按照适当的方式组合起来,以满足不同的需要。为了正确选择电容元件的连接方式,必须掌握各种连接方式下电容元件的性质。类似直流电路讲述的等效电阻的概念,电容元件的组合也可以用等效电容元件来代替。等效的条件是:当电容元件组合和等效电容元件外加电压相同时,等效电容元件储存的电量和电容元件组储存的电量相同。

下面分别讨论电容元件的各种连接方式。

2.2.1　电容元件的并联

图 2-5(a)所示为 3 个电容并联的电路。电容并联时,各电容的电压为同一电压。若其电压为 u,则它们所带的电量分别为

$$q_1 = C_1 u, \quad q_2 = C_2 u, \quad q_3 = C_3 u$$

所以,3 个电容所带的总电量

$$q = q_1 + q_2 + q_3 = C_1 u + C_2 u + C_3 u = (C_1 + C_2 + C_3) u$$

图 2-5(b)所示的电容元件若与图(a)所示电容并联电路等效,则等效电容为

$$C = \frac{q}{u} = C_1 + C_2 + C_3 \tag{2-8}$$

式(2-8)表明,当多个电容元件并联时,其等效电容等于各并联电容之和。

由此可见,当单只电容元件的耐压符合要求而电容量小于工作需求时,可以采用多只电容元件并联的方法。

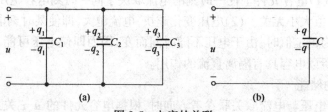

图 2-5　电容的并联

2.2.2　电容元件的串联

图 2-6(a)所示为 3 个电容串联的电路。电容串联时,与电源相连的两个极板充有等量异号的电荷 q,中间各极板因静电感应而出现等量异号的电荷 q。因此,各电容所带的电量相等,即

$$q = C_1 u_1 = C_2 u_2 = C_3 u_3$$

而它们的电压分别为

$$u_1 = \frac{q}{C_1}, \quad u_2 = \frac{q}{C_2}, \quad u_3 = \frac{q}{C_3}$$

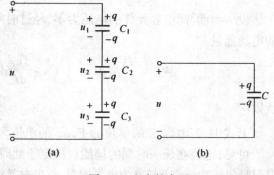

图 2-6　电容的串联

所以
$$u_1 : u_2 : u_3 = \frac{1}{C_1} : \frac{1}{C_2} : \frac{1}{C_3} \qquad (2\text{-}9)$$

即串联电容的电压与电容成反比。

串联电路的总电压
$$u = u_1 + u_2 + u_3 = \frac{q}{C_1} + \frac{q}{C_2} + \frac{q}{C_3} = \left(\frac{1}{C_1} + \frac{1}{C_2} + \frac{1}{C_3} \right) q$$

若图 2-6(b)所示电容元件与图 2-6(a)所示电容串联电路等效,即当它们的电量相等时,电压也相等,则可得等效电容的倒数为
$$\frac{1}{C} = \frac{1}{C_1} + \frac{1}{C_2} + \frac{1}{C_3} \qquad (2\text{-}10)$$

式(2-10)说明,几个电容串联的电路,其等效电容的倒数等于各串联电容的倒数之和。如有 2 个电容串联,则其等效电容为
$$C = \frac{C_1 C_2}{C_1 + C_2} \qquad (2\text{-}11)$$

电容串联电路的等效电容小于每个电容,但每个电容的电压都小于端口总电压。电容元件的耐压不够时,可将电容串联使用,但注意电容小的分得的电压大。

2.2.3 电容元件的混联

既有串联又有并联的电容元件的组合称为电容元件的混联。当外施电压超过电容元件的额定电压,而所需的电容量又超过电容元件的电容量时,可以采用混联的方法。

下面举例说明电容各种连接电路的计算方法。

【例 2-1】 两个电容器,其中电容 $C_1 = 4\,\mu\text{F}$,耐压 $U_{M1} = 150\,\text{V}$;电容 $C_2 = 12\,\mu\text{F}$,耐压 $U_{M2} = 360\,\text{V}$。(1)若将两电容器并联使用,其等效电容和耐压各为多少? (2)若将两电容器串联使用,等效电容和耐压又各是多少?

解:(1)将两电容器并联使用时,等效电容
$$C = C_1 + C_2 = 4 + 12 = 16 \quad (\mu\text{F})$$

其耐压以耐压最小的电容的耐压值为准
$$U_M = U_{M1} = 150\,\text{V}$$

(2)两电容器串联时的等效电容
$$C = \frac{C_1 C_2}{C_1 + C_2} = \frac{4 \times 12}{4 + 12} = 3 \quad (\mu\text{F})$$

因为
$$C_1 U_{M1} = 4 \times 10^{-6} \times 150 = 6 \times 10^{-4} \quad (\text{C}) \ll C_2 U_{M2} = 12 \times 10^{-6} \times 360 = 4.32 \times 10^{-3} \quad (\text{C})$$

故串联后的电量限额
$$Q_M = C_1 U_{M1} = 6 \times 10^{-4}\,\text{C}$$

$$U_M = U_{M1} + \frac{Q_M}{C_2} = 150 + \frac{6 \times 10^{-4}}{12 \times 10^{-6}} = 200 \quad (\text{V})$$

据此得串联电路的耐压或根据等效电容计算得
$$U_M = \frac{Q_M}{C} = \frac{6 \times 10^{-4}}{3 \times 10^{-6}} = 200 \quad (\text{V})$$

以上对电容串联耐压问题的分析,首先考虑的是电量限额较低的电容器(并非一定是小电容)的安全。在本例中,电量限额较低的恰恰是电容量较大的电容器。那种认为电容串联时,只要小电容安全大电容就一定安全的看法是不正确的。

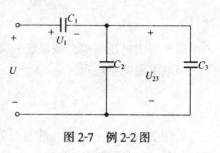

图 2-7　例 2-2 图

【例 2-2】　如图 2-7 所示,已知 $C_1 = 20\,\mu\text{F}$, $C_2 = 15\,\mu\text{F}$, $C_3 = 15\,\mu\text{F}$,它们的耐压均为 60 V。试求:(1)电路的等效电容;(2)端口电压不能超过多少。

解:(1)先求 C_2 与 C_3 并联的等效电容

$$C_{23} = C_2 + C_3 = 15 + 15 = 30 \quad (\mu\text{F})$$

再求 C_1 与 C_{23} 串联后的等效电容

$$C = \frac{C_1 C_{23}}{C_1 + C_{23}} = \frac{20 \times 30}{20 + 30} = 12 \quad (\mu\text{F})$$

故电路的等效电容为 $12\,\mu\text{F}$。

(2)因为 $C_1 < C_{23}$, $U_1 > U_{23}$,应保证 U_1 不超过其耐压 60 V。当 $U_1 = 60$ V 时

$$U_{23} = \frac{C_1}{C_{23}} U_1 = \frac{20}{30} \times 60 = 40 \quad (\text{V})$$

因此,电容混联电路端口电压不能超过

$$U = U_1 + U_{23} = 60 + 40 = 100 \quad (\text{V})$$

2.2.4　电容器的选用

在实际选用电容器时,不仅要满足电性能要求,还应考虑它的体积、种类、质量、价格等因素;不仅要考虑电路要求,还应考虑电容器的使用环境。也就是说,在选用电容器时要综合考虑各方面因素,保证既合理又安全。

1. 首先应满足电性能的要求,主要考虑电容量、误差、额定工作电压等是否达到电路要求,既不能过高也不能过低,过高造成浪费,过低不但达不到电路要求,而且不安全。

2. 考虑电路要求和使用环境,如电力系统用以改善系统的功率因数时,应选择额定工作电压高、容量大的电力电容器;在谐振电路中,应选择稳定性高、介质损耗小的云母电容器、陶瓷介质电容器等;用于滤波时,选用大容量的电解电容器。总之,要视不同电路和环境选用不同种类的电容器。

3. 考虑装配形式、体积、成本等。

4. 应熟习电容器的型号和意义。

2.2.5　电容器的简易检测方法

1. 较大容量电容器的检测

电容较大($1\,\mu\text{F}$ 以上)的固定电容器可用万用表的欧姆挡($R \times 1000$ 量程)测量电容器两端。对于良好电容器,表针应向小电容侧摆动,然后慢慢回摆到"∞"附近。这时,迅速交换表棒再测一次,表针摆动基本相同,表针摆幅越大,表明电容器的容量越大。

若表棒一直接电容器两端,表针最终应指在"∞"附近,如果表针最后指示值不为"∞",表明电容器有漏电现象;其电阻越小,漏电越大,该电容器的质量越差。如果测量时指针立即指

到 0,不向回摆,就表示该电容已短路(击穿)。如果测量时表针根本不动,表明电容器已经失效。如果表针摆动返回不到起始点,则表示电容器漏电很大,质量不合格。根据上述现象,还可以预先测量几个已知质量完好的电容器,记下摆幅,与被测电容器的摆幅相比较,可以大致估算电容值。

2. 较小容量电容器的检测

对于容量较小的固定电容器,往往用万用表测量看不出表针摆动情况,这种情况可以借助于一个外加直流电压和万用表直流电压挡进行测量。

具体做法是:把万用表调到相应直流电压挡,负(黑)表笔接直流电压负极,正(红)表笔接被测电容后接电压正极。一个良好的电容器在接通电源的瞬间,电表指针应有较大摆幅;电容器的容量越大,摆幅越大。然后表针逐渐返回零位。如果电源接通瞬间表针不摆,说明电容器失效或断路;如果表针一直指向电源电压值而不向回摆动,则说明电容器已短路(击穿);如果表针能向回摆动,但不返回零位,说明电容器有漏电现象存在,指针返回离零位越远,表明漏电越严重。

需要注意的是:测量时所用直流电压不能超过被测电容的耐压值,以免测量不当而造成电容器的击穿、损坏。若要准确测量应采用电容电桥或 Q 表。

2.3　磁场的基本物理量及基本定律

实际工程中遇到的许多电工设备,如电机、变压器、电磁铁、电工测量仪表等,都是电与磁相互联系、相互作用的统一体。要对它们进行全面的分析,必须同时从电路和磁路这两个方面去考虑问题,因此,需对磁路的基本理论和基本分析方法作必要的介绍。

磁路实质上是局限在一定路径中的磁场,是磁场的一种特殊情况,磁场的基本规律同样存在于磁路中。本节先对物理学中有关磁场的一些基本概念进行必要的复习。

2.3.1　磁场的基本知识

磁体或载流导体周围存在一种叫做磁场的特殊物质。磁场对处于其中别的磁体或载流导体有力的作用。磁体或载流导体在磁场中运动时,磁场力要对其做功,说明磁场具有能量。

磁场是有方向的。小磁针在磁场中的某一点静止时,其 N 极所指的方向规定为该点磁场的方向。

磁场是由电流产生的。磁场的方向与产生它的电流方向之间的关系符合右手螺旋定则。在研究磁场时,常引用磁力线来形象地描绘磁场的特性,磁感应强度大的地方,磁力线密,反之则疏。磁力线上各点切线的方向表示该点的磁场方向。磁力线都是连续、闭合的曲线。

2.3.2　磁感应强度

磁感应强度是根据磁场的力的性质描述磁场中某点的磁场强度和方向的物理量。它是矢量。在磁场中的某一点放一小段长度为 Δl,电流为 I,并与磁场方向垂直的通电导体,如图 2-8 所示,若导体所受磁场力的大小为 ΔF,则该点磁感应强度的大小为

$$B = \frac{\Delta F}{I \Delta l}$$

电流 I 及通电导体在磁场中所受的力 ΔF、磁感应强度 B 三者的方向可由左手定则来确

定,如图 2-8 所示。

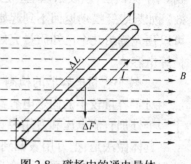

该点磁感应强度的方向就是放置在这点的小磁针 N 极所指的方向,它与该点磁场的方向一致。

磁感应强度的单位是 T(特),工程上还用 Gs(高[斯])作为 B 的单位,它和 T(特)的关系为

$$1\,Gs = 10^{-4}\,T$$

如果在磁场中的某一区域内,各点的磁感应强度大小相等、方向相同,则该区域内的磁场称为均匀磁场。

用磁感应线(或称磁力线)可以形象地描述磁场情况。

图 2-8 磁场中的通电导体

磁感应强度大的地方,磁感应线密,反之则疏;磁感应线上各点的切线方向就是该点磁场的方向。因为磁场中的每一点只有一个磁感应强度,所以磁感应线是互不相交的。

2.3.3 磁通及磁通的连续性原理

磁通是反映磁场中某个面上磁场情况的物理量,用 Φ 表示。

如图 2-9(a)所示的均匀磁场中,磁感应强度 B 与垂直于它的面积 S 的乘积,叫做穿过该面积的磁通 Φ,即

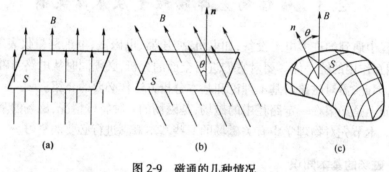

(a)　　　　　　　　(b)　　　　　　　　(c)

图 2-9 磁通的几种情况

$$\Phi = BS \tag{2-12}$$

在图 2-9(a)中,磁感应强度 B 的方向与面积 S 的法线 n(法线是指与面积 S 垂直方向的矢量)的方向一致。由式(2-12)可得

$$B = \frac{\Phi}{S} \tag{2-13}$$

所以,磁感应强度又可称做磁通密度。

在图 2-9(b)中如果面积 S 与均匀磁场不垂直,其法线 n 的方向与磁感应强度 B 的方向的夹角为 θ,设 B_n 为 B 在平面 S 的法线方向的分量,则穿过曲面 S 的磁通为

$$\Phi = B_n S = BS\cos\theta \tag{2-14}$$

若面积 S 为曲面,或磁场是非均匀的,如图 2-9(c)所示,则穿过曲面 S 的磁通

$$\Phi = \int_S B_n dS \tag{2-15}$$

磁通的国际单位是 Wb(韦[伯])。工程上,常用的单位还有 Mx(麦[克斯韦])。

$$1\,Mx = 10^{-8}\,Wb$$

由于磁力线是连续、封闭的曲线,对磁场中的任一个封闭面来说,穿入封闭面的磁力线的

条数等于从该封闭面穿出的磁力线的条数,即穿出(或穿入)封闭面的磁通的代数和等于零,这就是磁通连续性原理。这一原理可表示为

$$\oint_S B \mathrm{d}S = 0$$

2.3.4　磁导率

磁导率也叫导磁系数,是表示物质导磁性能的一个物理量。用 μ 表示,磁导率的单位是 H/m(亨/米)。

不同的介质有不同的磁导率。磁导率大的介质导磁性能好,磁导率小的介质导磁性能差。试验测得真空的磁导率为

$$\mu_0 = 4\pi \times 10^{-7} \text{ H/m}$$

为了便于比较,工程上常采用某种介质的磁导率 μ 与真空磁导率 μ_0 的比值,称为这种介质的相对磁导率,用 μ_r 表示,即

$$\mu_r = \frac{\mu}{\mu_0} \tag{2-16}$$

显然,相对磁导率 μ_r 没有单位。

物质按其导磁性能大体上可分为非磁性材料和磁性材料两大类。非磁性材料的导磁性能较差,它的相对磁导率 $\mu_r \approx 1$,如空气、铜、铝、纸、木材、陶瓷、橡胶等。而磁性材料则有很强的导磁性能,磁性材料的 $\mu_r \gg 1$,它们的相对磁导率可达几百甚至几万以上,但不是常数。例如,铸铁的 μ_r 在 200~400 之间,硅钢片的 μ_r 在 6 000~8 000 之间,坡莫合金的 μ_r 则可达 10^5 左右。

磁性材料主要为铁、钴、镍及其合金,这类材料以铁为主,称为铁磁物质。除磁性材料以外的所有物质都可看作是非磁性材料,称为非铁磁物质。

2.3.5　磁场强度及全电流定律

1. 磁场强度

为了便于确定磁场与产生该磁场的电流之间的关系,引用一个与磁导率无关的物理量 H,称为磁场强度。磁场中某点磁场强度的大小等于该点磁感应强度 B 与该处媒质的磁导率 μ 的比值,即

$$H = \frac{B}{\mu} \tag{2-17}$$

磁场强度 H 是一个与电流有关,而与磁介质无关的量,磁场强度 H 是一个矢量,其方向与该点磁感应强度的方向相同,单位是 A/m。

引用了磁场强度这一物理量,可以较方便地解决不同媒质的磁场分析计算。磁感应强度 B 与磁场强度 H 的区别是:磁感应强度 B 与磁介质有关,而磁场强度 H 与磁介质无关。决定均匀介质中磁感应强度的因素一是产生磁场的电流的大小及通电导体的形状;二是磁介质的影响,即磁介质的磁导率。而磁场强度只与产生磁场的电流的大小及形状有关,与磁介质无关。

磁场强度的大小与产生该磁场的电流之间的关系可由全电流定律确定。

2. 全电流定律(安培环路定律)

全电流定律:磁场强度矢量沿任一闭合回线的线积分等于该闭合回线所包围的全部电流的代数和,即

$$\oint_l H_l \mathrm{d}l = \sum I \tag{2-18}$$

应用全电流定律时,先对回线选定一个环绕方向,当电流 I 的方向与闭合回线方向符合右手螺旋关系时,对这个电流取正,反之取负。

【例2-3】 有一条长直导线通过的电流为 I,求距导线轴心 r 处 P 点的磁场强度 H。

解: 如图2-10所示,通过 P 点以导线为轴心,r 为半径作一个圆形闭合路径,H 在这条路径上处处相等,而闭合路径所包围的电流只有导线电流 I,根据全电流定律

$$\oint H\mathrm{d}l = \sum I$$

可得 $\qquad\qquad H2\pi r = I$

所以 $\qquad\qquad H = \dfrac{I}{2\pi r}$

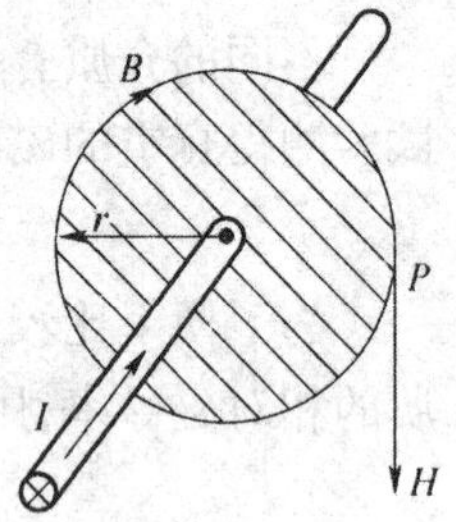

图 2-10　例 2-3 图

2.4　铁磁物质的磁化

2.4.1 铁磁物质的磁化

使原来没有磁性的物质具有磁性的过程叫做物质的磁化。实践证明,只有铁磁材料才有磁化现象。下面从物质的分子结构来分析这一现象。

物质的原子是由原子核和绕原子核旋转的电子构成,电子除绕原子核旋转外,还绕自己的轴线自转。电子不断旋转而形成微小电流,它将产生磁场,整个分子的磁场可以看作是由一个等效的分子电流产生的。

由于铁磁物质都是晶体结构,每个晶体内有许多很小的天然磁化区,叫做磁畴。每个磁畴的体积很小,一般磁畴体积约为 $10^{-6}\,\mathrm{cm}^3$,但包含数亿个分子,它们所产生的磁场方向一致,相当于一个小永磁体。在没有外磁场时,由于磁畴排列杂乱无章,各磁畴的磁场相互抵消,对外不显磁性。如图2-11(a)所示。

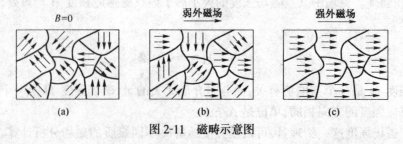

图 2-11　磁畴示意图

当把铁磁物质置于外磁场中时,在外磁场力的作用下,各个磁畴就会顺着外加磁场的方向偏转,使它们的排列逐渐趋向于外磁场的方向,如图2-11(b)所示。这时它们的合成磁场就不再为零,而对外显示磁性。这时我们就说铁磁物质被磁化了。磁化形成的磁场称为附加磁场。其方向与外磁场相同,使总磁场大大增强。随着外磁场的不断增强,磁畴的排列就越趋向于外磁场,所形成的附加磁场也就越强。当所有磁畴都与外磁场一致时,如图2-11(c)所示,附加磁

场达到最大值,这时即使外磁场继续增加,附加磁场也不再增加了,这种现象称为磁饱和。

由于铁磁物质内部磁畴数量非常多,所以被磁化后可以得到相当强的附加磁场,它会比外磁场大几百倍甚至几万倍。所以在线圈中加入铁芯后磁感应强度将大大增强。

非铁磁物质不具有分子电流所形成的磁畴,所以即使在外磁场作用下也没有磁化现象。

任何铁磁材料都有一个特定的温度,在这个温度以上时,它的磁性完全消失,该温度称为居里点。

铁磁材料的磁导率 μ 很大,而且不是一个常数,即 $B = \mu H$ 中,B 与 H 不是线性关系,我们一般用磁化曲线来描绘铁磁物质的磁性能。下面介绍磁化曲线的作法。

2.4.2 磁化曲线

磁化曲线是铁磁物质在外磁场中被磁化时,其磁感应强度 B 随外磁场强度 H 的变化而变化的曲线,即 B-H 关系曲线。磁化曲线可由实验测定。

1. 起始磁化曲线

如图 2-12(a)所示为测试磁化曲线的示意图。将待测的尚未磁化过的铁磁材料制成截面积为 S,平均周长为 l 的环形铁芯,并绕以 N 匝线圈,调节可变电阻 R 使电流 I 从零逐渐增大,同时用磁通表间接测出相应的磁感应强度 $B = \dfrac{\Phi}{S}$,然后根据电流表测出的电流,应用全电流定律求出 $H = \dfrac{NI}{2\pi R}$,便可绘出 B-H 曲线,如图 2-12(b)所示。这条曲线称为铁磁材料的起始磁化曲线。

起始磁化曲线可分为四段:在 Oa 段,因外磁场极弱,故磁畴仅微微转向,产生的附加磁场极弱;在 ab 段,外磁场增强,附加磁场随之增强,磁感应强度急剧上升;在 bc 段,H 继续增大,B 增加缓慢,这是因为在强磁场作用下磁畴的磁场大部分转向为与外磁场方向一致,磁感应强度 B 趋近于饱和;c 点以后,随着 H 上升,B 增加极其缓慢,铁磁材料达到饱和状态,c 点称为饱和点。

由起始磁化曲线可以看出,曲线每点 $\dfrac{B}{H}$ 比值不是常数,因 $\mu = \dfrac{B}{H}$,故 μ 也不是常数。

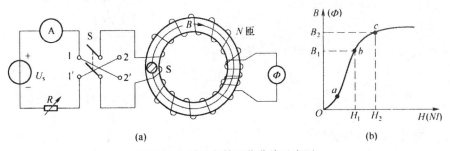

图 2-12 测试起始磁化曲线示意图

2. 磁滞回线

铁磁材料在反复磁化过程中的 B-H 的关系曲线称为磁滞回线。通过实验我们还发现,铁磁材料在磁化过程中(和作起始磁化曲线一样),当励磁电流 I 增加,使外加磁场增加到某一最大值 H_m 后,如图 2-13 所示中的 a 点,B 达到最大值 B_m,然后减小励磁电流 I,即减小 H 值,这时 B 值也会随之减小,但实验表明,B 并不按照原来的起始磁化曲线的规律减小,而是由 B_m 沿 ab 曲线段下降,当 H 减小到零时,B 并未减小到零(曲线上的 b 点),此时的磁感应

强度 B_r 称为剩余磁感应强度,简称剩磁。如要消除剩磁,必须改变外磁场 H 的方向来进行反向磁化(只需改变励磁电流方向即可)。随着反向磁场的增强,材料逐渐被退磁,直到外磁场 H 反向增加到 $-H_c$(曲线的 c' 点)时,$B=0$,剩磁消除。消除剩磁所需的反向磁场强度的大小 H_c 称为矫顽磁力(或称矫顽力)。继续增大反向磁场直到 $-H_m$,B 也相应反向增至 $-B_m$(曲线的 a' 点)。再使 H 返回零(曲线的 b' 点),并又从零增至 H_c(曲线的 c 点),再增至 H_m,即可得到如图 2-13 中的一条对称于原点的闭合曲线 $abca'b'ca$。可见,铁磁材料在反复磁化过程中,磁感应强度 B 的变化滞后于外磁场强度 H 的变化,这一现象称为磁滞。综上所述,可以看出,铁磁材料具有如下的磁性能:

①高导磁性;

②剩磁性;

③磁饱和性;

④磁滞性。

3．基本磁化曲线

从磁滞回线可以看到,对于同一个磁场强度 H 可以有两个磁感应强度 B 与之对应,需区分材料是在被磁化还是在退磁才能找到与已知 H 相对应的一个 B 值。为了便于计算,工程上对那些磁滞回线狭长的铁磁材料是采用基本磁化曲线替代的。在不饱和区域内对不同的 H_m 值反复磁化,便可得到一系列大小不同的磁滞回线,如图 2-14 所示。将各个不同 H_m 值所对应的各条磁滞回线的顶点连接起来得到的曲线叫基本磁化曲线。基本磁化曲线与起始磁化曲线差别很小,但它所表示的磁感应强度与磁场强度的关系具有平均的意义。所以基本磁化曲线也称平均磁化曲线。

各种材料的基本磁化曲线或数据表,可在产品目录或有关手册上查到。

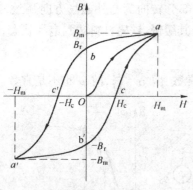

图 2-13　磁滞回线

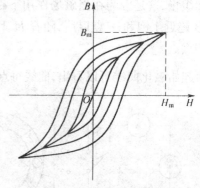

图 2-14　基本磁化曲线

2.4.3　铁磁材料的分类

根据磁滞回线的形状,铁磁材料又可分为两大类,即硬磁性材料和软磁性材料。

1．硬磁性材料

硬磁性材料的特点是磁滞回线较宽,撤去外磁场后剩磁大,磁性不易消失,如图 2-15(a)所示。硬磁性材料常用来制作永久磁铁,许多电工设备如磁电式仪表、喇叭、受话器、永磁发电机中的永久磁铁都是用硬磁性材料制作的。钨钢、钴钢、钡铁氧体等是常用的硬磁性材料。有的硬磁性材料磁滞回线的形状接近矩形,如图 2-15(b)所示,称为矩磁材料。

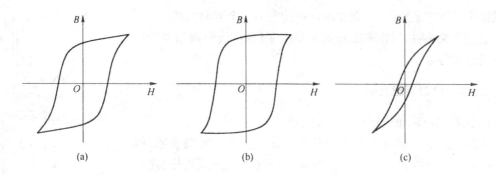

图 2-15　硬磁、矩磁及软磁材料的磁滞回线

2. 软磁性材料

与硬磁性材料相反,软磁性材料的磁导率高,易于磁化,撤去外磁场后,磁性基本消失。反映在磁滞回线上是剩磁 B_r 和矫顽力 H_c 都很小,磁滞回线狭长,与基本磁化曲线十分靠近,如图 2-15(c)所示。常用的软磁性材料有电工钢片、铸钢、铸铁、坡莫合金、铁氧体等。如交流电机、变压器等电力设备中的铁芯都采用硅钢片制作;收音机接收线圈的磁棒的材料是铁氧体。

2.5　电磁感应定律

通电导体周围能产生磁场,导体在静止的磁场中切割磁力线运动也能产生电,这就是电磁感应现象。

2.5.1　直导线切割磁力线产生感应电动势

1. 直导体中的感应电动势

如图 2-16 所示均匀磁场中放置一根导体 ab,两端接上检流计 PG。当导体做垂直于磁力线运动时,发现检流计 PG 指针有偏转,说明导体回路有电流通过,速度越快,电流越大。当导体平行于磁力线方向运动时,检流计 PG 指针不发生偏转,说明导体回路不产生电流。

上述现象表明,感应电动势不但与导体在磁场中的运动方向有关,还与导体的运动速度有关。由感应电动势引起的电流称为感应电流。

直导体中感应电动势大小为

$$e = BLV\sin\alpha$$

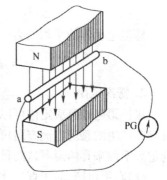

图 2-16　直导体的电磁感应现象

式中　B ——磁感应强度,T;

$\quad\quad\ V$ ——导体运动速度,m/s;

$\quad\quad\ \alpha$ ——速度方向与磁场方向夹角;

$\quad\quad\ L$ ——导体的有效长度,m;

$\quad\quad\ e$ ——磁感电动势,V。

2. 线圈中磁通变化产生感应电动势

如图 2-17 所示,空心线圈两端连接检流计 PG。当用一块条形磁铁迅速插入线圈时,可观察到检流计指针向一个方向偏转,如果磁铁在线圈中静止不动,则检流计指针不偏转,若将条形磁铁由线圈中迅速抽出,则检流计指针向另一个方向偏转。

上述现象表明,当线圈中的磁通发生变化时,线圈两端也会产生感应电动势。

2.5.2　电磁感应定律

1. 法拉第电磁感应定律

线圈中感应电动势的大小与哪些因素有关呢? 实验表明,线圈中感应电动势的大小与穿越该线圈的磁通变化率成正比,这一规律叫做法拉第电磁感应定律。

设通过线圈的磁通量为 Φ,则单匝线圈中产生的感应电动势的大小为

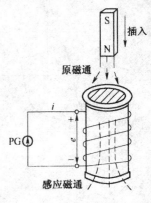

图 2-17　磁铁在线圈中运动

$$e = \left| \frac{\Delta \Phi}{\Delta t} \right| \tag{2-19}$$

对于 N 匝线圈,其感应电动势为

$$e = N \left| \frac{\Delta \Phi}{\Delta t} \right| \tag{2-20}$$

式中　e——在 t 时间内感应电动势的平均值,V;

　　　N——线圈的相对时间变化率。

【例 2-4】　在 $B = 0.01T$ 的均匀磁场内,放一个面积为 $0.001\ m^2$ 的线圈,其匝数为 500。在 0.1 s 内,线圈平面从平行于磁力线的方向转过 90°,与磁力线的方向垂直,求感应电动势的平均值。

解: 在 0.1 s 时间里,线圈转过 90°,穿过它的磁通从 $\Phi_1 = 0$,变成

$$\Phi_2 = BS = 0.01 \times 0.001 = 1 \times 10^{-5} \quad (Wb)$$

磁通的平均变化率为

$$\left| \frac{\Delta \Phi}{\Delta t} \right| = \left| \frac{\Phi_2 - \Phi_1}{\Delta t} \right| = \frac{1 \times 10^{-5} - 0}{0.1} = 1 \times 10^{-4} \quad (Wb/s)$$

感应电动势的平均值为

$$e = N \left| \frac{\Delta \Phi}{\Delta t} \right| = 500 \times 1 \times 10^{-4} = 0.05 \quad (V)$$

2. 楞次定律

法拉第电磁感应定律可以确定电动势的大小,那么感应电动势的方向如何确定呢? 对于直导体产生的感应电流方向可用右手定则来判定。通电螺旋管的感应电流方向可用楞次定律判定。下面来具体说明这两种方法。

(1)右手定则:对于直导体产生的感应电流方向可用右手定则来判定。其内容是:伸开右手,使拇指与其余四指垂直,且在同一平面上,让磁力线垂直穿过手心,拇指指向导体运动方向,其余四指指向就是感应电流的方向,如图 2-18 所示。

(2)楞次定律其内容是:感应电流产生的磁通总是阻碍原磁通的变化。

应用楞次定律的具体步骤是:首先看原磁场方向及变化趋势;其次根据楞次定律确定感应磁通方向;最后根据感应磁

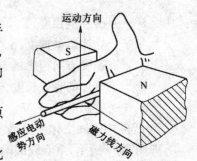

图 2-18　右手定则

通方向,用右手螺旋定则(即用右手握住螺旋管,拇指指向感应磁通方向,弯曲四指指向就是感应电流方向)判定感应电流的方向。

【例 2-5】　在图 2-19(a)中,由于磁铁插入线圈时,原磁通(向下)的变化趋势是要增加。根据楞次定律,感应磁通方向就与原磁通方向相反,企图阻碍磁通的增加。因此得出感应磁通方向(向上)。再应用安培定则判断出感应电流方向,即用右手握住线圈,用拇指指向感应磁通方向,则弯曲四指方向就是感应电流方向。结果判断得出感应电流由右端流入检流计。根据感应电流方向,同时把线圈看成电源,可判断出感应电动势 e 的极性如图 2-19(a)所示(上负下正)。当磁铁由线圈中抽出时,用上述方法也可判断出线圈产生的感应电动势 e 的极性,如图2-19(b)所示(上正下负)。

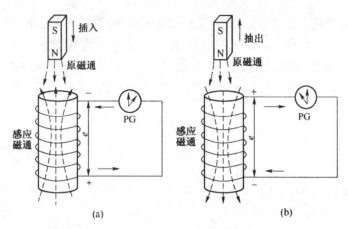

图 2-19　应用楞次定律判断感应电流方向

2.6　互感及互感电压

2.6.1　电感器、自感系数

由物理学知识可知,导线中有电流时,其周围就有磁场。通常我们把导线绕成线圈,如图2-20 所示,以增强线圈内部的磁场,该线圈称为电感器或电感线圈。磁场也具有能量,因此电感线圈是一种能够储存磁场能量的器件。为了进一步增强线圈内部的磁场,通常以铁磁性物质为线圈的芯子,磁场会大大加强。

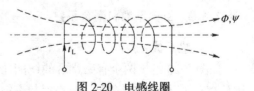

图 2-20　电感线圈

发电机、电动机、变压器及很多仪器仪表中都有线圈。线圈通过电流,就有磁通与线圈交链,与线圈交链的磁通改变时,线圈因电磁感应引起感应电压。这些就是线圈在电路中的主要性能。

线圈在电路中除了上述主要性能外,还因为线圈由导线绕制,会有一定的电阻;铁芯线圈由于磁通的变化,还要引起能量损耗。

1. 自感系数

当电流通过线圈时,线圈处在该电流产生的磁场当中,每匝线圈都有磁通 Φ 穿过。若线圈有 N 匝,则与线圈交链的总磁通 $N\Phi$,称做磁链 Ψ,即 $\Psi = N\Phi$。磁通 Φ、磁链 Ψ 都是由线圈本身的电流所产生的,它们的单位是 Wb。磁链 Ψ 是电流 i_L 的函数,Ψ 与 i_L 的关系可用

Ψ-i_L 曲线表示。

当选择 i 与 Ψ 的参考方向符合右手螺旋定则时,定义

$$L = \frac{\Psi}{i} \qquad (2-21)$$

叫做线圈自感系数,简称自感,也叫电感。在国际单位制中 L 的单位是 H。常用的单位还有
mH($1\,mH = 10^{-3}\,H$),μH($1\,\mu H = 10^{-6}\,H$)。

电感线圈的电感,与线圈的形状、尺寸,匝数及其周围的介质都有关系。一般来说,线圈的
电感与线圈的匝数的平方成正比;芯子的截面积越大,电感越大;芯子越长,电感越小。同样形
状、尺寸的铁芯线圈的电感比空心线圈大得多。

2. 电感元件

它是根据线圈的基本性能而定义的,反映磁场储能的理想电路元件。电感元件的定义如
下:一个二端元件,如果在任一时刻 t,它的电流 i_L 同它的磁链 Ψ 之间的关系可以用 Ψ-i_L 平
面上的一条曲线来确定,则此二端元件称为电感元件。图 2-21 为电感元件的图形符号。若
Ψ-i_L 曲线是一条通过原点的直线,且不随时间而变,则此电感元件称为线性电感元件,如图
2-22所示。

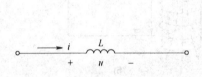

图 2-21　电感元件

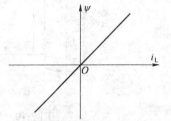

图 2-22　线性电感元件的 Ψ-i 关系曲线

习惯上,常把电感元件简称为电感,并且今后所说的电感元件,除非特别指明,都是指的线性电
感元件。

一个实际的电感线圈,除了表明它的电感量外,还应标明它的额定工作电流。电流过大,
会使线圈过热或使线圈受到过大电磁力的作用而发生机械形变,甚至烧毁线圈。

2.6.2　互感系数和耦合系数

1. 互感系数

如图 2-23 给出两个有磁耦合的线圈①和②,其匝数分别为 N_1 和 N_2。设通过线圈①的
电流为 i_1,它所产生的磁通 Φ_{11} 不但与本线圈相交链产生自感磁链 Ψ_{11},而且其中一部分穿过
线圈②,用 Φ_{21} 表示,称为互感磁通。如果 Φ_{21} 与线圈②的每一匝都交链,则互感磁链为

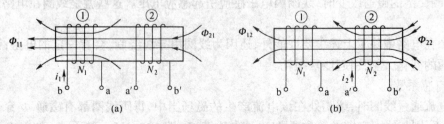

图 2-23　两个具有互感应的线圈

$$\Psi_{21} = N_2 \Phi_{21}$$

磁链的意思是磁通线与线圈的每一匝互相环链起来,所形成的环链数,用符号 Ψ 代表,其单位是 Wb。

同理,当电流 i_2 通过线圈②时,产生磁通 Φ_{22} 不但与本线圈相交链产生自感磁链 Ψ_{22},其中一部分 Φ_{22} 穿过线圈①,Φ_{21} 与线圈①交链形成互感磁链为

$$\Psi_{12} = N_1 \Phi_{12}$$

本章在述及两个线圈间的相关物理量时,均采用双下标标注。如 Ψ_{11} 表示线圈①的电流在线圈①中产生的磁链,即自感磁链;Ψ_{12} 表示线圈②的电流在线圈①中产生的互感磁链。

如果线圈周围没有铁磁性物质时,则互感磁链与产生它的电流成正比,在关联参考方向下(如果磁通或磁链与电流的参考方向符合右手螺旋关系,则称二者的参考方向关联),其比例系数分别用 M_{12} 和 M_{21} 表示,则有

$$\left.\begin{aligned} M_{12} &= \frac{\Psi_{12}}{i_2} \\ M_{21} &= \frac{\Psi_{21}}{i_1} \end{aligned}\right\} \tag{2-22}$$

M_{12} 和 M_{21} 称为线圈①与线圈②之间的互感系数,是与线圈中电流和时间无关的常量。

根据磁场理论可以证明两个互感线圈的互感系数 $M_{12} = M_{21}$,所以不必区分 M_{12} 和 M_{21},可以省去下标统一用 M 表示互感系数,即

$$M = \frac{\Psi_{12}}{i_2} = \frac{\Psi_{21}}{i_1}$$

称为互感。互感与自感一样总是正值。互感的单位与自感的单位相同,也是亨[利](H)。若在一个电路中有 3 个及以上的互感线圈且两两间均存在互感,则互感系数还要用双下标表示。

互感的量值反映了一个线圈在另一个线圈产生磁链的能力。若互感线圈为空心线圈,则互感系数 M 的大小仅取决于两线圈的形状、尺寸、匝数、相对位置。

磁介质的磁导率为常数时,互感为常数。铁芯线圈的互感不是常数,本章只讨论 M 为常数的情况。

2. 耦合系数

互感线圈是通过磁场彼此影响的,这种影响称为磁耦合。耦合的紧密程度用耦合系数来衡量。一般情况下,两个耦合线圈中的电流所产生的自感磁通,都分别只有一部分与另一个线圈相交链;还有一部分不与另一线圈相交链的磁通称为漏磁通,简称漏磁。因此,可以用互感磁通与自感磁通的比来衡量耦合程度。图 2-24 中 Φ_{11}、Φ_{21} 和 Φ_{22}、Φ_{12} 分别表

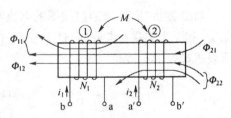

图 2-24　互感线圈磁耦合的示意图

示电流 i_1、i_2 产生的自感磁通和互感磁通。考虑到耦合是相对的,因此耦合系数定义为

$$k = \sqrt{\frac{\Psi_{21}}{\Psi_{11}} \cdot \frac{\Psi_{12}}{\Psi_{22}}} \tag{2-23}$$

由此定义可得

$$k = \sqrt{\frac{N_2 \Phi_{21}}{N_1 \Phi_{11}} \cdot \frac{N_1 \Phi_{12}}{N_2 \Phi_{22}}} = \sqrt{\frac{M i_1}{L_1 i_1} \frac{M i_2}{L_2 i_2}} = \frac{M}{\sqrt{L_1 L_2}}$$

故耦合系数与互感线圈的参数关系为

$$k = \frac{M}{\sqrt{L_1 L_2}} \tag{2-24}$$

其中 L_1、L_2 为线圈①和线圈②的电感(自感系数),M 为两线圈的互感。由于互感磁通是自感磁通的一部分,因而 $\Phi_{21} \leqslant \Phi_{11}$,$\Phi_{12} \leqslant \Phi_{22}$,所以 $0 \leqslant k \leqslant 1$。若 $k = 0$,说明两线圈无耦合;而 $k = 1$,则为理想情况称为全耦合。耦合系数反映磁通相互耦合紧密的程度,k 值越接近于 1 表示漏磁通越少,即两个线圈之间耦合越紧密。

耦合系数 k 的大小与两个线圈的相对位置有关。如果两线圈靠得很近且相互平行或紧密绕在一起,如图 2-25(a)所示,则 k 值近于 1。反之,如果它们相隔很远或者它们的轴线互相垂直,如图 2-25(b)所示,则 k 值就很小,甚至可能接近于零。由此可见,通过调整两线圈的相对位置,可以改变耦合系数的大小,当 L_1、L_2 一定时,也就相应地改变了 M 的大小。

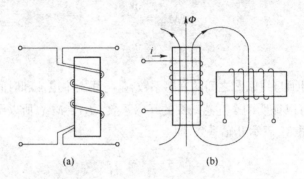

图 2-25　相对位置不同的两个线圈

在电力工程和无线电技术中,为了更有效地传输功率或信号,总是采用紧密耦合,使 k 值尽可能地接近于 1,一般采用铁磁性材料制成的芯子可以达到这一目的;但在控制电路或仪表线路中,为了避免干扰,则要极力减小耦合作用,除了采用屏蔽手段外,合理地布置线圈相对位置以降低耦合程度也是一个有效的方法。

2.6.3　互感电压

如图 2-26 所示,当通过线圈的电流发生变化时,在自身线圈中感应的电压称为自感电压,取 u_L 和 i 为关联参考方向,且 i 与 Ψ_L 的参考方向符合右手螺旋关系时,两线圈中的自感电压表达式为

$$u_{L1} = \frac{d\Psi_{11}}{dt} = L_1 \frac{di_1}{dt}$$

$$u_{L2} = \frac{d\Psi_{22}}{dt} = L_2 \frac{di_2}{dt}$$

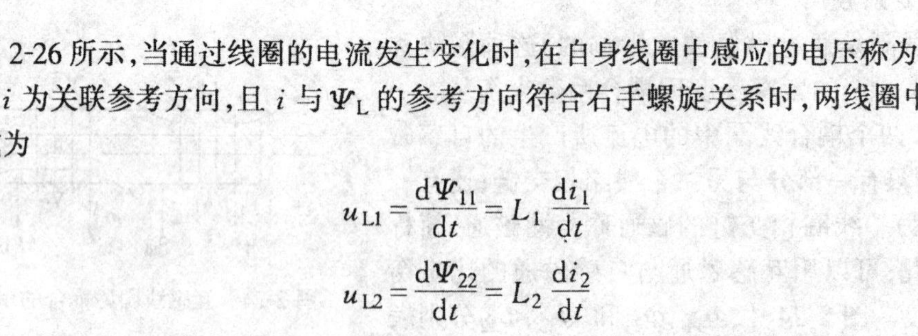

图 2-26　自感电压与互感电压

在有互感的情况下,当线圈①的电流 i_1 变化时,由 i_1 在线圈②中建立的互感磁链 Ψ_{21} 随之而变,从而在线圈②中感应出互感电压 u_{21}。

如果选择 u_{21} 与 Φ_{21} 的参考方向符合右手螺旋关系,由电磁感应定律可知

$$u_{21} = \frac{d\Phi_{21}}{dt} = \frac{d(Mi_1)}{dt} = M\frac{di_1}{dt} \tag{2-25}$$

同理,当线圈②的电流 i_2 变化时,由 i_2 在线圈①中建立的互感磁链 Ψ_{12} 随之而变,从而在线圈①中感应出互感电压 u_{12}。如果选择 u_{12} 的参考方向与 Φ_{12} 的参考方向符合右手螺旋关系时,有

$$u_{12} = \frac{d\Psi_{12}}{dt} = \frac{d(Mi_2)}{dt} = M\frac{di_2}{dt} \tag{2-26}$$

式(2-25)、式(2-26)与电感元件的伏安关系形式上相似,但电感元件的伏安关系是同一个元件的电压与电流的关系,而式(2-25)、式(2-26)则是一个线圈的电压与另一个线圈的电流的关系。

在正弦稳态交流电路中,互感电压与引起它的电流是同频率正弦量,则式(2-25)、式(2-26)相应的相量形式为

$$\dot{U}_{21} = j\omega M\dot{I}_1 = jX_M\dot{I}_1 \tag{2-27}$$

$$\dot{U}_{12} = j\omega M\dot{I}_2 = jX_M\dot{I}_2 \tag{2-28}$$

可见在上述参考方向下,互感电压比引起它的正弦电流超前 90°。其中 $X_M = \omega M$ 称为互感电抗,简称互感抗,单位是 Ω。互感与自感一样,在直流电路中不起作用。

2.6.4　互感线圈的同名端

在研究自感现象时,由于线圈的自感磁链是由流过线圈本身的电流产生的,只要选择自感电压 u_L 的参考方向与电流 i_L 的参考方向为关联参考方向,则有 $u_L = L\frac{di_L}{dt}$,因此不必考虑线圈的绕向问题。然而,在研究互感现象时,只有在选择互感电压与产生它的电流的参考方向均与相应磁链的参考方向符合右手螺旋关系时,才有 $u_{12} = M\frac{di_2}{dt}$,$u_{21} = M\frac{di_1}{dt}$。可见,要正确写出互感电压的表达式,必须考虑耦合线圈的绕向和相对位置。实际的互感线圈往往是被封装起来看不到绕向的;即使能在电路图中绘出线圈的绕向,再根据绕向来选择电压、电流的参考方向也是不方便的。因此,通常用标注同名端的方法来表示两个线圈的相对绕向。

1. 同名端的定义

若彼此有互感的两个线圈分别有电流流入,且两电流建立的磁场互相加强,则两电流的流入端(或流出端)称为两线圈的同名端。同名端用相同的记号"＊"、"·"或"△"等标注。

如果知道互感线圈的相对绕向,则很容易根据定义确定它们的同名端。如图 2-27,先对线圈①的 a 端钮标上一个标记"＊",并假想有电流 i_1 自该端流入,根据右手螺旋定则可判断其磁通 Φ_{11} 的方向;若要线圈②产生同方向的磁通 Φ_{22},仍由右手螺旋定则判断其电流 i_2 必

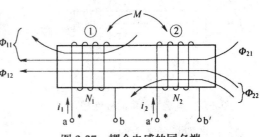

图 2-27　耦合电感的同名端

须由 a′流入,则 i_1 与 i_2 产生的磁场相互加强,因此 a 端与 a′端为同名端,并在 a′端上标记"∗"。

不是同名端的两端则称为异名端,图 2-27 中的端 a 与 b′即为异名端。

按上述标定方法,图 2-28 绘出了几种互感耦合线圈的同名端。

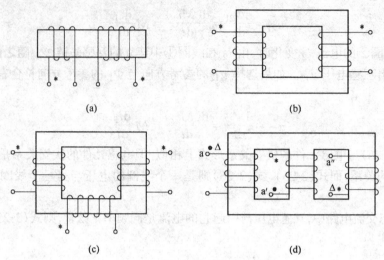

图 2-28 几种互感线圈的同名端

需要指出:当两个以上的线圈相互间均存在磁耦合时,应该在不同的各对线圈间用不同符号分别标注同名端。因为同名端有可能不具传递性。由图 2-28(d)可见,a 与 a′是同名端,a′与 a″也是同名端,但 a 与 a″就不是同名端。

2. 同名端的实质

图 2-29 所示的互感线圈,当线圈①中的电流 i_1 变化使其所建立的磁通 Φ_{11} 随之变化时,Φ_{11} 在线圈①中感应出自感电压 u_{11},同时 Φ_{11} 的一部分 Φ_{21} 在线圈②中感应出互感电压 u_{21}。如果 i_1 和 Φ_{11} 的真实方向与图中标示的方向一致,则当 Φ_{11} 随 i_1 的增大而增加时,根据楞次定律可知,u_{11} 的瞬时极性是 a 端为正,u_{21} 的瞬时极性是 a′端(即 a 端的同名端)为正,a 端与 a′端极性相同;反之,若 Φ_{11} 随 i_1 的减少而减少,则 u_{11} 的瞬时极性是 a 端为负,u_{21} 的瞬时极性是 a′端(即 a 端的同名端)为负,a 端与 a′端极性仍然相同。可见,同名端实质上是(同一磁通感应的电压)瞬时极性相同的端钮,因此也称为同极性端。

有了同名端的标记,就可以采用图 2-30 所示的图形符号来表示互感线圈,而不必在电路图中画出线圈的绕向了。

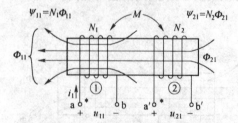

图 2-29 同名端的瞬时极性相同

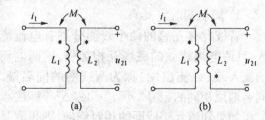

图 2-30 耦合电感的电路符号

3. 同名端与参考方向

同名端确定后,在讨论互感电压时,就不必去关心线圈的实际绕向究竟如何,只要根据同名端和电流的参考方向,就可以方便地确定这个电流在另一线圈中产生的互感电压的参考方向。图 2-30 所示的两个互感线圈,互感电压 u_{21}(此电压)的正极与产生此电压的电流 i_1(彼电流)的流入端为同名端,则此电压与彼电流的参考方向对同名端来说为关联参考方向,如图 2-30(a)中,u_{21} 与 i_1 的参考方向即为关联参考方向。若此电压的正极与彼电流的流入端为异名端,则此电压与彼电流的参考方向对同名端来说为非关联参考方向。如图 2-30(b)中,u_{21} 与 i_1 的参考方向即为非关联参考方向。

在关联参考方向下,互感电压与电流的关系为式(2-25)~(2-26)。在非关联参考方向下,它们之间关系应在式(2-25)~(2-26)中等号右边添加一负号,即为

$$u_{21} = -M \frac{\mathrm{d}i_1}{\mathrm{d}t} \tag{2-29}$$

$$u_{12} = -M \frac{\mathrm{d}i_2}{\mathrm{d}t} \tag{2-30}$$

在正弦稳态交流电路中,互感电压与引起它的电流是同频率正弦量,则式(2-29)、式(2-30)两式相应的相量形式为

$$\dot{U}_{21} = -\mathrm{j}\omega M \dot{I}_1 = -\mathrm{j}X_\mathrm{M} \dot{I}_1 \tag{2-31}$$

$$\dot{U}_{12} = -\mathrm{j}\omega M \dot{I}_2 = -\mathrm{j}X_\mathrm{M} \dot{I}_2 \tag{2-32}$$

4. 同名端的测定

实际的互感线圈大多数密封,不能确定其线圈导线的绕向,同名端可以由实验来测定。测定同名端的方法不只一种,图 2-31 所示为一判别同名端的实验电路。直流电源 U_S 与电阻 R 串联,通过开关 S 与线圈 L_1 接成一个回路,线圈 L_2 与一块高内阻的直流电压表接成闭合回路,在 S 闭合瞬间,若电压表正向偏转,则 a 端和 a′端为两线圈的同名端。因为 S 接通瞬间,从 a 端流入线圈 L_1 的电流 i_1 迅速增大,根据电磁感应定律可知,线圈 L_1 中自感电压的瞬时极性是 a 端为正,而直流电压表正向偏转,说明线圈中互感电压的瞬时极性是 a′端为正。由此可得,a 端和 a′端的瞬时极性相同,即 a 端和 a′端为同名端。

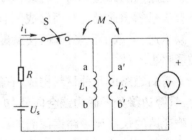

图 2-31　测定互感线圈同名端的试验电路

注意,因 S 断开或闭合时可能产生极高的感应电压,故应选择较大的电压量程,以免损坏电压表。

【**例 2-6**】　如图 2-32 试确定开关 S 打开瞬间,3 端和 4 端间电压的真实极性。

解: 假设电流 i_1 及互感电压 u_{21} 的参考方向如图 2-32 示,则根据同名端的含义可得

$$u_{21} = M \frac{\mathrm{d}i_1}{\mathrm{d}t}$$

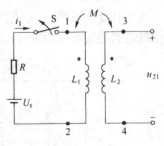

图 2-32　例 2-6 图

当开关 S 打开瞬间,i_1 电流减小,即 $\frac{\mathrm{d}i_1}{\mathrm{d}t} < 0$,所以 $u_{21} < 0$,其极性与假设相反,4 端为高电位,3 端为低电位。

注意:为了便于理解记忆,在分析计算有互感的电路时往往用 u_L 表示自感电压,用 u_M 表示互感电压,若在一个电路中有 3 个及以上的互感线圈且两两间均存在互感,则互感电压还要用双下标表示。

2.7 磁路及磁路定律

2.7.1 磁　路

在电工技术中,为了获得较强的磁场,常将线圈绕在铁芯上,由于铁磁性物质的磁导率比周围空气的磁导率大很多倍,所以磁通几乎全部从铁芯中通过而形成一闭合路径,把磁通所通过的闭合路径称为磁路。图2-33给出了几种电气设备的磁路,它们分别是单相变压器、直流电机和电磁继电器的磁路。

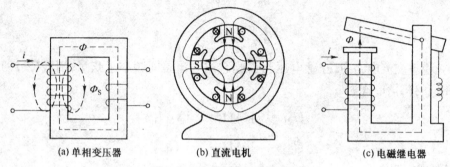

(a) 单相变压器　　　　(b) 直流电机　　　　(c) 电磁继电器

图 2-33　几种电气设备的磁路

磁路内的磁通称为主磁通(Φ)。在磁路以外的空间,尽管空气的磁导率比铁芯小很多,但仍有少量的磁通经空气而形成闭合路径,这部分磁通称为漏磁通(Φ_S)。工程实际中,为了减少漏磁通,采取了很多措施,使漏磁通只占总磁通的很小一部分,所以磁路计算中一般可将漏磁通略去不计。

有的磁路由几种材料构成,有的磁路中含有很窄的空气隙,简称为气隙。磁路中含有气隙时,气隙边缘处的磁力线会向外"扩张"(弯曲)而造成磁路的截面积增大,称为边缘效应。如果气隙磁路的长度比磁路横截面的尺寸小得多时,则可以不考虑边缘效应的影响。

磁路可以分为有分支磁路和无分支磁路两种。图 2-34(a)为有分支磁路,图 2-34(b)为无分支磁路。

2.7.2 磁路定律

1. 磁路的基尔霍夫第一定律

对于有分支磁路,其分支汇集处称为磁路的节点,在节点处作封闭面,如图2-34(a)所示。根据磁通的连续性原理,可得

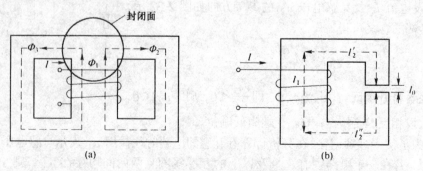

(a)　　　　　　　　　　　　　(b)

图 2-34　分支磁路和有气隙的磁路

$$-\Phi_1 + \Phi_2 + \Phi_3 = 0$$

即

$$\sum \Phi = 0 \tag{2-33}$$

上式表明,磁路的任一节点所连接的各分支磁通的代数和等于零。其形式与电路的 KCL 相似,故称为磁路的基尔霍夫第一定律。应用上式时,若参考方向从封闭面穿出的磁通取正号,则穿入封闭面的磁通取负号。

2. 磁路的基尔霍夫第二定律

磁路计算中,常按材料和截面积的不同,沿磁路的中心线把磁路分成若干段。一般是将材料和截面积相同分为一段。若某段磁路的截面积为 S,所用材料的磁导率为 μ,则该段磁路中沿中心线各点的磁感应强度

$$B = \frac{\Phi}{S}$$

方向与磁路中心线的方向一致;而各点的磁场强度

$$H = \frac{B}{\mu}$$

如图 2-34(b)所示,设某铁芯线圈的匝数为 N,通过的电流为 I,其磁路沿中心线各段的长度分别为 l_0、l_1、l_2(其中 $l_2 = l'_2 + l''_2$),若相应的磁场强度分别为 H_0、H_1、H_2,则由全电流定律不难得到

$$H_0 l_0 + H_1 l_1 + H_2 l_2 = IN$$

上式左边为沿磁路中心线一周的总磁压,用 U_m 表示;右边是线圈电流与匝数的乘积称为磁路的磁动势,用 F_m 表示,单位均为 A。将上式写成一般形式为

$$\sum Hl = \sum IN \tag{2-34}$$

式(2-34)称为磁路的基尔霍夫第二定律,它表明:沿磁路中的任一闭合路径的总磁压等于磁路的总磁动势。应用上式时,往往选择磁路的中心线作为计算总磁压的路径,并沿此路径选择一个绕行方向,当某段磁路的 H 方向与绕行方向相同时,该段磁路的磁压取正号,反之取负号;而磁动势的正负号则取决于各励磁电流的方向与回路的绕行方向是否符合右手螺旋定则,凡是与该绕行方向符合右手螺旋关系的电流取正号,否则取负号。

3. 磁路的欧姆定律

设一段磁路的截面积为 S,长度为 l,材料的磁导率为 μ,磁通为 Φ,则该段的磁压为

$$U_m = Hl = \frac{B}{\mu} \times l = \frac{1}{\mu S}\Phi$$

令 $R_m = \dfrac{l}{\mu S}$,R_m 称为该段磁路的磁阻,单位是 H^{-1},则一段磁路的磁压等于磁阻与磁通的乘积,即

$$U_m = R_m \Phi \tag{2-35}$$

上式从形式上看与电路中的欧姆定律相似,故称为磁路的欧姆定律。其中,磁压 U_m 与电路中的电压相对应,磁通与电路中的电流相对应,磁阻 $R_m = \dfrac{1}{\mu S}$ 与电路中的电阻相对应。对气隙磁路来说,由于其磁导率 μ_0 为常数,故磁阻有确定的值。而铁磁性物质的磁导率 μ 不是常数,其磁阻是非线性的。因此,一般情况下,不能应用磁路的欧姆定律对磁路进行定量计算,只用它来对磁路进行定性分析。

【例 2-7】 图 2-34(b)所示为一有气隙的铁芯线圈。若线圈中通以直流电流,试分析气隙增大时,对磁路中的磁阻、磁通和磁动势有何影响?

解:直流情况下,线圈中的电流 I 仅决定于外加直流电压和线圈导线的电阻,为恒定值,与气隙的大小无关。因此,磁动势 $F_m = NI$ 是恒定值。但由于空气的磁导率远远低于铁芯磁导率,而使气隙磁阻成为磁路总磁阻 R_m 的主要组成部分。气隙增大则磁阻 R_m 会显著增大,而磁动势 F_m 为恒定值,由磁路的欧姆定律可知,磁通 $\Phi = \dfrac{F_m}{R_m}$ 将减小。

电路中的一些物理量及其基本定律,我们已经比较了解。而磁路中的相关物理量和基本定律与电路中的有许多相似之处,现把它们列在表 2-1 中,进行对比,有利于我们对磁路中物理量和基本定律的理解。

表 2-1　磁路与电路比较

电　路	磁　路
电动势 E	磁动势 $F_m = IN$
电流 I	磁通 Φ
电阻 $R = \dfrac{l}{\gamma S}$	磁阻 $R_m = \dfrac{l}{\mu S}$
电压 $U = IR$	磁压 $U_m = Hl$
电路的基尔霍夫第一定律 $\sum I = 0$	磁路的基尔霍夫第一定律 $\sum \Phi = 0$
电路的基尔霍夫第二定律 $\sum (IR) = \sum E$	磁路的基尔霍夫第二定律 $\sum (Hl) = \sum (IN)$
电路的欧姆定律 $I = \dfrac{U}{R}$	磁路的欧姆定律 $\Phi = \dfrac{U_m}{R_m}$

当然磁路和电路有着本质的区别:如电路中有电动势,但电流可为零,而磁路中有磁动势就必有磁通。电流代表某质点的运动,电路中只要有电流,实际上总有能量损耗;磁通并不代表某种质点的运动,在维持恒定磁通的磁路中,磁阻不消耗能量等。

2.8　交变磁通下的铁芯损耗

交流励磁的铁芯线圈,称交流铁芯线圈。交流铁芯线圈与直流铁芯线圈在功率损耗方面有很大的不同。直流铁芯线圈通直流电,铁芯中的磁通 Φ 是恒定的,所以直流铁芯线圈的功率主要是线圈内阻上的功率损耗,称为铜损。而交流铁芯线圈,除了线圈本身电阻上的损耗之外,铁芯内部还有损耗,称为铁芯损耗(即磁滞损耗和涡流损耗总称),简称铁损。铁损是通过电磁耦合关系从线圈电路中转换来的,它会影响线圈中的电流。本节主要介绍正弦交流铁芯线圈中的铁芯损耗。

2.8.1　磁滞损耗

铁磁材料在交变磁化的过程中,磁畴反复转向,为了克服磁畴畴壁位移和磁畴转向的阻力,外磁场要作功,所作的功最后变成热能而消耗掉,这种能量损耗称为磁滞损耗。磁滞损耗这部分能量是从电路中通过磁耦合吸收过来的,最后转变成热能使铁芯的温度升高。

理论推导及试验都证明,磁滞损耗与磁滞回线所包围的面积以及电源的频率、铁芯的体积成正比。磁滞回线的面积显然又与交变磁化时磁感应强度的最大值 B_m 有关,工程上常用下面的经验公式来计算磁滞损耗 P_h

$$P_h = \sigma_h f B_m^n V \tag{2-36}$$

式中, P_h 的单位是 W; σ_h 是与材料性质有关的系数, 由试验确定; f 为电源频率, 单位是 Hz; B_m 为磁感应强度最大值, 单位是 T; 指数 n 由 B_m 的值来确定, 当 $0.1\,T < B_m < 1\,T$ 时, $n \approx 1.6$; 当 $1\,T < B_m < 16\,T$ 时, $n \approx 2$; 常见的磁路中, $B_m > 1\,T$, n 取 2; V 为铁芯的体积, 单位是 m^3。

　　为了减小磁滞损耗, 应尽量选用磁滞回线狭窄的铁磁材料作铁芯, 如硅钢片、坡莫合金等, 但根据铁磁材料的特点, 磁滞损耗总是存在。

2.8.2　涡流损耗

　　如图 2-35(a)所示, 在整块铁芯上绕有一组线圈, 当线圈两端加一个交流电压, 铁芯中就会产生一个交变的磁通, 这种交变磁通穿越铁芯而在铁芯中产生感应电动势。而处在交变磁场中的铁芯, 由于铁芯本身就是导体, 可以把铁芯看成无数多个闭合回路, 电磁感应会在这些闭合回路中产生围绕着铁芯中心线呈漩涡状流动的感应电流, 称为涡流。

　　由于铁芯内同样有电阻, 当涡流在铁芯内流动时, 就会使铁芯发热而引起能量损耗, 这种损耗称为涡流损耗。

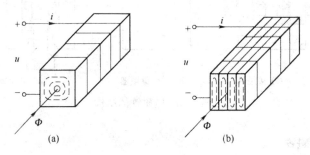

图 2-35　铁芯中的涡流及叠装铁芯

　　涡流损耗消耗了电能, 使铁芯温度升高, 甚至使电气设备无法正常工作。为了减小涡流, 在交流电工设备中的铁芯都不用整块材料制作, 而是顺着磁场方向用彼此绝缘的薄钢片叠制而成, 如图 2-35(b)所示。并在钢片中掺入少量的硅, 以增加铁芯材料的电阻率。采取这样的措施, 可增大涡流路径的电阻, 从而减小涡流。

　　涡流也有可利用的一面, 利用涡流的热效应, 可制成高频感应加热设备; 还可利用涡流的电磁阻尼作用, 制成各种电磁阻尼器。涡流损耗 P_e 一般按下面的经验公式计算:

$$P_e = \sigma_e f^2 B_m^2 V \tag{2-37}$$

　　式(2-37)中, σ_e 是与材料的电阻率、截面大小和形状有关的系数, 由试验确定。其余符号的意义均与磁滞损耗公式中的相同。

2.8.3　铁芯损耗

磁滞损耗和涡流损耗都是铁芯中的功率损耗, 合称为铁芯损耗, 简称铁损, 用 P_{Fe} 表示。

$$P_{Fe} = P_h + P_e \tag{2-38}$$

工程计算中, 常用下式计算铁损

$$P_{Fe} = P_{Fe0} m \tag{2-39}$$

式中, P_{Fe0} 是铁芯材料单位质量的铁损, 称为比损耗, 单位是 W/kg; m 是铁芯总质量, 单位是 kg。这样利用公式(2-39)可以方便地算出质量为 m 的铁芯的铁损。

2.9 电 磁 铁

电磁铁是利用通电的铁芯线圈对铁磁性物质产生电磁吸力而工作的一种电器设备。电磁铁的应用十分广泛,低压供电系统中的接触器、铁路信号系统中的继电器、用于锻造加工的电动锤等,其核心部件都是电磁铁。图 2-36 所示为几种常见电磁铁的结构。从图 2-36 中可看出,各种电磁铁都由线圈、铁芯和衔铁(或需要吸引的铁磁体)三部分构成。其中线圈和铁芯是固定不动的,衔铁则可以活动。当线圈通以电流时,铁芯和衔铁被磁化,并在气隙间产生电磁吸力将衔铁吸动。断电后,电磁力消失,衔铁借助于其他非电磁力复位。

根据励磁电流是直流还是交流,电磁铁分为直流电磁铁和交流电磁铁两种。

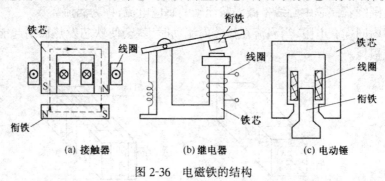

图 2-36   电磁铁的结构

2.9.1   直流电磁铁

直流电磁铁的励磁电流为直流电流。可以证明,直流电磁铁的衔铁所受的电磁吸力为

$$F = \frac{B_0^2}{2\mu_0}S \tag{2-40}$$

式(2-40)中,B_0 为气隙的磁感应强度,单位是 T;$\mu_0 = 4\pi \times 10^{-7}$ H/m,为真空的磁导率;S 为气隙磁场的截面积,单位是 m^2;F 为电磁吸力,单位是 N。

对于直流电磁铁,当线圈的电阻及直流电压源电压一定时,线圈中的电流为定值亦即磁动势 IN 为定值,而与气隙大小无关。但在衔铁被吸合过程中,由于气隙迅速减小,磁阻随之减小。根据磁路的欧姆定律,磁通及磁感应强度将迅速增大,吸力也显著增大。

2.9.2   交流电磁铁

直流电磁铁吸力公式 $F = \dfrac{B_0^2}{2\mu_0}S$ 也可用来计算交流电磁铁的吸力。由于主磁通 Φ 和磁感应强度 B 都是随时间变化的正弦量,所以其吸力也是随时间变化的。

吸力的平均值为

$$F_{av} = \frac{B_m^2 S}{4\mu_0} \tag{2-41}$$

上式表明,交流电磁铁的平均吸力为最大吸力的 1/2。通常交流电磁铁的吸力是指平均吸力。交流电磁铁的吸力随时间而变化的波形如图 2-37(a)所示。可以看出,交流电磁铁的吸力 $f(t)$ 是随时间而变化的,交流电磁铁吸力的方向一定,但在电流的一个周期内有两次达到零值。对工频交流电来说,这意味着衔铁每秒内有 100 次的释放与重新吸合,其结果是造成衔铁的振动,产生噪声和机械损伤。为消除振动,交流电磁铁的铁芯端面常嵌有一个铜质分磁环(也称短路环),如图 2-37(b)所示。它将原来铁芯中的磁通 Φ 分成 Φ_1 和 Φ_2 两部分。

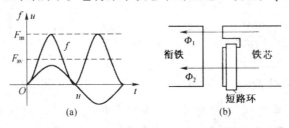

图 2-37　交流电磁铁的吸力及短路环

由于磁通的变化,短路环内产生感应电压而有了感应电流,并阻碍磁通变化,这样使短路环内的合成磁通 Φ_2 的变化比环外磁通 Φ_1 的变化滞后,由于这两部分磁通不是同时达到零值,就不会有吸引力为零的时候了,从而起到消除振动的作用,这种方法称为磁通的裂相。

交流电磁铁与前面介绍的直流电磁铁相比有它的特点。根据 $U = 4.44fN\Phi_\mathrm{m}$,交流电磁铁在外加电压有效值不变的情况下,无论气隙大小如何,Φ_m 基本不变,B_m 也基本不变,所以衔铁在吸合过程中,平均吸力基本保持不变。但是由于吸合前后气隙长、短不同,根据磁路欧姆定律 $\Phi = \dfrac{IN}{R_\mathrm{m}}$,式中 Φ 一定,衔铁吸合前气隙大,则磁阻 R_m 也增大,那么只有励磁电流 I 也跟着增大。所以衔铁在吸合过程中,随着气隙逐渐变小,线圈中的电流是逐渐减小的。如果衔铁被卡住,不能顺利吸合,线圈中将通过 5~6 倍的额定电流(线圈的额定电流是按衔铁吸合后设计的),甚至更大,则应尽快切断电源,检查排除故障,以免使线圈因为过热而烧坏。

2-1　简述电容器的构成因素。

2-2　简述电容器的充放电现象。

2-3　已知电容器的电容 $C = 8\,\mu\mathrm{F}$,测得其端电压 $U = 100\,\mathrm{V}$。此时极板上所带电荷为多少?

2-4　电路如图 2-38 所示,已知 $U_\mathrm{s} = 10\,\mathrm{V}$,$R_1 = 20\,\Omega$,$R_2 = 20\,\Omega$,$C = 20\,\mu\mathrm{F}$。当电容器已充电到稳定值后,将开关 S 断开,求在开关断开瞬间,电容器放电时的最大电流。

2-5　电容并联如图 2-39 所示,求等效电容 C 及电容 C_1、C_2 所带电荷。

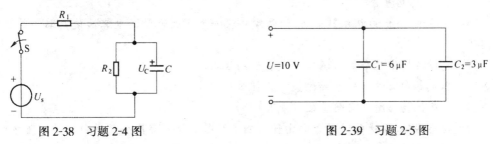

图 2-38　习题 2-4 图　　　　　　　　　　图 2-39　习题 2-5 图

2-6　两电容串联如图 2-40 所示,求等效电容 C 及电容电压 U_{C1}、U_{C2}。

2-7　电路如图 2-41 所示,已知 $C_1 = C_2 = 6\,\mu\mathrm{F}$,$C_3 = 3\,\mu\mathrm{F}$,$U = 18\,\mu\mathrm{F}$。试求等效电容及

U_1、U_2、U_3。

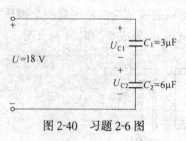

图 2-40　习题 2-6 图

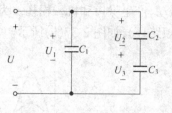

图 2-41　习题 2-7 图

2-8　一恒定电流 4 A,从 $t=0$ 时开始对电容充电,$C=2$ F。问在 10 s 后电容的储能是多少? 100 s 后储能又是多少? 设电容初始电压为零。

2-9　当两个电容器(a)串联(b)并联连接时,电路的电容值分别为 4 μF 和 18 μF,求每个电容器的电容量。

2-10　电路如图 2-42 所示,$C_1=C_4=2$ μF,$C_2=C_3=4$ μF。分别求开关 S 闭合和断开时的等效电容。

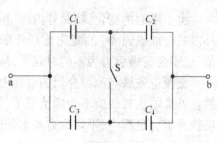

图 2-42　习题 2-10 图

2-11　两只电容器的电容和耐压分别是:$C_1=200$ pF、$U_{M1}=300$ V;$C_2=300$ pF、$U_{M2}=500$ V。将它们串联使用。(1)求等效电容;(2)若外加 800 V 电压,使用是否安全? (3)求最大安全工作电压。

2-12　3 只 50 μF,耐压均为 50 V 的电容器混联,如图 2-43 所示。求电路的等效电容及其耐压。

2-13　电路如图 2-44 所示,$C_1=C_2=C_3=30$ μF,测得 $U_1=100$ V。求(1)等效电容 C_{ab};(2)外加电压 U_{ab}。

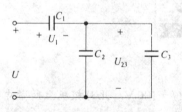

图 2-43　习题 2-12 图

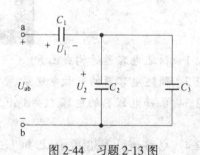

图 2-44　习题 2-13 图

2-14　3 个电容元件混联,如图 2-45 所示。已知 $C_1=3$ μF,$C_2=2$ μF,$C_3=4$ μF,$U=300$ V。求 U_1、q_2 和总电量 q。

2-15　2 μF 和 4 μF 的电容器串联,问必须并联一个多大容量的电容器使电路的等效电容为 5 μF?

2-16　总结磁场中几个基本物理量及它们的联系。

2-17　自然界中有没有单一的磁极? 为什么?

2-18　铁磁性物质所具有哪些磁性能?

2-19　自感磁链、互感磁链的方向由什么确定? 若仅仅改变产生互感磁链的电流方向,耦合线圈的同名端会改变吗?

2-20　如图 2-46 所示电路,请标注其同名端。

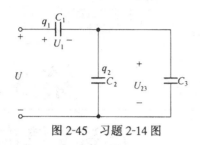

图 2-45　习题 2-14 图

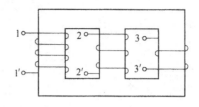

图 2-46　习题 2-20 图

2-21　一个线圈两端的电压是否仅由流过其中的电流决定?

2-22　M 是两线圈间的互感,它是否与互感磁链及产生互感磁链的电流参考方向有关?

2-23　铁磁物质很容易被磁化,是因为其内部有什么?

2-24　全电流定律内涵是什么?

2-25　分析铁磁物质有剩磁的原因,并阐述去掉剩磁的方法。

2-26　有一均匀磁场,磁感应强度 $B=0.13\text{T}$,磁场垂直穿过 $S=10\,\text{cm}^2$ 的截面,介质的相对磁导率 $\mu_\text{r}=3000$,求磁场强度 H 和穿过面积上的磁通 Φ。

2-27　一环形铁芯绕了 314 匝线圈,然后通过 2A 的电流,设环的平均半径 $0.2\,\text{m}$,并已测算出环中磁感应强度为 1T。计算:(1)磁场强度;(2)相对磁导率。

2-28　有两个相同材料的铁芯,绕的线圈匝数相同,磁路的平均长度 $l_1=l_2$,但截面积 $S_2>S_1$,当通以相同的直流电流时,试比较两铁芯中 Φ_1 与 Φ_2 的大小,B_1 和 B_2 的大小,如通以相同的正弦交流电时,试比较两铁芯中 $\Phi_{1\text{m}}$ 和 $\Phi_{2\text{m}}$ 的大小。

2-29　在磁路中空气隙的长度与铁芯的长度相比总是很小,问是否可忽略不计。

2-30　什么叫铁芯损耗? 其大小主要与哪些因素有关?

2-31　简述电磁铁的工作原理。

2-32　磨床通过电磁吸盘把工件牢牢吸住,其工作原理如同电磁铁一样,假如让你设计电磁吸盘,你认为宜采用直流电源还是交流电源,为什么?

2-33　什么是主磁通? 什么是漏磁通? 通常所说的磁路指的是什么路径?

2-34　磁路定律有哪些? 分别写出它们对应的数学表达式。

2-35　一段长为 $1\,\text{mm}$,横截面为 $150\,\text{mm}^2$ 的气隙中的磁通为 $3\times10^{-3}\,\text{Wb}$,求其磁压。

2-36　铁磁材料根据磁滞回线的形状不同可分为哪两大类? 它们各有什么特点和用途?

2-37　铁磁性材料可以分为哪两大类? 分类的依据是什么?

2-38　直流电磁铁和交流电磁铁吸合的原理有什么不同? 交流电磁铁接通电源后若不能迅速吸合,应该采取什么措施? 为什么?

2-39　铁磁物质反复磁化过程可用 B-H 曲线来表示,曲线图中 B_r 称作什么? H_c 称作什么? 被曲线包围部分的面积与什么成正比?

2-40　比较式 $R=\dfrac{u}{i}$、$C=\dfrac{q}{u}$、$L=\dfrac{\Psi}{i}$,为什么说 R、C、L 与电流或电压无关?

2-41　有人说:"因为自感电动势的方向总是企图阻止电流的变化,所以自感电动势的方向总是和电流的方向相反。"这种说法对吗?

第 3 章

正弦交流电路

在前面讲过的直流电路中,电动势、电压、电流的大小和方向都是恒定不变的。但在工农业生产和日常生活中更广泛应用的是大小和方向均随时间作周期性变化的电压、电流和电动势,称为交流电压、交流电流和交流电动势,统称为交流电。随时间按正弦规律变化的交流电称为正弦交流电。本章只讨论正弦交流电。正弦交流电之所以能广泛应用,是因为与直流电相比,其在电能的产生、输送和使用方面,都有很大的优越性。(1)在电能传输方面,交流电可以通过变压器变压,以解决高压输电和低压配电的矛盾,使远距离高压输电经济、低压配电安全可靠。(2)交流电机比直流电机结构简单,价格便宜,运行可靠,维修方便。(3)变化平滑,同频率的几个正弦量相加或相减,其结果仍为同频率的正弦量。(4)非正弦交流电,可以分解为许多不同频率的正弦分量,为电路分析创造方便。即使在某些需要直流电的地方,如城市交通用的电车、工业用的电解和电镀等,也是利用整流设备将交流电变换为直流电。

3.1 正弦交流电的基本概念

由于交流电的方向是周期性变化的,必须在电路中事先选定交流电的参考方向,如图 3-1 (a)所示,电路中分别标明了电压和电流的参考方向,电流瞬时值的正负就说明了其实际方向与参考方向是相同还是相反。这样正弦交流电就可以用正弦曲线表示,图 3-1(b)即为正弦交流电的波形,其瞬时值表达式为

$$i = I_\mathrm{m}\sin(\omega t + \Psi) \tag{3-1}$$

式中 I_m、ω、Ψ 一经确定,则电流随时间的变化也就确定了,因此这 3 个量称为正弦量的三要素。下面逐一学习表示正弦量特征的一些物理量。

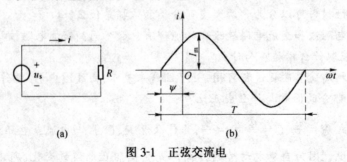

图 3-1 正弦交流电

3.1.1 瞬时值、最大值和有效值

1. 瞬时值

正弦量在变化过程中某一时刻的值被称为瞬时值。用英文小写字母表示,如 i、u、e 等。

瞬时值是时间的函数,只有具体指出哪一时刻,才能求出确切的数值。

2. 最大值

瞬时值中最大的数值称为最大值或振幅,用带下标"m"的大写字母来表示,如 I_m、U_m、E_m 等。

3. 有效值

设一个交流电流 i 和直流电流 I 通过同样大小的电阻 R,如果在一个周期(T)时间内,两个电流产生的热能相等,则这个交流电流的有效值就等于直流电流 I 的大小。

即可得

$$I^2 RT = \int_0^T i^2 R\, \mathrm{d}t$$

$$I = \sqrt{\frac{1}{T}\int_0^T i^2\, \mathrm{d}t} \tag{3-2}$$

式(3-2)为交流电流有效值的定义式,由此可以类推到电压、电动势等。有效值用大写字母表示,如 U、E 等。

对于正弦交流电,理论和实践均可证明

$$I = \frac{I_m}{\sqrt{2}} = 0.707 I_m$$

$$U = \frac{U_m}{\sqrt{2}} = 0.707 U_m$$

$$E = \frac{E_m}{\sqrt{2}} = 0.707 E_m \tag{3-3}$$

通常所说交流电压、电流的大小,如无特别说明,均是指有效值。如:日常生活中使用的 220 V 交流电就是指电压有效值为 220 V 的正弦交流电。常用的交流电压表、电流表测量到的数值是其有效值;交流电气设备铭牌上所标的额定电压、电流值也都是有效值。

但是,电容器及其他一些电气设备绝缘的耐压、整流器的击穿电压等,则须按交流电压的最大值(而不是有效值)来考虑。

【例 3-1】　一个耐压值为 300 V 的电容器,接在 220 V 的正弦交流电源上是否安全?

解:正弦交流电压的最大值

$$U_m = \sqrt{2}\,U = \sqrt{2} \times 220 = 311 \quad (\text{V})$$

显然电源电压的最大值超过了电容器的耐压值,故不安全。

3.1.2　周期、频率和角频率

1. 周期

正弦量变化一周所需要的时间称为周期,用 T 表示,单位是秒(s)。

2. 频率

交流电每秒钟内重复变化的次数称为频率,用 f 表示,单位是 Hz(赫)。

常用的还有 kHz 和 MHz,其换算关系为:$1\,\text{kHz} = 10^3\,\text{Hz}$

$$1\,\text{MHz} = 10^6\,\text{Hz}$$

由定义可知,频率与周期互为倒数,即 $T = \dfrac{1}{f}$。 \tag{3-4}

我国和大多数国家都采用 50 Hz 作为电力工业的标准频率,称为工频。有些国家(如美国、日本等)工频采用 60 Hz。

在其他领域中,交流电的频率范围各不相同,如高频炉的频率是 $200 \sim 300\,\mathrm{kHz}$;中频炉的频率是 $500 \sim 8\,000\,\mathrm{Hz}$;高频电动机的频率是$150 \sim 2\,000\,\mathrm{Hz}$;收音机中波段的频率是 $530 \sim 1\,600$ kHz;短波段的频率是 $2.3 \sim 23\,\mathrm{MHz}$。

3. 角频率

单位时间内交流电变化的角度称为正弦量的角频率,用 ω 表示,单位是 rad/s(弧度/秒)。

显然,角频率、频率和周期三者之间的关系为

$$\omega = \frac{2\pi}{T} = 2\pi f \tag{3-5}$$

【例 3-2】 已知我国工业用电的标准频率 $f = 50\,\mathrm{Hz}$,试求周期 T 和角频率ω。

解:
$$T = \frac{1}{f} = \frac{1}{50} = 0.02 \quad (\mathrm{s})$$
$$\omega = 2\pi f = 2 \times 3.14 \times 50 = 314 \quad (\mathrm{rad/s})$$

3.1.3 相位、初相和相位差

1. 相位

在式(3-1)中,$(\omega t + \Psi)$ 是正弦交流电随时间变化的角度,称为该正弦量的相位角,简称相位。它反映出正弦量变化的进程。当相位角随时间连续变化时,正弦量的瞬时值随之作连续变化。

2. 初相位

$t = 0$ 时的相位角称为初相位角或初相位,简称初相。

初相与所选定的计时起点有关,计时起点不同,初相也就不同。如图 3-2 所示,若选 $t = 0$ 作为计时起点,这时初相为 Ψ;若选 O' 作为计时起点,初相为 0。

规定:初相角 Ψ 的绝对值不超过 180°,即

$$|\Psi| \leqslant \pi$$

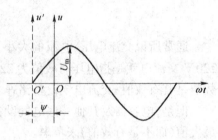

图 3-2　初相角

【例 3-3】 已知正弦电压的最大值 $U_\mathrm{m} = 10\,\mathrm{V}$,$f = 50\,\mathrm{Hz}$,$\Psi = -\frac{\pi}{3}$,写出瞬时值表达式,并画出波形图。

解: 由给定的 U_m、f、Ψ 可以写出

$$u(t) = 10\sin\left(2\pi \times 50t - \frac{\pi}{3}\right) = 10\sin\left(314t - \frac{\pi}{3}\right) \quad (\mathrm{V})$$

由于初相为 $-\frac{\pi}{3}$,所以当时 $t = 0$,$u(0)$ 为负值。画出的波形如图 3-3 所示。

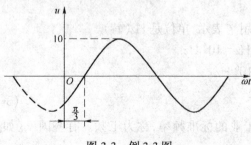

图 3-3　例 3-3 图

3. 相位差

两个同频率正弦量的相位之差叫做相位差。

规定:相位差 φ 的绝对值也不得超过 180°,即

$$|\varphi| \leqslant \pi$$

任意两个同频率正弦量之间都可以比较相位关系。不仅两个电流之间、两个电压之间

可以比较相位关系,电压和电流之间也可以比较相位关系。例如,正弦电路中的电压、电流为

$$u = U_m \sin(\omega t + \Psi_u)$$
$$i = I_m \sin(\omega t + \Psi_i)$$

这两个正弦量频率相同,两者的相位差为

$$\varphi_{ui} = (\omega t + \Psi_u) - (\omega t + \Psi_i) = \Psi_u - \Psi_i \tag{3-6}$$

上式表明,两个同频率正弦量的相位差就等于它们的初相之差,它是一个与时间、与计时起点无关的常数。相位差的存在,表示两个正弦量的变化进程不同,根据两个同频率正弦量相位差的不同,可以有以下几种不同的变化进程。

当 $\varphi = \Psi_u - \Psi_i > 0$ 时,称电压 u 比电流 i 在相位上超前 φ 角,或称电流 i 比电压 u 滞后 φ 角。

当 $\varphi = \Psi_u - \Psi_i = 0$ 时,称电压 u 与电流 i 同相。

当 $\varphi = \Psi_u - \Psi_i = \pm\dfrac{\pi}{2}$ 时,称电压 u 与电流 i 正交。

当 $\varphi = \Psi_u - \Psi_i = \pm\pi$ 时,称电压 u 与电流 i 反相。

图 3-4 画出了以上四种情况下电压与电流相位差的波形图。

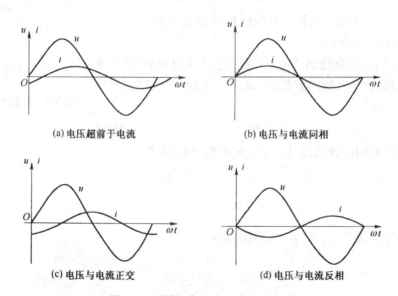

(a) 电压超前于电流　(b) 电压与电流同相　(c) 电压与电流正交　(d) 电压与电流反相

图 3-4　不同相位差的 u 和 i 的波形

因为相位差是与时间无关的,所以也就与计时起点的选择无关。在一些相关的同频率正弦量中,为了分析问题的方便,可以选择其中一个的初相为零,并把这个正弦量叫做参考正弦量,其他正弦量的初相等于它们与参考正弦量的相位差。

【例 3-4】　某段电路两端电压为 $u = 311 \sin(314t + 30°)$ V,通过电路的电流为 $i = 14.1 \sin(314t - 30°)$ A,求它们的相位差及时间差。

解:它们的相位差为

$$\varphi = \Psi_u - \Psi_i = 30° - (-30°) = 60° = \frac{\pi}{3}$$

时间差为

$$t = \frac{\varphi}{\omega} = \frac{\frac{\pi}{3}}{100\pi} = \frac{1}{300} \quad (s)$$

即电压 u 超前于电流 i 的角度为 $\dfrac{\pi}{3}$，超前时间为 $\dfrac{1}{300}$ s。

3.2　正弦量的相量表示法

分析正弦交流电路的方法常采用相量法。所谓相量法就是用复数来表示正弦量，把对正弦量的各种运算转化为复数的代数运算，从而大大简化了正弦交流电路的分析计算过程。复数和复数运算是相量法的数学基础。

3.2.1　复数简介

1. 复数的表达形式

设 A 为一复数，其实部和虚部分别为 a 和 b，则

$$A = a + \mathrm{j}b \tag{3-7}$$

式(3-7)称为复数的代数形式。其中 $\mathrm{j} = \sqrt{-1}$，称为虚数单位。

一个复数还可以用实数轴与虚数轴构成的复平面上的一个"矢量"表示，如图 3-5 所示。

图 3-5 中 $|A|$ 表示复数 A 的大小，数学上称为复数的"模"；Ψ 是矢量的方向角，数学上称为复数的"幅角"。图中"矢量"还可用极坐标形式表示为

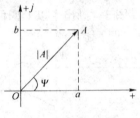

图 3-5　复数的矢量表示

$$A = |A| \angle \Psi \tag{3-8}$$

如果已知复数的代数形式 $A = a + \mathrm{j}b$，则极坐标形式中

$$|A| = \sqrt{a^2 + b^2}$$

$$\Psi = \arctan \frac{b}{a}$$

已知极坐标形式 $A = |A| \angle \Psi$，则代数形式中

$$a = |A| \cos \Psi$$

$$b = |A| \sin \Psi$$

2. 复数的运算法则

(1)加、减法运算

复数的代数形式便于进行加减运算。复数相加减时，将复数的实部和虚部分别相加减。

【例 3-5】 已知 $A_1 = 3 + \mathrm{j}4$，$A_2 = 4 - \mathrm{j}3$。求 $A_1 + A_2$，$A_1 - A_2$。

解： $A_1 + A_2 = (3 + \mathrm{j}4) + (4 - \mathrm{j}3) = (3 + 4) + \mathrm{j}(4 - 3) = 7 + \mathrm{j}$

$A_1 - A_2 = (3 + \mathrm{j}4) - (4 - \mathrm{j}3) = (3 - 4) + \mathrm{j}[4 - (-3)] = -1 + \mathrm{j}7$

(2)乘、除法运算

极坐标形式便于乘除运算。两个复数相乘时，将模相乘而幅角相加；两个复数相除时，将模相除而幅角相减。

【例 3-6】 已知 $A_1 = 5 \angle 53.1°$，$A_2 = 8 \angle -36.9°$。求 $A_1 A_2$、$\dfrac{A_1}{A_2}$。

解： $A_1 A_2 = 5 \angle 53.1° \times 8 \angle -36.9° = (5 \times 8) \angle (53.1° - 36.9°) = 40 \angle 16.2°$

$$\frac{A_1}{A_2} = \frac{5\angle 53.1°}{8\angle -36.9°} = \frac{5}{8}\angle(53.1° + 36.9°) = 0.625\angle 90°$$

3.2.2　正弦量的相量表示法

1. 正弦量的相量

在正弦稳态电路的分析中,电路的响应是与激励同频率的正弦量,因此在分析计算电路中各处的电压、电流时,只要确定最大值、初相位就可以表示这一正弦量。而一个复数的模和幅角正好可以反映正弦量的这两个要素。这样,一个正弦量就可以用一个复数来表示。表示的方法是:复数的模对应正弦量的有效值(或最大值),复数的辐角对应正弦量的初相。把这个能表示正弦量特征的复数称为"相量"。

在实际应用中,正弦量更多地用有效值表示,因此,令复数的模与正弦量有效值相等,幅角等于正弦量的初相,则称为有效值相量,用有效值上加一黑点表示。例如,$i = I_m\sin(\omega t + \Psi_i)$,对应的有效值相量就表示为:$\dot{I} = I\angle \Psi_i$。在不加说明时,以后所说的相量都是指有效值相量。

需要指出的是,正弦量是一个随时间变化的量,相量是一个复常数,两者仅是一个一一对应的关系,一个相量可以代表一个正弦量,而不能认为正弦量就等于相量。在相量表示式中,略去了有关 ωt,这是因为在正弦交流电路中,其电压、电流具有相同的频率。但从相量写成瞬时表达式时,有关 ωt 不能遗忘。

【例 3-7】 试写出下列各正弦量的相量。

(1) $u = 220\sqrt{2}\sin(\omega t + 30°)$ V

(2) $i = 3\sin(\omega t - 60°)$ A

解:(1)电压相量

$$\dot{U} = 220\angle 30° \text{ V}$$

(2)电流相量

$$\dot{I}_C = \frac{3}{\sqrt{2}}\angle -60° = 2.12\angle -60° \text{ A}$$

【例 3-8】 已知 $f = 50$ Hz,求下列各电压相量所代表的正弦交流电压的解析式。

(1) $\dot{U}_{C_1} = 100\angle -45°$ V;(2) $\dot{U}_{C_2} = 50\angle 60°$ V。

解:
$$\omega = 2\pi f = 2\pi \times 50 = 314 \quad (\text{rad/s})$$

电压的表达式为

(1) $u_1 = 100\sqrt{2}\sin(314t - 45°)$ 　(V)

(2) $u_2 = 50\sqrt{2}\sin(314t + 60°)$ 　(V)

2. 用相量法求同频率正弦量的代数和

【例 3-9】 设有两个正弦电流 $i_1 = 3\sqrt{2}\sin(\omega t + 30°)$ A,$i_2 = 4\sqrt{2}\sin(\omega t + 60°)$ A,求 $i = i_1 + i_2$。

解: i_1 和 i_2 的相量形式为

$$\dot{I}_{C_1} = 3\angle 30° \text{ A}, \dot{I}_2 = 4\angle 60° \text{ A}$$

则
$$\dot{I} = \dot{I}_1 + \dot{I}_2 = 3\angle 30° + 4\angle 60°$$
$$= 2.60 + j1.5 + 2 + j3.46$$

$$= (2.60 + 2) + j(1.5 + 3.46)$$
$$= 4.60 + j4.96 = 6.76 \angle 47.2° \quad \text{(A)}$$

其对应的正弦电流的表达式为

$$i = i_1 + i_2 = 6.76\sqrt{2}\sin(\omega t + 47.2°) \quad \text{(A)}$$

3.3 电阻、电感、电容元件伏安关系的相量形式

3.3.1 电阻元件伏安关系的相量形式

在正弦交流电路中,电阻元件的电压和电流都随时间变化,但在任一瞬间线性电阻元件的电压、电流关系仍然遵循欧姆定律。设电阻元件 R 的电压 u_R 与电流 i_R 为关联参考方向,如图 3-6 所示,且通过电阻 R 的电流为正弦电流,即

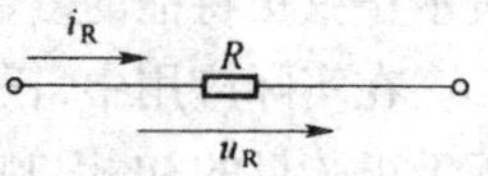

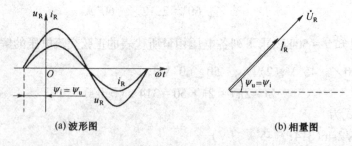

图 3-6　电阻元件

$$i_R = \sqrt{2}I_R\sin(\omega t + \varPsi_i)$$

则

$$u_R = Ri_R = RI_{Rm}\sin(\omega t + \varPsi_i) = U_{Rm}\sin(\omega t + \varPsi_u) \tag{3-9}$$

可见,电压 u_R 与电流 i_R 是同频率的正弦量,电压、电流幅值或有效值之间的关系为

$$U_{Rm} = RI_{Rm} \text{或} \ U_R = RI_R \tag{3-10}$$

电压、电流相位间的关系为

$$\varPsi_u = \varPsi_i \tag{3-11}$$

将电流、电压都用相量表示,可得

$$\dot{I}_{CR} = I_R \angle \varPsi_i$$

$$\dot{U}_{CR} = U_R \angle \varPsi_u = RI_R \angle \varPsi_i = R\dot{I}_{CR}$$

即

$$\dot{U}_{CR} = R\dot{I}_{CR} \tag{3-12}$$

图 3-7 画出了电阻元件上电压与电流的波形图及相量图。

（a）波形图　　　　　　（b）相量图

图 3-7　电阻元件的波形图、相量图

通过以上分析,得出如下结论:

(1)正弦交流电路中,电阻元件的电压、电流是同频率的正弦量。

(2)电阻元件电压、电流的瞬时值、最大值、有效值之间都符合欧姆定律。

(3)电阻元件在关联参考方向下的电压与电流同相。

(4)电阻元件的电压、电流的相量形式也符合欧姆定律。

【例 3-10】　在纯电阻电路中,已知 $R = 150\,\Omega$,加在电阻两端的电压 $u = 60\sqrt{2}\sin(314t +$

30°) V,求电流 $\dot{I}$,并写出其瞬时值表达式。

解: 电压的相量形式为

$$\dot{U} = 60\angle 30° \text{ V}$$

则

$$\dot{I} = \frac{\dot{U}}{R} = \frac{60\angle 30°}{150} = 0.4\angle 30° \quad \text{(A)}$$

电流的瞬时值表达式为

$$i = 0.4\sqrt{2}\sin(314t + 30°) \text{ A}$$

3.3.2 电感元件伏安关系的相量形式

选择电感元件上的电压 u_L 与电流 i_L 为关联参考方向,如图 3-8 所示,其伏安关系为

$$u_L = L\frac{di_L}{dt}$$

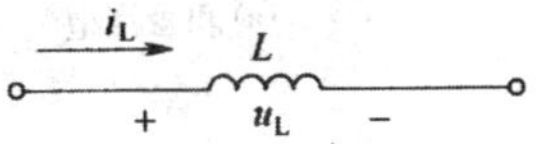

设电感元件的电流为

$$i_L = I_L\sqrt{2}\sin(\omega t + \Psi_i)$$

图 3-8 电感元件

则电感元件的电压为

$$u_L = L\frac{di_L}{dt} = \sqrt{2}\omega L I_L\cos(\omega t + \Psi_i) = \sqrt{2}\omega L I_L\sin\left(\omega t + \Psi_i + \frac{\pi}{2}\right) = \sqrt{2}U_L\sin(\omega t + \Psi_u) \tag{3-13}$$

式(3-13)中:

$$U_L = \omega L I_L; \Psi_u = \Psi_i + \frac{\pi}{2}$$

由式(3-13)可知,在正弦交流电路中,电感元件的电压和电流是同频率的正弦量;电压比电流超前 $\frac{\pi}{2}$;它们的有效值或最大值之间有如下关系式:

$$U_L = \omega L I_L = X_L I_L \text{ 或 } U_{Lm} = \omega L I_{Lm} = X_L I_{Lm} \tag{3-14}$$

式中

$$X_L = \omega L = 2\pi f L \tag{3-15}$$

X_L 称为电感的电抗,简称感抗,单位是欧姆(Ω)。由式(3-14)可以看出,X_L 反映了电感元件对正弦交流电流的限制能力,在电压一定的情况下,电流随着感抗的增大而减小。由式(3-15)可以看出,X_L 与频率成正比,并随频率的增高而增大,表明电感线圈在高频情况下有较大的感抗,高频扼流圈就是利用这个原理制作的。当时 $\omega \to \infty$,$X_L \to \infty$,电感相当于开路;在直流电路中,$\omega = 0$,$X_L = 0$,电感相当于短路。

必须指出,感抗是频率的函数,只有在频率一定时才是常数。感抗只代表 u_L 和 i_L 的最大值或有效值之比,而不代表瞬时值之比。感抗只对正弦交流电路才有意义。

把电感元件的电流、电压分别由对应的相量来表示,则有

$$\dot{I}_L = I_L\angle\Psi_i$$

$$\dot{U}_L = U_L\angle\Psi_u = X_L I_L\angle\Psi_i + 90° = jX_L I_L\angle\Psi_i$$

即

$$\dot{U}_L = j\omega_L \dot{I}_L = jX_L \dot{I}_L \tag{3-16}$$

图 3-9 画出了电感元件的相量模型、电压和电流的波形图及相量图。

通过以上分析,得出如下结论:

(1)在正弦交流电路中,电感元件的电压、电流是同频率的正弦量。

(2)电感元件电压、电流的有效值、最大值之间都符合欧姆定律。

$$\frac{U_{Lm}}{I_{Lm}} = \frac{U_L}{I_L} = \omega L = X_L$$

(3)电感元件在关联参考方向下,电压超前电流90°。

(4)电感元件的电压、电流相量之间也符合欧姆定律,形式为

$$\dot{U}_L = jX_L \dot{I}_L$$

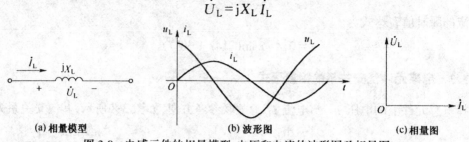

(a)相量模型　　　　　　　(b)波形图　　　　　　　(c)相量图

图 3-9　电感元件的相量模型、电压和电流的波形图及相量图

【例 3-11】 一个 0.5 H 的电感线圈,接到 $u = 220\sqrt{2}\sin(\omega t - 120°)$ V 的工频正弦交流电源上,求通过线圈的电流 i。

解:电压的相量形式为

$$\dot{U} = 220\angle -120° \text{ V}$$

$$X_L = \omega L = 2\pi \times 50 \times 0.5 = 157 \quad (\Omega)$$

$$\dot{I} = \frac{\dot{U}}{jX_L} = \frac{220\angle -120°}{157\angle 90°} = 1.4\angle 150° \quad (A)$$

$$i = 1.4\sqrt{2}\sin(\omega t + 15°) \text{ A}$$

3.3.3　电容元件伏安关系的相量形式

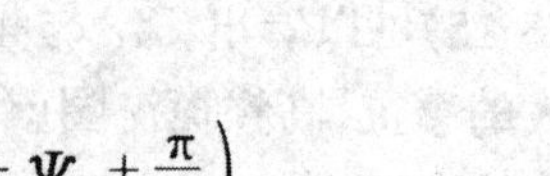

选择电容元件上的电压 u_C 与电流 i_C 为关联参考方向,如图 3-10所示,其伏安关系为

图 3-10　电容元件

$$i_C = C\frac{du_C}{dt}$$

设电容元件的电压为　　　　$u_C = \sqrt{2}U_C\sin(\omega t + \Psi_u)$

则电容元件的电流为

$$i_C = C\frac{du_C}{dt} = \sqrt{2}\omega CU_C\cos(\omega t + \Psi_u) = \sqrt{2}\omega CU_C\sin\left(\omega t + \Psi_u + \frac{\pi}{2}\right)$$

$$= \sqrt{2}I_C\sin(\omega t + \Psi_i) \tag{3-17}$$

式中　　　　　　　　　　$I_C = \omega CU_C; \quad \Psi_i = \Psi_u + \frac{\pi}{2}$

由式(3-17)可知,在正弦交流电路中,电容元件的电压和电流是同频率的正弦量;电流比电压超前 $\frac{\pi}{2}$;它们的有效值或最大值之间有如下关系式:

$$\left.\begin{array}{l} I_C = \omega CU_C = \dfrac{U_C}{\dfrac{1}{\omega C}} = \dfrac{U_C}{X_C} \\[4mm] I_{Cm} = \omega CU_{Cm} = \dfrac{U_{Cm}}{\dfrac{1}{\omega C}} = \dfrac{U_{Cm}}{X_C} \end{array}\right\} \tag{3-18}$$

式中

$$X_C = \frac{1}{\omega C} = \frac{1}{2\pi f C} \qquad (3\text{-}19)$$

X_C 称为电容的电抗,简称容抗,单位是 Ω。由式(3-18)可以看出, X_C 反映了电容元件对正弦交流电流的限制能力,在电压一定的情况下,电流随着容抗的增大而减小。由式(3-19)可以看出, X_C 与频率成反比,当 $\omega \to \infty$ 时, $X_C \to 0$,电容相当于短路;在直流电路中, $\omega = 0$, $X_C = \infty$,电容相当于开路,此即电容元件的隔直性能。

必须指出,容抗是频率的函数,只有在频率一定时才是常数。容抗只代表 u_C 和 i_C 的最大值或有效值之比,而不代表瞬时值之比。容抗只对正弦交流电路才有意义。

把电容元件的电压、电流分别由对应的相量来表示,则有

$$\dot{U}_C = U_C \angle \Psi_u$$

$$\dot{I}_C = I_C \angle \Psi_i = \frac{U_C}{X_C} \angle \left(\Psi_u + \frac{\pi}{2} \right) = \frac{U_C}{-jX_C} \angle \Psi_u$$

即

$$\dot{I}_C = j\omega C \dot{U}_C = \frac{\dot{U}_C}{-jX_C} \qquad (3\text{-}20)$$

图 3-11 画出了电容元件的相量模型、电压和电流的波形图及相量图。

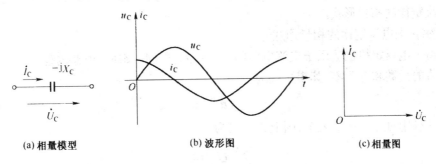

(a) 相量模型　　　　　　(b) 波形图　　　　　　(c) 相量图

图 3-11　电容元件的相量模型、电压和电流的波形图及相量图

通过以上分析,得出如下结论:

(1)在正弦交流电路中,电容元件的电压、电流是同频率的正弦量。

(2)电容元件电压、电流的有效值、最大值之间都符合欧姆定律。

$$\frac{U_{Cm}}{I_{Cm}} = \frac{U_C}{I_C} = \frac{1}{\omega C} = X_C$$

(3)电容元件在关联参考方向下,电流超前电压 90°。

(4)电容元件的电压、电流相量之间也符合欧姆定律,形式为

$$\dot{U}_C = -jX_C \dot{I}_C$$

【例 3-12】　把一个 $C = 57.8\ \mu F$ 的电容元件,接到 $u = 220\sqrt{2}\sin(\omega t + 30°)$ V 的工频交流电源上,求通过电容元件的电流 i。

解:电压的相量形式为

$$\dot{U} = 220 \angle 30°\ \text{V}$$

由于
$$X_C = \frac{1}{\omega C} = \frac{1}{2\pi \times 50 \times 57.8 \times 10^{-6}} = 55 \quad (\Omega)$$

则
$$\dot{I} = \frac{\dot{U}}{-jX_C} = \frac{220\angle 30°}{55\angle -90°} = 4\angle 120° \quad (A)$$

$$i = 4\sqrt{2}\sin(\omega t + 120°) \, A$$

3.4　基尔霍夫定律的相量形式

3.4.1　基尔霍夫定律的相量形式

1. 基尔霍夫电流定律的相量形式

基尔霍夫电流定律适用于交流电路的任一瞬间,即任一瞬间流过电路任一节点(或封闭面)的所有电流瞬时值的代数和等于零,其表达式为

$$\sum i = 0$$

在正弦交流电路中,由于流过节点的各电流都是同频率的正弦量,用对应的相量表示,则有

$$\sum \dot{I} = 0 \tag{3-21}$$

式(3-21)表明,在正弦交流电路中,流过任一节点的所有电流相量的代数和为零。此式称为基尔霍夫电流定律的相量形式。

2. 基尔霍夫电压定律的相量形式

基尔霍夫电压定律也适用于交流电路的任一瞬间,即同一瞬间,电路的任一个回路中各段电压瞬时值的代数和等于零,其表达式为

$$\sum u = 0$$

将正弦量用对应的相量表示,则上式可写为

$$\sum \dot{U} = 0 \tag{3-22}$$

式(3-22)表明,沿任一闭合回路绕行一周,各段电压相量的代数和为零。此式称为基尔霍夫电压定律的相量形式。

3.4.2　应用举例

【例3-13】　电路如图3-12(a)所示,已知 $u_1 = 10\sqrt{2}\sin(\omega t + 30°)$ V, $u_2 = 5\sqrt{2}\sin(\omega t - 30°)$ V。求 u,并画出相量图。

解:电压 u_1、u_2 的相量分别为

$$\dot{U}_1 = 10\angle 30° \, V, \quad \dot{U}_2 = 5\angle -30° \, V$$

根据基尔霍夫电压定律,得

$$\dot{U} = \dot{U}_1 + \dot{U}_2 = 10\angle 30° + 5\angle -30° = 8.66 + j5 + 4.33 - j2.5$$
$$= 12.99 + j2.5 = 13.2\angle 10.9° \quad (V)$$

画出相量图如图 3-12(b)所示。

【例3-14】　电路如图3-13(a)所示,已知 $I_1 = 4\,A$, $I_2 = 3\,A$,求总电流 I,并画出相量图。

解:解法 I

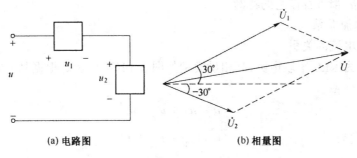

(a) 电路图   (b) 相量图

图 3-12   例 3-13 图

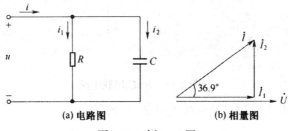

(a) 电路图   (b) 相量图

图 3-13   例 3-14 图

设电压 $\dot{U}$ 为参考正弦量,即

$$\dot{U} = U\angle 0° \text{ V}$$

根据电阻和电容的伏安关系可知

$$\dot{I}_1 = \frac{\dot{U}}{R} = 4\angle 0° \text{ A}$$

$$\dot{I}_2 = j\omega C\dot{U} = 3\angle 90° \text{ A}$$

根据基尔霍夫电流定律,得

$$\dot{I} = \dot{I}_1 + \dot{I}_2 = 4\angle 0° + 3\angle 90° = 4 + j3 = 5\angle 36.9° \quad (\text{A})$$

解法 II

设电压 $\dot{U}$ 为参考正弦量,即

$$\dot{U} = U\angle 0° \text{ V}$$

画出相量图如图 3-13(b)所示,由相量图可以求得

$$I = \sqrt{I_1^2 + I_2^2} = \sqrt{4^2 + 3^2} = 5 \quad (\text{A})$$

$$\varphi = \arctan\frac{3}{4} = 36.9°$$

所以 $$\dot{I} = I\angle\varphi = 5\angle 36.9° \quad (\text{A})$$

3.5   R、L、C 串联电路

3.5.1   R、L、C 串联电路

电阻、电感、电容元件串联的电路,在正弦交流电路的分析计算中具有普遍意义,因为各种

常用的串联电路,都可看作它的特例。

1. 电压、电流关系

(1)电压与电流的关系

图 3-14(a)为 RLC 串联电路,其相量模型如图 3-14(b)所示。根据基尔霍夫电压定律,可得

$$u = u_R + u_L + u_C$$

其相量形式为

$$\dot{U} = \dot{U}_R + \dot{U}_L + \dot{U}_C$$

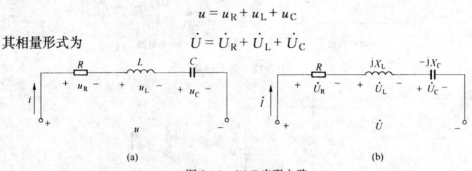

(a)   (b)

图 3-14   *RLC* 串联电路

将各元件电压与电流的相量关系代入上式,可得

$$\dot{U} = R\dot{I} + jX_L\dot{I} - jX_C\dot{I}$$

$$= [R + j(X_L - X_C)]\dot{I}$$

$$= (R + jX)\dot{I} = Z\dot{I}$$

即

$$\dot{U} = Z\dot{I} \tag{3-23}$$

式(3-23)为 R、L、C 串联电路伏安关系的相量形式,与欧姆定律相似,所以称之为相量形式的欧姆定律。

(2)复阻抗

在式(3-23)中

$$Z = R + j(X_L - X_C) = (R + jX) = |Z|\angle\varphi \tag{3-24}$$

称为电路的复阻抗,其中 $X = X_L - X_C$,称为电路的电抗。单位均是 Ω。

由式(3-24)不难看出

$$|Z| = \sqrt{R^2 + (X_L - X_C)^2} = \sqrt{R^2 + X^2} \tag{3-25}$$

$$\varphi = \arctan\frac{X_L - X_C}{R} = \arctan\frac{X}{R} \tag{3-26}$$

式(3-25)表明,电路的 $|Z|$、R、X 可以组成一个三角形,称为阻抗三角形,如图 3-15 所示。

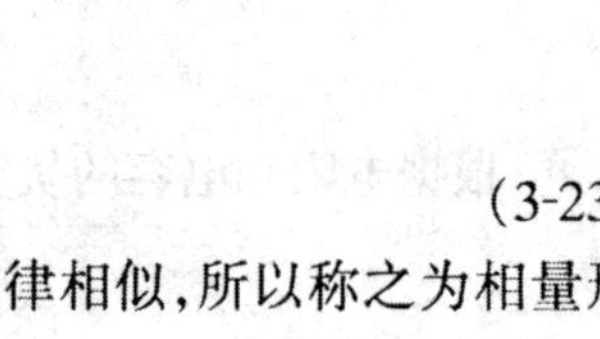

需要指出的是,复阻抗 Z 不是代表正弦量的复数,它不是相量,故 Z 的上方不加圆点,画出的阻抗三角形也不是相量图,因此各边也不带箭头。

由式(3-23)可知,Z 又等于无源二端网络的端口电压相量与端口电流相量之比,即

图 3-15   阻抗三角形

$$Z = \frac{\dot{U}}{\dot{I}} = \frac{U\angle\Psi_u}{I\angle\Psi_i} = \frac{U}{I}\angle(\Psi_u - \Psi_i) = |Z|\angle\varphi \tag{3-27}$$

其中
$$|Z| = \frac{U}{I}, \qquad \varphi = \Psi_u - \Psi_i$$

式(3-27)表明串联电路中电压、电流有效值之间的关系符合欧姆定律。φ 称为电路的阻抗角，也是电压超前于电流的相位角。

2．电路的三种情况

由于 $X = X_L - X_C = \omega L - \dfrac{1}{\omega C}$，可见，电抗 X 随着 ω、L、C 的值的不同，电路有三种不同情况。

(1)当 $X_L > X_C$ 时，$X = X_L - X_C > 0$，电路中 $U_L > U_C$，$\varphi > 0$，端口电压超前于端口电流，电路呈感性。选定电流为参考正弦量，画出其相量图如 3-16(a)所示。

(2)当 $X_L < X_C$ 时，$X = X_L - X_C < 0$，电路中 $U_L < U_C$，$\varphi < 0$，端口电压滞后于端口电流，电路呈容性。其相量图如 3-16(b)所示。

(3)当 $X_L = X_C$ 时，$X = X_L - X_C = 0$，电路中 $U_L = U_C$，$\varphi = 0$，端口电压与端口电流同相。电路呈纯电阻性，电路的这种状态称为谐振。其相量图如 3-16(c)所示。

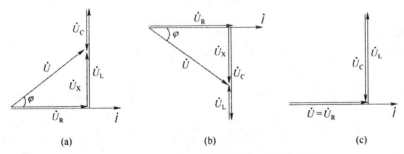

图 3-16　R、L、C 串联电路的电压、电流相量图

由图 3-16 可以看出，电路的总电压和各元件端电压之间的关系仍为三角形关系，称为电压三角形。

其有效值
$$U = \sqrt{U_R^2 + (U_L - U_C)^2} \tag{3-28}$$

显然，电压三角形与阻抗三角形是相似三角形，将阻抗三角形各边乘以电流 I 可得电压三角形各边。

【例 3-15】　如图3-14(a)中，已知 $R = 30\ \Omega$，$L = 382\ \text{mH}$，$C = 40\ \mu\text{F}$，电源电压 $U = 220\ \text{V}$，频率 $f = 50\ \text{Hz}$。试求电路中的 $\dot{I}$、$\dot{U}_R$、$\dot{U}_L$、$\dot{U}_C$，并画出电压、电流相量图。

解：由题意可知
$$X_L = \omega L = 2\pi f L = 2\pi \times 50 \times 382 \times 10^{-3} = 120 \quad (\Omega)$$
$$X_C = \frac{1}{\omega C} = \frac{1}{2\pi \times 50 \times 40 \times 10^{-6}} = 80 \quad (\Omega)$$
$$Z = R + j(X_L - X_C) = 30 + j(120 - 80)$$
$$= 30 + j40 = 50\angle 53.1° \quad (\Omega)$$

选取电源电压为参考相量，则
$$\dot{U} = 220\angle 0°\ \text{V}$$

电路中的电流为
$$\dot{I} = \frac{\dot{U}}{Z} = \frac{220\angle 0°}{50\angle 53.1°} = 4.4\angle -53.1° \quad (\text{A})$$

各元件电压相量分别为

$$\dot{U}_R = R\dot{I} = 30 \times 4.4\angle-53.1° = 132\angle-53.1° \quad (A)$$

$$\begin{aligned}\dot{U}_L &= j\omega L\dot{I} = j120 \times 4.4\angle-53.1°\\ &= 120\angle90° \times 4.4\angle-53.1°\\ &= 528\angle36.9° \quad (A)\end{aligned}$$

$$\dot{U}_C = -j\frac{1}{\omega C}\dot{I} = -j80 \times 4.4\angle53.1° = 352\angle-143.1° \quad (V)$$

各电压、电流相量图如图 3-17 所示。

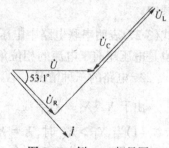

图 3-17 例 3-15 相量图

3.5.2 R、L 串联电路

1. 电压与电流的关系

图 3-18(a)为 RL 串联电路,其相量模型如图 3-18(b)所示。根据基尔霍夫电压定律,可得

$$u = u_R + u_L$$

其相量形式为
$$\dot{U} = \dot{U}_R + \dot{U}_L$$

将各元件电压与电流的相量关系代入上式,可得

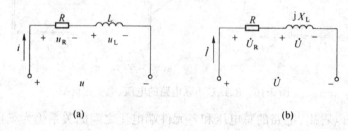

(a) (b)

图 3-18 RL 串联电路

$$\dot{U} = R\dot{I} + jX_L\dot{I} = (R + jX_L)\dot{I} = Z\dot{I}$$

即
$$\dot{U} = Z\dot{I} \tag{3-29}$$

式(3-29)为 R、L 串联电路伏安关系的相量形式。

2. 复阻抗

在式(3-29)中

复阻抗
$$Z = \frac{\dot{U}}{\dot{I}} = R + jX_L = |Z|\angle\varphi \tag{3-30}$$

其中 阻抗
$$|Z| = \frac{U}{I} = \sqrt{R^2 + X_L^2} \tag{3-31}$$

阻抗角
$$\varphi = \arctan\frac{X_L}{R} = \Psi_u - \Psi_i \tag{3-32}$$

由式(3-31)可知,电路的 $|Z|$、R、X_L 同样可以组成一个阻抗三角形,如图 3-19 所示。

3. 电路的性质

在 RL 串联电路中,因为 $X = X_L > 0$,所以电路是感性电路,阻抗角 $0° < \varphi < 90°$。RL 串联电路对应的电压三角形如图 3-20 所示。

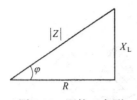

图 3-19　阻抗三角形

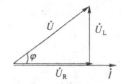

图 3-20　R、L 串联电路的相量图

【例 3-16】　日光灯管和镇流器串联接到正弦交流电源上,可看作 R、L 串联电路,如图 3-21(a)所示,已知灯管电阻 $R_1 = 200\ \Omega$,镇流器电阻 $R_2 = 20\ \Omega$, $L = 1.45\ H$,若电源电压 $U = 220\ V$, $f = 50\ Hz$ 时,求电路中的电流 I、灯管电压 U_1 和镇流器电压 U_2,并画相量图。

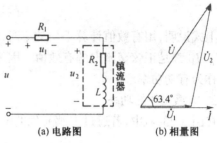

(a) 电路图　　(b) 相量图

图 3-21　例 3-16 图

解:镇流器的复阻抗为

$$Z_2 = R_2 + j2\pi fL$$
$$= 20 + j2\pi \times 50 \times 1.45$$
$$= 20 + j455.3$$
$$= 455.7\angle 87.5°\ (\Omega)$$

电路的复阻抗为

$$Z = R_1 + Z_2 = 200 + 20 + j455.3 = 506\angle 64.3°\ (\Omega)$$

电路中的电流及各部分的电压为

$$I = \frac{U}{|Z|} = \frac{220}{506} = 0.435\ (A)$$
$$U_1 = IR = 0.435 \times 200 = 87\ (V)$$
$$U_2 = I|Z_2| = 0.435 \times 455.7 = 198.2\ (V)$$

各电压、电流相量图如图 3-21(b)所示。

3.6　正弦交流电路中的功率

3.6.1　电路基本元件的功率

1. 电阻元件的功率

在图 3-22(a)中,若通过电阻元件的电流为 $i_R(t) = \sqrt{2}\,I_R\sin\omega t$,则电阻两端的电压为

$$u_R = Ri_R = \sqrt{2}\,RI_R\sin\omega t = \sqrt{2}\,U_R\sin\omega t$$

此时电阻吸收的瞬时功率

$$p_R = u_Ri_R = \sqrt{2}\,U_R\sin\omega t \times \sqrt{2}\,I_R\sin\omega t = 2U_RI_R\sin^2\omega t = U_RI_R(1 - \cos 2\omega t)$$

瞬时功率 p_R 随时间 t 变化的规律如图 3-22(b)所示。可以看出,电阻元件的瞬时功率是以两倍于电压的频率变化的,而且总有 $p_R \geqslant 0$,这说明在正弦交流电路中,电阻元件始终从电源吸收电能。

瞬时功率在一个周期的平均值叫平均功率,简称功率,用 P_R 表示。

$$P_R = \frac{1}{T}\int_0^T p_R\mathrm{d}t = \frac{1}{T}\int_0^T U_RI_R(1 - \cos 2\omega t)\mathrm{d}t = U_RI_R = I_R^2R = \frac{U_R^2}{R}\qquad (3-33)$$

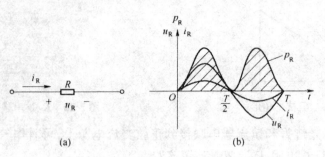

图 3-22　电阻元件的功率

上式说明,用有效值计算平均功率时,形式上与直流电路中的完全相似,区别仅在于这里的 U_R、I_R 都是正弦交流电的有效值。因为平均功率反映了电路实际消耗的功率,所以平均功率又称为有功功率。

2. 电感元件的功率

在图 3-23(a)中,若通过电感元件的电流为 $i_L = \sqrt{2}\,I_L \sin\omega t$,则电感两端的电压为

$$u_L = L\frac{\mathrm{d}i_L}{\mathrm{d}t} = \sqrt{2}\,\omega L I_L \sin\left(\omega t + \frac{\pi}{2}\right) = \sqrt{2}\,U_L \cos\omega t$$

此时电感元件的瞬时功率为

$$p_L = u_L i_L = \sqrt{2}\,U_L \cos\omega t \times \sqrt{2}\,I_L \sin\omega t = U_L I_L \sin 2\omega t$$

由上式可知,电感元件的瞬时功率是随时间以两倍于电压的频率按正弦规律变化的,振幅为电流、电压有效值的乘积,其波形如图 3-23(b)所示。当 u_L、i_L 都为正值或都为负值时,p_L 为正,说明此时电感元件吸收电能并转变为磁场能量储存起来;当 u_L 为正、i_L 为负或 u_L 为负、i_L 为正时,p_L 为负,说明此时电感元件向外释放能量。p_L 的值正、负交替出现,说明电感元件与外电路不断地进行着能量交换。显然,一个周期内吸收和放出的能量相等,因此其平均功率为零,即

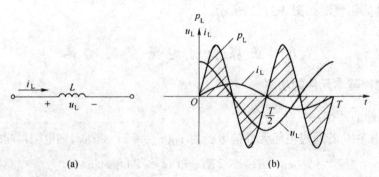

图 3-23　电感元件的功率

$$P_L = \frac{1}{T}\int_0^T p_L \mathrm{d}t = \frac{1}{T}\int_0^T U_L I_L \sin 2\omega t\,\mathrm{d}t = 0 \tag{3-34}$$

工程上把电感元件瞬时功率的最大值定义为无功功率,它代表电感元件与外电路交换能量的最大速率,并用字母 Q_L 表示,即

$$Q_L = U_L I_L = I_L^2 X_L = \frac{U_L^2}{X_L} \tag{3-35}$$

其量纲和有功功率相同,为了区分,无功功率的单位用乏(var)或千乏(kvar)。应当指出,"无功"意味着"交换而不消耗",不能理解为"无用"。如电动机、变压器等具有电感的设备,没有磁场就不能工作,而磁场能量是由电源供给的,这些设备和电源之间必须进行一定规模的能量交换设备才能正常工作。

3. 电容元件的功率

在图 3-24(a)中,若通过电容元件的电流为 $i_C = \sqrt{2}\,I_C \sin \omega t$,则电容两端的电压为

$$u_C = \sqrt{2}\,X_C I_C \sin\left(\omega t - \frac{\pi}{2}\right) = -\sqrt{2}\,U_C \cos \omega t$$

此时电容元件的瞬时功率为

$$p_C = u_C i_C = -\sqrt{2}\,U_C \cos \omega t \times \sqrt{2}\,I_C \sin \omega t = -U_C I_C \sin 2\omega t$$

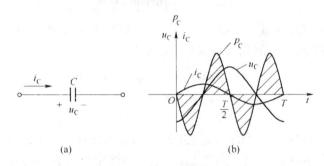

图 3-24 电容元件的功率

由上式可知,电容元件的瞬时功率也是随时间以两倍于电压的频率按正弦规律变化的,其波形如图 3-24(b)所示。振幅为电流、电压有效值的乘积。当 $p_C > 0$ 时,电容器被充电,电容元件从外电路吸收电能,并转换为电场能量储存起来;当 $p_C < 0$ 时,电容器放电,电容元件将储存的电场能量又变换为电能送还给外电路。p_C 的值正、负交替出现,同样说明电容元件与外电路不断地进行着能量交换。同样,一个周期内吸收和放出的能量相等,因此其平均功率为零,即

$$P_C = \frac{1}{T}\int_0^T p_C \mathrm{d}t = -\frac{1}{T}\int_0^T U_C I_C \sin 2\omega t\, \mathrm{d}t = 0 \tag{3-36}$$

从图 3-23(b)和图 3-24(b) p_L 和 p_C 的波形中可以看出,当通过它们的电流相位相同时,它们的瞬时功率在相位上是反相的,即当电感在吸收能量时,电容就释放能量;反之,当电感释放能量时,电容就吸收能量,两者正好相反。把电容元件瞬时功率的最大值定义为无功功率,并用字母 Q_C 表示,单位也是乏(var)。

$$Q_C = -U_C I_C = -I_C^2 X_C = -\frac{U_C^2}{X_C} \tag{3-37}$$

对于式(3-35)和式(3-37)中的正、负号,可理解为在正弦交流电路中,电感元件是"吸收"无功功率的,而电容元件是"发出"无功功率的。当电路中既有电感元件,又有电容元件时,它们的无功功率相互补偿。

3.6.2 二端网络的功率

1. 瞬时功率

在图 3-25(a)所示的二端网络中,设端口电流 i 及端口电压 u 分别为

$$i = \sqrt{2} I \sin \omega t$$

$$u = \sqrt{2} U \sin(\omega t + \Psi_u)$$

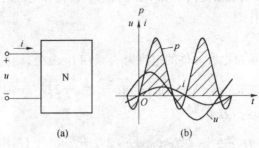

图 3-25　二端网络的功率

由于 $\varphi = \Psi_u - \Psi_i$, φ 是电压超前于电流的相位角。可得 $\Psi_u = \varphi$, 所以 $u = \sqrt{2} U \sin(\omega t + \varphi)$ 在 u、i 取关联参考方向下, 二端网络吸收的瞬时功率为

$$\left.\begin{aligned} p = ui &= \sqrt{2} U \sin(\omega t + \varphi) \times \sqrt{2} I \sin \omega t \\ &= 2UI \sin(\omega t + \varphi) \times \sin \omega t \\ &= UI[\cos \varphi - \cos(2\omega t + \varphi)] \end{aligned}\right\} \tag{3-38}$$

式(3-38)表明, 瞬时功率由恒定分量 $UI\cos\varphi$ 和余弦分量 $UI\cos(2\omega t + \varphi)$ 两部分组成, 余弦分量的频率是电压频率的两倍。图 3-25(b)是二端网络的 u、i、p 的波形图。设 $0° < \varphi < 90°$, 在 u 或 i 为零时, $p = 0$; u、i 同方向时, $p > 0$, 网络吸收功率; u、i 反方向时, $p < 0$, 网络发出功率。

2. 有功功率

我们把一个周期内瞬时功率的平均值称为平均功率, 或称为有功功率, 用字母 P 表示, 即

$$P = \frac{1}{T} \int_0^T p \, \mathrm{d}t = \frac{1}{T} \int_0^T UI[\cos\varphi - \cos(2\omega t + \varphi)] \mathrm{d}t = UI\cos\varphi \tag{3-39}$$

上式是计算二端网络平均功率的通用公式, 它表明, 二端网络的平均功率等于端口电压、端口电流的有效值和 $\cos\varphi$ 的乘积, $\cos\varphi$ 称为网络的功率因数, 这里的 φ 角是端口电压与端口电流的相位差, 也称为功率因数角。

对于一个无源二端网络, 由于 $Z = \dfrac{\dot{U}}{\dot{I}} = \dfrac{U \angle \Psi_u}{I \angle \Psi_i} = |Z| \angle \Psi_u - \Psi_i = |Z| \angle \varphi$, 所以这里的 φ 即是电压超前于电流的相位角, 又是无源二端网络的阻抗角。

当电路中既含有电阻, 又含有电感、电容元件时, 由于电感、电容元件上的平均功率为零, 即 $P_L = 0$、$P_C = 0$, 因而, 电路总有功功率等于各电阻元件消耗的平均功率之和, 即

$$P = \sum U_R I_R = \sum R I_R^2 = \sum \frac{U_R^2}{R} \tag{3-40}$$

3. 无功功率

二端网络与外部电路进行能量交换的最大速率为网络的无功功率, 用字母 Q 表示。可以证明二端网络的无功功率为

$$Q = UI\sin\varphi \tag{3-41}$$

当 $\varphi > 0$ 时, $\sin\varphi > 0$, $Q > 0$, 电路呈感性, 习惯上称感性电路, 网络从外部"吸收"无功功率; 当 $\varphi < 0$ 时, $\sin\varphi < 0$, $Q < 0$, 电路呈容性, 习惯上称容性电路, 网络向外部"发出"无功功

率。

当电路中既有电感元件又有电容元件时,电路总的无功功率等于全部电感元件的无功功率与全部电容元件的无功功率的代数和,即

$$Q = \sum Q_{\mathrm{L}} + \sum Q_{\mathrm{C}} = \sum U_{\mathrm{L}} I_{\mathrm{L}} + \sum (- U_{\mathrm{C}} I_{\mathrm{C}})$$

$$= \sum X_{\mathrm{L}} I_{\mathrm{L}}^2 + \sum (- X_{\mathrm{C}} I_{\mathrm{C}}^2) = \sum \frac{U_{\mathrm{L}}^2}{X_{\mathrm{L}}} + \sum \left(- \frac{U_{\mathrm{C}}^2}{X_{\mathrm{C}}}\right) \qquad (3\text{-}42)$$

4. 视在功率

在交流电路中,将电压有效值和电流有效值的乘积称为网络视在功率。用字母 S 表示,即
$$S = UI \qquad (3\text{-}43)$$

其量纲和有功功率及无功功率相同,为了区分,单位用 V·A(伏安)或 kV·A(千伏安)表示。视在功率既不代表一般交流电路实际消耗的有功功率,也不代表交流电路的无功功率,它表示电源可能提供的,或负载可能获得的最大功率。各种电器设备都是按一定的额定电压 U_{N} 和一定的额定电流 I_{N} 设计的,它们的乘积称为额定视在功率,即
$$S_{\mathrm{N}} = U_{\mathrm{N}} I_{\mathrm{N}} \qquad (3\text{-}44)$$

额定视在功率在设备铭牌上通常称为额定容量或容量。电源设备的额定容量表明了该电源允许提供的最大有功功率,但并不等于实际输出的有功功率或视在功率。

5. 功率三角形

交流电路中的有功功率、无功功率和视在功率之间的关系为

$$P = UI\cos\varphi = S\cos\varphi$$
$$Q = UI\sin\varphi = S\sin\varphi$$
$$S = UI = \sqrt{P^2 + Q^2} \qquad (3\text{-}45)$$

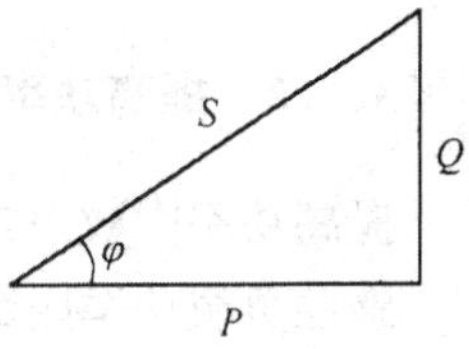

显然,P、Q、S 组成一个直角三角形,称为功率三角形。如图 3-26 所示,图中的 φ 角可以表示为

图 3-26　功率三角形

$$\varphi = \arctan\frac{Q}{P} \qquad (3\text{-}46)$$

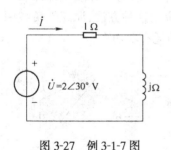

图 3-27　例 3-1-7 图

【例 3-17】 电路如图 3-27 所示,求电源发出的功率 P、Q 和 S。

解: 电路的复阻抗为

$$Z = 1 + \mathrm{j} = \sqrt{2}\angle 45° \quad (\Omega)$$

电路中的电流为

$$\dot{I} = \frac{\dot{U}}{Z} = \frac{2\angle 30°}{\sqrt{2}\angle 45°} = 1.414\angle -15° \quad (\mathrm{A})$$

有功功率为　　　　　$P = UI\cos\varphi = 2 \times 1.414\cos 45° = 2 \quad (\mathrm{W})$

无功功率为　　　$Q = UI\sin\varphi = 2 \times 1.414\sin 45° = 2 \quad (\mathrm{var})$

视在功率为　　　　　$S = UI = 2 \times 1.414 = 2.828 \quad (\mathrm{V \cdot A})$

3.7　功率因数的提高

在电力系统中,大多数负载为感性,功率因数普遍小于 1。如工业上广泛使用的异步电动

机,其功率因数满载时约为 0.8 左右,空载和轻载时仅为 0.2~0.5;照明用的日光灯功率因数为 0.3~0.5。

3.7.1　提高功率因数的意义

1. 提高电源设备的利用率

电源设备供电容量的大小是用视在功率表征的,能否充分利用设备的容量则由负载的性质来决定。例如,某变压器的容量为 10 kV·A,当负载为纯电阻电路时,其功率因数 $\cos\varphi = 1$,变压器能够传输的有功功率为 10 kW;当负载电路为感性,且功率因数 $\cos\varphi = 0.85$ 时,变压器能够传输的有功功率为 8.5 kW。负载的功率因数越高,同样的发电设备,可以提供更多的有功功率。

2. 减少输电线路中的电压降和功率损耗

当负载的有功功率 P 和电压 U 一定时,线路电流

$$I = \frac{P}{U\cos\varphi}$$

可见,功率因数越大,线路电流就越小,通过有电阻存在的供电线路所引起的能量损耗就越小,供电效率就越高。

因此,提高网络的功率因数,对于充分利用电源设备的容量,提高供电效率是十分必要的。

3.7.2　提高功率因数的方法

提高功率因数最常用的方法,就是在感性负载的两端并联合适的电容器。

感性负载功率因数较低,其主要原因是运行过程中要建立磁场,从而必须与外电路不断地交换能量,这样就出现了无功功率。由前面分析可知,在同一电路中,电容的无功功率和电感的无功功率符号相反,标志着它们在能量吞吐方面有互补作用。利用这种互补作用,在感性负载的两端并联合适的电容器,由电容器代替电源,提供感性负载所要求的部分或全部无功功率,这样就能减轻电源的"无功"之劳,提高了网络的功率因数。应用这种方法,原感性负载两端的电压保持不变,因此不影响它的工作,而且电容器本身也不消耗有功功率。

【例 3-18】　电路如图 3-28(a)所示,已知电源电压 $U = 220$ V,频率 $f = 50$ Hz,负载的功率 $P = 10$ kW、功率因数 $\cos\varphi_1 = 0.6$,如果在负载的两端并联一只 $400\,\mu$F 的电容,求电路的功率因数。

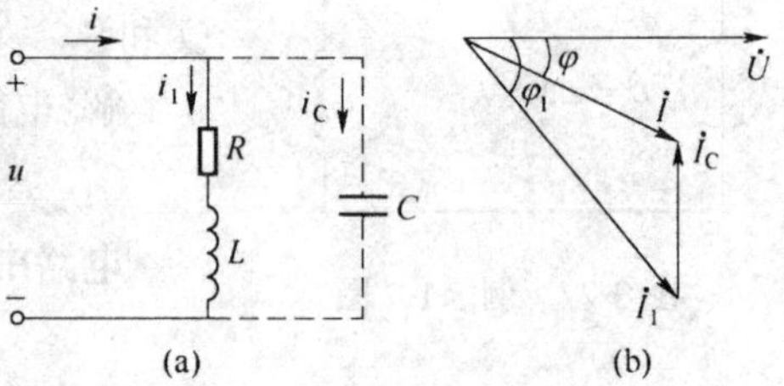

图 3-28　功率因数的提高

解:未接电容时,电路电流为

$$I_1 = \frac{P}{U\cos\varphi_1} = \frac{10\times 10^3}{220\times 0.6} = 75.8 \quad (\text{A})$$

功率因数角　$\varphi_1 = \arccos 0.6 = 53.1°$

设电源电压为参考相量,则电流

$$\dot{I}_1 = 75.8\angle -53.1° \quad (\text{A})$$

并联电容后,电容支路的电流为

$$\dot{I}_C = j\omega C\dot{U} = 2\pi\times 50\times 400\times 10^{-6}\angle 90°\times 220\angle 0° = 27.6\angle 90° \quad (\text{A})$$

电路的总电流为

$$\dot{I} = \dot{I}_1 + \dot{I}_C = 75.8\angle -53.1° + 27.6\angle 90° = 56.7\angle -36.6° \quad (A)$$

并联电容后的功率因数为

$$\cos\varphi = \cos 36.6° = 0.8$$

画出电压、电流相量图如图 3-28(b)所示。

由相量图可以看出，并联电容以后，网络的功率因数角 $\varphi < \varphi_1$，电路中的电流 $I < I_1$，从而提高了电路的功率因数，减小了线路电流。

【例 3-19】　有一感性负载，其功率 $P = 20\,\text{kW}$，接到电源电压为 $380\,\text{V}$、频率为 $50\,\text{Hz}$ 的交流电源上，欲把负载的功率因数由 0.6 提高到 0.9，应并联多大的电容？

解：利用相量图 3-28(b)，未接电容时，通过负载的电流为

$$I_1 = \frac{P}{U\cos\varphi_1} = \frac{20\times 10^{-3}}{380\times 0.6} = 87.7 \quad (A)$$

功率因数角

$$\varphi_1 = \arccos 0.6 = 53.1°$$

并上电容后，电路中的电流为

$$I = \frac{P}{U\cos\varphi} = \frac{20\times 10^3}{380\times 0.9} = 58.5 \quad (A)$$

网络的功率因数角

$$\varphi = \arccos 0.9 = 25.8°$$

通过电容支路的电流为

$$I_C = I_1\sin\varphi_1 - I\sin\varphi = 87.7\sin 53.1° - 58.5\sin 25.8° = 44.7 \quad (A)$$

应并电容的大小为

$$C = \frac{I_C}{\omega U} = \frac{44.7}{2\pi\times 50\times 380} = 374 \quad (\mu\text{F})$$

3.7.3　最大功率传输

在图 3-29 中，$\dot{U}_s$ 为电源电压，Z_{eq} 与 Z_L 分别为电源内复阻抗和负载复阻抗，对于任何一个给定的线性含源二端网络，$\dot{U}_s$ 和 Z_{eq} 都可以由戴维宁定理求得。

设

$$Z_{eq} = R_{eq} + jX_{eq}$$
$$Z_L = R_L + jX_L$$

可以证明，Z_L 负载从给定电源获得最大功率的条件为

$$R_L = R_{eq}$$
$$X_L = -X_{eq}$$

即

$$Z_L = \dot{Z}_{Ceq} \tag{3-47}$$

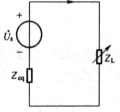

图 3-29　最大功率的传输

式(3-47)说明，当负载的电阻和电抗都可以改变时，只有负载的复阻抗等于电源内阻抗的共轭复数，负载才能获得最大功率，并称这种状态为"匹配"。此时负载所获得的最大功率为

$$P_{max} = \frac{U_s^2}{4R_{eq}} \tag{3-48}$$

3.8　谐振电路

当电路中含有电感和电容元件时，在正弦电源作用下，若电路呈阻性，即电路的端口电压

$\dot{U}_{\mathrm{C}}$ 与端口电流 $\dot{I}_{\mathrm{C}}$ 同相,电路的这种工作状态称为谐振。

谐振现象在电子技术中应用极为广泛。研究谐振的目的就是要认识这种客观现象,并在实践中充分利用谐振的特征,同时又要预防它所产生的危害。

3.8.1 串联谐振电路

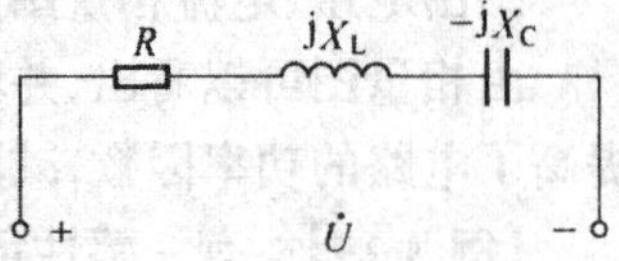

1. 串联谐振的条件和谐振频率

电路如图 3-30 所示,已知该电路的复阻抗为

图 3-30 串联谐振电路

$$Z = R + \mathrm{j}(X_{\mathrm{L}} - X_{\mathrm{C}})$$

$$= R + \mathrm{j}\left(\omega L - \frac{1}{\omega C}\right) = |Z| \angle \varphi$$

显然,欲使电路的端口电压 $\dot{U}_{\mathrm{C}}$ 与端口电流 $\dot{I}_{\mathrm{C}}$ 同相,即电路达到谐振时,必须满足

$$X_{\mathrm{L}} = X_{\mathrm{C}}$$

或

$$\omega L = \frac{1}{\omega C} \tag{3-49}$$

满足式(3-49)时的角频率称为电路的谐振频率,并用 ω_0 表示。因此,电路发生谐振时有

$$\omega_0 L = \frac{1}{\omega_0 C}$$

$$\omega_0 = \frac{1}{\sqrt{LC}} \text{或} f_0 = \frac{1}{2\pi\sqrt{LC}} \tag{3-50}$$

式(3-50)说明,电路谐振时的 ω_0(或 f_0)仅取决于电路本身的参数 L 和 C,与电路中的电流、电压无关,所以称 ω_0(或 f_0)为电路的固有角频率(或固有频率)。

当电源频率一定时,通过改变元件参数使电路谐振的过程称为调谐。由谐振条件可知,调节 L 或 C 使电路谐振时,电感与电容分别为

$$L = \frac{1}{\omega^2 C} \tag{3-51}$$

$$C = \frac{1}{\omega^2 L} \tag{3-52}$$

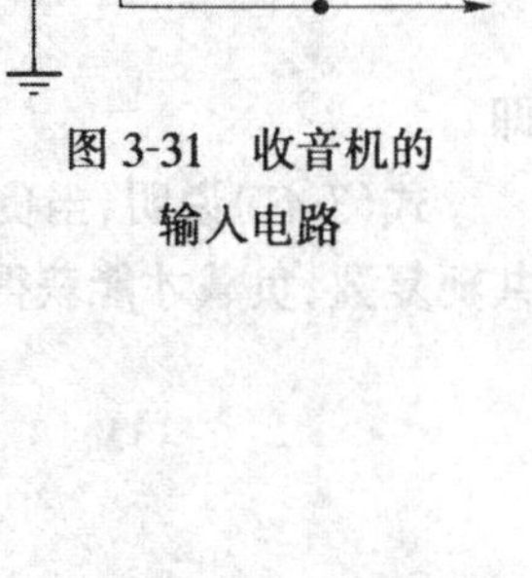

【例 3-20】 图3-31为某收音机的输入电路,已知收音机天线线圈的电感为 $320\,\mu\mathrm{H}$,若要收听 $820\,\mathrm{kHz}$ 的节目,求输入回路中的电容。

解:由

$$f_0 = \frac{1}{2\pi\sqrt{LC}}$$

图 3-31 收音机的输入电路

得 $C = \frac{1}{4\pi^2 L f_0^2} = \frac{1}{4\pi^2 (320 \times 10^{-6}) \times (820 \times 10^3)^2} = 118$ (pF)

2. 串联谐振的特征

(1)谐振时的复阻抗和电流

串联谐振时电路的电抗 $X = 0$,此时电路的复阻抗为

$$Z = R + \mathrm{j}X = R \tag{3-53}$$

可见,串联谐振时,电路复阻抗达到最小值,且等于电路中的电阻 R。在一定的电压作用下,谐振时的电流将达到最大值,用 I_0 表示为

$$I_0 = \frac{U}{R} \qquad\qquad (3\text{-}54)$$

(2)特性阻抗和品质因数

电路谐振时的感抗和容抗在数值上相等,用 ρ 表示则有

$$\rho = \omega_0 L = \frac{1}{\omega_0 C} = \sqrt{\frac{L}{C}} \qquad\qquad (3\text{-}55)$$

可见,ρ 只取决于电路的元件参数,称为特性阻抗,单位是 Ω。在电子技术中,通常用谐振电路的特性阻抗与电路电阻的比值来表征谐振电路的性能,此比值用字母 Q 表示,称为谐振电路的品质因数:

$$Q = \frac{\rho}{R} = \frac{\omega_0 L}{R} = \frac{1}{\omega_0 CR} \qquad\qquad (3\text{-}56)$$

由上式可知,Q 也是一个仅与电路参数有关的常数。

谐振时,由于 $X_L = X_C$,于是 $U_L = U_C$。而 $\dot{U}_{CL}$ 与 $\dot{U}_{CC}$ 在相位上相反,互抵消,对整个电路不起作用,因此电源电压 $\dot{U}_C = \dot{U}_{CR}$。串联谐振时的相量图如 3-32 所示。此时电感、电容元件上的电压为

$$U_{L0} = \omega_0 L I_0 = \omega_0 L \frac{U}{R} = QU$$

$$U_{C0} = \frac{1}{\omega_0 C} I_0 = \frac{1}{\omega_0 C} \frac{U}{R} = QU$$

即
$$U_{L0} = U_{C0} = QU \qquad\qquad (3\text{-}57)$$

可见,电感、电容元件上的电压有效值为电源电压有效值的 Q 倍。由于 Q 值一般在几十到几百之间,所以串联谐振时,电感和电容元件的端电压往往高出电源电压许多倍,因此,串联谐振又称为电压谐振,常用于接收机的输入电路中。但在电力系统中,由于电源电压本身较高,若电路发生串联谐振,则所产生的高电压可能会损坏电器设备的绝缘,故必须加以防止。

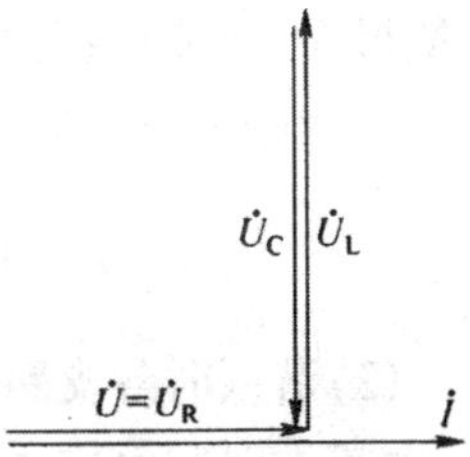

图 3-32　串联谐振
时的相量图

【例3-21】 已知 R、L、C 串联电路中的 $R = 10\ \Omega$, $L = 50\ \mu H$, $C = 200\ pF$,求电路的谐振频率 f_0、特性阻抗 ρ 和品质因数 Q 值;若电源电压 $U = 1\ mV$,求谐振时电路中的电流和电容元件两端的电压。

解:由式(3-50)得

$$f_0 = \frac{1}{2\pi\sqrt{LC}} = \frac{1}{2\pi\sqrt{50 \times 10^{-6} \times 200 \times 10^{-12}}} = 1.59 \quad (MHz)$$

由式(3-55)得

$$\rho = \sqrt{\frac{L}{C}} = \sqrt{\frac{50 \times 10^{-6}}{200 \times 10^{-12}}} = 500 \quad (\Omega)$$

由式(3-56)得
$$Q = \frac{\rho}{R} = \frac{500}{10} = 50$$

谐振时的电流为
$$I = \frac{U}{R} = \frac{1 \times 10^{-3}}{10} = 0.1 \quad (mA)$$

谐振时电容的端电压为
$$U_{C0} = QU = 50 \times 1 \times 10^{-3} = 0.05 \quad (V)$$

3.8.2 并联谐振电路

1. 并联谐振的条件

实际并联谐振电路是线圈和电容器并联起来组成,这是一种常见的、用途极广泛的谐振电路。

图3-33(a)是一个具有电阻的电感线圈和电容器并联的电路,电路的复阻抗为

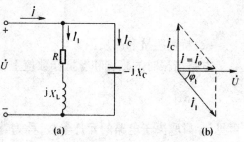

图3-33 电感线圈与电容并联的谐振电路

$$Z = \frac{\dfrac{1}{j\omega C}(R + j\omega L)}{\dfrac{1}{j\omega C} + (R + j\omega C)} = \frac{R + j\omega L}{1 + j\omega RC - \omega^2 LC}$$

通常要求线圈的电阻很小,所以一般在谐振时,$\omega L \gg R$,则上式可写成

$$Z \approx \frac{j\omega L}{1 + j\omega RC - \omega^2 LC} = \frac{1}{\dfrac{RC}{L} + j\left(\omega C - \dfrac{1}{\omega L}\right)} \tag{3-58}$$

由式(3-58)可得电路并联谐振的频率

$$\omega_0 \approx \frac{1}{\sqrt{LC}} \tag{3-59}$$

或

$$f_0 \approx \frac{1}{2\pi\sqrt{LC}} \tag{3-60}$$

2. 并联谐振的特征

(1)电路呈电阻性,总阻抗最大,总电流最小。

并联谐振时电路的总阻抗

$$|Z| = |Z_0| = \frac{L}{RC} \tag{3-61}$$

其值最大,比非谐振情况下的阻抗要大。因此,在电源电压一定的情况下,电路中的电流将在谐振时达到最小,即

$$I = I_0 = \frac{U}{|Z_0|} \tag{3-62}$$

(2)谐振时各支路电流由于高品质因数线圈的 $\omega L \gg R$,φ_1 接近于 90°,所以,在谐振情况下,电感支路与电容支路的电流近似相等,并为端口电流的 Q 倍,即

$$I_{L0} \approx I_{C0} = QI_0 \tag{3-63}$$

所以并联谐振又称为电流谐振。

【例3-22】 在图3-33(a)中,已知 $R = 10\,\Omega$,$L = 0.25\,\text{mH}$,$C = 100\,\text{pF}$ 电源电压 $U = 100\,\text{V}$,求电路的谐振频率 ω_0、品质因数 Q 值、谐振阻抗 $|Z_0|$、谐振时电路中的电流 I_0、I_{L0} 和 I_{C0}。

解: 电路的谐振角频率为

$$\omega_0 = \sqrt{\frac{1}{LC} - \left(\frac{R}{L}\right)^2} = \sqrt{\frac{1}{0.25 \times 10^{-3} \times 100 \times 10^{-12}} - \left(\frac{10}{0.25 \times 10^{-3}}\right)^2} = 6.32 \times 10^6 \quad (\text{rad/s})$$

品质因数为

$$Q = \frac{\omega_0 L}{R} = \frac{6.32 \times 10^6 \times 0.25 \times 10^{-3}}{10} = 158$$

谐振阻抗为

$$|Z_0| = \frac{L}{RC} = \frac{0.25 \times 10^{-3}}{10 \times 100 \times 10^{-12}} = 250 \quad (\text{k}\Omega)$$

谐振时的端口电流为　　$I_0 = \dfrac{U}{|Z_0|} = \dfrac{100}{250 \times 10^{-3}} = 0.4$　（mA）

谐振时各支路电流为　　$I_{10} \approx I_{C0} = Q I_0 = 158 \times 0.4 \times 10^{-3} = 63.2$　（mA）

练 习 题

3-1　已知电流 $i(t) = 10\sin(314t - 30°)$ A，问其最大值、角频率、初相角各为多少，并画出波形图。

3-2　工频正弦电压的最大值为 537.5 V，初始值为 -380 V，求其解析式并画出波形图。

3-3　已知 $u_1 = 220\sqrt{2}\sin(\omega t + 60°)$ V，$u_2 = 380\sqrt{2}\sin(\omega t - 30°)$ V。(1)分别求 $t = 0$ 时的瞬时值；(2)求 u_1 与 u_2 的相位差。

3-4　把下列复数化为代数形式：

(1)$3\angle 90°$　　　(2)$5\angle -30°$　　　(3)$20\angle 60°$　　　(4)$220\angle 120°$

3-5　把下列复数化为极坐标形式：

(1)$5 + j5$　　　(2)$5 - j5$　　　(3)$3 + j4$　　　(4)$\dfrac{1}{3 - j4}$

3-6　已知复数 $A = 3 + j4, B = 8 - j6$，求 $A + B, A - B, AB, \dfrac{A}{B}$。

3-7　已知 $u_1 = 110\sqrt{2}\sin\omega t$ V，$u_2 = 110\sqrt{2}\sin(\omega t - 120°)$ V，用相量表示各正弦量，并分别利用相量图、相量法求 $u_1 + u_2$、$u_1 - u_2$。

3-8　一个 220 V、75 W 的电烙铁接到 220 V 的工频交流电源上，试求电烙铁的电流、功率及使用 10 h 所消耗的电能。

3-9　一个 $L = 51$ mH 的线圈（电阻忽略不计），接在 $f = 50$ Hz，$U = 220$ V 的交流电源上，求：(1)线圈的感抗 X_L 和流过线圈的电流 I；(2)画出电压、电流的相量图。

3-10　一个电容器接到 220 V 的工频电源上，测得电流为 0.5 A，求电容器的电容量 C。若将电源频率变为 500 Hz，电路电流变为多大？

3-11　在图 3-34 中，已知 $\dot{U}_R = 6\angle 30°$ V，$\dot{U}_L = 8\angle 120°$ V，求电压 $\dot{U}$ 并画出相量图。

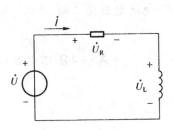

图 3-34　习题 3-11 图

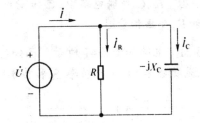

图 3-35　习题 3-12 图

3-12　电路如图 3-35 所示，已知 $R = 4\ \Omega$，$X_C = 3\ \Omega$，$\dot{U} = 12$ V，求电流 $\dot{I}_R$，$\dot{I}_C$ 和 $\dot{I}$。

3-13　电路如图 3-36 所示，已知 $X_L = 10\ \Omega$，开关 S 断开和闭合电流表的读数都是 2 A，试求 X_C 及两种情况下 $\dot{U}$ 与 $\dot{I}$ 的相位差。

3-14　图 3-37 是一个移相电路，已知 $R = 10\ \Omega$，输入信号频率为 500 Hz，如要求输出电压 u_2 与输入电压 u_1 间的相位差为 45°，求电容器的电容量。

3-15 电阻 $R = 6\,\Omega$，电感 $L = 25.5\,\text{mH}$，串联后接到 220 V 的工频交流电源上，求电流 i、电阻电压 u_R 和电感电压 u_L。

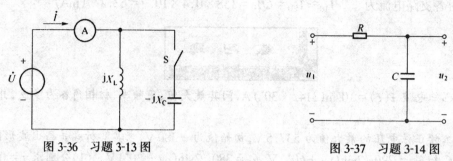

图 3-36 习题 3-13 图   图 3-37 习题 3-14 图

3-16 在图 3-38 所示的日光灯电路中，已知电源电压 $U = 220\,\text{V}$，$f = 50\,\text{Hz}$，灯管电压为 $U_\text{R1} = 103\,\text{V}$，镇流器电压为 $U_2 = 190\,\text{V}$，$R_1 = 280\,\Omega$，试求镇流器的等效参数 R_2、L，并画相量图。

3-17 图 3-39 所示的电路中，已知 $X_\text{L} = X_\text{C} = R = 10\,\Omega$，电阻上电流为 10 A，求电源电压 U 的值。

3-18 在图 3-40 中，已知 $u = 220\sqrt{2}\sin 314t$ V，$i_1 = 22\sin(314t - 45°)$ A，$i_2 = 11\sqrt{2}\sin(314t + 90°)$ A，试求各电压表、电流表的读数及电路参数 R、u_R 和 C。

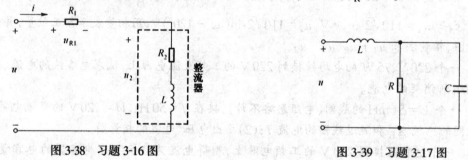

图 3-38 习题 3-16 图   图 3-39 习题 3-17 图

3-19 一台异步电动机，可看作 R、L 串联电路，接在 220 V 的正弦交流电源上，在某一运动状态下，$R = 14.5\,\Omega$，$X_\text{L} = 10.9\,\Omega$，试求电动机的 I 和 P。

3-20 R、C 串联电路中，已知 $R = 20\,\Omega$，$C = 213.3\,\mu\text{F}$，电源电压为工频 220 V，求电路的 Z、I 和 P，并画相量图。

3-21 电路如图 3-41 所示。已知 $\dot{U}_\text{C} = 10\angle 0°$ V，$R = 3\,\Omega$，$X_\text{L} = X_\text{C} = 4\,\Omega$，求电路的有功功率 P、无功功率 Q、视在功率 S 和功率因数 $\cos\varphi$。

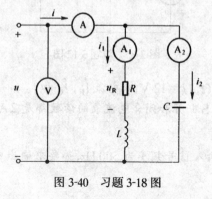   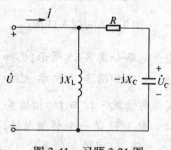

图 3-40 习题 3-18 图   图 3-41 习题 3-21 图

第4章

三相正弦交流电路

现代电力系统中的供电方式几乎全部采用三相正弦交流电。这是因为三相交流电在电能的产生、输送和应用上与单相交流电相比有以下显著优点:

(1)在体积相同的条件下,三相交流发电机输出的功率比单相发电机大。

(2)在同样条件下输送同样大的功率时,用三相输电比单相输电节省输电线的材料。

(3)三相交流电动机比单相电动机的结构简单,价格低廉,使用和维护都很方便。

本章着重讨论负载在三相电路中的连接使用问题。

4.1 三相对称电源

三相交流电源是由三相交流发电机产生的。最简单的三相交流发电机的结构原理如图4-1(a)所示,图中:①定子。定子是固定的,包括定子铁芯和定子绕组。定子铁芯是由硅钢片叠成的圆筒,筒的内圆周表面冲有均匀分布的槽,用来嵌放三相定子绕组。三相定子绕组的结构(包括导线材质、截面积、匝数等)完全相同,分别用 UX、VY、WZ 表示,其中 U、V、W 分别称为三相绕组的始端(也叫相头),X、Y、Z 分别称为三相绕组的末端(也叫相尾),三相绕组的始端之间或末端之间都彼此相隔120°。②转子。转子是一个绕中心轴旋转的磁极,转子铁芯一般用直流电磁铁制成,转子绕组绕在转子铁芯上,采用直流激励。选择合适的极面形状和转子绕组的布置方式,可使转子与定子之间空气隙中的磁感应强度按正弦规律分布。

当转子由原动机拖动以角速度顺时针匀速转动时,定子的三相绕组依次切割磁力线,因而在每相绕组中产生感应电动势,从而有感应电压。由于三相绕组的结构完全相同,且以相同的速度切割磁力线,所以三个感应电压的最大值相等,频率相同,但由于三相绕组的空间位置相互差120°,所以三个感应电压相互间有120°的相位差角。若用三个电压源 u_U、u_V、u_W 分别表示三相交流发电机绕组产生的三相电压,方向从始端指向末端,如图4-1(b)所示,并以 U 相为参考正弦量,则它们的解析式为

$$u_U = \sqrt{2}\,U \sin \omega t$$

$$u_V = \sqrt{2}\,U \sin (\omega t - 120°)$$

$$u_W = \sqrt{2}\,U \sin (\omega t - 240°) = \sqrt{2}\,U \sin (\omega t + 120°)$$

对应的相量形式为

$$\left.\begin{array}{l} \dot{U}_U = U \angle 0° \\ \dot{U}_V = U \angle -120° \\ \dot{U}_W = U \angle 120° \end{array}\right\} \tag{4-1}$$

它们的波形图和相量图如图 4-2 和图 4-3 所示。

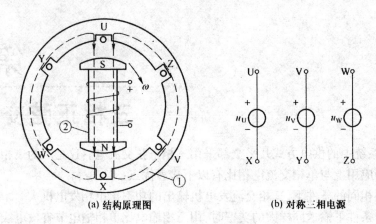

(a) 结构原理图   (b) 对称三相电源

图 4-1 三相交流发电机图

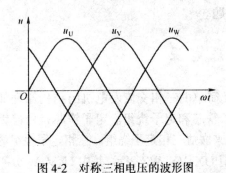

图 4-2 对称三相电压的波形图   图 4-3 对称三相电压
的相量图

这三个电压的频率相同、最大值相等、相位彼此互差 120°，称为三相对称电压。其中每相电压就是三相中的一相，依次称为 U 相、V 相、W 相。能提供三相对称电压的电源称为三相对称电源，发电厂提供的三相电源均为三相对称电源。

从波形图和相量图很容易看出三相对称电压的特点是：

$$u_U + u_V + u_W = 0$$

或

$$\dot{U}_U + \dot{U}_V + \dot{U}_W = 0$$

三相电压依次达到最大值(或零值)的先后顺序称为相序。上述 U 相超前于 V 相、V 相超前于 W 相、W 相超前于 U 相的相序称为正序。反之，如果 W 相超前于 V 相、V 相超前于 U 相、U 相超前于 W 相，这种相序称为逆序。工程上一般采用正序，并用黄、绿、红三种颜色来区分 U、V、W 三相。

4.2 三相电源的连接

三相交流发电机的每相绕组都可以作为一个电源单独供电，每相需要两根输电线，共需六根输电线，但实际上不采用这种供电方式。三相电源的三个绕组通常有两种连接方法，一种叫星形(Y)连接，另一种叫三角形(△)连接。

4.2.1 三相电源的星形(Y)连接

三相电源的 Y 形连接是三相绕组的末端 X、Y、Z 连接在一起,从三个始端 U、V、W 分别引出三根输电线,如图4-4(a)所示。从始端引出的输电线称为端线(俗称火线)。连接三相绕组末端的节点 N 称为中点,从中点 N 引出的输电线称为中线(俗称零线)。有中线的三相电路称为三相四线制电路,无中线的三相电路则称为三相三线制电路。

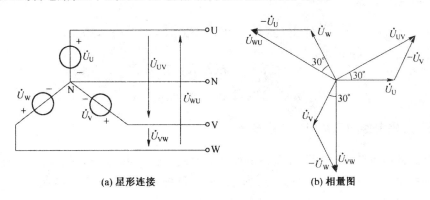

(a) 星形连接　　　　　　　　(b) 相量图

图 4-4　三相电源的星形连接及相量图

三相四线制电路可以向负载提供两种电压:一种是相电压,即端线与中线之间的电压,分别用 $\dot{U}_U$、$\dot{U}_V$、$\dot{U}_W$表示。另一种是线电压,即端线与端线之间的电压,分别用 $\dot{U}_{UV}$ + $\dot{U}_{VW}$ + $\dot{U}_{WU}$表示。根据 KVL,线电压与相电压的关系为

$$\left.\begin{array}{l} \dot{U}_{UV} = \dot{U}_U - \dot{U}_V \\ \dot{U}_{VW} = \dot{U}_V - \dot{U}_W \\ \dot{U}_{WU} = \dot{U}_W - \dot{U}_U \end{array}\right\} \tag{4-2}$$

将式(4-1)代入式(4-2)即得出 Y 形连接三相对称电源线电压与相电压的关系为

$$\dot{U}_{UV} = \dot{U}_U - \dot{U}_V = \dot{U}_U - \dot{U}_U \angle -120° = \dot{U}_U \left[1 - \left(-\frac{1}{2} - j\frac{\sqrt{3}}{2} \right) \right]$$

$$= \dot{U}_U \left(\frac{3}{2} + j\frac{\sqrt{3}}{2} \right) = \sqrt{3} \dot{U}_U \angle 30°$$

同理可得

$$\dot{U}_{VW} = \sqrt{3} \dot{U}_V \angle 30°$$

$$\dot{U}_{WU} = \sqrt{3} \dot{U}_W \angle 30°$$

从上述结果看出,对称三相电源作 Y 形连接时,线电压的有效值是相电压有效值的$\sqrt{3}$倍;相位上,线电压超前于对应的相电压30°。因为 $\dot{U}_U$、$\dot{U}_V$、$\dot{U}_W$是三相对称电源,因此,三个线电压 $\dot{U}_{UV}$、$\dot{U}_{VW}$、$\dot{U}_{WU}$也是一组对称三相正弦量,且与相电压同相序。

上述线电压与相电压之间的关系也可以从图 4-4(b)所示的相量图求得。从相量图可以看出:三个线电压也是对称的,而且都超前于对应的相电压30°。若以 U_l 表示线电压的有效值,以 U_P 表示相电压的有效值,则

$$U_l = \sqrt{3} U_P \tag{4-3}$$

【例 4-1】 三相对称电源作星形连接,已知线电压 $u_{UV} = 380\sqrt{2}\sin 314t$ V,试写出其他线电压和相电压的解析式。

解: 从线电压的对称关系可以得出

$$u_{VW} = 380\sqrt{2}\sin(314t - 120°) \text{ V}$$

$$u_{WU} = 380\sqrt{2}\sin(314t + 120°) \text{ V}$$

从线电压与相电压的关系得出

$$u_U = \frac{380\sqrt{2}}{\sqrt{3}}\sin(314t - 30°) = 220\sqrt{2}\sin(314t - 30°) \text{ V}$$

$$u_V = 220\sqrt{2}\sin(314t - 150°) \text{ V}$$

$$u_W = 220\sqrt{2}\sin(314t + 90°) \text{ V}$$

4.2.2 三相电源的三角形(△)连接

三相电源的△形连接是把三相绕组的始、末端依次相连,接成一个闭合回路,然后从三个连接点分别引出三根端线,如图 4-5(a)所示。显然,这种接法只有三相三线制。

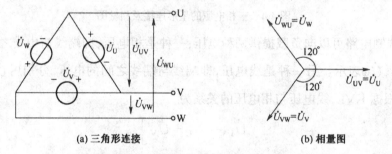

(a) 三角形连接   (b) 相量图

图 4-5 三相电源的三角形连接及相量图

从图 4-5(a)可以看出,三相对称电源作△形连接时,线电压就是相应的相电压,即

$$\left. \begin{array}{l} \dot{U}_{UV} = \dot{U}_U \\ \dot{U}_{VW} = \dot{U}_V \\ \dot{U}_{WU} = \dot{U}_W \end{array} \right\} \tag{4-4}$$

相量图如图 4-5(b)所示。

△形连接的三个绕组接成一个闭合回路,设每相绕组本身的复阻抗为 Z_P,则未接负载时回路中的电流为

$$\dot{I} = \frac{\dot{U}_U + \dot{U}_V + \dot{U}_W}{3Z_P} = 0$$

可见,对称三相电源作△形连接时,在未接负载的情况下,三角形连接的闭合回路内没有电流。

但是,如果有一相电源接反,例如 V 相接反,即错误地把 Y 与 X 相接、V 与 W 相接,如图 4-6(a)所示,这时三角形回路中的总电压为

$$\dot{U}_U - \dot{U}_V +_W = -2\dot{U}_V$$

相量图如图 4-6(b)所示。在三角形回路内,电压的大小等于两倍的电源相电压,绕组本身的阻抗很小,所以回路中将产生很大的电流,使发电机绕组过热而损坏。因此,三相电源接成三角形时,为保证连接正确,常常先把三个绕组接成一个开口三角形,经一电压表(量程大于 2 倍的相电压)闭合,如图 4-6(c)所示。如果电压表的读数不为零,说明有一相或两相电源绕组接反;如果电压表的读数为零,说明连接正确,可撤去电压表将回路闭合。

在以后的叙述中,如无特殊说明,三相电源都是对称的,电源电压一般是指线电压的有效值。

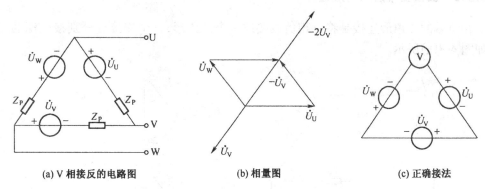

(a) V 相接反的电路图　　　(b) 相量图　　　(c) 正确接法

图 4-6　三相电源作三角形连接其中一相接反的分析图

4.3　三相负载的连接

三相负载也有星形和三角形两种连接方式。

如果各相负载的复阻抗都相等,则称为对称三相负载,三相电动机就是一组对称三相负载。若三相负载的复阻抗不相等,则为不对称三相负载,如三相照明负载。三相负载与三相电源按一定的方式连接起来组成三相电路。

4.3.1　三相负载的星形连接

三相负载的星形连接,是把三相负载的一端连在一起,连接在电源的中线上,另外三端分别接电源的三根端线。三相负载连接的公共节点称为负载的中点,用 N' 表示,如图 4-7 所示。

三相电路中,流过每一相负载的电流称为相电流,流过每一端线中的电流称为线电流。显然,三相负载星形连接时,线电流与相应的相电流相等,即

$$I_l = I_P \qquad (4-5)$$

中线中的电流称为中线电流,用 $\dot{I}_N$ 表示。在图 4-7 所示的参考方向下,中线电流 $\dot{I}_N$ 为

$$\dot{I}_N = \dot{I}_U + \dot{I}_V + \dot{I}_W \qquad (4-6)$$

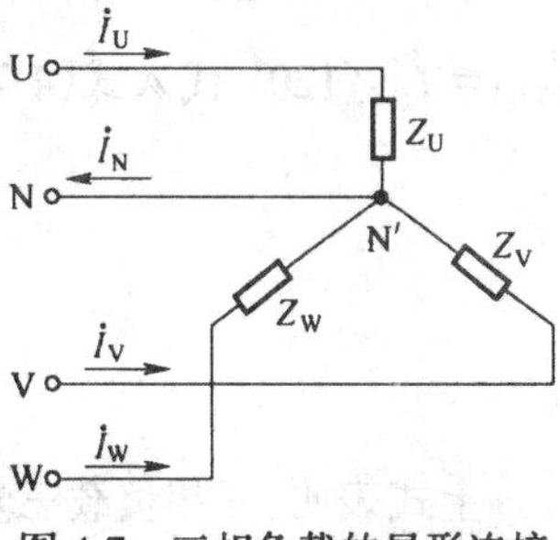

图 4-7　三相负载的星形连接

对于对称三相负载的星形连接,输电线上的电压降忽略不计时,负载的相电压等于电源的相电压,负载的线电压与电源的线电压也是相等的。负载的相电压与负载的线电压亦满足如下关系,即

$$U_l = \sqrt{3}\,U_P$$

中线电流 $\dot{I}_N = 0$，有无中线对负载没有影响，中线可以取消。

三相不对称负载接到三相电源上，必须有中线存在。当中线存在时，负载的相电压等于电源的相电压，尽管负载不对称，但负载相电压是对称的。所以任何时候中线上不能装熔断器和开关，以免中线断开。

4.3.2 三相负载的三角形连接

三相负载的三角形连接是将三相负载接成一个三角形，三个连接点分别接电源的三根端线。如图 4-8(a)所示。

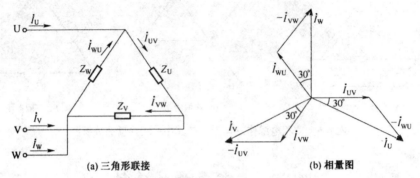

(a) 三角形联接　　　　　　　　(b) 相量图

图 4-8　三相负载的三角形连接及对称电流相量图

此时，各相负载均接于两根端线之间，所以，不计端线阻抗时，负载的相电压等于电源的线电压。当电源的线电压对称时，无论负载本身是否对称，负载的相电压总是对称的。在图 4-8(a)所示参考方向下，由 KCL 定律可得线电流与相电流的关系为

$$\left.\begin{aligned}
\dot{I}_U &= \dot{I}_{UV} - \dot{I}_{WU} \\
\dot{I}_V &= \dot{I}_{VW} - \dot{I}_{UV} \\
\dot{I}_W &= \dot{I}_{WU} - \dot{I}_{VW}
\end{aligned}\right\} \tag{4-7}$$

若三个相电流对称，以 I_P 表示相电流的有效值，设 $\dot{I}_{UV} = I_P\angle 0°$，则 $\dot{I}_{VW} = I_P\angle -120°$、$\dot{I}_{WU} = \dot{I}_P\angle 120°$，代入式(4-7)整理得

$$\left.\begin{aligned}
\dot{I}_U &= \sqrt{3}\,I_P\angle -30° = \sqrt{3}\,\dot{I}_{UV}\angle -30° \\
\dot{I}_V &= \sqrt{3}\,I_P\angle -150° = \sqrt{3}\,\dot{I}_{VW}\angle -30° \\
\dot{I}_V &= \sqrt{3}\,I_P\angle 90° = \sqrt{3}\,\dot{I}_{WU}\angle -30°
\end{aligned}\right\} \tag{4-8}$$

上式表明，三相负载三角形连接时，若相电流是一组对称的正弦量，则线电流也是一组对称正弦量，且线电流的有效值 I_l 是相电流 I_P 的有效值的 $\sqrt{3}$ 倍，即

$$I_l = \sqrt{3}\,I_P \tag{4-9}$$

相位上，线电流滞后于对应的相电流 30°，相量图如图 4-8(b)所示。

将三角形连接的三相负载看成一个广义节点，由 KCL 知，$\dot{I}_U + \dot{I}_V + \dot{I}_W = 0$ 恒成立，与电

流的对称与否无关。

三相负载究竟作何种连接,要根据电源电压和负载的额定工作电压来决定。当各相负载的额定电压等于电源的线电压时,负载应作三角形连接;当负载的额定电压等于电源线电压的 $\frac{1}{\sqrt{3}}$ 时,负载应作星形连接。另外,若有许多单相负载接到三相电源上,应尽量把这些负载平均分配到每一相上,使电路尽可能对称。

【例 4-2】 一组对称三相负载接成三角形,已知电源线电压为 380 V,每相负载的复阻抗 $Z = (6 + j8)\ \Omega$,求各相负载的相电流及各线电流。

解: $Z = (6 + j8)\ \Omega = 10\angle 53.1°\ \Omega$,设线电压 $\dot{U}_{UV} = 380\angle 0°$ V,则负载各相电流为

$$\dot{I}_{UV} = \frac{\dot{U}_{UV}}{Z} = \frac{380\angle 0°}{10\angle 53.1°} = 38\angle -53.1°\quad (A)$$

$$\dot{I}_{VW} = \dot{I}_{UV}\angle -120° = 38\angle -173.1°\quad (A)$$

$$\dot{I}_{WU} = \dot{I}_{UV}\angle 120° = 38\angle 66.9°\quad (A)$$

各线电流

$$\dot{I}_U = \sqrt{3}\ \dot{I}_{UV}\angle -30° = 38\sqrt{3}\angle -53.1° -30° = 66\angle -83.1°\quad (A)$$

$$\dot{I}_V = \dot{I}_U\angle -120° = 66\angle 156.9°\quad (A)$$

$$\dot{I}_W = \dot{I}_U\angle 120° = 66\angle 36.9°\quad (A)$$

【例 4-3】 图 4-9 所示电路中,已知 $U_l = 380$ V, $Z_U = (4 + j3)\ \Omega$, $Z_V = 5\angle 0°\ \Omega$, $Z_W = (6 - j8)\ \Omega$,求各线电流及中线电流。

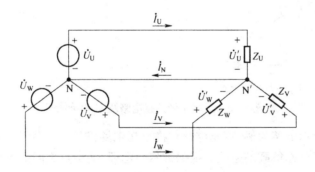

图 4-9　例 4-3 图

解: 电源的相电压为

$$U_P = \frac{U_l}{\sqrt{3}} = \frac{380}{\sqrt{3}} = 220°\quad (V)$$

设 $\qquad\qquad\qquad \dot{U}_U = 220\angle 0°\quad (V)$

各线电流等于相应的相电流,分别为

$$\dot{I}_U = \frac{\dot{U}_U}{Z_U} = \frac{220\angle 0°}{4 + j3} = 44\angle -36.9°\quad (A)$$

$$\dot{I}_V = \frac{\dot{U}_V}{Z_V} = \frac{220\angle -120°}{5\angle 0°} = 44\angle -120° \quad (A)$$

$$\dot{I}_W = \frac{\dot{U}_W}{Z_W} = \frac{220\angle 120°}{6-j8} = 22\angle -173.1° \quad (A)$$

中线电流为

$$\dot{I}_N = \dot{I}_U + \dot{I}_V + \dot{I}_W = 44\angle -36.9° + 44\angle -120° + 22\angle 173.1°$$

$$= 35.2 - j26.4 - 22 - j38.1 - 21.84 + j2.64$$

$$= -8.64 - j61.86 = 62.46\angle -98° \quad (A)$$

4.4　对称三相电路的计算

三相电路按电源和负载接成 Y 形还是△形,分为 Y_0/Y_0、Y/Y、$Y/\triangle$、$\triangle/Y$ 和△/△五种连接方式。其中,"/"左边表示电源的连接,右边表示负载的连接;下标"0"表示有中线,否则表示无中线。

三相电路中,三相电源一般都是对称的,若三相负载对称、三根输电线也对称(即三根输电线的复数阻抗相等)就构成了三相对称电路。三相电源、三相负载和三根输电线只要任何一部分不对称,就是三相不对称电路。

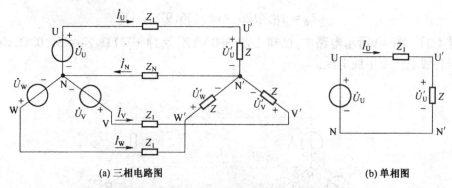

(a) 三相电路图　　　　　　　　　　　　　　　　(b) 单相图

图 4-10　对称 Y 形连接电路及 U 相单线图

以图 4-10(a)所示电路为例,首先讨论对称三相电路的特点。图中 Z_l 为端线阻抗,Z_N 为中线阻抗,Z 为三相对称负载的阻抗。根据弥尔曼定理,两中点之间的电压即中点电压,亦即

$$\dot{U}_{N'N} = \frac{\dfrac{\dot{U}_U}{Z+Z_l} + \dfrac{\dot{U}_V}{Z+Z_l} + \dfrac{\dot{U}_W}{Z+Z_l}}{\dfrac{1}{Z+Z_l} + \dfrac{1}{Z+Z_l} + \dfrac{1}{Z+Z_l} + \dfrac{1}{Z_N}}$$

$$= \frac{\dfrac{1}{Z+Z_l}(\dot{U}_U + \dot{U}_V + _W)}{\dfrac{3}{Z+Z_l} + \dfrac{1}{Z_N}}$$

因为　　　　　　　　　　　　　　$$\dot{U}_U + \dot{U}_V + \dot{U}_W = 0$$

所以　　　　　　　　　　　　　　$$\dot{U}_{N'N} = 0$$

各相负载的电流及中线电流分别为

$$\dot{I}_{U} = \frac{\dot{U}_{U} - \dot{U}_{N'N}}{Z + Z_{l}} = \frac{\dot{U}_{U}}{Z + Z_{l}}$$

$$\dot{I}_{V} = \frac{\dot{U}_{V} - \dot{U}_{N'N}}{Z + Z_{l}} = \frac{\dot{U}_{V}}{Z + Z_{l}}$$

$$\dot{I}_{W} = \frac{\dot{U}_{W} - \dot{U}_{N'N}}{Z + Z_{l}} = \frac{\dot{U}_{W}}{Z + Z_{l}}$$

$$\dot{I}_{N} = \dot{I}_{U} + \dot{I}_{V} + \dot{I}_{W}$$
$$= \frac{1}{Z + Z_{l}}(\dot{U}_{U} + \dot{U}_{V} + \dot{U}_{W}) = 0$$

各相负载的相电压分别为

$$\dot{U}'_{U} = Z\dot{I}_{U}$$
$$\dot{U}'_{V} = Z\dot{I}_{V}$$
$$\dot{U}'_{W} = Z\dot{I}_{W}$$

通过对图 4-10(a)所示电路的分析,可以归纳出 Y_{0}/Y_{0} 连接三相对称电路的特点如下:

(1)中线不起作用。在上面的分析中,考虑了中线的复阻抗 Z_{N},结果 $\dot{U}_{N'N} = 0$、$\dot{I}_{N} = 0$,所以对称三相电路中,不管有无中线,中线阻抗多大,对电路都没有影响。

(2)各相负载的电压和电流均由该相的电源和负载决定,与其他两相的情况无关,各相具有独立性。

(3)各相的电压、电流都是和电源同相序的对称三相正弦量。

基于 Y_{0}/Y_{0} 对称三相电路具有上述特点,这种电路的计算可用单相法,步骤如下:

(1)电源为△形连接时,应等效成 Y 形连接;若负载有△形连接的,也应等效成 Y 形连接。

(2)若原电路中无中线或中线复数阻抗不为零,均虚设一复数阻抗为零的中线将各中点连接起来。

(3)取出一相电路(通常取 U 相)计算。计算一相电路所对应的电路图叫单相图,如图 4-10(b)所示。其他两相可根据电路的对称性进行推算。

(4)负载原来是△形连接的,再返回原电路中求出△形连接负载的各相电流。

【例 4-4】　对称三相电路如图 4-11(a)所示,负载每相复阻抗 $Z = (6 + j8)\ \Omega$,端线复阻抗 $Z_{l} = (1 + j)\ \Omega$,电源线电压为 380 V。求负载各相电流、相电压。

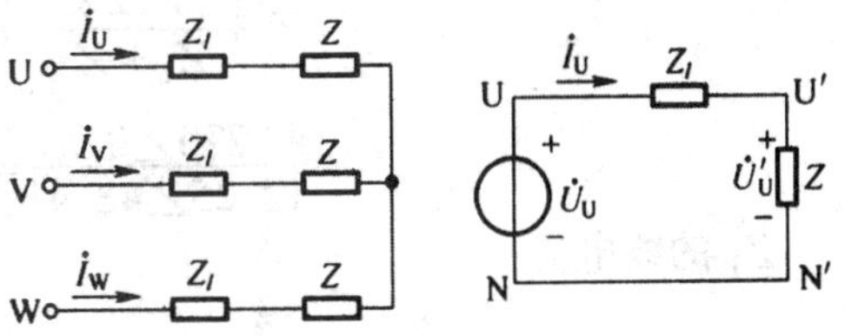

(a) 三相电路图　　(b) 单相图

图 4-11　例 4-4 图

解:由已知 $U_{l} = 380$ V,得

$$U_{P} = \frac{U_{l}}{\sqrt{3}} = \frac{380}{\sqrt{3}} = 220\quad(V)$$

取 U 相电路进行计算,画出单相图如图 4-11(b)所示。

设 $\dot{U}_{U} = 220\angle 0°$ (V),则

$$\dot{I}_U = \frac{\dot{U}_U}{Z_l + Z} = \frac{220\angle 0°}{(1+j)+(6+j8)} = \frac{220\angle 0°}{11.4\angle 52.1°} = 19.3\angle -52.1° \quad (A)$$

U 相负载的相电压

$$\dot{U}'_U = Z\dot{I}_U = (6+j8)\times 19.3\angle -52.1° = 193\angle 1° \quad (V)$$

根据对称性推得 V、W 两相的电流、电压分别为

$$\dot{I}_V = 19.3\angle -172.1 \, A \qquad \dot{U}'_V = 193\angle -119° \, V$$

$$\dot{I}_W = 19.3\angle 67.9 \, A \qquad \dot{U}'_W = 193\angle 121° \, V$$

【例 4-5】 如图4-12(a)所示电路,电源线电压为 380 V,两组负载 $Z_1 = (12+j16)\,\Omega$,$Z_2 = (48+j36)\,\Omega$,端线阻抗 $Z_l = (1+j2)\,\Omega$,分别求两组负载的相电流、线电流、相电压、线电压。

解: 将 △ 连接的负载 Z_2 等效变换为 Y 连接,如图4-12(b)所示。

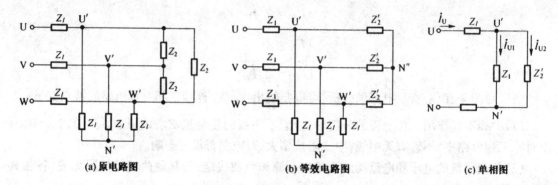

(a) 原电路图   (b) 等效电路图   (c) 单相图

图 4-12   例 4-5 图

$$Z'_2 = \frac{1}{3}Z_2 = \frac{48+j36}{3} = 16+j12 = 20\angle 36.9° \quad (\Omega)$$

各中点用一条虚设的无阻中线相连,取出 U 相,作出 U 相的单相图,如图4-12(c)所示。
设

$$\dot{U}'_U = 220\angle 0° \, V$$

$$\dot{I}'_U = \frac{\dot{U}'_U}{Z_l + \frac{Z_1 Z'_2}{Z_1 + Z'_2}} = \frac{220\angle°0}{1+j2+\frac{(12+j16)(16+j12)}{12+j16+16+j12}}$$

$$= \frac{220\angle 0°}{12.25\angle 48.4°} = 17.96\angle -48.4° \quad (A)$$

Z_1 的线电流

$$\dot{I}_{U1} = \dot{I}_U \frac{Z'_2}{Z_1 + Z'_2} = 17.96\angle -48.4° \frac{20\angle 36.9°}{16+j12+12+j16} = 9.06\angle -56.5° \quad (A)$$

Z'_2 的线电流

$$\dot{I}_{U2} = \dot{I}_U - \dot{I}_{U1} = 17.96\angle -48.4° - 9.06\angle -56.5° = 9.06\angle -40.3° \quad (A)$$

根据对称电路线电流、相电流的对称关系,则

$$\dot{I}_{V1} = 9.06\angle -176.5° \, A$$

$$\dot{I}_{W1} = 9.06\angle 63.5°\ A$$

负载 Z'_2 的各线电流为

$$\dot{I}_{V2} = 9.06\angle - 160.3°\ A$$

$$\dot{I}_{W2} = 9.06\angle 79.7°\ A$$

负载 Z_2 的各相电流(原电路中)为

$$\dot{I}_{U'V'} = \frac{1}{\sqrt{3}}\dot{I}_{U2}\angle 30° = 5.23\angle - 10.3\ A$$

$$\dot{I}_{V'W'} = 5.23\angle - 130.3°\ A$$

$$\dot{I}_{W'U'} = 5.23\angle 109.7°\ A$$

负载 Z_1 的各相电压为

$$\dot{U}_{U'N'} = \dot{I}_{U1}Z_1 = 9.06\angle - 56.3°\times(12 + j16)\ V = 181.2\angle - 3.2°\ V$$

$$\dot{U}_{V'N'} = 181.2\angle - 123.2°\ V$$

$$\dot{U}_{W'N'} = 181.2\angle 116.8°\ V$$

负载 Z_1 的各线电压为

$$\dot{U}_{U'V'} = \sqrt{3}\dot{U}_{U'N'}\angle 30° = 313.8\angle 26.8°\ V$$

$$\dot{U}_{V'W'} = 313.8\angle 146.8°\ V$$

$$\dot{U}_{W'U'} = 313.8\angle - 93.2°\ V$$

负载 Z_2 是△形连接,其线电压、相电压相等,都等于负载 Z_1 的线电压。

本例中,若端线阻抗 Z_l 略去不计,则各相负载就直接承受该相电源电压,计算时△形连接的负载 Z_2 不等效变换成 Y 形连接,直接计算更为简便。

4.5　不对称三相电路的计算

通常情况下,三相电源电压、三根输电线阻抗都是对称的,三相电路不对称的主要原因是三相负载的不对称造成的。例如,对称三相电路的某一条端线断开,或某一相负载发生短路或开路,电路都将失去原来的对称性,成为不对称三相电路。本节介绍不对称三相电路的分析方法。

4.5.1　不对称负载作三角形连接

不对称负载作△形连接时,若不计端线阻抗,根据 KVL,各相负载的相电压就是对应电源的线电压,各相负载的相电流完全由该相的电压与负载决定,再由 KCL 即可求出各线电流。

4.5.2　不对称负载作星形连接

1．不对称负载作 Y_0 连接,且不考虑中线阻抗。

不对称负载作 Y_0 连接,且中线阻抗 $Z_N = 0$,如图 4-13 所示。

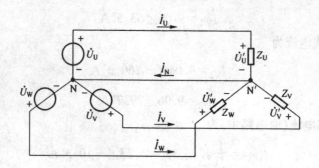

图 4-13 不对称三相负载作 Y_0 连接图

由于 $Z_N = 0$，则可迫使 $\dot{U}_{N'N} = 0$，尽管负载是不对称的，三相负载的相电压仍能保持对称，因而各相具有独立性，互不影响。但这时相电流不再对称，中线电流也不再等于零。

2. 不对称负载作 Y 形连接

图 4-13 所示电路中，若中线断开，则变成图 4-14 所示的电路。由弥尔曼定理，可求出中点电压为

$$\dot{U}_{N'N} = \frac{\dfrac{\dot{U}_U}{Z_U} + \dfrac{\dot{U}_V}{Z_V} + \dfrac{\dot{U}_W}{Z_W}}{\dfrac{1}{Z_U} + \dfrac{1}{Z_V} + \dfrac{1}{Z_W}}$$

由于负载不对称，显然 N'、N 两点电位不相等，这种现象称为中性点位移。各相负载的电压为

$$\dot{U}'_U = \dot{U}_U - \dot{U}_{N'N}$$

$$\dot{U}'_V = \dot{U}_V - \dot{U}_{N'N}$$

$$\dot{U}'_W = \dot{U}_W - \dot{U}_{N'N}$$

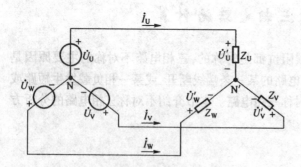

图 4-14 不对称三相负载作 Y 连接图

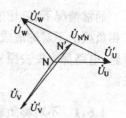

图 4-15 不对称三相
负载作 Y 连接相量图

画出电压相量图如图 4-15 所示，由于 $\dot{U}_{N'N} \neq 0$，从相量图可以看出，负载的相电压不再对称，导致某些相的电压过低（如图中 U'_U），而某些相的电压过高（如图中的 U'_V、U'_W），使负载不能正常工作，甚至被损坏；另一方面，由于中性点电压的值与各相负载的复阻抗均有关系，所

以,各相的工作状况相互关联,一相负载发生变化,将影响另外两相负载的正常工作。因此,对于不对称负载作星形连接时,中线的存在是非常重要的。实际工作中,要求中线要可靠地接到电路中,中线要有足够的机械强度,且在中线上不允许接入开关和熔断器。

【例 4-6】　图4-16(a)所示电路是用来测量三相电源相序的,称为相序指示器。任意指定电源的一相为 U 相,把电容接到 U 相上,两只白炽灯分别接到另外两相。设 $R=\dfrac{1}{\omega C}$,试问较亮的白炽灯所接的是 V 相还是 W 相。

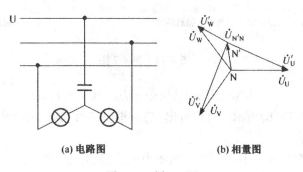

(a) 电路图　　　　　(b) 相量图

图 4-16　例 4-6 图

解:这是一个不对称 Y 形连接电路,把电源看成 Y 形连接,并设 $\dot{U}_U=U_P\angle0°$,则中点电压为

$$\dot{U}_{N'N}=\frac{\dot{U}'_U j\omega C+\dfrac{\dot{U}_V}{R}+\dfrac{\dot{U}_W}{R}}{j\omega C+\dfrac{1}{R}+\dfrac{1}{R}}=\frac{j+1\angle-120°+\angle120°}{2+j}U_P$$

$$=(-0.2+j0.6)U_P=0.632U_P\angle108.4°\quad(V)$$

作相量图如图 4-16(b)所示,从相量图看到 $U'_V>U'_W$,从而知道较亮的白炽灯接的是 V 相。

也可以计算得出:

$$\dot{U}'_V=\dot{U}_V-\dot{U}_{N'N}=U_P\angle-120°-0.632U_P\angle108.4°=1.49U_P\angle101°\quad(V)$$

$$\dot{U}'_W=\dot{U}_W-\dot{U}_{N'N}=U_P\angle120°-0.632U_P\angle108.4°=0.4U_P\angle138.4°\quad(V)$$

同样有　　　　　　　　　　$U'_V>U'_W$

【例 4-7】　试分析对称 Y 形连接负载有一相短路和断路时,各相电压的变化情况。

解:一相负载短路或断路,原对称三相电路成为不对称三相电路。

(1)设 U 相短路,这时电路如图 4-17(a)所示,从图中可以看出负载中点 N′直接与电源 U'_U 的正极相连,所以

$$\dot{U}_{N'N}=\dot{U}_U$$

则

$$\dot{U}'_U=\dot{U}_U-\dot{U}_{N'N}=0$$

$$\dot{U}'_V=\dot{U}_V-\dot{U}_{N'N}=\dot{U}_V-\dot{U}'_U=-\dot{U}'_{N'N}$$

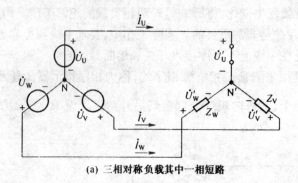

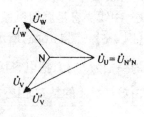

(a) 三相对称负载其中一相短路   (b) 一相短路后的相量图

图 4-17   例 4-7 图

$$\dot{U}'_W = \dot{U}_W - \dot{U}_{N'N} = \dot{U}_W - \dot{U}_U = \dot{U}_{WU}$$

作相量图如图 4-17(b) 所示。可以看出,当一相短路时,其他两相负载电压的有效值升高为正常工作时的 $\sqrt{3}$ 倍。

(2)设 U 相断路,电路 4-18(a) 所示,从图中可见,此时 V、W 两相负载串联后,接在线电压 $\dot{U}_{VW}$ 下,各相电压为

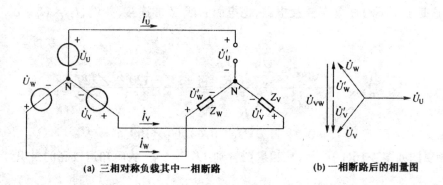

(a) 三相对称负载其中一相断路   (b) 一相断路后的相量图

图 4-18   例 4-7 图

$$\dot{U}'_V = \frac{\dot{U}_{VW}}{2Z} \times Z = \frac{1}{2}\dot{U}_{VW}$$

$$\dot{U}'_W = -\frac{\dot{U}_{VW}}{2Z} \times Z = -\frac{1}{2}\dot{U}_{VW}$$

因为 $U_{VW} = \sqrt{3}\,U_U$

所以 $U'_V = U'_W = \frac{\sqrt{3}}{2}U_U$

即当一相断路时,其他两相电压的有效值是原来正常工作时的 $\frac{\sqrt{3}}{2}$ 倍。相量图如图 4-18 (b) 所示。

由此例可见,无中线时,对称负载有一相发生故障,将导致 $\dot{U}_{N'N} \neq 0$,产生中性点位移现象,从而使各相负载都不能正常工作。

4.6　三相电路的功率

4.6.1　三相电路的有功功率、无功功率、视在功率及功率因数

三相电路中,三相负载的有功功率等于各相负载的有功功率之和,三相负载的无功功率也等于各相负载的无功功率之和。

1. 三相负载的有功功率

三相负载的有功功率

$$P = P_U + P_V + P_W = U_U I_U \cos\varphi_U + U_V I_V \cos\varphi_V + U_W I_W \cos\varphi_W$$

式中,U_U、U_V、U_W 分别为各相负载的相电压;

I_U、I_V、I_W 分别为各相负载的相电流;

φ_U、φ_V、φ_W 分别为各相负载相电压与相电流的相位差角。

若三相负载对称,则三相电压、电流对称,有效值分别相等,各相负载的相电压与相电流的相位差也相等,所以各相的有功功率相等,即

$$U_U I_U \cos\varphi_U = U_V I_V \cos\varphi_V = U_W I_W \cos\varphi_W = U_P I_P \cos\varphi$$

式中,U_P、I_P 分别表示相电压、相电流,φ 为负载的功率因数角。

三相总有功功率为　　　　　　　　$P = 3U_P I_P \cos\varphi$

当负载为 Y 形连接时　　　　　　$U_P = \dfrac{U_l}{\sqrt{3}}$　　　$I_P = I_l$

所以有　　　　　　　　　　　　　$P = \sqrt{3} U_l I_l \cos\varphi$

当负载为△连接时　　　　　$U_P = U_l$　　　$I_P = \dfrac{I_l}{\sqrt{3}}$

同样有　　　　　　　　　　　　　$P = \sqrt{3} U_l I_l \cos\varphi$

因此,在对称三相电路中,无论负载是 Y 形连接还是△形连接,总有功功率均为

$$P = \sqrt{3} U_l I_l \cos\varphi \tag{4-10}$$

2. 三相负载的无功功率

三相负载的无功功率为

$$Q = Q_U + Q_V + Q_W = U_U I_U \sin\varphi_U + U_V I_V \sin\varphi_V + U_W I_W \sin\varphi_W$$

若三相负载对称,各相负载的无功功率相等,均为

$$Q_P = U_P I_P \sin\varphi$$

无论负载是 Y 形连接还是△形连接,三相负载的无功功率均为

$$Q = 3U_P I_P \sin\varphi = \sqrt{3} U_l I_l \sin\varphi \tag{4-11}$$

3. 三相负载的视在功率

三相负载的视在功率为　　　　　$S = \sqrt{P^2 + Q^2}$ \tag{4-12}

若负载对称,则　　$S = \sqrt{(\sqrt{3} U_l I_l \cos\varphi)^2 + (\sqrt{3} U_l I_l \sin\varphi)^2} = \sqrt{3} U_l I_l$ \tag{4-13}

4. 三相负载的功率因数

三相负载的功率因数为　　　　　$\lambda = \dfrac{P}{S}$ \tag{4-14}

若负载对称　　　　　　　　$$\lambda = \frac{\sqrt{3}\,U_l I_l \cos\varphi}{\sqrt{3}\,U_l I_l} = \cos\varphi \tag{4-15}$$

在对称三相电路中，$\lambda = \cos\varphi$，即三相电路的功率因数等于每相负载的功率因数；在不对称三相电路中，λ 只有计算上的意义，没有实际意义。

【例 4-8】　对称三相负载每相复阻抗 $Z = (80 + \text{j}60)\ \Omega$。电源线电压为 380 V，计算负载分别接成 Y 形和 △ 形时，电路的有功功率和无功功率。

解：(1)负载接成 Y 形　　　　　　$$U_\text{P} = \frac{U_l}{\sqrt{3}} = \frac{380}{\sqrt{3}} = 220 \quad (\text{V})$$

$$I_l = I_\text{P} = \frac{U_\text{P}}{|Z|} = \frac{220}{\sqrt{80^2 + 60^2}} = 2.2 \quad (\text{A})$$

$$P = \sqrt{3}\,U_l I_l \cos\varphi = \sqrt{3} \times 380 \times 2.2 \times \frac{80}{\sqrt{80^2 + 60^2}} = 1.16 \quad (\text{kW})$$

$$Q = \sqrt{3}\,U_l I_l \sin\varphi = \sqrt{3} \times 380 \times 2.2 \times \frac{60}{\sqrt{80^2 + 60^2}} = 0.87 \quad (\text{kvar})$$

(2)负载接成 △ 形

$$U_\text{P} = U_l = 380\ \text{V}$$

$$I_l = \sqrt{3}\,I_\text{P} = \sqrt{3} \times \frac{380}{\sqrt{80^2 + 60^2}} = 6.6 \quad (\text{A})$$

$$P = \sqrt{3}\,U_l I_l \cos\varphi = \sqrt{3} \times 380 \times 6.6 \times \frac{80}{\sqrt{80^2 + 60^2}} = 3.48 \quad (\text{kW})$$

$$Q = \sqrt{3}\,U_l I_l \sin\varphi = \sqrt{3} \times 380 \times 6.6 \times \frac{80}{\sqrt{80^2 + 60^2}} = 2.61 \quad (\text{kvar})$$

从本题计算可以看出，同一组三相负载接到同一个三相电源上，三角形连接时的线电流、有功功率及无功功率都是星形连接时的 3 倍。

4.6.2　对称三相负载的瞬时功率

对称三相电路中，设 u_U 为参考正弦量，则

$$u_\text{U} = \sqrt{2}\,U_\text{P}\sin\omega t$$

$$i_\text{U} = \sqrt{2}\,I_\text{P}\sin(\omega t - \varphi)$$

U 相的瞬时功率

$$p_\text{U} = u_\text{U} i_\text{U} = 2U_\text{P}I_\text{P}\sin\omega t\sin(\omega t - \varphi) = U_\text{P}I_\text{P}\cos\varphi - U_\text{P}I_\text{P}\cos(2\omega t - \varphi)$$

V、W 两相的瞬时功率分别为

$$p_\text{V} = 2U_\text{P}I_\text{P}\sin(\omega t - 120°)\sin(\omega t + 120° - \varphi)$$

$$= U_\text{P}I_\text{P}\cos\varphi - U_\text{P}I_\text{P}\cos(2\omega t - 240° - \varphi)$$

$$= U_\text{P}I_\text{P}\cos\varphi - U_\text{P}I_\text{P}\cos(2\omega t + 120° - \varphi)$$

$$p_\text{W} = 2U_\text{P}I_\text{P}\sin(\omega t + 120°)\sin(\omega t - 120 - \varphi)$$

$$= U_\text{P}I_\text{P}\cos\varphi - U_\text{P}I_\text{P}\cos(2\omega t + 240° - \varphi)$$

$$= U_\text{P}I_\text{P}\cos\varphi - U_\text{P}I_\text{P}\cos(2\omega t - 120° - \varphi)$$

而　　　　　　$$\cos(2\omega t - \varphi) + \cos(2\omega t + 120° - \varphi) + \cos(2\omega t - 120° - \varphi) = 0$$

三相总瞬时功率为　　$p = p_U + p_V + p_W = 3U_PI_P\cos\varphi = \sqrt{3}U_lI_l\cos\varphi = P$

上式表明,对称三相电路的瞬时功率是一个常量,其值等于平均功率。这是对称三相电路的一大优点。习惯上把这一优点称为瞬时功率平衡,这种对称三相电路也称为平衡制电路。

4.6.3　三相电路功率的测量

对于对称三相电路,可以用一只单相功率表测量一相负载的功率 P_1,三相总功率等于功率表读数的三倍,即 $P = 3P_1$,这种方法称为"一瓦计"法,其中负载作 Y 形连接的电路如图 4-19 所示。

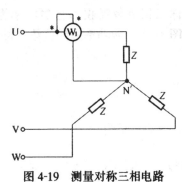

注意功率表的正确接线。功率表标有" ＊ "号的电流端钮必须接到电源端,而另一电流端钮则接至负载端,电流线圈与负载串联;功率表中标有" ＊ "号的电压端钮,一般与标有" ＊ "号的电流端钮接到一起,但另一端必须跨接到负载的另一端,电压线圈与负载并联。

对于三相四线制电路,负载一般不对称,需分别测出各相负载的功率后再相加才能得出三相总功率,可用三只单相功率表进行测量,如图 4-20 所示,这种方法习惯上称为三瓦计法。三只功率表 W_1、W_2、W_3 分别指示 U 相、V 相、W 相负载的功率 P_U、P_V、P_W,三相负载吸收的总功率 P 为

图 4-19　测量对称三相电路功率的一瓦计法图

$$P = P_U + P_V + P_W$$

对于三相三线制电路中,不论负载对称与否,都可以使用两只功率表测量三相功率。电路图如图 4-21 所示,两个功率表的电流线圈分别串入两端线中(图中为 U、V 两端线),它们的电压线圈的非电源端(即无 ＊ 端)共同接到没有接功率表电流线圈的第三根端线上(图中为 W 端线)。可以看出,这种测量方法功率表的接线只触及端线,且与负载和电源的连接方式无关。这种方法习惯上称为二瓦计法。

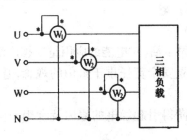

图 4-20　测量对称三相电路
功率的三瓦计法图

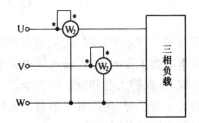

图 4-21　测量对称三相电路
功率的二瓦计法图

下面证明图中二瓦法的正确性。

设负载为 Y 形连接(若为△形连接可等效变换为 Y 形),则三相总瞬时功率为

$$p = p_U + p_V + p_W = u_Ui_U + u_Vi_V + u_Wi_W$$

因为三相三线制电路中,$i_V + u_W + i_W = 0$,即

$$i_W = -i_U - i_V$$

所以

$$p = u_Ui_U + u_Vi_V - u_Wi_U - u_Wi_V$$
$$= (u_U - u_W)i_U + (u_V - u_W)i_V$$

$$= u_{UW}i_U + u_{VW}i_V$$

总有功功率为

$$P = \frac{1}{T}\int_0^T p\mathrm{d}t = \frac{1}{T}\int_0^T (u_{UW}i_U + u_{VW}i_V)\mathrm{d}t = U_{UW}I_U\cos\varphi_1 + U_{VW}I_V\cos\varphi_2$$

式中,φ_1 是线电压 $\dot{U}_{UW}$ 与线电流 $\dot{I}_U$ 之间的相位差角;φ_2 是线电压 $\dot{U}_{VW}$ 与线电流 $\dot{I}_V$ 之间的相位差角。这就证明了图 4-21 所示两功率表读数的代数和就是三相电路的总功率。

在一定条件下,如 $\varphi_1 > 90°$ 或 $\varphi_2 > 90°$ 时,相应的功率表的读数为负值,求总功率时应将负值代入。一般来讲,二瓦计法中单独一个功率表的读数是没有意义的。

【例 4-9】 若图 4-21 所示电路为对称三相电路,已知对称三相负载吸收的有功功率为 3 kW,功率因数 $\lambda = \cos\varphi = 0.866$(感性),线电压为 380 V。求图 4-21 中两功率表的读数。

解: 由 $P = \sqrt{3}U_l I_l \cos\varphi$,求得线电流为

$$I_l = \frac{P}{\sqrt{3}U_l\cos\varphi} = \frac{3\times10^3}{\sqrt{3}\times380\times0.866} = 5.26 \quad (A)$$

设 $\dot{U}_U = \frac{380}{\sqrt{3}}\angle0° = 220\angle0°$ V,则图中与功率表有关的电压、电流相量为

$$\dot{I}_U = 5.26\angle-30°A \qquad \dot{U}_{UW} = -\dot{U}_{WU} = 380\angle-30° V$$

$$\dot{I}_V = 5.26\angle-150°A \qquad \dot{U}_{VW} = 380\angle-90° V$$

功率表的读数分别为

$$P_1 = U_{UW}I_U\cos\varphi_1 = 380\times5.26\times\cos[-30°-(30°)] = 2 \quad (kW)$$

$$P_2 = U_{VW}I_V\cos\varphi_2 = 380\times5.26\times\cos[-90°-(150°)] = 1 \quad (kW)$$

由本例讨论可知,一般情况下,即使是对称电路,二瓦计法中的两个功率表的读数也不是相等的。

4.7 安全用电

随着科学技术的发展,无论是工农业生产,还是人民生活,对电能的应用越来越广泛。

从事电类工作的人员,必须懂得安全用电常识,树立安全责任重于泰山的观念,避免发生触电事故,以保护人身和设备的安全。

通过本节学习,使读者了解有关人体触电的知识,懂得引起触电的原因及常用预防措施,会进行触电后的及时抢救。

4.7.1 触电事故的种类

按照触电事故的构成方式,触电事故可分为电击和电伤两大类。

1. 电击

电击是电流对人体内部组织的伤害。它是最危险的一种伤害,绝大多数的触电死亡事故是由电击造成的。

电击的主要特征:(1)伤害人体内部;(2)在人体的外表没有显著的痕迹;(3)致命电流较小。

按照发生电击时电器设备的状态,电击可分为直接接触电击和间接接触电击两种。

（1）直接接触电击

直接接触电击是触及设备和线路正常运行时的带电体发生的电击(如误触接线端子发生的电击)，也称为正常状态下的电击。

（2）间接接触电击

间接接触电击是触及正常状态下不带电，而当设备或线路故障时意外带电的导体发生的电击(如触及漏电设备的外壳发生的电击)，也称故障状态下的电击。

2．电伤

电伤是电流的热效应、化学效应、机械效应等对人体造成的伤害。常见的有灼伤、烙伤和皮肤金属化等现象。

4.7.2　触电方式

按照人体触及带电体的方式和电流流过人体的途径，触电方式可分为单相触电、两相触电和跨步触电。

1．单相触电

（1）供电系统中性点接地的单相触电

如图 4-22 所示，人站在地面上，因大地是一导体并且与中性点连接，如果人体接触一根端线，电流就会从端线经人体到大地，又从大地流回电源形成闭合回路。此时，人体承受的电压是相电压，触电后果往往很严重。

（2）供电系统中性点不接地的单相触电

如图 4-23 所示，人站在地面上，人体接触到中性点不接地的一根端线，电流通过输电线与大地间的分布电容和绝缘电阻，再回到中性点而触电。人体与电容构成星形连接三相不对称负载，线路越长，绝缘越差，加在人体上的电压越高。

图 4-22　中性点不接地的单相触电

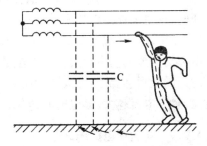

图 4-23　中性点不接地的单相触电

2．两相触电

如图 4-24 所示，人体的不同部位同时接触两相电源带电体而引起的触电叫两相触电。发生两相触电时，无论电网中性点是否接地，人体所承受的线电压将比单相触电时高，危险性更大。

3．跨步电压触电

如图 4-25 所示，当电流入地时，或载流电力线(特别是高压线)断落到地时，会在导线接地点及周围形成强电场。其电位分布以接地点为圆心向周围扩散、逐步降低而在不同位置形成电位差，人、畜跨进这个区域，两脚之间将存在电压，该电压称为跨步电压。在这种电压作用下，电流从接触高电位的脚流进，从接触低电位的脚流出，这就是跨步电压触电。

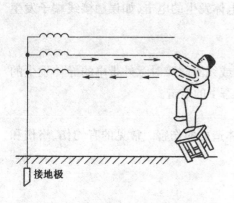

图 4-24　两相触电

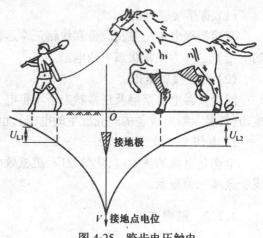

图 4-25　跨步电压触电

4.7.3　电流对人体的作用

人体对电流的反应非常敏感,触电时,通过人体电流的大小是造成损伤的直接因素,而电流的大小决定于人体电阻以及所触及的电压高低。

1. 人体电阻的大小

人体的电阻越大,流入的电流越小,伤害程度也就越轻。根据研究结果,当皮肤有完好的角质外层并且很干燥时,人体电阻大约为 $10^4 \sim 10^5\ \Omega$。当角质外层破坏时,则降到 $800 \sim 1\,000\ \Omega$。

2. 电压的高低

人体接触的电压越高,流过人体的电流越大,对人体的伤害越重。通过人体的电流为 $30\ mA$ 时是安全工频电流;到 $50\ mA$,即有生命危险,称为工频危险电流。一般接触 $36\ V$ 以下的电压时,通过人体的电流不致超过 $50\ mA$,故把 $36\ V$ 的电压定为安全电压。如果在潮湿的场所,安全电压还要规定得低一些,通常是 $24\ V$ 和 $12\ V$。

电流对人体的伤害除与人体电阻的大小和电压的高低有关外,还与频率的高低、电流通过人体时间的长短、电流通过人体的路径、人体状况等因素有关。通常 $40 \sim 60\ Hz$ 的交流电对人最危险;触电电流越大,触电时间越长,对人体的伤害越严重。

4.7.4　安全用电措施

1. 建立各种操作规程和安全管理制度

(1)安全用电,节约用电,自觉遵守供电部门制定的有关安全用电规定,做到安全、经济、不出事故。

(2)禁止私拉电网,禁用"一线一地"接照明灯。

(3)屋内配线,禁止使用裸导线或绝缘破损、老化的导线,对绝缘破损部分,要及时用绝缘胶皮好。发生电气故障或漏电起火事故时,要立即拉断电源开关。在未切断电源以前,不要用水或酸、碱泡沫灭火器灭火。

(4)对于落地导体,不要靠近,更不能用手捡,要派人看守,及时找电工修理。

(5)电气设备金属外壳要接地,进行移动或修理电气设备时要断电操作,破损的用电设备要及时更换,不能带病工作。

2. 保护接地

将电气设备正常情况下不带电的金属外壳通过接地装置与大地可靠地连接称为保护接地。当设备外壳因绝缘不好而带电,工作人员即使碰到机壳,也相当于人体与接地电阻并联,而人体电阻远比接地电阻大,因此流过人体的电流极为微小,从而起到了保护作用,如图4-26所示。正常情况下,电机、变压器以及移动式用电器具等较大功率的电气设备的外壳(或底座)都应保护接地。

3. 保护接零

保护接零是指在电源中性点接地的系统中,为防止因电气设备绝缘损坏而使人触电,将电气设备的金属外壳与电源的零线(或称中性线)相连接。在外壳接零后,如电动机某一相绕组的绝缘损坏而与外壳相接时,就形成单相短路,立即将这一相中的熔断器熔断,或使其他保护电器动作,迅速切断电源,消除触电危险,如图4-27所示。

采取保护接零时,应注意以下环节:

(1)在三相四线制供电系统中,零线必须有良好的接地。

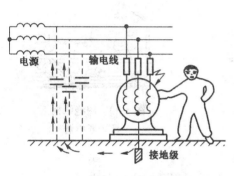
图 4-26 保护接地图

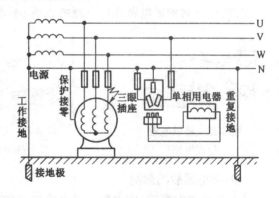
图 4-27 保护接零图

(2)零线线路中不能装开关和熔断器,以防止零线断开时造成人身和设备事故。

(3)在同一电源上,不允许将一部分电气设备保护接地,而另一部分电气设备保护接零,否则将造成检查的难度和电网的不平衡。

(4)在安装单相三孔插座时,正确的接法是将插座上接电源零线的孔和接地的孔分别用导线并联到零线上,从而保证零线接点和地线接点等电位,且与零线电位相同。

4.7.5 触电急救

在电气操作和日常用电中,如果采取了有效的预防措施,会大幅度减少触电事故,但要绝对避免是不可能的。所以,在电气操作和日常用电中,必须做好触电急救的思想和技术准备。

(一)触电的现场抢救措施

1. 使触电者尽快脱离电源

发现有人触电,最关键、最首要的措施是使触电者尽快脱离电源。由于触电现场的情况不同,使触电者脱离电源的方法也不一样。在触电现场经常采用以下几种急救方法。

(1)迅速关断电源,把人从触电处移开。如果触电现场远离开关或不具备关断电源的条件,只要触电者穿的是比较宽松的干燥衣服,救护者可站在干燥木板上,用一只手抓住衣服将其拉离电源,但切不可触及带电人的皮肤。如这种条件尚不具备,还可用干燥木棒、竹竿等将电线从触电者身上挑开。

(2)如果触电发生在相线与大地之间,一时又不能把触电者拉离电源,可用干燥绳索将触电者身体拉离地面,或在地面与人体之间塞入一块干燥木板,这样可以暂时切断带电导体通过人体流入大地的电流。然后再设法关断电源,使触电者脱离带电体。在用绳索将触电者拉离地面时,注意不要发生跌伤事故。

(3)救护者手边如有现成的刀、斧、锄等带绝缘柄的工具或硬棒时,可以从电源的来电方向将电线砍断或撬断。但要注意,切断电线时人体切不可接触电线裸露部分和触电者。

(4)如果救护者手边有绝缘导线,可先将一端良好接地,另一端接在触电者所接触的带电体上,造成该相电源对地短路,迫使电路跳闸或熔断熔断器,达到切断电源的目的。在搭接带电体时,要注意救护者自身的安全。

(5)在电杆上触电,地面上一时无法施救时,仍可先将绝缘软导线一端良好接地,另一端抛掷到触电者接触的架空线上,使该相对地短路,跳闸断电。在操作时要注意两点:一是不能将接地软线抛在触电者身上,这会使通过人体的电流更大;二是注意不要让触电者从高空跌落。

注意:以上救护触电者脱离电源的方法,不适用于高压触电情况。

图 4-28　将触电者拉离电源　　　　图 4-29　将触电者身上的电线挑开　　　　图 4-30　用绝缘柄工具切断电源

2. 脱离电源后的救治

触电者脱离电源后,应根据其受电流伤害的不同程度,采用不同的施救方法。

(1)触电者神智清醒,只是感觉头昏、乏力、心悸、出冷汗、恶心、呕吐时,应让其静卧休息,以减轻心脏负担。

(2)触电者神智断续清醒,出现一度昏迷时,一方面请医生救治,一方面让其静卧休息,随时观察其伤情变化,做好万一恶化的施救准备。

(3)触电者已失去知觉,但呼吸、心跳尚存时,应在迅速请医生的同时,将其安放在通风、凉爽的地方平卧,给他闻一些氨水,擦拭全身,使之发热。如果出现痉挛,呼吸渐渐衰弱,应立即施行人工呼吸,并准备担架,送医院救治。在去医院途中,如果出现"假死",应边送边抢救。

(4)触电者呼吸、脉搏均已停止,出现假死现象时,应针对不同情况的假死现象对症处理。如果呼吸停止,用口对口人工呼吸法,迫使触电者维持体内外的气体交换。对心脏停止跳动者,可同胸外心脏压挤法,维持人体内的血液循环。如果呼吸、脉搏均已停止,上述两种方法应同时使用,并尽快向医院告急。

(二)口对口人工呼吸法

对呼吸渐弱或已经停止的触电者,人工呼吸法是行之有效的。在几种人工呼吸法中,效果最好的是口对口人工呼吸法,其操作步骤如下:

(1)将触电者仰卧,松开衣、裤,以免影响呼吸时胸廓及腹部的自由扩张。再将颈部伸直,头部尽量后仰,掰开口腔,清除口中脏物,取下假牙,如果舌头后缩,应拉出舌头,使进出人体的气流畅通无阻,如图 4-31(a)、(b)所示。如果触电者牙关紧闭,可用木片、金属片从嘴角处伸入牙缝,慢慢撬开。

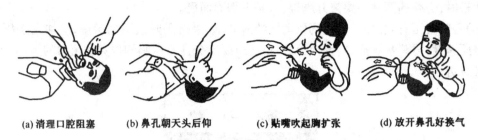

| (a) 清理口腔阻塞 | (b) 鼻孔朝天头后仰 | (c) 贴嘴吹起胸扩张 | (d) 放开鼻孔好换气 |

图 4-31　口对口工人呼吸法

(2)救护者位于触电者头部一侧,将靠近头部的一只手捏住触电者的鼻子(防止吹气时气流从鼻孔漏出),并将这只手的外缘压住额部,另一只手托其颈部,将颈上抬,这样可使头部自然后仰,解除舌头后缩造成的呼吸阻塞。

(3)救护者深呼吸后,用嘴紧贴触电者的嘴(中间也可垫一层纱布或薄布)大口吹气,如图 4-31(c)所示,同时观察触电者胸部的隆起程度,一般应以胸部略有起伏为宜。胸腹起伏过大,说明吹气太多,容易吹破肺泡。胸腹无起伏或起伏太小,则吹气不足,应适当加大吹气量。

(4)吹气至待救护者可换气时,应迅速离开触电者的嘴,同时放开捏紧的鼻孔,让其自动向外呼气,如图 4-31(d)所示。这时应观察触电者胸部的复原情况,倾听口鼻处有无呼气声,从而检查呼吸道是否阻塞。

按照上述步骤反复进行,对成年人每分钟吹气 14~16 次,大约每 5 s 一个循环,吹气时间稍短,约 2 s;呼气时间要长,约 3 s。对儿童吹气,每分钟 18~24 次,这时不必捏紧鼻孔,让一部分空气漏掉。对儿童吹气,一定要掌握好吹气量的大小,不可让其胸腹过分膨胀,防止吹破肺泡。

(三)胸外心脏压挤法

胸外心脏压挤法适用于触电者心脏停止跳动或不规则的情况。这时,可以有节奏地在胸廓外加力,对心脏进行挤压,利用人工方法代替心脏的收缩与扩张,以达到维持血液循环的目的。具体操作过程如图 4-32 所示。

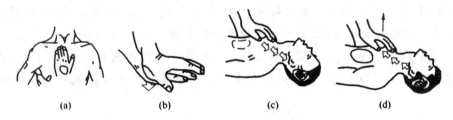

| (a) | (b) | (c) | (d) |

图 4-32　胸外心脏压挤法

下面照图介绍其操作步骤与要领:

(1)将触电者仰卧在硬板上或平整的硬地面上,解松衣裤,保持呼吸道通畅,以保证挤压的效果。

(2)救护者跪跨在触电者腰部两侧,两手相叠,手掌根部放在心窝稍高一点的地方,掌根用力垂直向下挤压,使心脏受压,心室的血液被压出,流至触电者全身各部。对成人压陷 3~4 cm,每分钟挤压 60 次为宜;对儿童,压胸仅用一只手,深度较成人浅,每分钟大约 90 次为宜。

（3）挤压后，双掌突然放松，依靠胸廓自身的弹性，使胸腔复位，让心脏舒张，血液流回心室。放松时，交叠的两掌不要离开胸部，只是不加力而已。

（4）心脏挤压有效果时，会摸到颈动脉的搏动，如果挤压时摸不到脉搏，应加大挤压力度，减缓挤压速度，再观察脉搏是否有跳动。挤压时要十分注意压胸的位置和用力的大小，以免发生肋骨骨折。

练 习 题

4-1 对称三相电源作 Y 形连接，相电压。$\dot{U}_U = 220\angle60°$ V。(1)写出其他两相电压以及三个线电压的表达式；(2)画出相电压、线电压的相量图。

4-2 Y 形连接的三相电源，相电压分别为 $u_U = U_m\sin\omega t$ V，$u_V = U_m\sin(\omega t + 240°)$ V，$u_W = U_m\sin(\omega t + 120°)$ V，它们组成的是一组对称三相正序电源吗？

4-3 有一台三相发电机，其绕组接成 Y 形，若测得相电压 $U_U = U_V = U_W = 220$ V，但线电压 $U_{UV} = U_{VW} = 220$ V，$U_{WU} = 380$ V，试画出相量图分析哪一相绕组接反了。

4-4 对称 Y 形连接负载，每相复阻抗 $Z = (24 + j32)\ \Omega$，接于线电压 $U_l = 380$ V 的三相电源上，求各相电流及线电流。

4-5 对称 Y 形连接电路，每相负载由 10 Ω 电阻、0.12 H 电感串联组成。已知线电压为 380 V，$\omega = 100$ rad/s。求各相负载的电流。

4-6 三相电动机每相绕组的额定电压为 220 V，现欲接到线电压为 220 V 的三相电源上，此电动机应如何连接？若已知电动机每相绕组的复阻抗为 $36\angle30°\ \Omega$，求电动机的相电流、线电流。

4-7 对称三相三线制 Y 形连接电路，已知 $\dot{U}_{UV} = 380\angle10°$ V，$\dot{I}_U = 15\angle10°$ A，分析以下结论是否正确：

(1)$\dot{U}_{WV} = 380\angle70°$ V   (2)$\dot{U}_W = 220\angle100°$ V   (3)负载为容性。

4-8 如图 4-33 所示三相四线制电路中，电源线电压 $U_l = 380$ V，负载 $R_U = 11\ \Omega$，$R_V = R_W = 22\ \Omega$。求负载的相电压、相电流、中线电流并作相量图。

4-9 如图 4-34 所示电路，电源线电压 $U_l = 380$ V，如果各相电流 $I_U = I_V = I_W = 10$ A，求：(1)各相负载的复阻抗；(2)中线电流；(3)作相量图；(4)电路的有功功率、无功功率和视在功率。

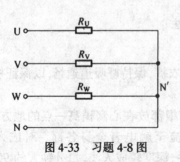

图 4-33 习题 4-8 图

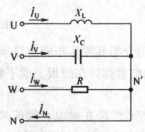

图 4-34 习题 4-9 图

4-10 一组对称△形连接负载，正常工作时线电流为 5 A，若其中有一相断开，各线电流变为多少?

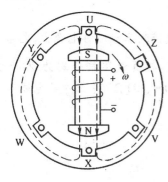

图 4-35　习题 4-13 图

4-11　有一台三相电动机,其功率 P 为 $3.2\,\text{kW}$,功率因数 $\cos\varphi = 0.8$,若该电动机接在线电压为 $380\,\text{V}$ 的电源上,求电动机的线电流。

4-12　三相对称负载的功率为 $5.5\,\text{kW}$,△形连接后接在线电压为 $220\,\text{V}$ 的三相电源上,测得线电流为 $19.5\,\text{A}$。求:(1)负载的相电流、功率因数及每相的复阻抗 Z;(2)若将该负载改接成 Y 形,接至线电压为 $380\,\text{V}$ 的三相电源上,则负载的相电流、线电流、吸收的功率各为多少?

4-13　如图 4-35 所示,三相发电机作三角形连接,试在图上画出其连接线。若 U 相绕组接反,会产生什么现象?

4-14　指出下列结论中哪个是正确的,哪个是错误的?

(1)同一台发电机做星形连接时的线电压等于做三角形连接时的线电压。

(2)对称负载做 Y 形连接时必须有中线。

(3)负载 Y 形连接时,线电流必等于相电流。

(4)星形连接时,三相负载越接近对称,则中线电流越小。

(5)负载做三角形连接时,线电流必为相电流的 $\sqrt{3}$ 倍。

(6)在照明配电系统中,由于把单相用电设备均衡地分配在三相电源上,故中线可以省去。

4-15　额定电压为 $220\,\text{V}$、额定功率为 $40\,\text{W}$ 的白炽灯接到三相四线制电源上,$U_l = 380\,\text{V}$。设 U 相接 30 只,V、W 两相各接 20 只。求各相电流、线电流及中线电流。

4-16　如图 4-36 所示对称三相电路,电源电压 $U_l = 380\,\text{V}$,其中一组对称感性负载的有功功率 $P = 5.7\,\text{kW}$,功率因数 $\cos\varphi = 0.866$;另一组星形连接负载,每相阻抗 $Z = 22\angle -30°\,\Omega$。求线电流 $\dot{I}_\text{U}$、$\dot{I}_\text{V}$、$\dot{I}_\text{W}$ 及电路的总功率。

4-17　三相电动机绕组接成△形后接至三相电源上,如图 4-37 所示。已知电源线电压 $U_l = 380\,\text{V}$,线电流 $I_l = 30\,\text{A}$,有功功率 $P = 12\,\text{kW}$。求:(1)每相绕组的复阻抗 Z。(2)U'W' 因故断开,图中各安培表的读数及电路的功率变为多少? (3)UU' 端线断开,图中各安培表的读数及电路的总功率又变为多少?

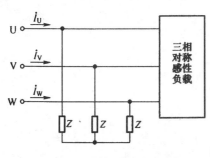

图 4-36　习题 4-16 图

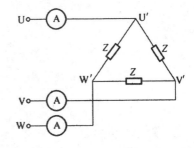

图 4-37　习题 4-17 图

4-18　对称三相负载的线电压为 $380\,\text{V}$,线电流为 $2\,\text{A}$,功率因数为 0.8,端线阻抗,$Z_l = (2+\text{j}4)\,\Omega$,求电源线电压及总功率。

4-19　电路如图 4-38 所示,已知电源线电压为 $380\,\text{V}$,负载的功率为 $4\,\text{kW}$,功率因数为

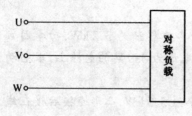

图 4-38　习题 4-19 图

0.85。(1)求线电流;(2)画出用二瓦计法测量电路功率的接线图,并求两功率表的读数。

4-20　不对称三相 Y 形负载接到三相对称电源上,电路无中线,已知 $\dot{U}_U = 220\angle 0° \text{ V}$,三相负载阻抗分别为 $Z_U = 20\,\Omega$,$Z_V = (10 + j10)\,\Omega$,$Z_W = (10 - j10)\,\Omega$。求三个线电流和电路的功率。

第 5 章

电　机

电机是实现机械能与电能相互转换的旋转机械,它包括发电机和电动机。发电机是把机械能转换为电能的装置。电动机是将电能转换为机械能的装置。电动机分为交流电动机和直流电动机两大类。交流电动机又有同步和异步之分。异步电动机又分为三相异步电动机和单相异步电动机。三相异步电动机具有结构简单、工作可靠、价格便宜、维修方便等优点,广泛应用于工业(如:机床、纺织机械、起重机、矿山机械、各种机床、锻压与铸造机械、食品机械、交通运输机械等)、农业(脱粒机、粉碎机、水泵及加工机械等)、家用电器(电风扇、空调、洗衣机、电冰箱及小功率电动工具等)。本章主要介绍直流电机、同步发电机、三相异步电动机,要求掌握它们的结构及工作原理。

$$
\text{电动机} \atop \text{发电机}
\Bigg\} \text{电机}
\begin{cases}
\text{直流电机} \\
\text{交流电机} \begin{cases} \text{同步电机} \\ \text{异步电机} \begin{cases} \text{三相异步电机} \\ \text{单相异步电机} \end{cases} \end{cases} \\
\text{特殊电机}
\end{cases}
$$

5.1　直流电机的工作原理

5.1.1　直流电机的用途

与交流电机相比,直流电机结构复杂,成本高,运行维护较困难。但直流电机具有良好的调速性能、较大的起动转矩和过载能力等,在起动和调速要求较高的生产机械中,如电力机车、内燃机车、工矿机车、城市电车、电梯、金属切削机床、轧钢机、卷扬机、起重机以及造纸、纺织行业用机械等,得到广泛的应用。直流发电机可作为各种直流电源,如直流电动机的电源,同步电机的励磁电源,电镀和电解用的低压大电流直流电源。

5.1.2　直流电机模型

直流电机原理可用一个简单的模型说明,如图 5-1 所示。在空间固定的主磁极 N、S 之间放置一个开有凹槽的圆柱形铁芯(电枢铁芯),在电枢铁芯的两个凹槽中安放一个线圈 acb(电枢线圈),线圈的两个出线端 a、b 分别焊接在两个互相绝缘的半圆形铜质圆环(换向器)上。压装在同一轴上的换向器和电枢铁芯总称为电枢。换向器上放置有两个静止不动的电刷 A 和 B,它们分别与外电路相连接。

实际电机的电枢铁芯上开有很多个槽,放置按一定规

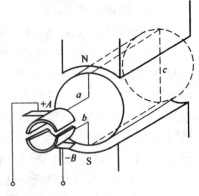

图 5-1　直流电机模型

律连接的多个线圈(电枢绕组)。电机工作时,电枢旋转,即电枢铁芯、电枢绕组及换向器是旋转的,主磁极、电刷在空间固定不动,电刷和换向器之间滑动接触。

5.1.3　直流电机的基本工作原理

任何电机的工作原理都是建立在电磁力和电磁感应这个基础上的,对直流电机也如此。

为了讨论直流电机的工作原理,我们把复杂的直流电机结构简化为图 5-2 和图 5-3 所示的工作原理图。电机具有一对磁极,电枢绕组只是一个线圈,线圈两端分别联在两个换向片上,换向片上压着电刷 A 和 B。

直流电机作发电机运行时(图 5-2),电枢由原动机驱动而在磁场中旋转,在电枢线圈的两根有效边(切割磁通的部分导体)中便感应出电动势。显然,每一有效边中的电动势是交变的,即在 N 极下是一个方向,当它转到 S 极下时是另一个方向。但是,由于电刷 A 总是同与 N 极下的一边相连的换向片接触,而电刷 B 总是同与 S 极下的一边相连的换向片接触,因此在电刷间就出现了一个极性不变的电动势或电压。所以换向器的作用在于将发电机电枢绕组内的交变电动势换成电刷之间的极性不变的电动势。当电刷之间接有负载时,在电动势的作用下就在电路中产生一定方向的电流。

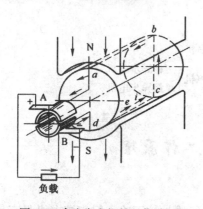

图 5-2　直流发电机的工作原理图

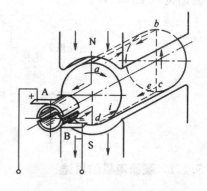

图 5-3　直流电动机的工作原理图

直流电机电刷间的电动势常用下式表示:

$$E = K_E \Phi n \tag{5-1}$$

式中,Φ 是一个磁极的磁通,单位是 Wb;n 是电枢转速,单位是 r/min;K_E 是与电机结构有关的常数;E 的单位是 V。

直流电机作电动机运行时(图 5-3),将直流电源接在两电刷之间而使电流通入电枢线圈。电流方向应该是这样:N 极下的有效边中的电流总是一个方向,而 S 极下的有效边中的电流总是另一个方向。这样才能使两个边上受到的电磁力的方向一致,电枢因而转动。因此,当线圈的有效边从 N (S)极下转到 S (N)极下时,其中电流的方向必须同时改变,以使电磁力的方向不变。而这也必须通过换向器才得以实现。电动机电枢线圈通电后在磁场中受力而转动,这是问题的一个方面。另外,当电枢在磁场中转动时,线圈中也要产生感应电动势。这个电动势的方向(由右手定则确定,图 5-3 中用虚线箭头表示)与电流或外加电压的方向总是相反,所以称为反电动势。它与发电机的电动势的作用不同,后者是电源电动势,由此而产生电流。

直流电机电枢绕组中的电流(电枢电流 I_a)与磁通 Φ 相互作用,产生电磁力和电磁转矩。直流电机的电磁转矩常用下式表示:

$$T = K_T \Phi I_a \qquad (5\text{-}2)$$

式中，K_T 是与电机结构有关的常数；Φ 的单位是 Wb；I_a 的单位是 A；T 的单位是 N·m。

直流发电机和直流电动机两者的电磁转矩的作用是不同的。

发电机的电磁转矩是阻转矩，它与电枢转动的方向或原动机的驱动转矩的方向相反；在图 5-2 中，应用左手定则就可看出。因此，在等速转动时，原动机的转矩 T_1 必须与发电机的电磁转矩 T 及空载损耗转矩 T_0 相平衡。当发电机的负载（即电枢电流）增加时，电磁转矩和输出功率也随之增加。这时原动机的驱动转矩和所供给的机械功率也必须相应增加，以保持转矩之间及功率之间的平衡，而转速基本上不变。

电动机的电磁转矩是驱动转矩，它使电枢转动。因此，电动机的电磁转矩 T 必须与机械负载转矩 T_2 及空载 T_0 损耗转矩相平衡。当轴上的机械负载发生变化时，则电动机的转速、电动势、电流及电磁转矩将自动进行调整，以适应负载的变化，保持新的平衡。譬如，当负载增加，即阻转矩增加时，电动机的电磁转矩便暂时小于阻转矩，所以转速开始下降。随着转速的下降，当磁通 Φ 不变时，反电动势 E 必将减小，而电枢电流将增加，于是电磁转矩也随着增加。直到电磁转矩与阻转矩达到新的平衡后，转速不再下降，而电动机以较原先为低的转速稳定运行。这时的电枢电流已大于原先的，也就是说从电源输入的功率增加了（电源电压保持不变）。

由上可知，直流电机作发电机运行和作电动机运行时，虽然都产生电动势和电磁转矩，但两者的作用截然相反，见表 5-1。

表 5-1　电机运行比较

发电机运行	电动机运行
E 和 I_a 方向相同	E 和 I_a 方向相反
E 为电源电动势	E 为反电动势
T 为阻转矩	T 为驱动转矩
$T_1 = T + T_0$	$T = T_2 + T_0$

5.1.4　直流电机的可逆原理

直流发电机和电动机的结构完全相同，每一台电机既可以作为发电机运行，也可以作为电动机运行，这一性质称为直流电机的可逆原理。电机的实际运行方式由外施条件决定：如在电机轴上施加外力，使电枢转动，那么电机可以把输入的机械能转换为直流电能输出，电机作为发电机运行；如果在电枢绕组两端施加直流电源，输入直流电流，那么电机可以把输入的直流电能转换为机械能输出，电机作电动机运行。发电机和电动机，不是两种不同的电机，而是同一电机的两种不同的运行方式。图 5-4 表示电机进行能量转换的示意图，可见，能量的转换是可逆的。

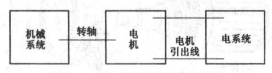

图 5-4　直流电机能量转换示意图

综上所述，无论发电机还是电动机，由于电磁的相互作用，电枢电势和电磁转矩是同时作用在电机中的。

5.2 直流电机的构造

直流电机是一种旋转机械,从整体上看,由两个主要部分组成:静止部分(定子)和 转动部分(转子)。在定转子之间有一定的间隙称为气隙。直流电机的主要构成部件和作用如下:

直流电机的构成 { 定子 { 构成:机座 主磁极 换向极 端盖 电刷等装置 / 作用:主要用来建立磁场并起支撑作用 / 转子 { 构成:电枢铁芯 电枢绕组 换向器 转轴 风扇等部件转子 / 作用:是机械能和直流电能相互转换的枢纽

图 5-5 是一台直流电机的外形图,图 5-6 是直流电机的主要部件图,图 5-7 是直流电机的剖面图。

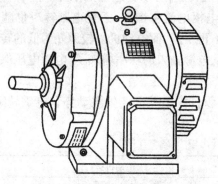

图 5-5 直流电机的外形图

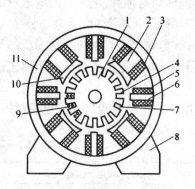

图 5-7 直流电机的剖面图
1—电枢铁芯;2—主磁极;3—线圈;
4—磁凸;5—换向极线圈;
6—换向极;7—气隙;8—机座;
9—电枢绕组;10—极靴;11—机壳

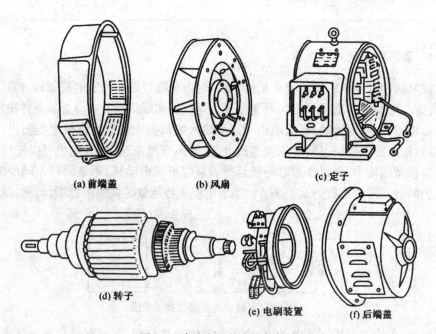

(a) 前端盖   (b) 风扇   (c) 定子

(d) 转子

(e) 电刷装置   (f) 后端盖

图 5-6 直流电机的主要部件图

直流电机各主要组成部件的结构、作用及材料简要介绍如下。

5.2.1 定子部分

1. 主磁极

主磁极由主磁极铁芯和励磁绕组构成。主磁极用来建立励磁磁场。当励磁绕组中通入直流电流(即励磁电流)后,主磁极铁芯呈现磁性,并在气隙中建立励磁磁场。

励磁绕组由励磁线圈构成。励磁线圈通常是用圆形或矩形的绝缘导线制成的一个集中线圈,套在主磁极铁芯外面。主磁极铁芯一般用 1~1.5 mm 厚的低碳钢板冲片叠压铆接而成。主磁极铁芯柱体部分称为极身,靠近气隙一端较宽的部分称为极靴,极靴与极身交界处形成一个突出的肩部,用以支撑住励磁绕组。极靴沿气隙表面处制成弧形,使极面下气隙磁密分布更合理。整个主磁极用螺杆固定在机座上,如图 5-8 所示。

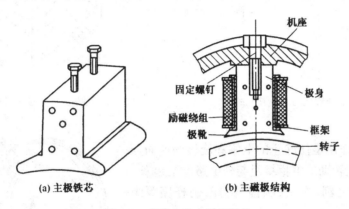

(a) 主极铁芯   (b) 主磁极结构

图 5-8 直流电机主磁极结构

主磁极在机座上总是均匀分布,成对出现。各励磁线圈串联,且串联时要保证相邻磁极的极性按 N, S 交替排列。

2. 换向极

换向极也是由换向极铁芯和换向极绕组构成。

当换向极绕组通入直流电流后,它所产生的磁场对电枢磁场产生影响,目的是为了改善换向,减小电刷与换向片之间的火花。

换向极绕组总是与电枢绕组串联,它的匝数少、导线粗。换向极铁芯通常都用厚钢板叠制而成,用螺杆安装在相邻两主磁极之间的机座上。直流电机功率很小时,换向极可以减少为主磁极数的一半,甚至不装置换向极。图 5-9 为换向极的结构。

如图 5-10 所示,主极的平分线称为极轴线,也叫主极中心线;相邻两主极之间的平分线称为几何中心线,换向极装置在几何中心线上。

3. 机座

机座的作用之一是把主磁极、换向极、端盖等零部件固定起来,所以要求它有一定的机械强度;另一个作用是让励磁磁通经过,所以它是主磁路的一部分(机座中磁通通过的

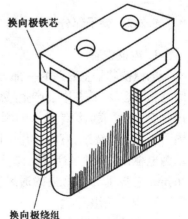

图 5-9 换向极结构

部分称为磁轭),因此,又要求它有较好的导磁性能。

机座一般为铸钢件或由钢板焊接而成。对于某些在运行中有较高要求的微型直流电机,主磁极、换向极和磁轭用硅钢片一次冲制叠压而成。

机座一般为圆筒形,也有为了节省安装空间制成多角形的,如图 5-11 所示。

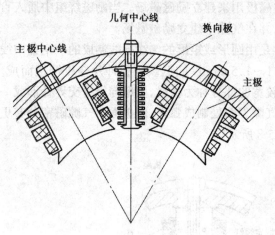

图 5-10　主极轴线与几何中心线

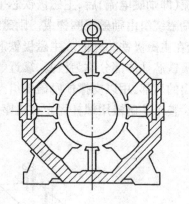

图 5-11　多角形机座

4．电刷装置

电刷装置的作用是使静止的电刷和旋转的换向器保持滑动接触,把转动的电枢绕组与外电路连接起来。

电刷装置由电刷、弹簧、刷握、刷杆、刷杆座等组成。

电刷是用石墨等做成的导电块,放置在刷握内,用弹簧将它压紧在换向器表面上。刷握固定在刷杆上。电刷组在换向器表面应对称分布,刷杆座可与端盖或机座相连接。整个电刷装置可以移动,用以调整电刷在换向器上的位置。如图 5-12 所示为电刷装置结构图。

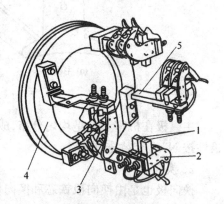

图 5-12　电刷装置
1—电刷;2—刷握;3—弹簧;4—刷杆座;5—刷杆

5.2.2　转子部分

1．电枢铁芯

电枢铁芯是主磁路的一部分,同时也要安放电枢绕组。由于电机运行时,电枢与气隙磁场间有相对运动,铁芯中会产生感应电势而出现涡流和磁滞损耗。为了减少损耗,电枢铁芯通常用 0.5 mm 厚表面涂绝缘漆的圆形硅钢冲片叠压而成。冲片圆周外缘均匀地冲有许多槽,槽内可安放电枢绕组,有的冲片上还冲有许多圆孔,以形成改善散热的轴向通风孔,如图 5-13 所示为电枢铁芯冲片的形状。电机容量较大时,电枢铁芯的圆柱体还分隔成几段,每段间隔约10 mm 左右,以形成径向的通风道。

2．电枢绕组

电枢绕组是直流电机电路的主要部分,它的作用是将产生感应电势和流过电流时产生电磁转矩而实现机电能量转换,是电机中的重要部件。构成电枢绕组的电枢线圈通常用高强度

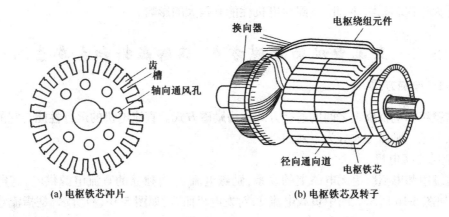

(a) 电枢铁芯冲片   (b) 电枢铁芯及转子

图 5-13 电枢铁芯

聚酯漆包线绕制而成,它的一条有效边嵌入某个槽中的上层,另一有效边则嵌入另一槽中的下层,如图 5-14 所示。线圈与铁芯槽之间及上、下层有效边之间均应绝缘。槽口处沿轴向打入绝缘竹片或环氧酚醛玻璃布板制成的槽楔,将线圈压紧并防止它在运行时飞出。同样,端接线也要用玻璃丝带扎紧。线圈的两个端头按一定的规律焊接在换向片上。

3. 换向器

换向器也叫整流子。对于直流电动机,它的作用是将输入的直流电流转换成电枢绕组内的交变电流,从而产生方向恒定的电磁转矩;对于直流发电机,是把电枢绕组中感应的交变电势转换成电刷之间的直流电势,向外部输出直流电压。

换向器是由许多换向片组合而成的圆柱体。换向片是燕尾状的梯形铜片,片与片之间有云母片绝缘。换向片下部的燕尾嵌在两端的 V 形钢环内。换向片与 V 形云母片绝缘,最后用螺旋压圈压紧。换向器固定在转轴的一侧。这样的换向器称为金属套筒式换向器,如图 5-15 所示。

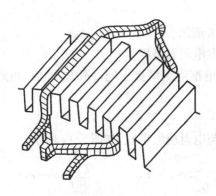 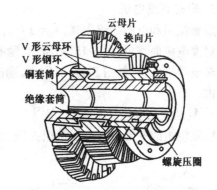

图 5-14 线圈在槽内安放示意图   图 5-15 换向器

现代小型直流电机广泛采用热压塑料代替金属套筒,这种塑料热压成形紧固的换向器,称为塑料换向器。

直流电机在定子和转子之间存在着一定的气隙,气隙是电机磁路的重要部分。它的路径虽然很短(一般小型电机的气隙为 0.7~5 mm,大型电机的气隙为 5~10 mm 左右),但由于气隙磁阻远大于铁芯磁阻,因此,气隙对电机性能有很大的影响。

5.3 直流电机的励磁方式、铭牌数据和主要系列

5.3.1 励磁方式

励磁绕组和电枢绕组之间的连接方式称为励磁方式。直流电机的运行性能与它的励磁方式有很大关系。励磁方式分为下列四类。

1. 他励直流电机

励磁绕组和电枢绕组无电路上的联系,励磁电流 I_f 由独立的直流电源供电,与电枢电流 I_a 无关,如图 5-16 所示。图中负载电流 I,对发电机而言,如图 5-16(a)所示,是指流经发电机负载的电流;对于电动机而言,如图 5-16(b)所示,是指电源输入电动机的电流,他励直流电机的电枢电流 I_a 与负载电流 I 相等,即 $I_a = I$。

2. 并励直流电机

励磁绕组和电枢绕组并联,如图 5-17 所示。

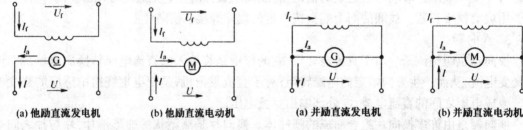

(a) 他励直流发电机　　(b) 他励直流电动机　　　　　(a) 并励直流发电机　　(b) 并励直流电动机

图 5-16　他励直流电机的励磁方式　　　　图 5-17　并励直流电机的励磁方式

对发电机而言,如图 5-17(a)所示,励磁电流由发电机自身提供,$I_a = I + I_f$;

对电动机而言,如图 5-17(b)所示,励磁绕组与电枢绕组并接于同一外加电源,由外加电源提供,$I_a = I - I_f$。

3. 串励直流电机

励磁绕组和电枢绕组串联,$I_a = I = I_f$,如图 5-18 所示。

对发电机而言,如图 5-18(a)所示,励磁电流由发电机自身提供;

对电动机而言,如图 5-18(b)所示,励磁绕组与电枢绕组串接于同一外加电源,由外加电源提供。

4. 复励直流电机

励磁绕组的一部分与电枢绕组并联,另一部分与电枢绕组串联,如图 5-19 所示。

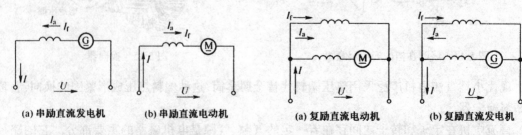

(a) 串励直流发电机　　(b) 串励直流电动机　　　　　(a) 复励直流电动机　　(b) 复励直流发电机

图 5-18　串励直流电机的励磁方式　　　　图 5-19　复励直流电机的励磁方式

5.3.2 直流电机的铭牌数据

每一台电机上都有一块铭牌,上面列出一些具体的数据,称为额定值。这是电机制造厂家按照国家标准和该电机的特定情况,规定的电机额定运行状态时的各种运行数据,也是对用户提出的使用要求。如果用户使用时处于轻载即负载远小于额定值,则电机能维持正常运行,但效率降低,不经济。如果电机运行时,负载超出了额定值,称为过载,将缩短电机的使用寿命甚至能损坏。所以应根据负载条件合理选用电机,使其接近额定值才既经济合理,又可以保证电机可靠地工作,并且具有优良的性能。图 5-20 所示是一台直流电动机的铭牌。现对其中几项主要数据说明如下。

直 流 电 动 机			
型 号	Z₂-72	励磁方式	并励
功 率	22 kW	励磁电压	220 V
电 压	220 V	励磁电流	2.06 A
电 流	116 A	定 额	连续
转 速	1 500 r/min	温 升	80 ℃
产品编号	* * * *	出厂日期	* * * * 年 * 月
		* * * * 电动机	

图 5-20 直流电动机的铭牌

1. 电机型号

型号表明该电机所属的系列及主要特点。掌握了型号,就可以从有关的手册及资料中查出该电机的许多技术数据。

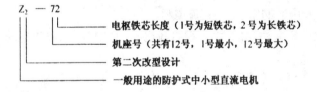

2. 额定值

(1)额定功率 P_N

P_N 是指在规定的工作条件下,长期运行时的允许输出功率。对于发电机来说,是指正负电刷之间输出的电功率;对于电动机,则是指电机轴上输出的机械功率。

(2)额定电压 U_N

U_N 对发电机来说,是指在额定电流下输出额定功率时的端电压;对电动机来说,是指在按规定正常工作时,加在电动机两端的直流电源电压。

(3)额定电流 I_N

I_N 是直流电机正常工作时输出或输入的最大电流值。

对于发电机,三个额定值之间的关系为

$$P_N = U_N I_N \tag{5-3}$$

对于电动机,三个额定值之间的关系为

$$P_N = U_N I_N \eta_N \tag{5-4}$$

额定效率 $\qquad \eta_{\mathrm{n}} = \dfrac{\text{额定输出功率 } P_{\mathrm{N}}}{\text{输入功率 } P_1} \times 100\%$ $\qquad$ (5-5)

(4)额定转速 n_{N}

$n_{\mathrm{N}}(\mathrm{r/min})$ 是指电机在上述各项均为额定值时的运行转速。

(5)额定温升

额定温度是指电机允许的温升限度,温升高低与电机使用的绝缘材料的绝缘等级有关。

【例 5-1】 一台直流发电机,$P_{\mathrm{N}} = 10\ \mathrm{kW}$,$U_{\mathrm{N}} = 230\ \mathrm{V}$,$n_{\mathrm{N}} = 2\,850\ \mathrm{r/min}$,$\eta_{\mathrm{N}} = 85\%$,求其额定电流和额定负载时的输入功率。

解: $\qquad I_{\mathrm{N}} = \dfrac{P_{\mathrm{N}}}{U_{\mathrm{N}}} = \dfrac{10 \times 10^3}{230} = 43.48 \quad (\mathrm{A})$

$$P_1 = \dfrac{P_{\mathrm{N}}}{\eta_{\mathrm{N}}} = \dfrac{10 \times 10^3}{0.85} = 11.76 \quad (\mathrm{kW})$$

【例 5-2】 一台直流电动机,$P_{\mathrm{N}} = 17\ \mathrm{kW}$,$U_{\mathrm{N}} = 220\ \mathrm{V}$,$n_{\mathrm{N}} = 1\,500\ \mathrm{r/min}$,$\eta_{\mathrm{N}} = 83\%$,求其额定电流和额定负载时的输入功率。

解: $\qquad I_{\mathrm{N}} = \dfrac{P_{\mathrm{N}}}{U_{\mathrm{N}} \eta_{\mathrm{N}}} = \dfrac{17 \times 10^3}{220 \times 0.83} = 93.1 \quad (\mathrm{A})$

$$P_1 = U_{\mathrm{N}} I_{\mathrm{N}} = 220 \times 93.1 = 20.48 \quad (\mathrm{kW})$$

5.3.3 直流电机的主要系列

所谓系列电机,就是在应用范围、结构型式、性能水平、生产工艺等方面有共同性,功率按某一系数递增的成批生产的电机。搞系列化的目的是为了产品的标准化和通用化。我国直流电机主要系列有:

1. Z_2 系列 一般用途的中、小型直流电机。

2. Z 和 ZF 系列 一般用途的大、中型直流电机,其中"Z"为直流电动机系列,"ZF"为直流发电机系列。

3. ZT 系列 用于恒功率且调速范围较宽的宽调速直流电动机。

4. ZZJ 系列 冶金辅助拖动机械用的冶金起重直流电动机,它具有快速起动和承受较大过载能力的特性。

5. ZQ 系列 电力机车、工矿电机车和蓄电池供电的电车用的直流牵引电动机。

6. Z-H 系列 船舶上各种辅机用的船用直流电动机

直流电机系列很多,使用时可查阅电机产品目录或有关电工手册。

5.4　同步发电机的结构及工作原理

5.4.1 同步发电机的结构

同步发电机是交流发电机的一种,由于性能优越,在电力系统中应用广泛。同步发电机可以由汽轮机、水轮机及内燃机等驱动。

同步发电机的转速与电流的频率有着严格的关系。与其他电机相同,由定子和转子两大部分组成,定子铁芯嵌槽。同步发电机按结构型式分旋转磁极式和旋转电枢式,一般都制成旋转磁极式,只有小容量的同步发电机是旋转电枢式。旋转磁极式的主要结构由定子和转子组成。

1. 定子

定子由机座、定子铁芯、定子绕组组成。

（1）机座 机座是发电机的整体支架，用以固定电枢，并和前、后两端盖及轴承一道支承转子。机座上一般装有出线盒，盒内装设接线板，引出交流电。励磁绕组引线和定子辅绕组引线也经出线盒引出。

（2）定子铁芯 定子铁芯是发电机磁路组成部分。定子铁芯由一定数量厚 0.5 mm 的硅钢片叠压而成，形状与异步电机相似，内腔有均匀分布的槽，用以嵌放定子绕组。

（3）定子绕组 定子绕组是发电机感应电压输出电能的核心，与定子、铁芯一起被称为电枢。小型发电机定子绕组由绝缘漆包线绕制而成。

2. 转子

转子一般分为凸极式和隐极式两种，如图 5-21 所示。

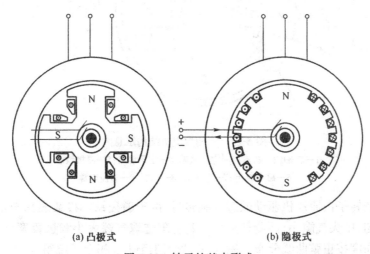

(a) 凸极式　　(b) 隐极式

图 5-21　转子的基本形式

凸极式转子一般由转子铁芯、励磁绕组和护环等组成，适用于原动机转速高、机械强度要求高的发电机。磁极对数 p 通常为 1，转子铁芯一般采用整块高机械强度、具有良好导磁性能的合金钢锻制而成。转子表面铣槽，槽内安放励磁绕组。由图 5-21(a) 可见，转子表面约有1/3极距没有开齿，被称为大齿，即主磁极。励磁绕组由扁铜线绕制而成，因端部受很大离心力，采用护环可靠固定。集电环装在转轴上，通过引线接到励磁绕组的两端，励磁电流经电刷、集电环而进入励磁绕组。

隐极式转子主要由磁极、励磁绕组和转轴等组成，凸极式转子直径较大，轴向长度相对较短，为"扁盘形"，磁极一般由厚 1～1.5 mm 的钢板冲片铆成，极靴上一般装有铜条和端环组成的笼型绕组。磁极上套有励磁绕组，它是由扁铜线绕制而成。所有励磁绕组都串联起来，然后接到集电环，再通过电刷外接直流电源。由于凸极式转子的转速较低，发电机的极数应增多，一般 $p \geqslant 2$。

隐极式的气隙是均匀的，转子做成圆柱形。凸极式的气隙是不均匀的，极弧底下气隙较小，极间部分气隙较大。一般当 $n_1 \leqslant 1\,500$ r/min 即($2p \geqslant 4$)时，可采用结构和制造上比较简单的凸极式；而转速较高时，则采用隐极式结构。如汽轮机是一种高转速的原动机，故汽轮发电机的转子通常采用隐极式，而水轮发电机通常都是凸极式。同步电动机及由内燃机拖动的同步发电机和调相机，一般也做成凸极式。

5.4.2 同步发电机的工作原理

图 5-22 所示为简单的四极三相交流发电机示意图。直流电源经电刷、集电环向磁极绕组提供直流励磁电源。当通入直流电后,励磁绕组产生磁场,使转子的 4 个磁极铁芯分别为 N、S、N、S 磁极。在定子铁芯槽内分别嵌有 U、V、W 三相定子绕组。三相定子绕组在空间上互差 120°电角度。

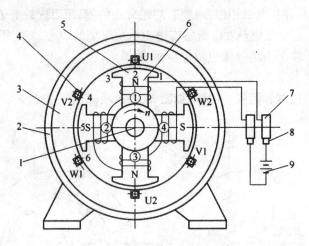

图 5-22　三相发电机结构示意图

1—转轴;2—机座;3—定子铁芯;4—定子绕组;5—磁极铁芯;
6—磁极绕组;7—集电环;8—电刷;9—直流电源

当发电机的转子由原动机驱动顺时针旋转时,由于磁极铁芯极弧表面与定子铁芯之间的气隙大小不均匀,中央气隙小,两侧气隙大。若合理选取气隙大小和极靴宽度,使沿极弧表面各处的磁感应强度按正弦曲线分布。磁极 N、S 分别经过 U 相定子绕组,U 相绕组的各有效边将切割磁力线,产生感应电动势。随着转子磁极的旋转,U 相绕组内的感应电动势的大小按正弦变化。同理,V 相和 W 相绕组内也将产生正弦感应电动势,只是相位分别滞后 120°,如图 5-23 所示。

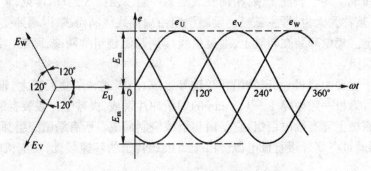

图 5-23　三相电动势波形

感应电动势的频率为

$$f = \frac{pn}{60} \tag{5-6}$$

式中　p ——电机的极对数;

n —— 转速, r/min;

f —— 频率, Hz。

5.4.3 同步发电机的运行

图 5-24 所示为三相四极同步发电机的空载磁路,此时电枢绕组开路,电枢电流 $I=0$,定子绕组不产生磁场,气隙内磁场只有一个转子磁场 Φ_0,且定子绕组感应电动势的有效值为

$$E_0 = 4.44 f N_1 K_{W1} \Phi_0 \tag{5-7}$$

式中 E_0 —— 主极磁通在定子绕组中的感应空载电动势, V;

f —— 感应电动势频率, Hz;

N_1 —— 定子每相绕组串联匝数;

K_{W1} —— 定子绕组的基波绕组因数;

Φ_0 —— 主磁通, Wb。

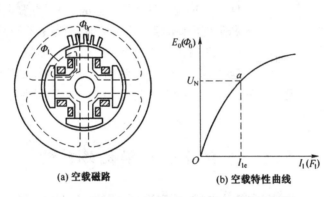

(a) 空载磁路　　　　　(b) 空载特性曲线

图 5-24　同步发电机的空载磁路及空载特性曲线

如果同步发电机定子绕组与三相对称负载接通,电枢绕组将流过三相对称电流,即电枢电流。电枢电流不仅引起电枢绕组压降,而且产生电枢旋转磁场。电枢旋转磁场与主极磁场同向同速旋转,使气隙磁场为主极磁场和电枢磁场的合成,合成磁场的大小和位置与空载磁场相比,发生了变化,这种电枢磁场对转子磁场的影响,称为电枢反应。定子绕组外接负载性质及大小不同,电枢反应的效果也不同。当负载为感性、阻性负载,电枢反应表现为去磁;而负载为容性时,电枢反应表现为增磁。电枢反应对同步发电机的运行特性有很大影响,同步发电机的运行特性主要表现为外特性和调整特性。

1. 外特性

外特性是指发电机的转速保持为同步转速,在励磁电流和功率因数不变时,发电机的端电压与负载电流的关系,即 $n = n_N$, $I_e =$ 常值, $\cos\varphi$ 常值时,端电压 U 随负载电流 I 变化的曲线, $U = f(I)$。

图 5-25 所示为不同功率因数时同步发电机的外特性。在感性负载和纯电阻负载时,外特性都是下降的,因为在这两种情况下电枢反应均有去磁作用;而在容性负载时,电枢反应是增磁的,因此端电压随负载电流的增大反而升高。其中 1 线为 $\cos\varphi = 0.8$(感性), 2 线为 $\cos\varphi = 1$, 3 线为 $\cos\varphi = 0.8$(容性)。

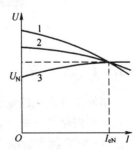

图 5-25　不同功率因数时
的外特性曲线

从外特性可以求出电压变化率 ΔU。调节励磁电流,使额定负载时发电机的端电压为额定电压 U_N,此励磁电流为额定励磁电流 I_N。然后保持转速和励磁电流不变,卸去负载,端电压变为 E_0。电压变化的相对值为电压变化率,即

$$\Delta U = \frac{E_0 - U_N}{U_N} \times 100\% \tag{5-8}$$

2. 调整特性

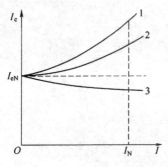

图 5-26　发电机的调整特性曲线图

当发电机的负载发生变化时,为保持端电压不变,必须同时调节发电机的励磁电流。保持发电机的转速为同步转速,当端电压和功率因数不变时,负载电流变化时励磁电流的调整曲线,称为发电机的调整特性,即 $n = n_N$,$U =$ 常值,$\cos \varphi$ 常值时,$I_e = f(I)$。

图 5-26 所示为不同性质负载时同步发电机的调整特性。在感性和纯阻性负载时,为了克服电枢反应的去磁作用和阻抗压降,随负载的增加,励磁电流必须相应地增大,如曲线 1、2 所示。而在容性负载时,为抵消容性的增磁电枢反应,随负载的增加,要相应地减小励磁电流,如曲线 3 所示。

其中 1 线为 $\cos \varphi = 0.8$(感性),2 线为 $\cos \varphi = 1$,3 线为 $\cos \varphi = 0.8$(容性)。

5.5　三相异步电动机的结构

三相异步电动机由两个基本部分构成:固定部分——定子,转动部分——转子(在定子与转子之间有一定的气隙)。还有防护用的端盖和轴承盖、防护罩壳、支撑转子的轴承及风扇等部件,其结构如图 5-27 所示。

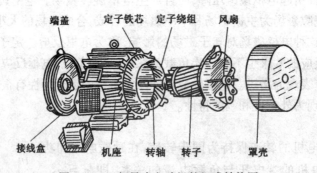

图 5-27　三相异步电动机的组成结构图

5.5.1　定　子

三相异步电动机的定子主要由机座、定子铁芯、定子三相绕组和端盖等部分组成。定子铁芯是电动机磁路的一部分,它是由互相绝缘的硅钢片叠成,定子铁芯的内圆周表面有均匀分布的槽,如图 5-28 所示。槽内嵌放定子三相绕组,对外每相绕组有两个端头,三相定子绕组的六个端头分别引接到接线盒中的六个端子上,以便将三相绕组连成星形或三角形。

机座一般由铸铁或铸钢制成,其作用是固定定子铁芯和定子绕组。封闭式电动机外表面

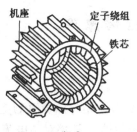
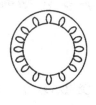
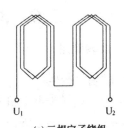

(a) 组成　　　　　　(b) 定子铁芯冲片　　　　　(c) 三相定子绕组

图 5-28　定子组成、定子铁芯冲片及绕组

还有散热筋,以增加散热面积。

机座两端的端盖,用来支承转子轴,并在两端设有轴承座。

5.5.2　转　　子

三相异步电动机的转子主要由转轴、转子铁芯和转子绕组等部分组成。转子铁芯固定在转轴上,铁芯由硅钢片叠成圆柱状,外表面上有槽,槽内放置转子绕组。

根据转子绕组结构的不同,三相异步电动机分为笼型和绕线型两种。笼型转子是在转子铁芯的槽内放置一根铜条,铜条的两端分别焊接在两个铜环(端环)上,使转子绕组构成闭合回路,其形状与笼子相似,如图 5-29 所示。笼型异步电动机由此而得名。

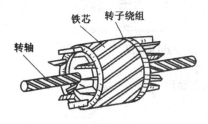

(a) 笼型转子　　　　　　(b) 转子铁芯冲片　　　　(c) 去掉铁芯后的转子导条

图 5-29　笼型转子

目前,中、小型笼型异步电动机大都采用铸铝转子,即用熔化的铝将转子铁芯槽内铝条、端环和冷却用的风叶浇铸为一体,简化了制造工艺,降低了成本。

绕线型转子绕组与定子绕组类似,用绝缘导线绕制而成,按一定规律嵌放在转子铁芯槽中,组成三相对称绕组,绕组一般连接成星形,三个首端分别接到装在转轴上的三个滑环上,通过一组电刷引出来与外部的三相变阻器连接起来,如图 5-30 所示。绕线型电动机的构造比笼型电动机复杂、成本也高,但它具有较好的起动和调速性能,一般用在特殊需要的场合。

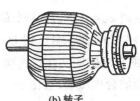
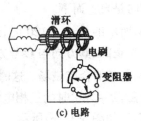

(a) 硅钢片　　　　　　(b) 转子　　　　　　(c) 电路

图 5-30　绕线型异步电动机转子

5.6 三相异步电动机的转动原理

5.6.1 旋转磁场

1. 旋转磁场的产生

图 5-31 为三相异步电动机的定子绕组示意图。铁芯中放有三相对称绕组 U_1U_2、V_1V_2 和 W_1W_2。设将三相绕组连接成星形,接在三相电源上,绕组中便通入三相对称电流,电流的波形如图 5-32 所示。

$$i_U = I_m\sin \omega t$$
$$i_V = I_m\sin(\omega t - 120°)$$
$$i_W = I_m\sin(\omega t + 120°)$$

$$(5-9)$$

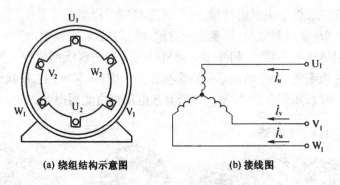

(a) 绕组结构示意图　　　　(b) 接线图

图 5-31　三相对称绕组

取绕组始端到末端的方向作为电流的参考方向。在电流的正半周时,其值为正,其实际方向与参考方向一致;在负半周时,其值为负,其实际方向与参考方向相反。

在 $\omega t = 0$ 的瞬时,定子绕组中的电流方向如图 5-33(a)所示。这时 $i_U = 0$;i_V 是负的,其方向与参考方向相反,即自 V_2 到 V_1;i_W 是正的,其方向与参考方向相同,即自 W_1 到 W_2。将每相电流所产生的磁场相加,便得出三相电流的合成磁场。图中,合成磁场轴线的方向是自上而下。

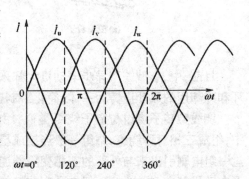

图 5-32　三相对称电流波形图

图 5-33(b)所示的是 $\omega t = 120°$ 时,这时 $i_V = 0$ 时;i_W 是负的,其方向与参考方向相反,即自 W_2 到 W_1;i_U 是正的,其方向与参考方向相同,即自 U_1 到 U_2。将每相电流所产生的磁场相加,便得出三相电流的合成磁场。这时的合成磁场已在空间顺时针转过了120°。

同理可得在 $\omega t = 240°$ 时的三相电流的合成磁场,它比 $\omega t = 120°$ 时的合成磁场在空间顺时针又转过了120°,如图 5-33(c)所示。

按照同样的方法,可以分析 $\omega t = 360°$ 时刻所形成的合成磁场,如图 5-33(d)所示。

由上可见,当定子绕组中通入三相对称电流后,它们共同产生的合成磁场随着电流的变化

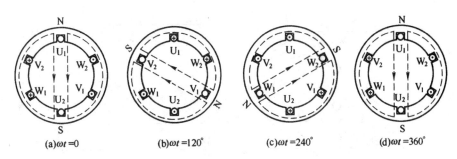

图 5-33 三相电流产生的旋转磁场($p=1$)

在空间不断旋转,这就是旋转磁场。

2. 旋转磁场的旋转方向

旋转磁场的旋转方向与定子绕组通入的三相电流的相序有关。从图 5-33 中可以看出,当空间相差 120°角的三相定子绕组按 U-V-W 的相序通入三相电流时,产生的是一对磁极的旋转磁场,旋转磁场也是沿着 U-V-W 的顺时针方向旋转的,因此磁场的旋转方向是与这个顺序一致的。如图 5-34 所示。

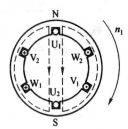

图 5-34 磁场顺时针旋转

如果改变流入三相绕组的电流相序,就能改变旋转磁场的旋转方向,三相异步电动机的旋转方向也就跟着改变。即磁场的转向与通入绕组的三相电流的相序有关。

若将定子绕组接到电源上的三根引出线的任意两根对调一下,例如对调了 V 与 W 两相,则电动机三相绕组的 V 相与 W 相对调(注意:电源三相端子的相序未变),旋转磁场变为逆时针方向,电动机旋转方向反向。如图 5-35 所示。

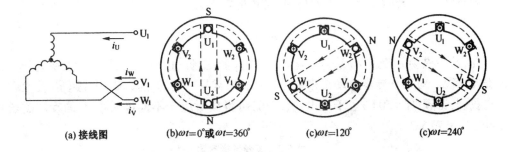

图 5-35 磁场逆时针旋转

3. 旋转磁场的极数

三相异步电动机的极数就是旋转磁场的极数。旋转磁场的极数和三相绕组的安排有关。在上述图 5-33 的情况下,每相绕组只有 1 个线圈,放在定子铁芯的 6 个槽内,绕组的始端之间相差 120°空间角,则产生的旋转磁场具有一对极,即 $p=1$(p 是磁极对数)。

如将定子绕组安排得如图 5-36 那样,即若定子每相绕组有 2 个线圈串联,分别放入 12 个槽内,绕组的始端之间相差 60°空间角,则将形成两对磁极(四极)的旋转磁场,$p=2$。

同理,如果要产生三对极,即 $p=3$ 的旋转磁场,则每相绕组必须有均匀安排在空间的串联的 3 个线圈,绕组的始端之间相差 40° ($=\dfrac{120°}{p}$)空间角。

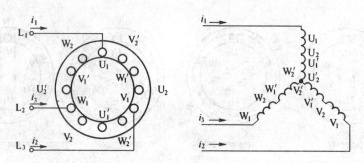

图 5-36　四极旋转磁场（$p=2$）

4. 旋转磁场的转速

至于三相异步电动机的转速，它与旋转磁场的转速有关。而旋转磁场的转速决定于磁场的极数。在一对极的情况下，由图 5-33 可见，当电流从 $\omega t=0°$ 到 $\omega t=120°$ 经历 120°时，磁场在空间也旋转了 120°。当电流交变了一次（一个周期）时，磁场恰好在空间旋转了一转。设电流的频率为 f_1，即电流每秒钟交变 f_1 次或每分钟交变 $60f_1$ 次，则旋转磁场的转速为 $n_1 = 60f_1$。转速的单位为转每分（r/min）。

在旋转磁场具有两对极的情况下，由图 5-36 可见，当电流也从 $\omega t=0$ 到 $\omega t=120°$ 经历了 120°时，而磁场在空间仅旋转了 60°。就是说，当电流交变了一次时，磁场仅旋转了半转，比 $p=1$ 情况下的转速慢了一半，即 $n_1 = \dfrac{60f_1}{2}$。

同理，在三对极的情况下，电流交变一次，磁场在空间仅旋转了 $\dfrac{1}{3}$ 转，只是 $p=1$ 情况下的转速的 1/3，即 $n_1 = \dfrac{60f_1}{3}$。

由此推知，当旋转磁场具有 p 对极时，磁场的转速为

$$n_1 = \frac{60f_1}{p} \tag{5-10}$$

因此，旋转磁场的转速 n_1 决定于电流频率 f_1 和磁场的极对数 p，而后者又决定于三相绕组的安排情况。对某一异步电动机来讲，f_1 和 p 通常是一定的，所以磁场转速 n_1 是个常数。

在我国，工频 $f_1 = 50\,\text{Hz}$。于是由式（5-10）可得出对应于不同极对数 p 的旋转磁场转速 $n_1(\text{r/min})$，见表 5-2。

表 5-2　旋转磁场转速

p	1	2	3	4	5	6
n_1(r/min)	3 000	1 500	1 000	750	600	500

5.6.2　三相异步电动机的转动原理

1. 转子转动原理

转子的转动是在定子旋转磁场的作用下产生的。现用图 5-37 所示的原理图来说明转子的转动原理。图中用 N、S 来表示定子旋转磁场，用两根导条（铜或铝）表示转子。当旋转磁场以 n_1 顺时针旋转时，转子导体则相对旋转磁场逆时针转动而切割磁力线，由电磁感应原理可知，在转子导条中就感应出电动势。由于转子导体是闭合的，则产生了感应电流，其方向可由右手定则确定。载流导体在磁场中将受到电磁力的作用，电磁力的方向可应用左手定则来确

定。它对转子转轴产生一个顺时针方向的电磁转矩,于是转子沿着顺时针方向(旋转磁场的相同方向)转动。由图 5-37 可见,旋转的磁场可以带动转子同方向旋转。当旋转磁场反转时,电动机也跟着反转。

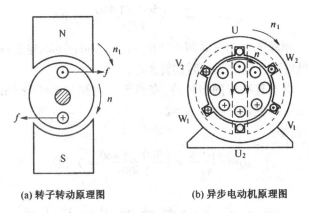

(a) 转子转动原理图　　　　　　(b) 异步电动机原理图

图 5-37　转子转动和异步电动机原理图

由此得出三相异步电动机的工作原理:电源输入电能给定子,建立旋转磁场,并以旋转磁场为媒介,通过电磁感应的形式把电能传递给转子;转子再把从旋转磁场取得的能量,通过电磁力的作用,把电能变换为机械能,通过电动机的转子带动负载而做功,输出机械能。

2. 转差率 s

转子的转速就是三相异步电动机的转速。转子总是跟随定子旋转磁场而转动,好像转子的转速 n 和旋转磁场的转速 n_1 是相等的,其实两者在数值上存在微小的差别,即 n 总是略小于 n_1。否则转子与旋转磁场之间就没有相对运动,磁力线就不切割转子导体,转子的电动势、转子电流以及电磁力等均不存在。因此转子的转向与旋转磁场的方向虽然相同,但是转子的转速 n 与旋转磁场的转速 n_1 之间必有差异,二者不能同步,而只能异步,这就是异步电动机名称的由来。通常把旋转磁场的转速 n_1 又叫做同步转速,把转子的转速 n 叫做异步转速。又因为转子导体的电流是由旋转磁场感应而来,所以又称为感应电动机。

我们用转差率 s 来表示转子转速 n 与磁场转速 n_1 相差的程度,即

$$s = \frac{n_1 - n}{n_1} \tag{5-11}$$

式中　n_1 ——旋转磁场的转速(同步转速);

　　　n ——转子转速。

转差率 s 是描绘异步电动机运行情况的一个重要物理量。电动机起动瞬间,$n=0$ 时,$s=1$,转差率最大;空载运行时,转子转速最高,转差率最小。即转子转速愈接近磁场转速,转差率 s 愈小。额定负载运行时,转子转速较空载要低,故转差率较空载时大。通常异步电动机在额定负载时的转差率约为 $1\% \sim 6\%$。

由上式可推导出异步电动机的转速公式为

$$n = (1-s)n_1 = (1-s)\frac{60f}{p} \tag{5-12}$$

转子的转速 n 比旋转磁场的转速 n_1 小。

【例 5-3】 一台三相异步电动机,已知 $p=2$,$n_N=1440$,试求额定转差率 s_N。

解:由已知条件 $p=2$,可得

$$n_1 = \frac{60f_1}{p} = \frac{60 \times 50}{2} = 1\,500 \quad (\text{r/min})$$

电动机的额定转差率 s_N 为

$$s_N = \frac{n_1 - n}{n_1} = \frac{1\,500 - 1\,440}{1\,500} = 0.04$$

【例 5-4】 一台三相异步电动机的额定转速 $n_N = 1\,460$ r/min，电源频率 $f = 50$ Hz，求该电动机的同步转速、磁极对数和额定运行时的转差率。

解：由于额定转速小于且接近同步转速，查表 5-1，可知与 1 460 r/min 最接近的同步转速为 $n_1 = 1\,500$ r/min，对应的磁极对数为 $p = 2$。

额定运行时的转差率：

$$s_N = \frac{n_1 - n}{n_1} = \frac{1\,500 - 1\,460}{1\,500} = 0.027$$

5.7 三相异步电动机的电磁转矩与机械特性

电动机作为动力机械，其转轴上只输出两个物理量：电磁转矩（简称转矩）T 和转速 n。电磁转矩是三相异步电动机的最重要的物理量之一，机械特性是它的主要特性（T 与 n 之间的关系曲线叫做电动机的机械特性）。对电动机进行分析往往离不开它们。

5.7.1 电磁转矩

电动机转子电路存在电阻，又存在电感，是电感性电路，其功率因数小于 1。当电动机转子转速 n 变化时，转差率 s 变化，转子上的各量（转子绕组感应电动势、转子绕组中电流 I_2、转子电路的功率因数、电动机的电磁转矩 T 等）都将随之变化。异步电动机转子中的感应电流 I_2 与旋转磁场的主磁通相互作用，产生了电磁力，所有导条上的电磁力的作用方向是一致的，因而对转子形成了电磁转矩。那么电磁转矩与转子电流 I'_2 和主磁通 Φ_m 有什么关系呢？现分析如下：

三相异步电动机电磁转矩的基本公式 $T = \dfrac{P_{em}}{\Omega_1}$ (5-13)

同步角速度 $\Omega_1 = \dfrac{2\pi n_1}{60} = \dfrac{2\pi f_1}{p}$ (5-14)

电磁功率 $P_{em} = m_1 E'_2 I'_2 \cos\varphi_2$ (5-15)

转子绕组感应电势 $E'_2 = 4.44 f_1 N_1 k_{w1} \Phi_0$ (5-16)

由以上四个式子可得异步电动机的电磁转矩为

$$T = \frac{P_{em}}{\Omega_1} = \frac{m_1 E'_2 I'_2 \cos\varphi_2}{\dfrac{2\pi f_1}{p}} = \frac{m_1 \times 4.44 f_1 N_1 k_{w1} \Phi_0 I'_2 \cos\varphi_2}{\dfrac{2\pi f_1}{p}}$$

$$= \frac{4.44 m_1 p N_1 k_{w1}}{2\pi} \Phi_0 I'_2 \cos\varphi_2$$

即 $T = C_T \Phi_0 I'_2 \cos\varphi_2$ (5-17)

式中 C_T——与电动机结构有关的转矩常数，显然 $C_T = \dfrac{4.44 m_1 p N_1 k_{w1}}{2\pi}$；

$\cos\varphi_2$——转子回路的功率因数；

式(5-17)揭示了电动机的电磁转矩是由转子电流和主磁通相互作用而产生的,它表明异步电动机的电磁转矩的大小与转子电流 I'_2 的有功分量、旋转磁场的强弱(Φ_0)成正比。它常用来定性分析三相异步电动机的运行问题。

转矩的另一个表示式为电磁转矩与电动机参数之间的关系:

$$T = C_T \frac{sR_2U_1^2}{R_1^2 + (sX_{20})^2} \tag{5-18}$$

式中　U_1——电动机电源电压,电源电压波动对电动机的转矩影响很大;

　　　C_T——电动机结构常数;

　　　R_2——电动机转子绕组电阻;

　　　X_{20}——电动机转子不转时转子绕组的漏抗;

　　　s ——电动机的转差率。

由上式可见,转矩 T 与每相电压 U_1 的平方成正比,所以当电源电压有所变动时,对转矩的影响很大。此外,转矩 T 还受转子电阻 R_2 的影响。例如当电压降低到额定电压的 70% 时,则转矩下降到原来的 49%。这是电动机的缺点之一。通常,当电源电压低于额定值的 85% 时,就不允许异步电动机投入运行。

5.7.2　机械特性

在一定的电源电压 U_1、频率 f 和转子电阻 R_2 的条件下,转矩 T 和转差率 s 间关系 $T = f(s)$ 称为三相异步电动机的转矩特性。由式(5-18)可画出 $T = f(s)$ 曲线,如图 5-38(a)所示。在电力拖动中,异步电动机的机械特性具有更为实际的意义。由式 $n = (1-s)n_1$ 可知,转差率 s 与转速 n 之间存在确定的关系,可把曲线 $T = f(s)$ 顺时针方向转过 90°,再将表示 T 横轴移下即变换成机械特性曲线 $n = f(T)$,如图 5-38(b)所示。

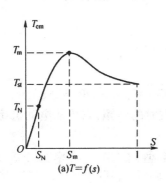
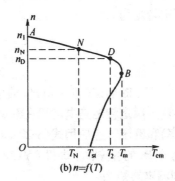

图 5-38　由曲线变换为曲线

研究机械特性的目的是为了分析电动机的运行性能。我们要掌握机械特性曲线上的两个区域(即稳定区和不稳定区)和三个重要转矩。

1. 稳定区和不稳定区

以最大转矩 T_m 为界划分。

(1)工作于稳定区

稳定运行区域:AB 段。稳定运行时,电动机轴上输出的转矩等于负载转矩 $T = T_2$。当负载转矩发生变化时,电动机能自动调节到新的稳定运行状态。

如:在 N 点稳定运行,$T_N = T_2$,当 $T_2\uparrow$,$n\downarrow$,$T\uparrow$,$T = T_2$ 时在 D 点稳定。

优点:负载变化时,转速变化不大,运行特性好。

(2)工作于不稳定区

不稳定区域:B 点向下一段

缺点:电动机工作于不稳定区,电磁转矩不能自动适应负载转矩变化,不能稳定运行。

2. 三个转矩

在机械特性曲线上,我们要讨论三个转矩,起动转矩 T_{st}、额定转矩 T_N、最大转矩 T_m。

(1)起动转矩 T_{st}

起动是指电动机刚与电源接通,转子还未转动时的状态。电动机刚起动($n=0$,$s=1$)时的转矩称为起动转矩。将 $s=1$ 代入式(5-8),即得出

$$T_{st} = C_T \frac{R_2 U_1^2}{R_1^2 + (X_{20})^2} \tag{5-19}$$

由上式可见,T_{st} 与 U_1^2 及 R_2 有关。当电源电压 U_1 降低时,起动转矩 T_{st} 会减小,因而有可能使带负载的电动机不能起动。当转子电阻适当增大时,起动转矩会增大。

$T_{st} < T_N$:电动机不能起动,与堵转情况相同,应立即切断电源。

$T_{st} > T_N$:电动机可带负载起动。T_{st} 起动转矩越大,起动就越迅速,电动机的工作点沿机械特性曲线从底部很快进入稳定区。

在产品目录中,通常给出起动转矩 T_{st} 与额定转矩 T_N 的比值 T_{st}/T_N 来衡量电动机的起动能力。一般三相异步电动机的起动转矩不大,Y 系列异步电动机 $T_{st}/T_N = 1.4 \sim 2.2$。

(2) 额定转矩 T_N

电动机轴上带动额定负载时的状态,称为额定工作状态,如图 5-38 的 N 点所示。此时 $n = n_N$,$T = T_N$,轴上输出额定功率 P_N。

在电动机的铭牌和产品目录中,通常给出电动机的额定输出功率 P_N 和额定转速 n_N,可得电动机的额定转矩为

$$T_N = \frac{P_N}{\dfrac{2\pi n_N}{60}} = 9\,500\,\frac{P_N}{n_N} \tag{5-20}$$

式(5-20)中,T_N 的单位是 N·m;P_N 的单位是 kW,n_N 的单位是 r/min。注意,使用该式时单位不需再换算。额定转矩是电动机在额定负载时的转矩,它可从电动机铭牌上的额定功率(输出机械功率)和额定转速应用式(5-20)求得。

如某普通车床的主轴电动机(Y132M-4 型)的额定功率为 7.5 kW,额定转速为 1 440 r/min,则额定转矩为

$$T_N = 9\,550\,\frac{P_N}{n_N} = 9\,550 \times \frac{7.5}{1\,440} = 49.7 \quad (\text{N·m})$$

三相异步电动机一般都工作在机械特性曲线的 AB 段,而且能自动适应负载的变动。如图 5-38 中,设电动机工作在稳定状态下的点 N,此时有 T_N。下面讨论两种情况:

①负载转矩增大(如车床切削时的吃刀量加大,起重机的起重量加大)时,负载转矩 T_N 增大,电动机的转矩小于负载转矩,于是电动机的转速 n 沿 AB 段曲线下降。由这段曲线可见,随着转速 n 的下降,电动机的转矩 T 却在增大,当增大到与负载转矩相等,电动机就在新的稳定状态点 D 下运行,此时的转速比点 A 时低。

②负载转矩减小时,负载转矩由 T_N 变小时,电动机的转矩大于负载转矩。于是电动机的

转速沿 AB 段曲线上升。随着转速 n 的上升,电动机的转矩 T 却在减小,当减小到与负载转矩相等,电动机又在新的稳定状态点(AB 段中)下运行,此时的转速比点 A 时高。

一般三相异步电动机的机械特性曲线上 AB 段的大部分均较平坦,虽然转矩 T 的范围很大,但转速的变化不大。这种特性叫做硬机械特性,简称硬特性,特别适用于一般金属切削机床等生产机械。

(3)最大转矩 T_m

从机械特性曲线上看,转矩有一个最大值,称为最大转矩或临界转矩。对应于最大转矩的转差率为 s_m,它由 $\dfrac{\mathrm{d}T}{\mathrm{d}s}$ 求得。

由 $s_m = \dfrac{R_2}{X_{20}}$ 得最大转矩

$$T_m = C_T \frac{U_1^2}{2X_{20}} \tag{5-21}$$

由式(5-21)可见,电动机的最大转矩 T_m 与电源电压 U_1 平方成正比,与转子电阻 R_2 无关。最大转矩 T_m 又称为临界转矩。因为在机械特性曲线上,点 B 是电动机稳定工作区 AB 和不稳定区的临界点。工作在 AB 段的电动机,当负载转矩超过电动机的最大转 T_m 矩时,将沿 AB 段曲线减速,以增大到达 B 点时,转矩达到 T_m,但仍小于负载转矩,便沿 B 下段曲线继续减速。在不稳定区,随着转速的下降,电动机的转矩也在减小,即当负载转矩超过最大转矩时,电动机就带不动负载了,结果导致电动机的转速急剧下降而停止转动,发生所谓的闷车现象。闷车后,电动机的电流马上上升,就相当于起动时的电流(额定电流的 6~8 倍),电动机绕组将因过热而烧毁。

另外一个方面,也说明电动机的最大过载可以接近最大转矩。如果过载时间较短,电动机不至于立即过热,是容许的。因此,最大转矩也表示电动机短时容许过载能力。电动机的额定转矩 T_N 比 T_{max} 要小,在产品目录中,过载能力是以最大转矩与额定转矩比值 T_m/T_N 的形式给出的,其比值叫做电动机的过载系数 λ。即

$$\lambda = \frac{T_m}{T_N} \tag{5-22}$$

一般三相异步电动机的过载系数为 1.8~2.2。使用三相异步电动机时,应使负载转矩小于最大转矩。在选用电动机时,必须考虑可能出现的最大负载转矩,而后根据所选电动机的过载系数算出电动机的最大转矩,它必须大于最大负载转矩。否则,就要重选电动机。

【例 5-5】 已知两台异步电动机的额定功率都是 5.5 kW,其中一台额定转速为 2 900 r/min,过载系数 2.2,另一台额定转速 960 r/min,过载系数 2.0,求它们的额定转矩和最大转矩。

解:第一台电动机额定转矩为

$$T_N = 9\,550\,\frac{P_N}{n_N} = 9\,550 \times \frac{5.5}{2\,900} = 18.1 \quad (\mathrm{N \cdot m})$$

最大转矩为 $\qquad T_{m1} = \lambda_1 T_{N1} = 2.2 \times 18.1 = 39.8 \quad (\mathrm{N \cdot m})$

第二台电动机额定转矩为

$$T_N = 9\,550\,\frac{P_N}{n_N} = 9\,550 \times \frac{5.5}{960} = 54.7 \quad (\mathrm{N \cdot m})$$

最大转矩为 $\qquad T_{m2} = \lambda_2 T_{N2} = 2.0 \times 54.7 = 109 \quad (\mathrm{N \cdot m})$

5.8 三相异步电动机的起动、调速与制动

5.8.1 三相异步电动机的起动

1. 起动性能

电动机从接通电源开始转动,转速逐渐上升直到稳定运转状态,这一过程为起动过程。起动过程所需时间很短,一般在几秒钟以内。电动机功率越大或带的负载越重,起动时间就越长。电动机能够起动的条件是起动转矩 T_{st} 必须大于负载转矩 T_N。

对三相异步电动机起动性能的要求主要有以下几点:

(1)起动电流要小;

(2)起动转矩要大,起动时间短;

(3)起动设备尽可能简单、经济,操作要方便。

下面从起动时的电流和转矩两个方面来分析三相异步电动机的起动性能。

(1) 起动电流

在起动开始瞬间,$n=0$,$s=1$,此时旋转磁场与静止的转子之间有着最大的相对转速,因而转子绕组感应出来的电动势和电流都很大。和变压器的道理一样,转子电流很大,定子电流也必然相应很大。这时定子绕组中的电流称为起动电流,其值约为额定电流的 $5\sim7$ 倍。

电动机若不是频繁起动时,起动电流对电动机本身影响不大。因为起动时间很短(小型电动机只有几秒),而且一经起动后转速很快升高上去,电流便很快减少了。若起动频繁,由于热量的积累对电动机就有影响。因此在实际操作中尽可能不让电动机频繁起动。如用离合器将主轴与电动机轴相脱离,而不将电动机停下来。但是起动电流对线路是有影响的。过大的起动电流将导致供电线路的电压在电动机起动瞬间突然降落,以至影响到同一线路的其他电气设备的正常工作,如灯光的明显闪烁;正常运转的电动机的转速下降,以致使电动机停下来;某些电磁控制元件产生误动作等等。

(2) 起动转矩

电动机在起动时,尽管起动电流较大,但由于转子的功率因数很低,因此电动机的起动转矩实际上是不大的。一般异步电动机的起动转矩是额定转矩的 $1.0\sim2.2$ 倍。如果起动转矩过小,就不能在满载下起动,应设法提高。但起动转矩如果过大,会使传动机构(譬如齿轮)受到冲击而损坏,所以又应设法减小。一般机床的主电动机都是空载起动(起动后再切削),对起动转矩没有什么要求。但对横梁以及起重用的电动机应采用起动转矩较大一点的。

由上述可知,异步电动机起动时的主要缺点是起动电流较大,起动转矩小。所以笼型异步电动机的起动性能较差。为了减小起动电流(有时也为了提高起动转矩),必须采用适当的起动方法。

2. 鼠笼型异步电动机的起动方法

鼠笼型异步电动机的起动方法有直接起动(全压起动)和降压起动两种。

(1) 直接起动(全压起动)

直接起动就是利用闸刀开关或接触器将电动机直接接到具有额定电压的电源上起动,如图 5-39 所示。此方法起动最简单,投资少,起动时间短,起动可靠,但起动电流大。因为起动电流大,引起的线路压降就大,可能影响到其他设备的正常工作。是否采用直接起动,取决于电源的容量及起动频繁的程度。

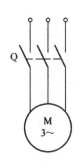

图 5-39　直接起动

直接起动一般只用于小容量电动机,如 7.5 kW 以下的电动机可采用全压起动。如果电源容量足够大,就可允许容量较大的电动机直接起动。可参考下列经验公式来确定电动机是否直接起动,即

$$\frac{3}{4}+\frac{电源总容量(kV \cdot A)}{4 \times 电动机容量(kW)} \geqslant \frac{I_{st}}{I_N}=K_1 \qquad (5\text{-}23)$$

此式的左边为电源允许的起动电流倍数,右边为电动机的起动电流倍数,所以只有电源允许的起动电流倍数大于电动机的起动电流倍数时才能直接起动,否则应采用降压起动?

【例 5-6】　一台 20 kW 的电动机,起动电流与额定电流之比为 6.5,其电源变压器容量为 560 kV·A,问能否全压起动。另一台 75 kW 电动机,起动电流与额定电流之比为 7,能否全压起动?

解:对于 20 kW 的电动机

根据经验公式　$\frac{3}{4}+\frac{电源总容量}{4 \times 电动机容量}=\frac{3}{4}+\frac{560 \times 10^3}{4 \times 20 \times 10^3}=7.75>6.5$

由于电源允许的起动电流倍数大于该机的全压起动电流倍数,所以允许全压起动。

对于 75 kW 的电动机

根据经验公式　$\frac{3}{4}+\frac{电源总容量}{4 \times 电动机容量}=\frac{3}{4}+\frac{560 \times 10^3}{4 \times 75 \times 10^3}=2.26<7$

由于电源允许的起动电流倍数小于该机的全压起动电流倍数,所以不允许全压起动。

经核算电源容量不允许全压起动的笼型异步电动机,应采用降压起动。

(2)降压起动

如果电动机直接起动时所引起的线路电压降较大,必须采用降压起动。降压起动是通过起动设备使加到电动机上的电压小于额定电压,待电动机转速上升到一定数值时,再使电动机承受额定电压,保证电动机在额定电压下稳定运行。降压起动的目的是在起动时降低加在电动机定子绕组上的电压,减小起动电流,但同时也减小了电动机起动转矩($T_{st} \propto U_1^2$)。所以这种起动方法是对电网有利的,对负载不利。这种起动方法适用于对起动转矩要求不高的设备。下面介绍几种常见的降压起动方法。

①星形/三角形(Y/△)降压起动

Y/△降压起动,只适用于正常运行时定子绕组为△联结的电动机,且每相绕组都有两个引出端子的三相笼型异步电动机。起动接线原理图如图 5-40 所示。

起动时先将开关 S_2 投向"起动"侧,定子绕组接成星形(Y 形),然后合电源开关 S_1 进行起动。此时,定子每相绕组电压为额定电压的 $1/\sqrt{3}$,从而实现了降压起动。待转速上升至一定数值时,将 S_2 投向"运行"侧,恢复定子绕组为三角形(△形)联结,使电动机在全压下运行。

电动机三角形△连接直接起动时,定子每相绕组所加相电压 $U_P=U_L$。

△起动电流(线电流)可表示为

$$I_{st\triangle}=\sqrt{3}\frac{U_L}{|Z|} \qquad (5\text{-}24)$$

星形 Y 连接起动时定子每相绕组所加的相电压 $U_P=\dfrac{U_L}{\sqrt{3}}$。

Y 起动电流可表示为

$$I_{stY} = \frac{U_P}{|Z|} = \frac{U_L}{\sqrt{3}|Z|} \qquad (5\text{-}25)$$

比较以上两式,可得到起动电流减小的倍数为

$$\frac{I_{stY}}{I_{st\triangle}} = \frac{1}{3}$$

根据 $T_{st} \propto U_1^2$,可得起动转矩减小的倍数为

$$\frac{T_{stY}}{T_{st\triangle}} = (\frac{U_N/\sqrt{3}}{U_N})^2 = \frac{1}{3}$$

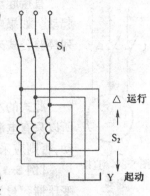

图 5-40 降压起动

即采用 Y/△降压起动时,起动电流降为直接起动时的 1/3。起动转矩也降为直接起动时的 1/3(起动转矩与每相绕组所加电压的平方成正比)。

Y/△降压起动操作方便,起动设备简单,应用较为广泛,但它仅适用于正常运行时定子绕组作三角形连接的电动机,因此一般用于小型异步电动机。当容量大于 4 kW 时,定子绕组都采用三角形连接。由于起动转矩为直接起动时的 1/3,这种起动方法多用于空载或轻载起动。

对容量较大或正常运行时接成 Y 连接而不能采用△起动的笼型电动机,常采用自耦补偿器起动。

②定子串电阻(或电抗)降压起动

定子串电阻或电抗降压起动,就是起动时在笼型异步电动机定子三相绕组中串接对称电阻(或电抗),以限制起动电流。待起动后再将它切除,使电动机在额定电压下正常运行,如图 5-41(a) 所示。

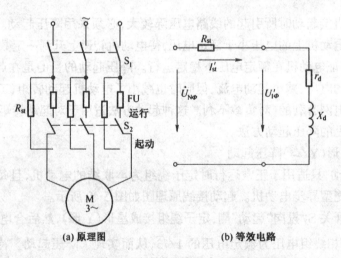

(a) 原理图   (b) 等效电路

图 5-41 笼型异步电动机定子串电阻减压起动

起动时,先将转换开关 S_2 投向"起动"位,然后合上主开关 S_1 进行起动。此时较大的起动电流在起动电阻(或电抗)上产生了较大的电压降,从而降低了加到定子绕组上的电压,起到了减小起动电流的作用。当转速升高到一定数值时,把 S_2 切换到"运行"位,切除起动电阻(或电抗),电动机在全压下进入稳定运行。

电阻降压起动时耗能较大,一般只在较小容量电动机上采用,容量较大的电动机多采用电抗降压起动。

显然,串入的电阻或电抗起分压作用,使加在电动机定子绕组上的相电压 U 低于电源相

电压 U_N（即全压起动时的定子端电压），使起动电流 I'_{st} 小于全压起动时的 I_{st}。可见，调节所串电阻或电抗的大小，可以得到电网所允许通过的起动电流。

这种起动方法的优点是起动较平稳，运行可靠，设备简单。缺点是起动转矩随电压的平方降低，只适合轻载起动，同时起动时电能损耗较大。

③采用自耦变压器降压起动

大容量 Y 连接的三相笼型异步电动机常采用自耦变压器用作降压起动，自耦变压器降压起动也称为补偿器起动，它的接线图如图 5-42 所示。

起动时，把开关 S_2 投向"起动"侧，并合上开关 S_1，这时自耦变压器的高压侧接至电源，低压侧（有抽头，按需要选择）接电动机定子绕组，电动机在低压下起动。待转速上升至一定数值时，再把 S_2 切换到"运行"侧，切除自耦变压器，电动机直接接至额定电压的电源运行。

用这种方法起动，电源供给的起动电流 I'_{st} 是直接起动时的 $\dfrac{1}{K^2}$（K 为自耦变压器的变比），起动转矩 T'_{st} 也为直接起动时的 $\dfrac{1}{K^2}$。

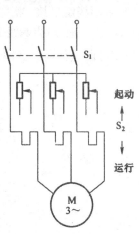

图 5-42　笼型异步电动机自耦变压器降压起动

自耦变压器设有三个抽头，QJ2 型三个抽头比（即 $1/K$）分别为 55%、64%、73%；QJ3 型为 40%、60%、80%，可得到三种不同的电压，以便根据起动转矩的要求而灵活选用。

采用自耦变压器降压起动时的线路较复杂，设备价格较高，不允许频繁起动。这种方法的优点是使用灵活，不受定子绕组接线方式的限制，缺点是设备笨重、投资大。减压起动的专用设备称为起动补偿器。

综上所述，各种降压起动方法虽然都降低了起动电流，同时也降低了起动转矩，因而降压起动适用于电动机轻载或空载起动的场合。

上述起动方法比较于表 5-3。

表 5-3　异步电动机起动方法比较

起动方法	U'_1/U_N	I'_{st}/I_{st}	T'_{st}/T_{st}	优缺点
直接起动	1	1	1	起动最简单，起动电流大，起动转矩不大，适用于小容量轻载起动
串 $R_{st}(X_{st})$ 起动	$\dfrac{1}{k}$	$\dfrac{1}{k}$	$\dfrac{1}{k^2}$	起动设备简单，起动转矩小，适用于轻载起动
Y/△起动	$\dfrac{1}{\sqrt{3}}$	$\dfrac{1}{3}$	$\dfrac{1}{3}$	起动设备简单，起动转矩小，适用于轻载起动，只适用于三角形联结的电动机
自耦变压器起动	$\dfrac{1}{k}$	$\dfrac{1}{k^2}$	$\dfrac{1}{k^2}$	起动转矩大，有三种抽头可选，起动设备复杂，可带较大负载起动

普通笼型异步电动机起动转矩较小，若满足不了要求，可选用具有较大起动转矩的双笼型或深槽型异步电动机。

5.8.2　三相异步电动机的调速

为了提高生产效率或满足生产工艺的要求，许多生产机械在工作过程中都需要调速。由异步电动机的转速公式(5-12)可知,三相异步电动机的调速方法有:变极(p)调速(笼型电动机)、变频(f)调速(笼型电动机)和变转差率(s)调速(绕线型电动机)。

1. 变极调速

由转速公式知,当电源频率 f 一定时,转速 n 近似与磁极对数成反比,磁极对数增加一倍,转速近似减小一半。可见改变磁极对数就可调节电动机转速。

由转速公式还可知,变极实质上是改变定子旋转磁场同步转速,同步转速是有级的,故变极调速也是有级的(即不能平滑调速)。

定子绕组的变极是通过改变定子绕组线圈端部的连接方式来实现的.它只适用于笼型异步电动机,因为笼型转子的极对数能自动地保持与定子极对数相等。

所谓改变定子绕组线圈端部的连接方式,实质就是把每相绕组中的半相绕组改变电流方向(半相绕组反接)来实现变极的,如图 5-43 所示。把 U 相绕组分成两半:线圈 U_{11}、U_{21} 和 U_{12}、U_{22},图(a)为两线圈正向串联,得 $p=2$;图(b)是两线圈反向并联,得 $p=1$。需注意的是在变极调速的同时必须改变电源的相序,否则电动机就反转。

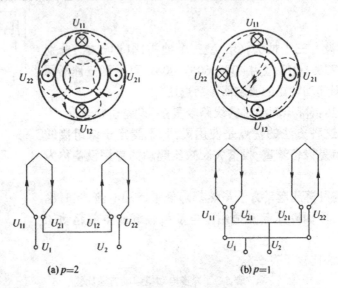

图 5-43 定子绕组的变极

2. 变频调速

如图 5-44 所示,由于电源频率 f 能连续调节,故可得较大范围的平滑调速,它属无级调速,其调速性能好,但它需有一套专用变频设备。随着晶闸管元件及变流技术的发展,交流变频变压调速已是 20 世纪 80 年代迅速发展起来的一种电力传动调速技术,是一种很有发展前途的三相异步电动机的调速装置。

3. 变转差率调速

如图 5-45 所示,在绕线型异步电动机转子回路里串可调电阻,在恒转矩负载下,转子回路电阻增大,其转速 n 下降。

这种调速方法有一定的调速范围,设备简单,但能耗较大,效率较低,广泛用于起重设备。

除此之外,利用电磁滑差离合器来实现无级调速的一种新型交流调速电动机——电磁调速三相异步电动机现已应用较多场合。

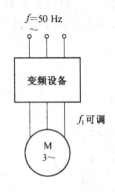

图 5-44 变频调速

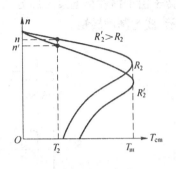

图 5-45 变转差率调速

5.8.3 三相异步电动机的制动

许多生产机械工作时,为提高生产力和安全起见,往往需要快速停转或由高速运行迅速转为低速运行,这就需要对电动机进行制动。所谓制动就是要使电动机产生一个与旋转方向相反的电磁转矩(即制动转矩),可见电动机制动状态的特点是电磁转矩方向与转动方向相反。三相异步电动机常用的制动方法有能耗制动、反接制动和回馈制动。

1. 能耗制动

异步电动机能耗制动接线如图 5-46 (a)所示。制动方法是在切断电源开关 S_1 的同时闭合开关 S_2,在定子两相绕组间通入直流电流。于是定子绕组中产生一个恒定磁场,转子因惯性而旋转切割该恒定磁场,在转子绕组中产生感应电动势和电流。由图 5-46 (b)可判得,转子的载流导体与恒定磁场相互作用产生电磁转矩,其方向与转子转向相反,起制动作用,因此转速迅速下降。当转速下降至零时,转子感应电动势和电流也降至为零,制动过程结束。制动期间,运转部分所储藏的动能转变为电能消耗在转子回路的电阻上,故称能耗制动。

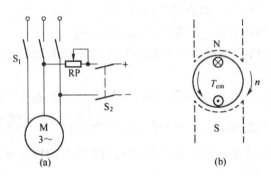

图 5-46 能耗制动

对于笼型异步电动机,可通过调节直流电流的大小来控制制动转矩的大小;对绕线型异步电动机,还可采用转子串电阻的方法来增大初始制动转矩。

能耗制动能量消耗小,制动平稳,广泛应用于要求平稳准确停车的场合,也可用于起重机一类的机械上,用来限制重物下降速度,使重物匀速下降。

2. 反接制动

异步电动机反接制动接线如图 5-47 (a)所示。制动时将电源开关 Q 由"运行"位置切换到

"制动"位置,把它的任意两相电源接线对调。由于电压相序反了,所以定子旋转磁场方向反了,而转子由于惯性仍继续按原方向旋转,这时转矩方向与电动机的旋转方向相反,如图5-47(b)所示,成为制动转矩。

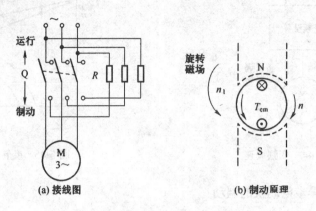

(a) 接线图 (b) 制动原理

图 5-47 反接制动

若制动的目的仅为停车,则在转速接近于零时,可利用某种控制电器将电源自动切除,否则电机将会反转。

反接制动时,由于转子的转速相对于反转旋转磁场的转速较大($n + n_1$),因此电流较大。为限制制动电流,较大容量电动机通常在定子电路(笼型)或转子电路(绕线型)串接限流电阻。这种方法制动比较简单,制动效果较好,在某些中型机床主轴的制动中常采用,但能耗较大。

3. 回馈制动

如图5-48所示,回馈制动发生在电动机转速 n 大于定子旋转磁场转速 n_1 的情况,如当起重机下放重物时,重物拖动转子,使转速 $n > n_1$。这时转子绕组切割定子旋转磁场方向与原电动机状态相反,则转子绕组感应电动势和电流方向也随之相反,电磁转矩方向也反了,即转向同时变为反向,成为制动转矩,使重物受到制动而匀速下降。实际上这台电动机已转入发电机运行状态,它将重物的势能转变为电能而回馈到电网,故称回馈制动。

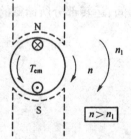

图 5-48 回馈制动

另外,将多速电动机从高速调到低速的过程中,也会发生这种制动。因为刚将极对数 p 加倍时,磁场转速立即减半(由 $n_1 = \dfrac{60f_1}{p}$ 可知),但由于惯性,转子的转速只能逐渐下降,因此就会出现的情况 $n > n_1$。

5.9 三相异步电动机的铭牌和技术数据

5.9.1 铭 牌

每台电动机出厂前,机座上都钉有一块铭牌,如图5-49所示,它就是一个最简单的说明书(主要包括型号、额定值、接法等)。要正确使用电动机,必须要看懂铭牌上的技术数据。现以Y160L-4型三相交流异步电动机为例(如图5-49所示),说明铭牌上各数据的含义。

三相交流异步电动机		
型号 Y 160L-4	功率 15 kW	频率 50 Hz
电压 380 V	电流 30.3 A	接法 △
转速 1 460 r/min	绝缘等级 B	工作方式 S1
温升 75℃	重量 150 kg	防护等级 IP44
2002 年 8 月	光明电机厂	

图 5-49　Y 系列三相异步电动机的铭牌

1. 型号

型号是电动机类型和规格的代号。国产三相交流异步电动机的型号由汉语拼音字母和阿拉伯数字等组成，如图 5-49 所示。

例如 Y 160L-4 型三相交流异步电动机，其中：

Y ——三相交流异步电动机的代号（异步）；

160 ——机座中心高度（160 mm）；

L ——机座长度代号（L 为长机座，M 为中机座，S 为短机座）；

4 ——磁极数（4 极）。

2. 额定功率

额定功率 15 kW，是指电动机在额定运行工作情况下，轴上输出的机械功率。

3. 额定电压

额定电压 380 V，是指电动机在额定运行工作情况下，定子绕组应加的线电压值。

4. 额定电流

额定电流 30.3 A，是指电动机在额定运行工作情况下，定子绕组的线电流值。

5. 额定转速

额定转速 1 460 r/min，是指电动机在额定运行工作情况下的转速。

6. 接法

接法（△），是指三相交流异步电动机定子绕组与交流电源的连接方式。国家标准规定 3 kW 以下的三相交流异步电动机均采用星形（Y）连接，4 kW 以上的三相交流异步电动机均采用三角形（△）连接。

7. 额定工作方式

额定工作方式 S，是指三相交流异步电动机按铭牌额定值工作时允许的工作方式。分为：

S1——连续工作方式，表示可长期连续运行，温升不会超过允许值，如水泵等。

S2——短时工作方式，表示按铭牌额定值工作时，只能在规定的时间内短时运行。时间为 10 s、30 s、60 s、90 s 四种，否则，将会引起电动机过热。

S3——断续工作方式，表示按铭牌额定值工作时，可长期运行于间歇方式，如吊车等。

8. 频率

频率 50 Hz，是指三相交流异步电动机使用的交流电源的频率，我国统一为 50 Hz。

9. 温升

温升 75℃，是指三相交流异步电动机在运行时允许温度的升高值。最高允许温度等于室温加上此温升。

10. 绝缘等级

绝缘等级 B，是指三相交流异步电动机所用的绝缘材料等级。三相交流异步电动机允许温升的高低，与所采用的绝缘材料的耐热性能有关。共分为七个等级，绝缘等级与三相交流异步电动机的允许温升关系如表 5-4 所示。

表 5-4　绝缘材料耐热性能等级

绝缘材料等级	Y	A	E	B	F	H	C
最高允许温度(℃)	90	105	120	130	155	180	180
电动机允许温升(℃)		60	75	80	120	125	大于 125

11．防护等级

防护等级 IP44，是指三相交流异步电动机外壳防护形式的分级。IP 表示防固体异物进入和防水综合防护等级，后两位数字分别表示防异物和防水的等级均为四级。

5.9.2　技术数据

除了铭牌数据外，还要掌握其他的一些主要数据，称为技术数据。它可以从产品目录或电工手册上查到。

1．功率因数和效率

因为电动机是感性负载，所以定子的相电流比相电压要滞后 φ。称 $\cos\varphi$ 为定子电路的功率因数，其中称 $\cos\varphi_N$ 为满载时额定功率因数。三相异步电动机的功率因数很低，额定负载时为 $0.7\sim0.9$，空载或轻载时只有 $0.2\sim0.3$。因此在使用时要正确选择电动机的容量，防止"大马拉小车"，并力求缩短空载的时间。

由于电动机本身存在铜损、铁损及机械损耗，所以输入功率不等于输出功率。电动机的效率 η_N 是电动机满载时输出功率与输入功率之比。电动机铭牌标的是额定输出机械功率 P_N，设输入功率为 P_1，则

$$\eta_N=\frac{P_N}{P_1} \tag{5-26}$$

$$P_1=\sqrt{3}\,U_{1N}I_{1N}\cos\varphi_N \tag{5-27}$$

2．堵转电流

三相异步电动机的定子电路与电源接通，旋转磁场形成，而转子卡住没有转动起来的状态叫做堵转，此时定子电路从电网取用的线电流称为堵转电流。由于堵转状态与电动机起动状态相同，所以堵转电流等于起动电流 I_{st}。技术数据中给出的是电动机在额定电压时，堵转电流与额定电流的比值 I_{st}/I_N。由此比值可算出电动机的堵转电流(即起动电流)。

3．堵转转矩与最大转矩

在堵转状态下电动机轴上的输出转矩称为堵转转矩，此时堵转转矩与起动转矩 T_{st} 相等。技术数据中给出的是电动机在额定电压时，堵转转矩和最大转矩分别对额定转矩的比值。由此可算出起动转矩和最大转矩。

【例 5-7】 Y180M-4 型电动机的技术数据为：额定功率 $P_N=18.5\,\text{kW}$，额定转速 $=1\,440$ r/min，额定电压 $U_N=380\,\text{V}$，△ 连接，额定电流 $I_N=35.9\,\text{A}$，额定功率因数 $\cos\varphi_N=0.86$，$I_{st}/I_N=7.0$，$T_{st}/T_N=1.5$，$T_m/T_N=2.2$，试求：(1)电动机的磁极对数；(2)额定转差率；(3)起动电流；(4)额定转矩；(5)起动转矩；(6)最大转矩 。

解：(1)磁极对数。由于 $n_N=1440$ r/min，所以 $n_1=1500$ r/min，可知电动机的磁极对数 $p=2$。实际上，由其型号最后的数字 4 也可知：它是两对磁极的电动机。

(2)额定转差率。由式得

$$s = \frac{n_1 - n}{n_1} = \frac{1\,550 - 1\,440}{1\,550} = 0.04$$

(3)起动电流。由已知 $I_{st}/I_N 7.0$ 得

$$I_{st} = 7.0 \times 35.9 = 251.3 \quad (A)$$

(4)额定转矩。由式得

$$T_N = 9\,500\,\frac{P_N}{n_N} = 9\,500\,\frac{18.5}{1\,400} = 122.7 \quad (N \cdot m)$$

(5)起动转矩。由已知 $T_{st}/T_N = 1.5$ 得

$$T_{st} = 1.5 T_N = 1.5 \times 122.7 = 184.05 \quad (N \cdot m)$$

(6)最大转矩。由已知 $T_m/T_N = 2.2$ 得

$$T_m = 2.2 T_N = 2.2 \times 122.7 = 269.94 \quad (N \cdot m)$$

5.10　三相异步电动机的选择

5.10.1　容量的选择

电动机的容量是根据它的发热情况来选择的。在允许温度以内,电动机绝缘材料的寿命约为 15~25 年。如果经常超过允许温度发热,绝缘老化会使电动机的使用年限缩短。一般来说,多超过 8℃,使用年限就要缩短一半。电动机的发热情况,又与生产机械的负载大小及运行时间长短有关。如果电动机的容量选择过小,则电动机会经常过载发热而缩短寿命。如果电动机的容量选择过大,又会经常工作在轻载状态,使效率和功率因数很低,不经济,所以应按不同的运行方式选择电动机容量。可参考表 5-5 所示。

表 5-5　电动机效率、功率因数随负载的变化

负载情况	空载	1/4 负载	1/2 负载	3/4 负载	满载
功率因数	0.2	0.5	0.77	0.84	0.88
效率	0	0.78	0.85	0.88	0.88

1. 长期运行的电动机

容量等于生产机械功率除以效率。

2. 短时运行的电动机

允许短时过载,过载时间越短,则过载可以越大。但过载量不能无限增大,必须小于电动机的最大转矩。电动机的额定功率应大于生产机械功率除以过载系数。

3. 重复断续运行的电动机

可选择重复短时运行的专用电动机。容量的选择,可采用等效负载等方法,所选容量应大于或等于等效负载。

5.10.2　结构外形的选择

为保证电动机在不同环境中安全可靠地运行,电动机结构外形的选择应参照以下原则:

1. 开启式　在结构上无特殊防护装置,通风散热好,价格便宜。适用于干燥无灰尘的场所。

2．防护式　可防雨、防铁屑等杂物掉入电机内部,但不能防尘、防潮。适用于灰尘不多且较干燥的场所。

3．封闭式　外壳严密封闭,能防止潮气和灰尘进入。适用于潮湿、多尘或含酸性气体的场所。

4．防爆式　整个电机全部密封。适用于有爆炸性气体的场所,如石油、化工和矿井中。

5.10.3　类型的选择

根据笼型和绕线转子三相异步电动机的不同特点,在不需要调速、起动和制动不频繁情况时,应首先考虑选用笼型。例如:水泵、风机、运输机、压缩机等。在需要调速和大起动转矩情况下(如起重机、卷扬机),应考虑选用绕线转子式。

5.10.4　电压和转速的选择

三相电动机都选用额定电压380 V,单相电动机选用220 V。所需功率大于100 kW时,可采用3 000 V和6 000 V的高压电动机。转速高的电动机体积小,价格低。但转速是由生产机械的生产工艺要求决定的,因此全面考虑各种因素,选择合适转速的电动机。通常采用1 500 r/min的异步电动机(四极)。

注意:电动机的额定电压一定要和所使用的电源线电压相等。

电动机的额定转速是根据生产机械的要求来选定的。为简化传动机构,应尽量选择接近所拖动的生产机械的转速。在可能的情况下,一般应选择高转速的电动机。因为在相同功率的情况下,转速越高,极对数越少,电动机的体积越小,价格也就越便宜。但高转速电动机转矩小,起动电流大。若用在频繁起动、制动的机械上,为缩短起动时间可考虑选择低速电动机。

5.11　单相异步电动机

单相异步电动机是由单相交流电源供电的。由于单相异步电动机具有电源方便、结构简单、运转可靠等优点,因此被广泛应用在家用电器(如:风扇、冰箱、洗衣机等)、医疗器械、自动控制系统、小型电气设备中。

与同容量的三相异步电动机相比,单相异步电动机的体积较大,运行性能较差,所以单相异步电动机只制成小容量的(几W到1 kW)。

5.11.1　单相异步电动机的工作原理

单相异步电动机的结构与三相笼型异步电动机结构相似,其转子也为笼型,不同的是单相异步电动机的定子绕组为一单相定子绕组(主组),定子绕组通入的是单相交流电,产生的是空间位置不变、大小和方向随时间做正弦变化的脉动磁场。由于脉动磁场不能旋转,电动机不能起动,必须采取措施:再产生一个与此脉动磁场频率相同、相位不同、在空间相差一个角度的另一个脉动磁场与其合成。因此为了起动的需要,定子上还设置起动绕组(辅助绕组),用来与主绕组共同作用,产生合成的旋转磁场,使电动机起动。

5.11.2　单相异步电动机的类型及起动方法

由于单相单绕组异步电动机无法自行起动,如果要使单相异步电动机象三相异步电动机一样能够自行起动,那么就要在电机起动时给予外界的支持,一般常用的方法是在起动时建立一个旋转磁场,通过旋转磁场的力的作用起到拖动电机的效果,如:单相分相式异步电动机中的电容起动和单相罩极式异步电动机。

1. 单相分相式异步电动机

单相分相式异步电动机是在电动机定子上安放两相绕组,如果主绕组和辅助绕组的参数相同,而且在空间相位上相差 90°角,则为两相对称绕组。如果两相对称绕组中通入大小相等,相位相差 90°角的两相对称电流,则可以证明两相合成磁场为圆形旋转磁场,其转速为 n_1 = $(60f)/p$,与三相对称交流电流通入三相对称绕组产生的旋转磁场性质相同;同样可以分析得出:当两相绕组不对称或两相电流不对称所引起两相的磁通势幅值不等或相位移不是 90°时,则气隙中将产生一个幅值变动的旋转磁通势,其合成磁通势矢量端点的轨迹为一个椭圆,即为椭圆形旋转磁场。一个椭圆形旋转磁场可以分解为两个大小不等的正向和反向圆形旋转磁场。正、反旋转磁场产生的电磁转矩分别对转子起拖动和制动作用。

单相分相式异步电动机的类型有:单相电阻起动电动机、单相电容起动电动机、单相电容运转电动机和单相双值电容电动机(单相电容起动及运转电动机)。其中单相电容起动是单相分相式异步电动机常用起动方法。

单相电容起动电动机的定子上嵌放两相绕组,一个为主绕组(或称工作绕组),另一个为辅助绕组(或称起动绕组)。两个绕组接在同一个单相电源上,为了增加起动转矩,辅助绕组串联一个离心开关 S 和一个电容器,如图 5-50(a)所示。如果电容器的电容选择适当,则可以在起动时使辅助绕组通过的电流在时间相位上超前主绕组通过的电流 i_1 接近 90°,如图 5-50(b)所示,这样在起动时就可以得到一个接近圆形的旋转磁场,从而产生较大的起动转矩。同样,当电动机转速达到 75%～80% 同步转速时,离心开关 S 将辅助绕组从电源上自动断开,靠主绕组单独进入稳定的运行状态。

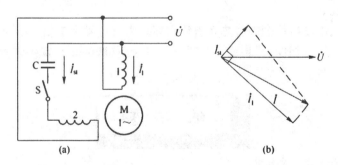

图 5-50　电容式单相异步电动机

电机运转方向:由起动绕组转向工作绕组。

如果改变电容 C 的串联位置(串在绕组 1),电机反转。洗衣机中的电动机即为此原理。

2. 单相罩极式异步电动机

单相罩极式异步电动机按照磁极形式的不同,分为凸极式和隐极式两种,其中凸极式结构最为常见。下面以凸极式为例介绍单相凸极式罩极异步电动机。如图 5-51 所示,这种电动机的定、转子铁芯用 0.5 mm 的硅钢片叠压而成,定子凸极铁芯上安装单相集中绕组,即主绕组。在每个磁极极靴的 1/3～1/4 处开有一个小槽,槽中嵌入短路铜环,将小部分极靴罩住。这个短路铜环相当于起动绕组。转子均采用笼型转子结构。

当罩极电动机的定子单相绕组中通以单相交流电流时,将产生一个脉振磁场,其磁通的

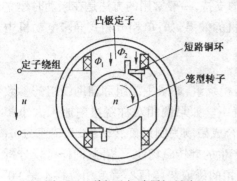

图 5-51　单相凸极式罩极异步
电动机的结构示意图

一部分 Φ_1 通过磁极的未罩部分,另一部分磁通 Φ_2 穿过短路环通过磁极罩住的部分。由于短路环的作用,当穿过短路环中的磁通 Φ_2 发生变化时,短路环中必然产生感应电动势和电流。根据楞次定律,该电流的作用总是阻碍磁通的变化,这就使穿过短路环部分的磁通 Φ_2 滞后于通过磁极未罩部分的磁通 Φ_1,造成磁场的中心线发生移动,于是在电动机内部就产生了一个移动的磁场(可将其看成是椭圆度很大的旋转磁场),电动机产生一定的起动转矩而旋转起来。

因为磁场的中心线总是从磁极的未罩部分转向磁极的被罩部分,所以罩极式电动机转子的转向总是从磁极的未罩部分转向磁极的被罩部分,即转向不能改变。

单相罩极式异步电动机的主要优点是结构简单、制造方便、成本低、维护方便等,但是起动性能和运行性能较差,一般起动转矩只有 $T_{st} = (0.3 \sim 0.4)T_N$,所以主要用于小功率电动机的空载起动场合,如台式电风扇、吹风机等电器中。

5.11.3　三相异步电动机的单相状态

三相异步电动机定子电路的三根电源线,如果断了一根线,相当于单相异步电动机运行。有两种情况:

1. 若在运行时缺相,则能够继续转动,如果仍带额定负载,电流会超过额定值,电动机易被烧坏。

2. 若在起动时缺相,转子不能转动,且转子电流和定子电流很大,应立刻切断电源,否则电动机很快被烧毁。

这两种情况下,电动机均会因过热而遭致损坏。为避免发生单相起动和单相运行,最好给三相异步电动机配备"缺相保护"装置。电源线一旦断路(即缺相),保护装置可以立即将电源切断,并发出缺相信号。

5-1　简述电动机的主要结构。

5-2　直流电动机的电枢铁芯为什么采用硅钢片叠成?为什么要在硅钢片间涂绝缘漆?

5-3　直流发电机怎样将机械能转换为电能?直流电动机怎样将电能转换为机械能?

5-4　用什么方法可改变直流发电机电枢电势的方向?用什么方法可改变直流电动机的转向?

5-5　直流电机中,电刷之间的电势与电枢绕组里某一根导体中的感应电势有何不同?

5-6　如果将电枢绕组装在定子上,磁极装在转子上,则换向器和电刷应怎样放置,才能作直流电机运行?

5-7　直流发电机和直流电动机中的电磁转矩 T 有何区别?它们是怎样产生的?而直流发电机和直流电动机中的电枢电势 E 又有何区别?它们又是怎样产生的?

5-8　直流电机有哪些主要部件?各起什么作用?一般用什么材料制成?

5-9　直流电机里的换向器在发电机和电动机中各起什么作用?

5-10　电刷在直流电机中起何作用? 应放置在什么位置? 如果安放的位置有偏差,对电枢电势会有什么影响?

5-11　直流电机的励磁方式有哪几种? 在各种不同励磁方式的电机中,电机输入(输出)电流 I 与电枢电流 I_a 及励磁电流 I_f 有什么关系?

5-12　一台 Z_2 型直流发电机,$P_N = 145\,kW$,$U_N = 230\,V$,$n_N = 1\,450\,r/min$,其额定电流是多少?

5-13　一台 Z_2 型直流电动机,$P_N = 160\,kW$,$U_N = 220\,V$,$\eta_N = 90\%$,$n_N = 1\,500\,r/min$,其额定电流是多少?

5-14　同步发电机具有哪些结构? 其各自起什么作用?

5-15　何谓同步发电机的电枢反应? 电枢反应的性质主要决定于什么?

5-16　交流电动机具有哪些结构? 其各自起什么作用?

5-17　什么是三相电源的相序? 就三相异步电动机本身而言,有无相序?

5-18　三相异步电动机的旋转磁场是怎样产生的? 旋转磁场的转速和转向由什么决定? 如何改变异步电动机的转向?

5-19　试述三相异步电动机的转动原理,并解释"异步"的意义。

5-20　若三相异步电动机的转子绕组开路,定子绕组接通三相电源后,能产生旋转磁场吗? 电动机会转动吗? 为什么?

5-21　何谓异步电动机的转差率? 异步电动机的额定转差率一般是多少? 起动瞬时的转差率是多少? 转差率等于 0 对应什么情况? 这在实际中存在吗?

5-22　一台三相异步电动机的 $f_N = 50\,Hz$,$n_N = 960\,r/min$,该电动机的极对数和额定转差率是多少?

5-23　某电动机型号为 Y160L-4,电源频率 $50\,Hz$,转差率 $s = 0.026$,求电动机转速。

5-24　试述当机械负载增加时,三相异步电动机的内部经过怎样的变化,最终使电动机在较以前低的转速下稳定运行。

5-25　三相异步电动机的最大转矩、临界转差率及起动转矩与电源电压、转子电阻及定转子有什么关系?

5-26　一台额定频率为 $60\,Hz$ 的三相异步电动机,用在频率为 $50\,Hz$ 的电源上(电压大小不变),问电动机的最大转矩和起动转矩有何变化。

5-27　电源电压太高或太低,都易使三相异步电动机的定子绕组过热而损坏,为什么?

5-28　何谓三相异步电动机的稳定运行区域和不稳定运行区域?

5-29　为什么在减压起动的各种方法中,自耦变压器减压起动性能相对最佳?

5-30　Y/△起动适宜于什么类型的三相异步电动机? 试述其工作原理。

5-31　三相异步电动机有哪几种制动运行状态? 各有何特点?

5-32　变极调速时,改变定子绕组的接线方式有何不同? 其共同点是什么?

5-33　选择三相异步电动机时应考虑哪些因素?

第二篇 电子技术部分

第6章

半导体元器件

引言:半导体元器件是现代电子技术的重要组成部分,由于它具有体积小、重量轻、使用寿命长、输入功率小和功率转换效率高等优点而得到广泛的应用。集成电路特别是大规模和超大规模集成电路不断更新换代,使电子设备在微型化、可靠性和电子系统设计灵活性等方面有了重大的进步,因而电子技术成为当代高新技术的龙头。

本章主要讲解半导体的知识,讨论半导体的性质以及由半导体材料构成的二极管、三极管、单结晶体管和晶闸管等。

6.1 半导体和PN结

6.1.1 半导体

1. 物质的分类

物质按照导电能力的强弱,可以分为三大类:

(1)导体 导电能力特别强的物质。例如,一般的金属、碳、电解液等。这些物质的自由电荷密度大。

(2)绝缘体 导电能力特别差,几乎不导电的物质。例如,胶木、橡胶、陶瓷等。这些物质的自由电荷几乎没有。

(3)半导体 导电能力介于导体和绝缘体之间的物质。常用的半导体材料有锗(Ge)、硅(Si)、砷化镓(GaAs)等,最常用的是锗和硅。这些物质的自由电荷少。

2. 半导体的特性

半导体应用广泛,是由于它具有一些独特的导电特性,这些特性主要表现在其导电能力对一些因素的影响很敏感。

(1)杂敏性 半导体对杂质很敏感。在半导体硅中掺入亿分之一的硼(B),电阻率会下降到原来的几万分之一。

人们利用掺杂的方法,人为地控制半导体的导电能力,制造出不同性能、不同用途的半导体器件。如普通半导体二极管、三极管、可控硅等。

(2)热敏性 半导体对温度很敏感。温度每升高 $10℃$,半导体的电阻率减小为原来的二分之一。利用这一特性可制成自动控制中的热敏电阻。

把热敏电阻装在机器的各个重要部位,就能集中控制和测量它们的温度。用热敏电阻制作的恒温调节器,可以把环境温度稳定在上下不超过 $0.5℃$ 的范围。

(3)光敏性　半导体对光照很敏感。半导体受光照射时,它的电阻率会显著减小。例如,硫化镉(CdS)的半导体材料,在一般灯光照射下,它的电阻率是移去灯光后的几十分之一或几百分之一。

自动控制中(如楼梯间的声光控制开关)用的光电二极管、光电三极管和光敏电阻等,就是利用这一特性制成的。

6.1.2　本征半导体

本征半导体是一种完全纯净的、结构完整的半导体晶体。本征半导体又称为纯净半导体。半导体和其他各种物质一样,是由原子组成的,但这些原子不是任意地堆在一起的,而是按照一定的规律、很整齐地排列着,是一种晶体结构,如图 6-1 所示,所以半导体管又称为晶体管。

在电子器件中,用得最多的材料是硅和锗,它们的简化原子模型如图 6-2 所示。

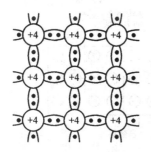

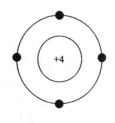

图 6-1　硅或锗晶体的共价键结构示意图　　　　图 6-2　硅和锗的原子结构简化模型

在室温下,价电子就会获得足够的能量而挣脱共价键的束缚,成为自由电子,这种现象称为本征激发。这时,共价键中就留下一个空位,这个空位称为空穴。空穴的出现是半导体区别于导体的一个重要特点。

在半导体中,有两种载流子,即空穴和自由电子。在本征半导体中,它们总是成对出现的。利用杂敏的特性,可以在本征半导体中掺入微量的杂质,使半导体的导电性能发生显著的改变。

6.1.3　杂质半导体

杂质半导体可分为 P 型半导体和 N 型半导体两大类。

1.P 型半导体

在硅(或锗)的晶体内掺入少量的三价元素杂质,如硼、铟等,因硼原子只有三个价电子,它与周围硅原子组成共价键时,缺少一个电子,在晶体中便多产生了一个空位。相邻共价键上的电子在受到热振动或其他激发条件下获得能量时,就会离开原来的位置填补这个空位,原来的地方就会因缺少一个电子而形成空穴。控制掺入杂质的多少,便可控制空穴数量。这样,空穴数就远大于自由电子数,在这种半导体中,以空穴导电为主,因而空穴为多数载流子,简称多子;自由电子为少数载流子,简称少子。

由于多子空穴带正电,因此就取英文单词"正"(Positive)的第一个字母"P",把掺入三价元素杂质的空穴型半导体,称为 P 型半导体。

2.N 型半导体

在硅(或锗)中掺入五价元素杂质,如磷、砷和锑等。由于掺入有五个价电子的杂质,所以多出了自由电子,自由电子就成为多数载流子,空穴为少数载流子。

由于多子自由电子带负电,因此就取英文单词"负"(Negative)的第一个字母"N",把掺入五价元素杂质的电子型半导体称为 N 型半导体。

6.1.4 PN 结及其特性

PN 结是半导体器件的核心。

在一块纯净半导体(如硅和锗等)中,通过特殊的工艺,在它的一边掺入微量的三价元素硼,形成 P 型半导体,在它的另一边掺入微量的五价元素磷,形成 N 型半导体。在 P 型半导体和 N 型半导体的交界面上,可自由移动的空穴和电子相互中和形成了一个具有特殊电性能的薄层,即空间电荷区,也称为耗尽层,即 PN 结,如图 6-3 所示。它本身就是一个电场,能阻碍空穴和自由电子的相互中和。

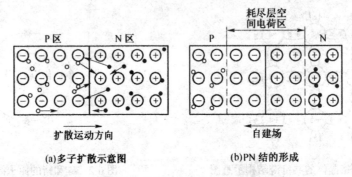

(a)多子扩散示意图　　　(b)PN 结的形成

图 6-3　半导体的 PN 结的形成

图 6-4(a)中,将 P 区接在电池的正极上,N 区通过小灯泡接在电池的负极上,小灯泡正常发光,这时的外加电压为正向电压或正向偏置电压,简称正向偏置;图 6-4(b)中,将电池的正、负极反接后,小灯泡不能发光,这时 PN 结处于反向偏置。

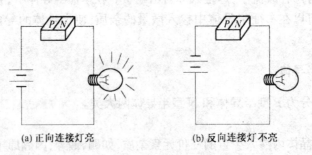

(a) 正向连接灯亮　　　(b) 反向连接灯不亮

图 6-4　PN 结的单向导电性

由此可见,PN 结具有单一方向导电的特性,即单向导电性。电流从 P 型半导体流向 N 型半导体。

6.2　半导体二极管

二极管是由一个 PN 结经过一定的封装加上引线构成的,所以二极管具有上述 PN 结的特性。

6.2.1　二极管的分类

半导体二极管又叫晶体二极管(以下简称二极管)。二极管的电路符号如图 6-5(d)所示,箭头一边是二极管的正极(阳极,用字母 a 表示),有短线的一边是它的负极(阴极,用字母 k 表示)。二极管的极性通常标示在它的封装上,有的二极管用黑色或白色色环表示它的负极端。正极与 PN 结的 P 区相连,负极与 N 区相连。根据 PN 结的单向导电性,电流只能从 P 区经 PN 结流向 N 区,反方向的电流则被 PN 结截断。

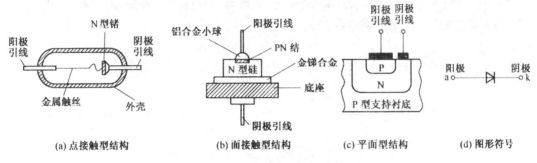

(a) 点接触型结构　　(b) 面接触型结构　　(c) 平面型结构　　(d) 图形符号

图 6-5　二极管的结构及电路符号

根据所用的半导体材料不同,可分为锗二极管和硅二极管。按照管芯结构不同,可分为:

1. 点接触型二极管

由于它的触丝与半导体接触面很小,只允许通过较小的电流(几十毫安以下),但在高频下工作性能很好,适用于收音机中对高频信号的检波和对微弱交流电的整流,如国产的锗二极管 2AP 系列、2AK 系列等。

2. 面接触型二极管

面接触型二极管 PN 结面积较大,并做成平面状,它可以通过较大电流,适用于对电网的交流电进行整流。如国产的 2CP 系列、2CZ 系列的二极管都是面接触型的。

3. 平面型二极管

它的特点是在 PN 结表面被覆一层二氧化硅薄膜,避免 PN 结表面被水分子、气体分子以及其他离子等沾污。这种二极管的特性比较稳定可靠,多用于开关、脉冲及超高频电路中。国产 2CK 系列二极管就属于这种类型。

根据管子用途不同,二极管又可分为整流二极管、稳压二极管、开关二极管、光电二极管及发光二极管等。

6.2.2　二极管的特性

1. 正向特性

图 6-6 是二极管正向连接时的电路。二极管的正极接在高电位端,负极接在低电位端,二极管就处于导通状态(灯泡亮),如同一只接通的开关,但实际上,二极管导通后其有一定的管压降(硅管 $0.6 \sim 0.7\,\mathrm{V}$,锗管 $0.2 \sim 0.3\,\mathrm{V}$),一般认为它是恒定的,且不随电流的变化而变化。

当加在二极管两端的正向电压很小的时候,正向电流微弱,二极管呈现很大的电阻,这个区域成为二极管正向特性的"死区",只有当正向电压达到一定数值(这个数值称为"门槛电压",锗二极管约为 $0.2\,\mathrm{V}$,硅二极管约为 $0.5\,\mathrm{V}$)以后,二极管才真正导通。此时,正向电流将随着正向电压的增加而急速增大,如不采取限流措施,过大的电流会使 PN 结发热,超过最高允许温度(锗管为 90~100℃,硅管为 125~200℃)时,二极管就会被烧坏。

2. 反向特性

图 6-7 是二极管反向连接时的电路。二极管的负极接在电路的高电位端,正极接在电路的低电位端,二极管就处于截止状态,如同一只断开的开关,电流被 PN 结所截断,灯泡不亮。

当二极管承受反向电压,处于截止状态时,仍然会有微弱的反向电流(通常称为反向漏电流)。反向电流虽然很小(锗二极管不超过几微安,硅二极管不超过几十纳安),却和温度有极为密切的关系,温度每升高 10℃,反向电流约增大一倍,称为加倍"规则"。反向电流是衡量二极管质量好坏的重要参数之一,反向电流太大,二极管的单向导电性能和温度稳定性就很差,选择和使用二极管时必须特别注意。

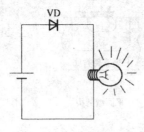
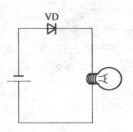

图 6-6　二极管的正向连接　　　　　　　图 6-7　二极管的反向连接

当加在二极管两端的反向电压增加到某一数值时,反向电流会急剧增大,这种状态称为二极管的击穿。对普通二极管来说,击穿就意味着二极管丧失了单向导电特性而损坏了。

定量的说明一个电子器件的特性,一般来说有三种方法:特性曲线图示法、解析式表示法以及参数表示法。这三种表示法各有优缺点,可互为补充。在这里,仅讨论特性曲线图示法和参数表示法。

6.2.3　二极管的特性曲线

图 6-8 给出了两种二极管的伏安特性曲线。

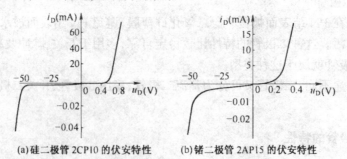

(a)硅二极管 2CP10 的伏安特性　　　(b)锗二极管 2AP15 的伏安特性

图 6-8　二极管的伏-安特性曲线

由图 6-8 可以看出,该曲线有下述特点:

(1)在正向电压作用下,当正向电压较小时,电流极小。当超过某一值时(锗管约为 0.2 V,硅管约为 0.5V),电流很快增大。人们习惯地将锗二极管正向电压小于 0.2,硅二极管正向电压小于 0.5 V 的区域称为死区。而将 0.2 V 称为锗二极管的死区电压(又称门坎电压),0.5 V 称为硅二极管的死区电压,通常用符号 U_{ON} 表示。

(2)在反向电压的作用下,当反向电压不大时,反向电流随反向电压的增大而稍有增大,但变化极微小。当反向电压超过某一值时,反向电流急剧增大。称此物理现象为雪崩击穿。出现击穿的外加电压值,称为击穿电压。

另一种击穿叫齐纳击穿,它的击穿电压不高,不致造成 PN 结内部过热以致烧毁,这种现象是可逆的,即当外加电压撤除后,器件的特性可以恢复。齐纳击穿大多数出现在特殊二极管中,如稳压二极管。

6.2.4 二极管的参数

器件的参数是用以说明器件特性的数据,它是根据使用要求提出的。二极管低频运用时的主要参数及其意义如下:

(1)最大整流电流 I_{FM}

指长期运行时,晶体二极管允许通过的最大正向平均电流。

(2)最大反向工作电压 U_{RM}

指正常工作时,二极管所能承受的反向电压的最大值。

(3)反向击穿电压 U_{BR}

指反向电流明显增大,超过某规定值时的反向电压。在器件手册中,给出反向击穿电压 U_{BR} 值的同时,还给出规定的反向电流门限值。

(4)最高工作频率 f_M

是由 PN 结的结电容大小决定的参数。当工作频率 f 超过 f_M 时,结电容的容抗减小到可以和反向交流电阻相比拟时,二极管将逐渐失去它的单向导电性。

6.2.5 二极管的应用电路

1. 开关电路

普通二极管可以作为电子开关,如图 6-9 所示。图中 u_i 为交流信号(有用信息),是**受控**对象,其电压幅度一般很小,约几毫伏以下;E 为控制二极管 VD 通断的直流电压,其值最大可达几伏以上。显然,当 $E=0$ 时,由于二极管的开启电压约为 0.5 V 左右,几毫伏的交流电压 u_i 不足使其导通,因此二极管 VD 截止,近似为断路,输出电压 $u_o=0$;当 E 为几伏以上时,二极管导通,近似短路,输出交流电压 $u_o=u_i$。由此可见,只要简单改变直流电压 E 的大小,**就可以很方便地实现对交流信号的开关控制**。

2. 整流电路

普通二极管可以用于整流电路,若电流较大,一般用大电流整流管。如图 6-10 所示为简单整流电路。图中 u_i 为交流电压,其幅度一般较大,为几伏以上。其输入输出波形分别如图 6-11 所示。

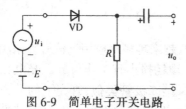

图 6-9 简单电子开关电路

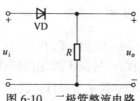

图 6-10 二极管整流电路

由低频信号发生器输出的交流信号,经二极管整流后,只有一半通过,这种整流称为**半波整流**。

整流的过程可以把双向交流电变为单向脉动交流电。脉动交流电中虽然含有较大的直流成分,但由于脉动成分仍较大,所以还不能直接用作直流电。通常在输出端并接电容或串联电感滤除交流分量,从而使输出电压中的脉动成分大大减小,比较接近于直流电。

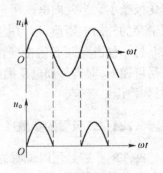

图 6-11　简单整流电路的波形图

6.3　几种常见的特殊二极管

6.3.1　稳压二极管

稳压管(也称为齐纳二极管)是一种用特殊工艺制造的面结型硅半导体二极管,其代表符号如图 6-12(a)所示。这种管子的杂质浓度比较大,空间电荷区内的电荷密度高,且很窄,容易形成强电场。当反向电压加到某一定值时,反向电流急剧增加,产生反向击穿,其特性如图 6-12(b)所示。图中的 U_Z 表示反向击穿电压,即稳压管的稳定电压。稳压管的稳压原理在于,对于反向击穿区域,电流有很大变化时,只引起很小的电压变化,即电压基本不变。反向击穿曲线愈陡,动态电阻愈小,稳压管的稳压性能愈好。

在稳压管稳压电路中,一般都加限流电阻 R,使稳压管电流工作在 I_{Zmax} 和 I_{Zmin} 的稳压范围内。稳压电路如图 6-13 所示。该电路能够稳定输出电压。当 u_i 或 R_L 变化时,电路能自动调整 I_Z 的大小,使 R 上的压降 RI_R 改变,达到使输出电压 $u_o(u_Z)$ 基本恒定的目的。例如,当 u_i 恒定而 R_L 减小时,将产生如下的自动调节过程:

$$R_L \downarrow \to I_o \uparrow \to I_R \uparrow \to u_o \downarrow \to I_Z \downarrow \to I_R \downarrow \to u_o \uparrow$$

这样 u_o 基本维持恒定。

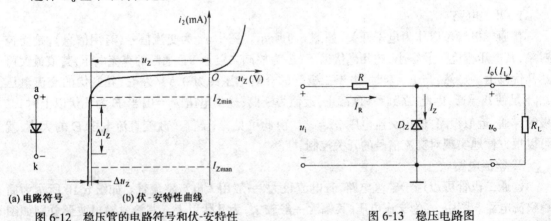

图 6-12　稳压管的电路符号和伏-安特性　　　　图 6-13　稳压电路图

6.3.2　光电二极管

随着科学技术的发展,在信号传输和存储等环节中,越来越多地应用光信号。采用光电子系统的突出优点是,抗干扰能力较强、传送信息量大、传输耗损小且工作可靠。光电二极管是光电子系统的重要电子器件。光电二极管的结构与 PN 结二极管类似,管壳上的一个玻璃窗口能接收外部的光照。这种器件的 PN 结在反向偏置状态下运行,它的反向电流随光照强度的增加而上升。图 6-14(a)是光电二极管的代表符号,图 6-14(b)是它的等效电路,而图 6-14(c)则是它的特性曲线。光电二极管的主要特点是:它的反向电流与光照度成正比,其灵敏度

的典型值为 $0.1\,\mu A/lx$ 数量级。

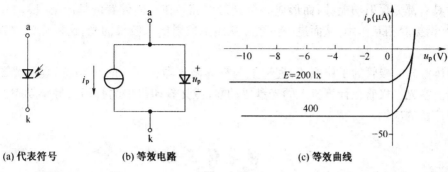

(a) 代表符号　　(b) 等效电路　　　(c) 等效曲线

图　6-14

6.3.3　发光二极管

图 6-15　发光二极管符号

　　发光二极管(LED)通常用元素周期表中Ⅲ、Ⅴ族元素的化合物,如砷化镓、磷化镓等所制成的。当这种管子通以电流时将发光,这是由于电子与空穴直接复合而放出能量的结果。它的光谱范围比较窄,其波长由所使用的基本材料而定。图 6-15 表示发光二极管的代表符号。几种常见发光材料的主要参数见表 6-1。发光二极管常用来作为显示器件,除单个使用外,也常作为七段式或矩阵式器件,工作电流一般为几毫安至十几毫安之间。

表 6-1　几种发光二极管的常用参数

颜色	波长 (nm)	基本材料	正向电压 (10 mA 时)(V)	光强 (10 mA 时,张角 ±45°)	光功率 (μW)
红外	900	砷化镓	1.3~1.5		100~500
红	655	磷砷化镓	1.6~1.8	0.4~1	1~2
鲜红	635	磷砷化镓	2.0~2.2	2~4	5~10
黄	583	磷砷化镓	2.0~2.2	1~3	3~8
绿	565	磷化镓	2.2~2.4	0.5~3	1.5~8

6.3.4　激光二极管

激光二极管的结构如图 6-16(a)所示。

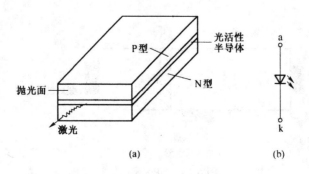

(a)　　　　　　(b)

图 6-16　激光二极管结构图

激光二极管的物理结构是在发光二极管的结间安置一层具有光活性的半导体,其端面经过抛光后具有部分反射功能,因而形成一个光谐振腔。在正向偏置的情况下,LED结发射出光,并与光谐振腔相互作用,从而进一步激励从结上发射出单波长的光,这种光的物理性质与材料有关。

半导体激光二极管的工作原理,理论上与气体激光器相同。图6-16(b)是激光二极管的代表符号。激光二极管在计算机上的光盘驱动器、激光打印机中的打印头等小功率光电设备中得到了广泛的应用。

6.4 半导体三极管

半导体三极管通常用BJT(Bipolar Junction Transistor)表示,它是通过一定的工艺,将两个PN结结合在一起的器件,称双极型晶体管,简称三极管。由于PN结之间相互影响,使BJT表现出不同于单个PN结的特性,而具有电流放大的特性,从而使PN结的应用发生了质的飞跃。

6.4.1 三极管的结构与符号

如图6-17所示,为常见几种三极管的外形。

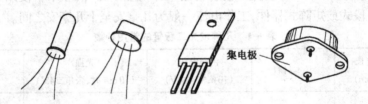

图6-17 几种三极管的外形

一个PN结组成一个二极管,两个PN结按一定方法组合到一起,就组成了三极管。根据结构的不同可分为NPN和PNP两种类型。

NPN型三极管的结构示意图如图6-18(a)所示,它是由两层N型半导体中间夹着一层P型半导体构成,P型半导体与其两侧的N型半导体分别形成PN结,整个三极管由两个背靠背PN结组成。中间的一层称为基区,两边分别称为发射区和集电区,从这三个区引出的电极分别称为基极b、发射极e和集电极c,三个极也可以用相应的英文大写字母B、E、C表示。发射区和基区之间的PN结称为发射结(或称为E结)J_e,基区和集电区之间的PN结称为集电结(或称为C结)J_c。

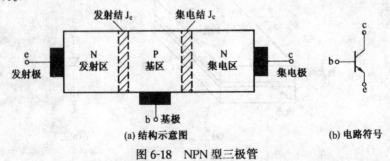

(a) 结构示意图　　(b) 电路符号

图6-18 NPN型三极管

图6-18(b)为NPN型三极管的电路符号,其中箭头方向表示发射结正偏时发射极电流的

实际方向。

PNP 型三极管的结构与 NPN 型相似,不同的是 PNP 型三极管是两层 P 型半导体中间夹着一层 N 型半导体,PNP 型三极管的结构示意图如图 6-19(a)所示。图 6-19(b)为 PNP 型三极管的电路符号,其箭头与 NPN 型三极管相反,但意义相同。

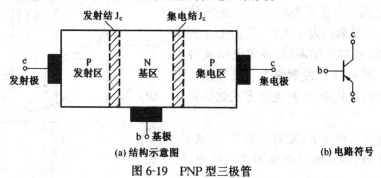

(a) 结构示意图　　　　　　　　　　　　　　　(b) 电路符号

图 6-19　PNP 型三极管

6.4.2　三极管的电流分配

1. 三极管的工作状态

三极管在电路中工作时,它的两个 PN 结上的电压,可能是正向电压,也可能是反向电压。根据两个结上电压正反的不同,管内电流的流动与分配便有很大的不同,由此导致其性能上有显著的不同。为了分析研究的方便,根据电压的不同(正向或反向),将三极管的工作状态分为四类,如表 6-2 所示。

表 6-2　三极管的工作状态

序　号	工作状态	发射结(电压)	集电结(电压)
1	放大	正偏(正向)	反偏(反向)
2	截止	反偏(反向)	反偏(反向)
3	饱和	正偏(正向)	正偏(正向)
4	倒置	反偏(反向)	正偏(正向)

放大电路中三极管的偏置应为发射极正偏,集电极反偏。具体地说,对于 NPN 型三极管,必须集电极电压高于基极电压,基极电压又高于发射极电压,即 $U_C > U_B > U_E$;而对于 PNP 型三极管,情况则于上述相反,即 $U_C < U_B < U_E$。

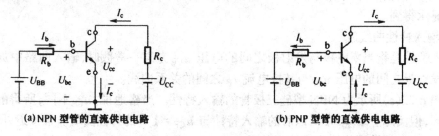

(a) NPN 型管的直流供电电路　　　　　　　　　(b) PNP 型管的直流供电电路

图 6-20　三极管的直流供电电路

两种类型三极管的直流供电电路如图 6-20 所示,外加直流电源 U_{BB} 通过 R_b 给发射结加上正向电压,外加直流电源 U_{CC} 通过 R_c 给集电结加反向电压。一般情况下,发射结的正向电压小于 1 V,而集电结的反向电压较高,一般在几伏到几十伏之间。

2. 电流放大原理

在图 6-21 中，U_{BB} 为基极电源电压，用于向发射结提供正向电压；R_b 为限流电阻；U_{CC} 为集电极电源，要求 $U_{CC} > U_{BB}$，它通过 R_c、集电结、发射结形成电路。由于发射结获得了正向偏置电压，其值很小（硅管约为 0.7 V），因而 U_{CC} 主要降落在电阻 R_c 和集电结两端，使集电结获得反向偏置电压。图 6-21 中发射极为三极管输入回路和输出回路的公共端，这种连接方式就是共发射极电路。

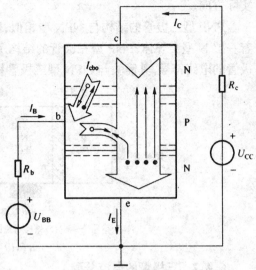

图 6-21 NPN 型三极管中载流子的运动

在正向电压的作用下，发射区的多子（电子）不断向基区扩散，并不断地由电源得到补充，形成发射极电流 I_E。基区多子（空穴）也要向发射区扩散，由于其数量很小，可忽略。到达基区的电子继续向集电结方向扩散，在扩散过程中，少部分电子与基区的空穴复合，形成基极电流 I_B。由于基区很薄且掺杂浓度低，因而绝大多数电子都能扩散到集电结边缘。由于集电结反偏，这些电子全部漂移过集电结，形成集电极电流 I_C。

由三极管内部的载流子运动规律可知，集电极电流 I_C 主要来源于发射极电流 I_E，而与集电极外电路几乎无关，只要加到集电结上的反向电压能够把从基区扩散到集电结附近的电子吸引到集电区即可。这就是三极管的电流控制作用。因此把双极型三极管称为"电流控制器件"。三极管能实现放大作用也是以此为基础的，这也是三极管同二极管的本质的区别。

6.4.3 三极管的伏安特性曲线

三极管的伏安特性曲线是指三极管各电极电压与电流之间的关系曲线。

半导体器件手册中，常画出某些三极管的典型特性曲线，但由于三极管制造工艺上的离散性以及其他的寄生影响，实际的伏安特性曲线将偏离理论曲线，即使是同型号的器件，它们的特性也不完全一样。所以手册中给出的这些特性曲线只能作为使用时的参考。在实际应用中，一般采用实验的方法逐点描绘出来或用专用的晶体三极管伏安特性曲线图示仪直接在荧光屏上显示得到。

1. 输入特性曲线族

输入特性是指当集电极与发射极之间的电压 u_{CE} 为某一常数时，输入回路中加在三极管基极与发射极之间的电压 u_{BE} 与基极电流 i_B 之间的关系曲线。

如图 6-22(a)所示为 NPN 型硅三极管的输入特性。严格地说，u_{CE} 不同，所得的输入特性有所不同，但实际上 $u_{CE} > 1\text{V}$ 以后的输入特性与 $u_{CE} = 1\text{V}$ 的特性曲线非常接近，所以通常只画出 $u_{CE} = 1\text{V}$ 的输入特性曲线就可以了。

2. 输出特性曲线族

输出特性是在基极电流 i_B 一定的情况下，三极管的输出回路中（此处指集电极回路），集电极与发射极之间的电压 u_{CE} 与集电极电流 i_C 之间的关系曲线。

如图 6-22(b)是 NPN 型硅管的输出特性曲线。由图可见，各条特性曲线的形状基本相

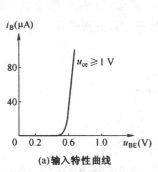

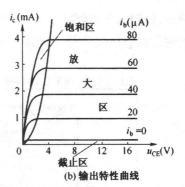

图6-22 NPN型硅管的共发射极接法特性曲线

同,现取一条(例如 $I_b = 40\,\mu A$)加以说明。

输出特性的起始部分很陡,u_{CE}略有增加时,i_C增加很快,当u_{CE}超过某一数值(约1 V)后,特性曲线就会变得比较平坦。改变i_B的值,即可得到一组输出特性曲线。由于$i_C = \beta i_B$,在$u_{CE} > 0$大于零点几伏以后,输出特性是一组间隔基本均匀,比较平坦的平行直线(实际上略向上倾斜)。

6.4.4 三极管的主要参数

1.电流放大系数 β(或 h_{fe})值

电流放大系数可分为直流电流放大系数$\overline{\beta}$和交流电流放大系数β。由于两者十分接近,在实际工作中往往不作区分,手册中也只给出直流电流放大系数值。它们的定义是:

$$\overline{\beta} = I_C / I_B \qquad \beta = \Delta I_C / \Delta I_B$$

对于小功率三极管,β值一般在 20～200 之间。严格地说,β值并不是一个不变的常数,测试时所取的工作电流I_C不同,测出的β值也会略有差异。β值还与工作温度有密切关系,温度每升高1℃,β值约增加 0.5%～1%。

2.穿透电流 I_{ceo}

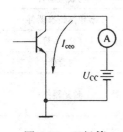

图6-23 三极管的穿透电流

当三极管接成如图6-23所示电路时,如果断开基极电路,即$I_b = 0$,但I_c往往不等于零,用电流表可以测出有很小的电流从三极管集电极穿透到发射极,这种不受基极电流控制的寄生电流称为穿透电流I_{ceo}(即集电极—发射极反向饱和电流)。

I_{ceo}虽然不算很大,但它与温度却有密切的关系,大约温度每升高10℃,I_{ceo}会增大一倍。I_{ceo}还与β值有关,β值越大的三极管,穿透电流也越大。为此,选用高β值的三极管,温度稳定性将会很差。所以在选择三极管时,I_{ceo}越小越好。

3.集电极最大允许电流 I_{CM}

I_{CM}是指三极管的参数变化不超过允许值时集电极允许的最大电流。当电流超过I_{CM}时,管子性能将显著下降,甚至有烧坏管子的可能。

6.4.5 半导体器件型号命名方法

半导体器件的型号由五部分组成,如图6-24所示。第一部分用数字表示半导体管的电极数目,第二部分用字母表示半导体器件的材料和极性,第三部分用字母表示半导体管的类型,如表 6-3 所示,第四部分用数字表示半导体器件的序号,第五部分用字母表示区别代号。场效应管、半导体特殊器件,复合管、激光器件的型号只有第三、四、五部分而没有第一、二部分。

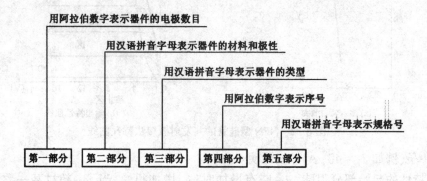

图 6-24　半导体器件的命名方法

表 6-3　半导体器件型号命名方法

第二部分		第三部分			
字母	意　义	字母	意　义	字母	意　义
A	N 型　锗材料	P	普通管	D	低频大功率管 ($f<3\,\mathrm{MHz},P_\mathrm{c}\geqslant 1\,\mathrm{W}$)
B	P 型　锗材料	V	微波管	D	
C	N 型　硅材料	W	稳压管	A	高频大功率管 ($f\geqslant 3\,\mathrm{MHz},P_\mathrm{c}\geqslant 1\,\mathrm{W}$)
D	P 型　硅材料	C	参量管	A	
A	PNP 型　锗材料	Z	整流器	T	半导体闸流管(可控整流器)
B	NPN 型　锗材料	L	整流堆	Y	体效应器件
C	PNP 型　硅材料	S	隧道管	B	雪崩管
D	NPN 型　硅材料	N	阻尼管	J	阶跃恢复管
E	化合物材料	U	光电器件	CS	场效应器件
		K	开关管	BT	半导体特殊器件
		X	低频小功率管 ($f<3\,\mathrm{MHz},P_\mathrm{c}<1\,\mathrm{W}$)	PIN	PIN 型管
				FH	复合管
		G	高频小功率管 ($f\geqslant 3\,\mathrm{MHz},P_\mathrm{c}<1\,\mathrm{W}$)	JG	激光器件

示例:2AP9　N 型锗材料普通二极管

2CK84　N 型硅材料开关二极管

3AX81　PNP 型锗材料低频小功率三极管

3DD303C　NPN 型硅材料低频大功率三极管(C 为区别代号)

6.4.6　三极管的选择

在设计电路和修理电子设备,也存在如何选购三极管的问题,其要点如下:

①根据电路对三极管的要求查阅手册,从而确定选用的三极管型号,其极限参数 I_CM、$U_\mathrm{(BR)CEO}$ 和 P_CM 应分别大于电路对三极管的集电极最大电流、集—射极间击穿电压和集电极

最大功耗的要求,使管子工作在安全工作区。此外,如果工作频率高,应选高频管;而在开关电路中则选开关管;如果要求稳定性好则选硅管;而当要求导通电压低则选锗管;当直流电源的电压对地为正值时,多选用NPN管组成电路,负值时多选用PNP管组成电路。

②当三极管型号确定后,应选反向电流小的管子,因为同型号管子的反向电流越小,它的性能越好;而β值一般选几十至一百左右,β太大管子性能不稳定。

③在修理电子设备时如发现三极管损坏,则用同型号管子来替代。如果找不到同型号的管子而用其他型号的管子来替代,但要注意:PNP管要用PNP管来替代,NPN管要用NPN管来替代;硅管要用硅管来替代,锗管要用锗管来替代;替代管子的参数 I_{CM}、$U_{(BR)CEO}$、P_{CM}和截止频率一般不得低于原管。

6.5　场效应管

场效应管是用电场效应来控制固体材料导电能力的有源器件,它和普通半导体三极管的主要区别是:场效应管中是多数载流子导电,或是电子,或是空穴,即只有一种极性的载流子,所以又称为单极型晶体管。而半导体三极管参与导电的载流子有两种,即自由电子和空穴,因此称为双极型晶体管。

它的最大优点是输入端的电流几乎为零,具有极高的输入电阻,能满足高内阻的微弱信号源对放大器输入阻抗的要求,所以它是理想的前置输入级器件。同时,它还具有体积小、重量轻、噪声低、耗电省、热稳定性好和制造工艺简单等特点,所以容易实现集成化。

6.5.1　结型场效应管

1. 结构

N沟道结型场效应管的结构示意图如图6-25(a)所示。它在N型半导体上制作两个高掺杂的P区,并将它们连在一起,引出电极,称为栅极,用符号G表示。N型半导体的两端引出两个电极,分别称为源极和漏极,源极用符号S表示,漏极用D表示。

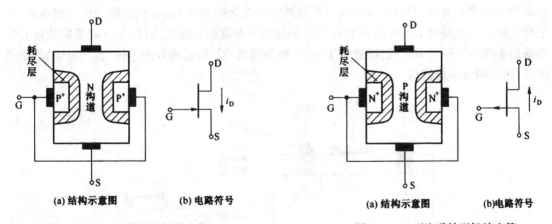

| (a) 结构示意图 | (b) 电路符号 | (a) 结构示意图 | (b)电路符号 |

图 6-25　N型沟道结型场效应管　　　　图 6-26　P型沟道结型场效应管

由于在N型半导体的两侧制作P型区,因此就存在着两个分开的PN结,并利用结内电场工作,故取名N型沟道结型场效应管。图6-26(b)为电路符号。

按照类似的方法,可以制成P型沟道结型场效应管,结构示意图如图6-26(a)所示。(b)为电路符号。

2. 结型场效应管的工作原理

当源极和漏极间加上电压 U_{DS} 时,由于半导体材料的导电作用,使源极与漏极之间通过一定的电流,并称之为漏极电流 i_D。在栅极与源极间加上电压 U_{GS} 时,其极性使两个 PN 结反向工作,因此,PN 结具有非常小的反向电流。结型场效应管有高达几百 MΩ 以上的输入电阻,改变栅极、源极间电压 U_{GS} 就可以改变 PN 结耗尽层的厚度,进而改变导电通道宽度,则导电通道的导电能力也发生了改变,如果 U_{DS} 不变时,则 i_D 发生改变。因此,电压 U_{GS} 能起控制电流 i_D 的作用。

6.5.2 绝缘栅(MOS)场效应管

最常见的绝缘栅场效应管是 MOS(M 表示金属、O 表示氧化物即二氧化硅、S 表示半导体)场效应管,因此,又叫金属-氧化物-半导体场效应管。这种场效应管的栅极输入电阻比结型还要大,一般在 $10^{12}Ω$ 以上,集成化也更容易,是目前发展较快的一种器件。

绝缘栅型和结型两种场效应管的主要区别在于它们产生场效应的机理不同。结型是利用耗尽区内电场的大小来影响导电沟道,从而控制漏极电流的。而绝缘栅型则是利用半导体表面电场效应产生的感应电荷的多少来改变导电沟道,以达到控制漏极电流的目的。绝缘栅场效应管也有 N 沟道和 P 沟道两类。其中每一类又可分为耗尽型和增强型两种。所谓耗尽型就是当 $U_{GS}=0$ 时,存在导电沟道,即 $i_D≠0$(显然前面讨论的结型场效应管就是属于耗尽型);所谓增强型就是 $U_{GS}=0$ 时,没有导电沟道,即 $i_D=0$。例如,N 沟道增强型,只有当 $U_{GS}>0$ 时才可能有 i_D。

P 沟道和 N 沟道 MOS 管的工作原理相似,本节着重讨论 N 沟道增强型绝缘栅场效应管,然后简单指出耗尽型管的特点。

6.5.3 N 沟道增强型场效应管

N 沟道增强型绝缘栅场效应管的结构如图 6-27(a)所示,它以一块杂质浓度较低、电阻率较高的 P 型薄硅片作为衬底,在衬底上扩散两个高掺杂的 N 型区,各用金属导线引出电极,分别称为源极 S 和漏极 D。隔离两个 N 型区的间隙表面覆盖着绝缘层(二氧化硅或氮化硅),在绝缘层上用蒸发和光刻工艺,做成一个电极,称为栅极 G。栅极和其他电极(包括衬底)都是绝缘的,所以叫做绝缘栅型。

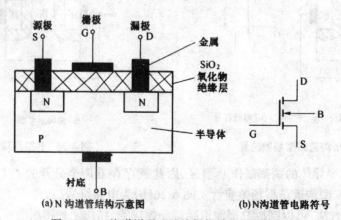

(a)N 沟道管结构示意图　　　(b)N沟道管电路符号

图 6-27　N 沟道增强型绝缘栅场效应管的结构

N沟道绝缘栅型场效应管的图形符号如图 6-27(b)所示。图中栅极不直接与沟道接触。表示栅极是与源、漏极绝缘的。箭头表示衬底的类型(箭头向着管内的,表示 N 型沟道器件)。这种场效应管在制造时,二氧化硅绝缘层的正离子并不多,因此,在不加栅压时,在 P 型衬底上不能形成可以导电的沟道,即当 $U_{GS}=0$ 时,$i_D=0$,只有加上一定的栅压(即 $U_{GS}>0$),由于栅压的表面电场效应,使两个 N 型区之间的负电荷增多,从而形成可以导电的反型层沟道。正由于它的沟道要靠栅压电场感应电荷增强而成,故称为增强型场效应管。

6.5.4　N 沟道耗尽型绝缘栅场效应管

N沟道耗尽型绝缘栅场效应管的结构与增强型基本相同,如图 6-28 所示。所不同的是,当 $U_{GS}=0$ 时,由于源极和漏极之间有一个 N 型层,本身就可以导电,所以 $i_D \neq 0$。改变栅压,就可以改变 N 型层的厚度,进而改变它的导电能力,即可改变 i_D 的大小。N 沟道结型场效应管,当 $U_{GS}>0$ 时,将使 PN 结处于正向偏置而产生较大的栅流,破坏了它对漏极电流 i_D 的控制作用。但是,N 沟道耗尽型绝缘栅场效应管在 $U_{GS}>0$ 时,由于绝缘层的存在,并不会产生PN 结的正向电流,而是在沟道中感应出更多的负电荷,在 U_{DS} 作用下,i_D 将具有更大的数值。这种 N 沟道耗尽型绝缘栅场效应管可以在正或负的栅源电压下工作,而且基本上无栅流,这是耗尽型绝缘栅场效应管的一个重要特点。

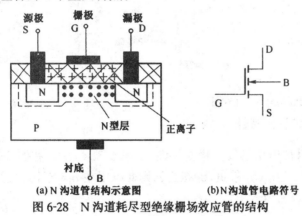

(a)N 沟道管结构示意图　　　　(b)N 沟道管电路符号

图 6-28　N 沟道耗尽型绝缘栅场效应管的结构

6.5.5　场效应管的使用注意事项

①在使用场效应管时,要注意漏、源电压,漏、源电流,栅、源电压,耗散功率等数值不能超过最大允许值。

②场效应管在使用中,要特别注意对栅极的保护。尤其是绝缘栅场效应管,这种管子输入电阻非常高,这是重要的优点,但却带来新的问题。因为栅极如果感应有电荷,就很难泄放掉,电荷的积累就会使电压升高,特别是极间电容比较小的管子,少量的电荷足以产生击穿的高压。为了避免这种情况,决不能让栅极悬空,要在栅、源之间绝对保持直流通路,即使不用时,也要用金属导线将三个电极短接起来。在焊接时,也要短接好,并应在烙铁的电源断开后再去焊接栅极,以避免交流感应将栅极击穿。近来,出现了内附保护二极管的 MOS 场效应管,使用时可与结型场效应管一样方便。

③对于结型场效应管,其栅极保护的关键在于不能对 PN 结加正向电压,以免损坏。

④注意各极电压的极性不能弄错。

6.6　单结晶体管

6.6.1　外形及符号

图 6-29(a)所示为单结晶体管的外形图。可以看出,它有三个电极,但不是三极管,而是具有三个电极的二极管,管内只有一个 PN 结,所以称之为单结晶体管。三个电极中,一个是发射极,两个是基极,所以也称为双基极二极管。

双基极二极管的电路符号如图 6-29(b)所示,文字符号用 V 表示。其中,有箭头的表示发射极 e;箭头所指方向对应的基极为第一基极 b_1,表示经 PN 结的电流只流向 b_1 极;第二基极用 b_2 表示。

6.6.2　单结管的结构

单结晶体管的结构及等效电路如图 6-30 所示 。

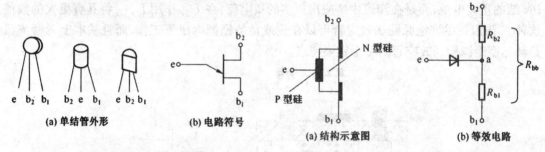

(a) 单结管外形　　　(b) 电路符号　　　(a) 结构示意图　　　(b) 等效电路

图 6-29　单结管的外形、符号图　　　图 6-30　单结管结构及等效电路

6.6.3　单结管的伏安特性

用实验方法可以得出单结管的伏安特性,如图 6-31 所示。在图 6-31(a)中,两个基极 b_1 与 b_2 之间加一个电压 U_{BB}(b_1 接负,b_2 接正),则此电压在 b_1a 与 b_2a 之间按一定比例 η 分配,b_1a 之间电压用 U_A 表示为

$$U_A = \frac{R_A}{R_{b1} + R_{b2}} U_{BB} = \eta U_{BB}$$

式中

$$\eta = \frac{R_A}{R_{b1} + R_{b2}}$$

η 叫分压比,不同的单结管有不同的分压比,其数值与管子的几何形状有关,约在 0.3~0.9 之间,它是单结管的很重要的参数。

再在发射极 e 与基极 b_1 间加一个电压 U_{EE},将可调直流电源 U_{EE} 通过限流电阻 R_e 接到 e 和 b_1 之间,当外加电压 $u_{EB1} < u_A + U_J$ 时,PN 结上承受了反向电压,发射极上只有很小的反向电流通过,单结管处于截止状态,这段特性区称为截止区。如图 6-31(b)中的 AP 段。

当 $u_{EB1} > u_A + U_J$ 时,PN 结正偏,i_E 猛增,R_{b1} 急剧下降,η 下降,u_A 也下降,PN 结正偏电压增加,i_E 更大。这一正反馈过程使 u_{EB1} 反而减小,呈现负阻效应,如图 6-31(b)中的 PV 段曲线。这一段伏安特性称之为负阻区;P 点处的电压 U_P 称为峰点电压,相对应的电流称之为峰点电流,峰点电压是单结管的一个很重要的参数,它表示单结管未导通前最大发射极电压,当 u_{EB1} 稍大于 U_P 或者近似等于 U_P 时,单结管电流增加,电阻下降,呈现负阻特性,所以

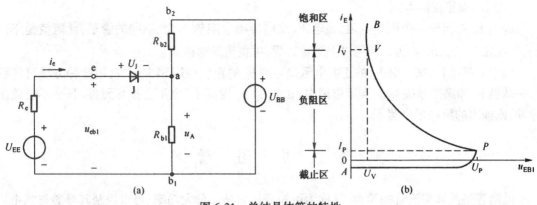

图 6-31　单结晶体管的特性

习惯上认为达到峰点电压 U_P 时,单结管就导通,峰点电压 U_P 为:$U_P = \eta U_{BB} + U_J$,U_J 为单结管正向压降。

当 u_{EE} 降低到谷点以后,i_E 增加,u_{EE} 也有所增加,器件进入饱和区,如图 6-31(b)所示的 VB 段曲线,其动态电阻为正值。负阻区与饱和区的分界点 V 称为谷点,该点的电压称为谷点电压 U_V。谷点电压 U_V 是单结管导通的最小发射极电压,在 $u_{EB1} < U_V$ 时,器件重新截止。

6.6.4　单结管的型号及使用常识

(1)型号

单结管的型号有 BT31、BT32、BT33、BT35 等,型号组成部分各符号所代表的意义如图 6-32 所示。

(2)管脚的判别方法

对于金属管壳的管子,管脚对着自己,以凸口为起始点,顺时针方向数,依次是 e、b_1、b_2。对于环氧封装半球状的管子,平面对着自己,管脚向下,从左向右,依次为 e、b_2、b_1。国外的塑料封装管管脚排列,一般也和国产环氧封装管的排列相同,如图 6-29 所示。

(3)怎样用万用表识别单结晶体管的三个电极

用万用表 R×100 或 R×1k 电阻挡分别测试 e、b_1 和 b_2 之间的电阻值,可以判断管子结构的好坏,识别三个管脚,其示意图如图 6-33 所示。

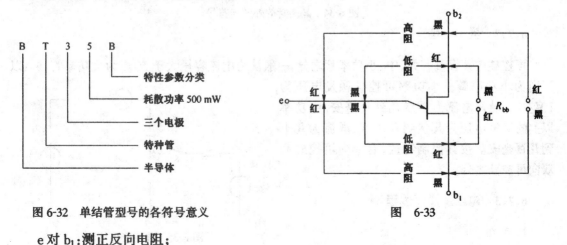

图 6-32　单结管型号的各符号意义　　　　　　　图　6-33

e 对 b_1:测正反向电阻;

e 对 b₂：测正反向电阻。

b₁ 对 b₂ 相当于一个固定电阻，表笔正、反向测得电阻值不变，不同的管子，此阻值是不同的，一般在 3～12 kΩ 之间。利用以上测量结果，可找出发射极来。

由于 e 靠近 b₂，故 e 对 b₁ 的正向电阻比 e 对 b₂ 的正向电阻稍大一些，用这种方法可区别第一基极 b₁ 和第二基极 b₂。实际应用中，如果 b₁、b₂ 接反了，也不会损坏元件，只是不能输出脉冲，或输出的脉冲很小罢了。

6.7　晶　闸　管

晶闸管是晶体闸流管的简称，又称为可控硅。它是一种大功率、可以控制其导通与截止的半导体器件，具有用弱电控制强电的特点。因此，晶闸管在可控整流、可控逆变、可控开关、交直流电机的调速系统、随动系统等电路中得到了广泛应用。

6.7.1　晶闸管的外形及符号

晶闸管的外形有螺旋式、平板式和普通三极管模样的三足式。平板式的上、下两面金属体是阳极和阴极。三足式的三个电极可以用万用表测得或根据型号查手册。大功率晶闸管一般都加散热片，图 6-34 是晶闸管的符号和外形。本教材采用阴极侧受控的符号，如图 6-34(a)所示。

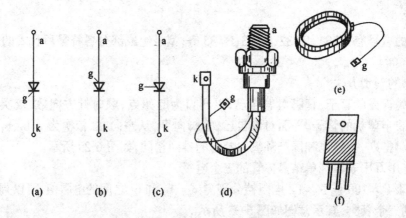

图 6-34　晶闸管的外形与符号

6.7.2　类　型

可控硅按其容量有大、中、小功率管之分，一般认为电流容量大于 50 A 为大功率管，5 A 以下则为小功率管。小功率可控硅触发电压为 1 V 左右，触发电流为零点几到几毫安，中功率以上的触发电压为几伏到几十伏，电流为几十到几百毫安。按其控制特性，有单向可控硅和双向可控硅之分。

6.7.3　电路及操作过程

1. 电路

电路的连接，如图 6-35 所示。

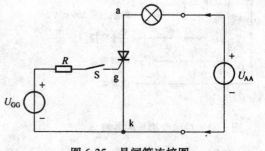

图 6-35　晶闸管连接图

(1)阳极与阴极之间通过灯泡接电源 U_{AA}。

(2)控制极与阴极之间通过电阻 R 及开关 S 接控制电源(触发信号)U_{GG}。

2. 操作过程及现象

(1)S 断开,$U_{GG}=0$,U_{AA} 为正向,灯泡不亮,称之为正向阻断,如图 6-36(a)所示。

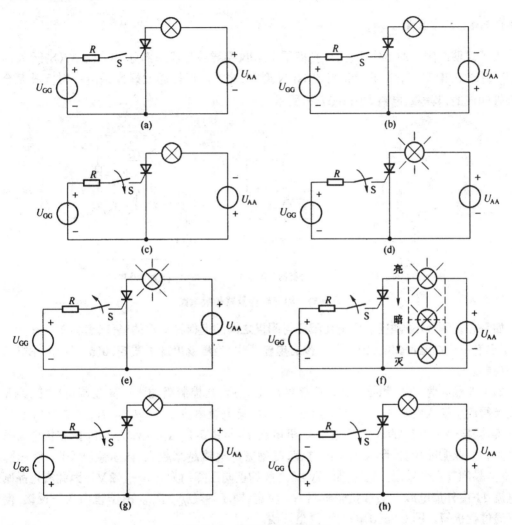

图 6-36　晶闸管工作示意图

(2)S 断开,$U_{GG}=0$,U_{AA} 为反向,灯泡不亮,如图 6-36(b)所示。

(3)S 合上,U_{GG} 为正向,U_{AA} 为反向,灯泡不亮,称之为反向阻断,如图 6-36(c)所示。

(4)S 合上,U_{GG} 为正向,U_{AA} 为正向,灯泡亮,称之为触发导通,如图 6-36(d)所示。

(5)在(4)基础上,断开 S,灯泡仍亮,称之为维持导通,如图 6-36(e)所示。

(6)在(5)基础上,逐渐减小 U_{AA},灯泡亮度变暗,直到熄灭,如图 6-36(f)所示。

(7)U_{GG} 反向,U_{AA} 正向,灯泡不亮,称之为反向触发,如图 6-36(g)所示。

(8)U_{GG} 反向,U_{AA} 反向,灯泡仍不亮,如图 6-36(h)所示。

3. 现象分析及结论

(1)由图 6-36(c)、(d)得出,晶闸管具有单向导电性。

(2)由图 6-36(a)、(b)、(d)、(g)、(h)得出,只有在控制极加上正向电压的前提下,晶闸管的单向导电性才得以实现。

（3）由图 6-36(e)得出，导通的晶闸管即使去掉控制极电压，仍维持导通状态。

（4）由图 6-36(f)得出，要使导通的晶闸管关断，必须把正向阳极电压降低到一定值才能关断

6.7.4　工作原理

为了说明晶闸管的工作原理，可把四层 PNPN 半导体分成两部分，如图 6-37(b)所示。P_1、N_1，P_2 组成 PNP 型管，N_2，P_2，N_1 组成 NPN 型管，这样。可控硅就好像是由一对互补复合的三极管构成的，其等效电路如图 6-37(c)所示。

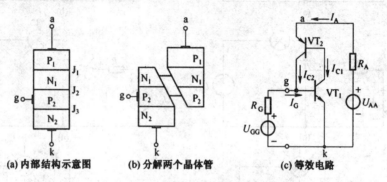

(a) 内部结构示意图　　　(b) 分解两个晶体管　　　(c) 等效电路

图 6-37　内部结构及其等效电路

如果在控制极不加电压，无论在阳极与阴极之间加上何种极性的电压，管内的三个 PN 结中，至少有一个结是反偏的，因而阳极没有电流产生，当然就出现了图 6-36(a)、(b)所示灯泡不亮的现象。

如果在晶闸管 ak 之间接入正向阳极电压 U_{AA} 后，在控制极加入正向控制电压 U_{GG}，VT_1 管基极便产生输入电流 I_G，经 VT_1 管放大，形成集电极电流 $I_{C1} = \beta_1 I_G$，I_{C1} 又是 VT_2 管的基极电流，同样经过 VT_2 的放大，产生集电极电流 $I_{C2} = \beta_1 \beta_2 I_G$，$I_{C2}$ 又作为 VT_1 的基极电流再进行放大。如此循环往复，形成正反馈过程，晶闸管的电流越来越大，内阻急剧下降，管压降减小，直至晶闸管完全导通。这时晶闸管 ak 之间的正向压降约为 $0.6 \sim 1.2 V$。因此流过晶闸管的电流 I_A 由外加电源 U_{AA} 和负载电阻 R_A 决定，即 $I_A \approx U_{AA}/R_A$。由于管内的正反馈，使管子导通过程极短。图 6-36(d)的演示就是证明。

晶闸管一旦导通，控制极就不再起控制作用，不管 U_{GG} 存在与否，晶闸管仍将导通。若要导通的管子关断，则只有减小 U_{AA}，直至切断阳极电流，使之不能维持正反馈过程，如图 6-36(f)所示。在反向阳极电压作用下，两只三极管均处于反向电压，不能放大输入信号，所以晶闸管不导通。

6.7.5　晶闸管的伏安特性曲线及其主要参数

1．晶闸管的伏安特性

晶闸管的伏安特性如图 6-38 所示。以下分别讨论其正向特性和反向特性。

1）正向特性

（1）正向阻断状态

若控制极不加信号，即 $I_G = 0$，阳极加正向电压 U_{AA}，晶闸管呈现很大电阻，处于正向阻断

状态,如图中 OA 段。

(2)负阻状态

当正向阳极电压进一步增加到某一值后,J_2 结发生击穿,正向导通电压迅速下降,出现了负阻特性,见曲线 AB 段,此时的正向阳极电压称之为正向转折电压,用 U_{BO} 表示。这种不是由控制极控制的导通称为误导通,晶闸管使用中应避免误导通产生。在晶闸管阳极与阴极之间加上正向电压的同时,控制极所加正向触发电流 I_G 越大,晶闸管由阻断状态转为导通所需的正向转折电压就越小,伏安特性曲线向左移。

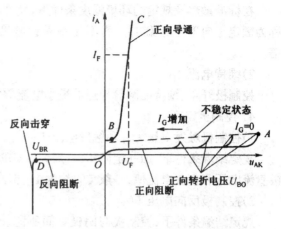

图 6-38　晶闸管的伏安特性

(3)触发导通状态

晶闸管导通后的正向特性如图中 BC 段,与二极管的正向特性相似,即通过晶闸管的电流很大,而导通压降却很小,约为 1 V 左右。

2)反向特性

(1)反向阻断状态

晶闸管加反向电压后,处于反向阻断状态,如图中 OD 段,与二极管的反向特性相似。

(2)反向击穿状态

当反向电压增加到 U_{BR} 时,PN 结被击穿,反向电流急剧增加,造成永久性损坏。

2.晶闸管的主要参数

1)电压定额

(1)正向转折电压 U_{BO}

控制极开路、额定结温条件下,在晶闸管的阳极与阴极间加正弦半波正向电压,元件由正向阻断转向导通状态所对应的电压峰值,称为正向转折电压 U_{BO}。

(2)反向转折电压 U_{BR}

控制极开路、额定结温条件下,在晶闸管的阳极与阴极间加反向电压,元件从反向阻断转向击穿状态时的反向电压峰值称为反向转折电压 U_{BR}。

(3)正向重复峰值电压 U_{FM}峰

$0.8U_{BO}$ 值称为正向重复峰值电压。其本意是在控制极开路、额定结温条件下,允许重复加于晶闸管的正向电压峰值。

(4)反向重复峰值电压 U_{RM}

$0.8U_{BR}$ 值称为反向重复峰值电压。其本意是在控制极开路、额定结温条件下,允许重复加于晶闸管的反向电压峰值。

(5)额定电压 U_D

取 U_{FM} 和 U_{RM} 中数值最小者为标注在晶闸管上的额定电压值(由于晶闸管 U_{BO} 与 U_{BR} 具有对称性,因此 U_{FM} 与 U_{RM} 亦具有对称性)。为安全起见,在使用中一般取额定电压是正常工作电压峰值的 2~3 倍。

3.电流定额

1)额定正向平均电流 I_F

在标准散热及规定的环境温度条件下,允许连续通过晶闸管的工频正弦半波电流平均值称为额定正向平均电流 I_F。为不使晶闸管过热,一般取 I_F 是正常工作平均电流的 1.5~2 倍。

2)维持电流 I_H

控制极开路、维持晶闸管导通的最小电流称维持电流。小于此值时晶闸管将自行关断。

4．控制极定额

1)控制极触发电压 U_G 和触发电流 I_G

规定结温条件下,加一定阳压(一般为 6 V)时,能使晶闸管从阻断到导通所需的最小控制极直流电压和直流电流值,一般 U_G 约为 1~5 V,I_G 约为几毫安至几百毫安。

2)控制极反向电压 U_{GR}

规定结温条件下,控制极与阴极之间所能加的最大反向电压峰值称为控制极反向电压,U_{GR} 一般不超过 10 V。

5．晶闸管的型号

国产晶闸管的型号有两种表示方法,即 KP 系列和 3CT 系列。

额定通态平均电流的系列为 1、5、10、20、30、50、100、200、300、400、500、600、900、1000(A)等 14 种规格。

额定电压在 1 000 V 以下的,每 100 V 为一级;1 000 V 到 3 000 V 的每 200 V 为一级,用百位数或千位及百位数组合表示级数。

KP 系列表示参数的方式如图 6-39 所示。其通态平均电压分为 9 级,用 A~I 各字母表示 0.4~1.2 V 的范围,每隔 0.1 V 为一级。

例如,型号为 KP200-10D,表示 I_F = 200 A、U_D = 1 000 V、U_F = 0.7 V 的普通型晶闸管。3CT 系列表示参数的方式如图 6-40 所示。

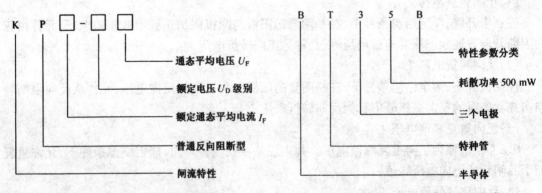

图 6-39　KP 系列参数表示方式　　　　图 6-40　3CT 系列参数表示方式

练 习 题

6-1　本征半导体中有几种导电载流子?

6-2　P 型和 N 型半导体有什么区别?

6-3　PN 结有什么特性? 在什么情况下才能体现出来?

6-4　硅二极管和锗二极管的导通电压各约为多少?

6-5　硅二极管和锗二极管的管压降各约为多少？

6-6　如何用万用表判别二极管是硅管还是锗管？

6-7　三极管有哪两种型号？分别画出它们的电路符号。

6-8　三极管有哪几种工作状态？不同工作状态的外部条件是什么？

6-9　测得某放大电路中三极管的三个电极 A、B、C 的对地电位分别为 $U_A = -9\,V$，$U_B = -6\,V$，$U_C = -6.2\,V$，试分析 A、B、C 中哪个是基极 b、发射极 e、集电极 c，并说明此三极管是 NPN 管还是 PNP 管。

6-10　为什么称三极管为双极型晶体管而场效应管称为单极型晶体管？

6-11　简述场效应管的使用注意事项。

6-12　单结晶体管的结构、特性是什么？

6-13　晶闸管的结构、伏安特性是怎样的？

第7章

三极管基本放大电路

本章主要学习半导体三极管构成的基本放大电路和分析方法。要求熟练掌握典型的单元电路如工作点稳定电路、共射极放大电路、共集电极放大电路等放大电路的基本构成及特点；**熟练掌握放大电路的直流、交流分析方法并求解其性能指标**；掌握非线性失真的概念；掌握多级放大电路基本性能指标的计算方法。

7.1 基本放大电路的概念及工作原理

7.1.1 放大的意义

放大是对模拟信号最基本的处理。在自然界中，存在着许多模拟量，如声音、温度、压力、流量、长度等等。这些模拟量无法直接传递到电子电路，必须先用相应的传感器把它们转换为**电信号**(转换后的电压信号或电流信号必然是模拟信号)，然后送到电子电路中去作进一步处理。但从传感器输出的模拟信号通常是很微弱的，对这些能量过于微弱的信号，既不能直接进行测量，又无法直接驱动执行机构，因此必须经过放大才能有效的进行观察、控制或驱动执行机构。

我们日常生活中所用的收音机、电视机、扩音器及工农业生产中所用的精密电子测量仪器、仪表，自动控系统中都含有用三极管构成的放大电路。放大电路也称为放大器，其作用是**将微弱的电信号放大成幅度足够大且与原来信号变化规律一致的信号**，以便人们测量和使用。

以利用扩音器放大声音为例。话筒(传感器)将微弱的声音转换为电信号，经放大电路放**大成幅度足够大且与原来信号变化规律一致的信号后驱动扬声器**，放出更大的声音。这就是放大器的放大作用。

由此可见，放大电路中，放大的对象是变化量；电源切断，扬声器不发声，可见扬声器得到的能量是从电源能量转换而来的，故放大器还必须加直流电源；放大后的声音必须真实地反映讲话人的声音和语调，是一种不失真地放大。

电压放大电路是应用较多的电路，根据晶体管在电路中的不同连接，其基本形式有三种：共发射极放大电路、共集电极放大电路、共基极放大电路。

7.1.2 放大电路的组成

如图 7-1 所示，因输入信号 u_i 是通过与三极管的 b—e 端构成输入回路，输出信号 u_o 是通过 C_2 经三极管的 ce 端构成输出回路，而输入回路与输出回路是以发射极为公共端的，故称为共发射极放大电路。

1. 各元件的作用

(1)三极管：起电流放大作用，是放大电路的核心元件，图中采用 NPN 型硅管。

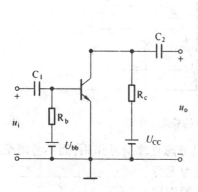

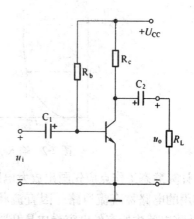

(a)双电源的单管共射放大电路　　　　　　　　(b)单电源的单管共射放大电路

图 7-1　固定偏置式共射放大电路

(2)直流电源 U_{CC}:既是放大电路的能源,又为晶体管提供合适的偏置电压,即保证发射结正偏,集电结反偏。U_{CC}的数值一般为几伏到几十伏。

(3)基极偏置电阻 R_b:一方面配合 U_{CC} 发射结提供正向偏置电压,另一方面使电路获得合适的基极电流 I_B。改变 R_b 将使基极电流变化,其数值一般为几十千欧至几百千欧。

(4)集电极电阻 R_c:一方面配合 U_{CC} 给三极管集电结提供反向偏置电压,另一方面将集电极电流的变化转化为电压变化,送到输出端,其数值一般为几千欧到几十千欧。

(5)耦合电容 C_1、C_2:电容 C_1、C_2 起连接作用,它们分别将信号源与放大电路,放大电路与负载连接起来。电子电路中,起连接作用的电容称为耦合电容。C_1、C_2 在电路中的作用概括起来是"隔离直流,传递交流",即直流时使放大电路与信号源之间可靠隔离,而让交流信号无衰减的通过。

(6)负载 R_L:放大电路将信号放大后,总要送到某装置去发挥作用。这个装置通常称为负载。比如扬声器就是扩音器的负载。

2．放大电路的组成原则

(1)必须满足三极管放大条件,即直流电源 U_{CC} 应给三极管的发射结加正向偏压,给集电结加反向偏压。

(2)输入信号在传递的过程中,要求损耗小。

(3)三极管各极有合适的直流值。

(4)在理想情况下,损耗为零。

7.1.3　放大电路的工作原理

1．静态

放大电路只有直流信号作用,未加输入信号($u_i=0$)时的电路状态叫静态。静态时,放大电路各处的电压、电流都是直流量,所以静态也称为直流工作状态。

静态下三极管各极的电流值和各极之间的电压值,称为静态工作点。表示为 I_{BQ}、I_{CQ}、U_{CEQ},因它们在晶体管输入特性和输出特性曲线上对应于一点 Q,故得此名,如图 7-2 所示。

静态工作点可以由放大电路的直流通路用估算法求出。分析步骤如下:

(1)画直流通路

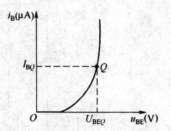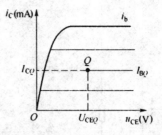

图 7-2　输入、输出特性曲线上对应的静态工作点

计算静态工作点应先画出放大电路的直流通路。只考虑直流信号作用,而不考虑交流信号作用的电路称直流通路。因直流状态下电容的容抗为无穷大,故将电路中所有的电容看成是开路,画出只有直流电源作用的电路,即为直流通路。图 7-3 就是其直流通路。

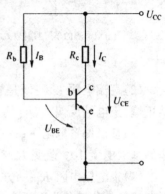

(2)求 I_{CQ}

根据三极管的电流分配关系有:

$$U_{CC} = I_{BQ}R_b + U_{BEQ}$$

$$I_{BQ} = \frac{U_{CC} - U_{BE}}{R_b} \approx \frac{U_{CC}}{R_b}$$

$$I_{CQ} = \beta I_{BQ}$$

(3)求 U_{CEQ}

$$U_{CC} = I_{CQ}R_c + U_{CEQ}$$

$$U_{CEQ} = U_{CC} - I_{CQRC}$$

图 7-3　固定偏置共射放大
电路的直流通路

I_{BQ}、I_{CQ}、U_{CEQ} 即为所求的静态工作点。

2. 动态

(1)加入交流信号 u_i 后各电压、电流关系。放大电路加入交流输入信号的工作状态称为动态。此时,电路中既有直流电量,也有交流电量,三极管的各级电流和各极间的电压都在静态直流量基础上叠加一个交流量,即:

$$u_{BE} = U_{BEQ} + u_i$$

$$i_B = I_{BQ} + i_b$$

$$i_C = I_{CQ} + i_c$$

$$u_{CE} = U_{CEQ} + u_{ce}$$

式中 U_{BEQ}、I_{BQ}、I_{CQ}、U_{CEQ} 为直流分量,u_i、i_b、i_c、u_{ce} 为交流分量,u_{BE}、i_B、i_C、u_{CE} 为直流和交流叠加后的总瞬时值。

(2)输入正弦电压后三极管各极电压、电流波形

在直流电源 U_{CC} 和交流信号源 u_i 的共同作用下,电路中既有直流,又有交流。信号源输出电压 u_i 通过电容 C_1 加到晶体管的基极,从而引起基极电流 i_B 的相应变化,i_B 的变化使集电极电流 i_C 随之变化,i_C 的变化量在集电极电阻 R_c 上产生压降。集-射间电压 $u_{CE} = U_{CC} - i_CR_c$。当 i_C 增大时,u_{CE} 就减小,所以 u_{CE} 与 i_C 反相。u_{CE} 中直流分量被电容 C_2 滤掉,交变分量经 C_2 耦合传送到输出端,成为输出电压 u_o。若电路中元件参数选取适当,u_o 的幅度将比 u_i 大很多,且反相。即小信号 u_i 被放大了,这就是放大电路的工作原理,如图 7-4 所示。

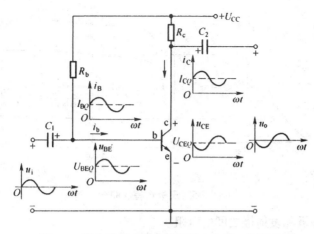

图 7-4　固定偏置式单管共射放大电路工作原理

综上分析得出共射单管放大电路的特点为：

①既有电流放大，也有电压放大。

②输出电压 u_o 与输入电压 u_i 相位相反。

③除了 u_i 和 u_o 是纯交流量外，其余各量都是加载在放大电路内部产生的直流量上的。因此，在分析放大电路时可以采用将交、直流信号分开的方法，分别对直流通路和交流通路进行分析。

7.2　微变等效电路分析法

放大电路加入交流输入信号的工作状态称为动态。放大电路的分析包含静态和动态工作情况分析。静态分析主要是确定电路的静态工作点 Q 的值，判定 Q 点是否处于合适的位置，这是三极管进行不失真放大的前提条件；动态分析主要是确定微弱信号经过放大电路放大了多少倍（如 A_u）、放大器对交流信号所呈现的输入电阻 R_i、输出电阻 R_o 等。

由于三极管特性的非线性，使放大电路的分析计算复杂化。定量分析放大电路的动态性能时，常采用微变等效电路法，"微变"指微小变化的信号。当小信号输入时，放大器运行于静态工作点的附近，在这一范围内，三极管的特性曲线可以近似为一直线。这种情况下，可以把非线性元件晶体管组成的放大电路等效为一个线性电路。

7.2.1　三极管的微变等效电路

1. 输入回路的等效

由晶体管输入特性曲线可看出，当输入信号 u_i 较小时，动态变化范围小，则 Q 点微小变化范围内的一小段曲线可看成是直线，即 Δi_B 与 Δu_{BE} 近似成线性关系，即：

$$\frac{\Delta u_{BE}}{\Delta i_B} = 常数$$

该常数用 r_{be} 表示，即为三极管输入端的等效线性电阻。

$$r_{be} \approx \frac{\Delta u_{BE}}{\Delta i_B} = \left| \frac{u_{be}}{i_b} \right|$$

这个公式只能用来计算动态的三极管基极与发射极的输入电阻，即它是交流电阻。不可

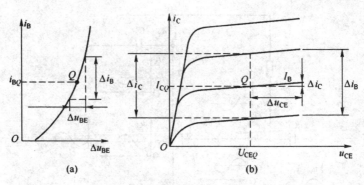

图 7-5　三极管特性曲线

以用来计算静态的基极和发射极之间的电阻。

由上分析可得出结论:三极管的 b、e 两端可等效为一个线性电阻 r_{be},如图 7-6 所示。实用中 r_{be} 可用下面公式进行估算:

$$r_{be}\approx300\Omega+(1+\beta)\frac{26\,\mathrm{mV}}{I_{EQ}\,\mathrm{mV}}$$

r_{be} 的值一般为数百欧到数千欧之间,在半导体手册中常用 h_{ie} 表示。

2. 输出回路的等效

由晶体管输出特性曲线可看出,三极管工作在线性放大区时,输出特性是一组等距离的平行线,且 β 为一常数。从特性曲线上可以看出 i_b 一定时,因 $i_c=\beta i_b$ 与 u_{ce} 无关,是个常数。则三极管 c、e 两端可等效为一个受控电流源,电流值用 βi_b 表示。

综上所述,一个非线性元件三极管可以用图 7-6 所示简化的线性等效电路来代替,适用条件是小信号交流信号。

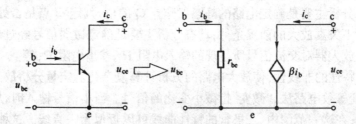

图 7-6　三极管及其微变等效电路

微变等效电路是对交流等效,只能用来分析交流动态,计算交流分量,而不能用来分析直流分量。

7.2.2　放大电路的交流通路

在交流信号电压或电流作用下,只考虑交流信号通过的电路称为交流通路。如图 7-7(a)所示。信号在传递的过程中,交流电压、电流之间的关系是从交流通路得到的。

画交流通路的要点:

1. 耦合电容视为短路。隔直耦合电容的电容量足够大,对于一定频率的交流信号,容抗近似为零,可视为短路。

2. 直流电压源(内阻很小,忽略不计)视为短路。交流电流通过直流电源 U_{CC} 时,两端无交流电压产生,可视为短路。

注意,把 U_{CC} 短路仅仅在理论分析时应用,实际电路不能做短路处理,否则将烧毁电源和电路。此时三极管必须工作在线性放大状态。这种分析方法和电工学中的叠加原理相同,即分别讨论放大电路中的直流电源和交流电源各自单独作用的结果,分析一个电压源作用时,另一个电压源作短路处理。

7.2.3　用微变等效电路求动态指标

以图 7-7(a)所示固定偏置式共射放大电路为例,其微变等效电路如图 7-7(b)所示。

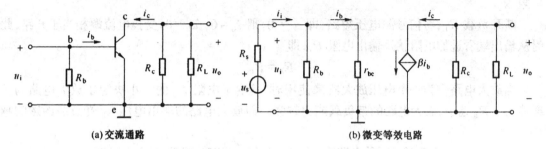

(a) 交流通路　　　　　　　　　　　(b) 微变等效电路

图 7-7　用微变等效电路法对放大电路的动态分析

1. 计算电压放大倍数 A_u

放大倍数是衡量放大电路对信号放大能力的主要技术参数。电压放大倍数是最常用的一项指标。它定义为输出电压 $\dot{U}_o$ 与输入电压 $\dot{U}_i$ 的比值(为书写方便,今后本书中交流信号电压与电流有效值均指有效值向量)。

放大电路的微变等效电路画出以后,就可以用解线性电路的方法求解放大电路。先根据图 7-7 列出 u_i、u_o 的表达式:

由输入回路得:$u_i = u_{be} = i_b r_{be}$

由输出回路得:$u_o = -\beta i_b (R_c /\!/ R_L)$

则
$$A_u = \frac{u_o}{u_i} = -\beta \frac{R_c /\!/ R_L}{r_{be}}$$

式中负号表示 u_o 与 u_i 相位相反。由上式可知,空载时 $R_L = \infty$。

电压放大倍数 A_{ou} 为:
$$A_{ou} = \frac{u_o}{u_i} = -\beta \frac{R_c}{r_{be}}$$

由此可见,$|A_u| < |A_{ou}|$,即负载后,电压放大倍数要下降。若负载后,A_u 与 A_{ou} 比较下降越小,说明放大电路负载能力越强,反之,负载能力差。实际的放大电路要解决的问题是提高负载能力。

2. 输入电阻 R_i

放大电路对于信号源而言,相当于信号源的一个负载电阻。此电阻即为放大电路的输入电阻。换句话说,输入电阻相当于从放大电路的输入端看进去的等效电阻。

关系式:
$$R_i = \frac{u_i}{i_i}$$

u_i 为实际加到放大电路两输入端的输入信号电压,i_i 为输入电压产生的输入电流,二者的比值即为放大电路的输入电阻 R_i。

对于一定的信号源电路,输入电阻 R_i 越大,放大电路从信号源得到的输入电压 u_i 就越大,放大电路向信号源索取电流的能力也就越小。

由图 7-7(b)得共射极放大电路的输入电阻:

$$R_i = \frac{u_i}{i_i} = \frac{i_i(R_b /\!/ r_{be})}{i_i} = R_b /\!/ r_{be}$$

一般情况下 $r_{be} \ll R_b$,则 $R_i \approx r_{be}$

3. 输出电阻 R_o

当负载电阻 R_L 变化时,输出电压 u_o 也相应变化。即从放大电路的输出端向左看,放大电路内部相当于存在一个内阻为 R_o,电压大小为 u'_o 的电压源,此内阻即为放大电路的输出电阻 R_o。

断开负载 R_L,将信号源电压短路,即 $u_s = 0$,则 $i_b = 0$,$\beta i_b = 0$,受控电流源相当于开路,此时从输出端看进的电阻就是输出电阻 R_o,即

$$R_o = R_c$$

当放大电路作为一个电压放大器来使用时,其输出电阻 R_o 的大小决定了放大电路的负载能力。R_o 越小,放大电路的带负载能力越强。即放大电路的输出电压 u_o 受负载的影响越小。

【例 7-1】 在图7-8(a)所示电路中,$\beta = 50$,$U_{BE} = 0.7\,\text{V}$,试求:

(1)静态工作点参数 I_{BQ}、I_{CQ}、U_{CEQ} 值;

(2)计算动态指标 A_u、r_i、r_o 的值。

解: (1)求静态工作点参数

$$I_{BQ} = \frac{U_{CC} - 0.7}{R_b} = \frac{12 - 0.7}{280 \times 10^3} \approx 0.04\,\text{mA} = 40\,(\mu\text{A})$$

$$I_{CQ} = \beta I_{BQ} = 50 \times 0.04 \times 10^{-3} = 2\,(\text{mA})$$

$$U_{CEQ} = U_{CC} - I_{CQ} R_c = 12 - 2 \times 10^{-3} \times 3 \times 10^3 = 6\,(\text{V})$$

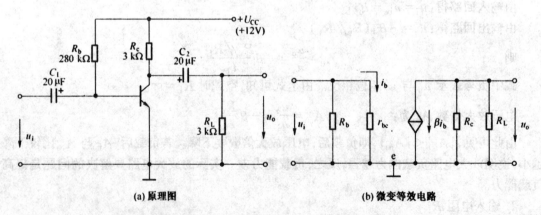

(a) 原理图　　　　　　　　　(b) 微变等效电路

图 7-8　用微变等效电路求固定偏置式共射放大电路的动态指标

(2)根据微变等效电路

$$r_{be} \approx 300\,\Omega + (1 + \beta)\frac{26\,\text{mV}}{I_{EQ}\,\text{mA}} = 963\,\Omega$$

$$A_u = \frac{u_o}{u_i} = -\beta \frac{R_c /\!/ R_L}{r_{be}} = -78.1$$

$$R_i = R_b /\!/ r_{be} = 0.96\,(\text{k}\Omega)$$

$$R_o = R_c = 3(\mathrm{k\Omega})$$

7.3　放大电路静态工作点的稳定

7.3.1　静态工作点与波形失真情况分析

对一个放大电路而言,要求输出波形的失真尽可能地小。但是,如果静态值设置不当,即静态工作点位置不合适,将出现严重的非线性失真。在图7-9中,设正常情况下静态工作点位于 Q 点,可以得到失真很小的 i_C 和 u_{CE} 波形。当调节 R_b,使静态工作点设置在 Q_1 点或 Q_2 点时,输出波形将产生严重失真。

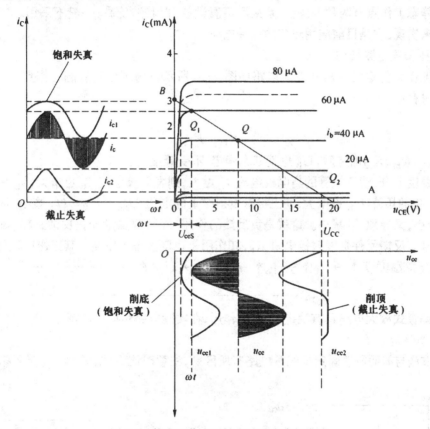

图 7-9　静态工作点对输出波形失真的影响

图7-9表示出工作点偏高或偏低对输出波形的影响。为简单起见,只画出 i_C、u_{CE} 的波形,其他波形可以对应推想出来。工作点 I_{CQ} 过低,因 i_C 不可能为负值,集电极电流 i_c 可以增加,但没有减小的空间。信号较小时不失真,信号稍大,下半部就产生失真。该现象是由于输入信号的负半周进入截止区而造成的失真,故称为截止失真。相反,工作点 I_{CQ} 过高,因 $u_{CE} = U_{CC} - i_c R_c$,使 i_c 有一个最大值 $i_{Cmax} \approx \dfrac{U_{CC}}{R_c}$,集电极电流 i_c 可以减小,但没有增大的空间。信号较小时不失真。信号稍大,上半部就产生失真。该现象是由于输入信号的正半周进入饱和区而造成的失真,故称为饱和失真。只有 I_{CQ} 选在一个最佳点上,使上下半周同时达到最大值,若再增大输入信号会同时产生失真,这个点就是放大器的最佳工作点。任何状态下,不失真的最大输出称为放大器的动态范围。

7.3.2　分压式偏置电路

1. 温度对静态工作点的影响

使 Q 点不稳定的因素很多,如电源电压的波动、三极管的老化及更换等,最主要的影响则是环境温度的变化。三极管是一个对温度非常敏感的器件。随温度的变化,三极管参数会受到影响,从而引起静态工作点的移动,导致放大电路性能不稳定和出现失真等不正常现象。

例如:环境温度 $t\uparrow \left\{ \begin{array}{l} U_{BEQ}\downarrow \\ \beta\uparrow \\ I_{CEO}\uparrow \to I_{CQ}\uparrow \end{array} \right\} Q$ 上移

稳定静态工作点有两种办法:一是采用恒温设备,但其造价高,一般不采用。二是分压式偏置电路来实现,它是目前应用较广的一种电路。

2. 分压偏置电路结构

静态工作点稳定的分压式放大电路如图 7-10 所示。为了稳定静态工作点,一般取 $I_1 \gg I_{BQ}$,静态时有:

$$U_B \approx \frac{R_{b2}}{R_{b1}+R_{b2}} U_{CC}$$

当 U_{CC}、R_{b1}、R_{b2} 确定后,U_B 也就基本确定,不受温度的影响。

假设温度上升,使三极管的集电极电流 I_C 增大,则发射极电流 I_E 也增大,I_E 在发射极电阻 R_e 上产生的压降 U_E 也增大,使三极管发射结上的电压 $U_{BE}=U_B-U_E$ 减小,从而使基极电流 I_B 减小,又导致 I_C 减小。这就是负反馈的作用,即将输出量变化反馈到输入回路,削弱了输入信号。反馈元件是发射极电阻 R_E,其作用是稳定静态工作点。其工作过程可描述为:

温度 $T\uparrow \to I_C\uparrow \to I_E\uparrow \to U_E\uparrow \to U_{BE}\downarrow \to I_B\downarrow$ ┐

$I_C\downarrow \longleftarrow$ ┘

分压偏置式放大电路具有稳定 Q 点的作用,在实际电路中应用广泛。

3. 静态分析

计算方法与前面所学固定式偏置电路有所区别,注意对比,总结规律。直流通路如图 7-11 所示。

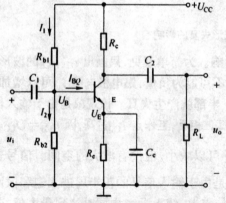

图 7-10　分压式偏置共射放大电路

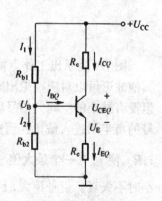

图 7-11　直流通路

在设计电路时,各参数应满足下列两式:$I_1 \gg I_B$ 和 $U_B \gg U_{BEQ}$。

因为 I_B 电流极小,可忽略,所以 $I_1 \approx I_2 = \dfrac{U_{CC}}{R_{b1} + R_{b2}}$

$$U_B = \frac{U_{CC} R_{b2}}{R_{b1} + R_{b2}}$$

因为 $U_B = U_{BEQ} + I_{EQ} R_e \approx I_{EQ} R_e$

所以 $I_{EQ} = \dfrac{U_B - U_{BEQ}}{R_e} \approx \dfrac{U_B}{R_e}$

因为 $I_{CQ} \approx I_{EQ}$

所以 $I_{CQ} \approx \dfrac{U_B}{R_e} = \dfrac{U_{CC} R_{b2}}{(R_{b1} + R_{b2}) R_e}$

则 $\qquad I_{BQ} = \dfrac{I_{CQ}}{\beta} \qquad U_{CEQ} = U_{CC} - I_{CQ}(R_c + R_e)$

静态值计算规律:$U_B \rightarrow I_{CQ} \rightarrow I_{BQ} \rightarrow U_{CEQ}$

4. 动态分析

以图 7-10 所示分压偏置式共射放大电路为例,其微变等效电路如图 7-12 所示

(1)放大倍数 A_u

由输入回路得:$u_i = u_{be} = i_b r_{be}$

由输出回路得:$u_o = -\beta i_b (R_c /\!/ R_L)$

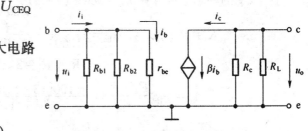

图 7-12　分压偏置式电路的微变等效电路

则 $\qquad A_u = \dfrac{u_o}{u_i} = -\beta \dfrac{R_c /\!/ R_L}{r_{be}}$

式中负号表示 u_o 与 u_i 相位相反,i_b 为交流值有效值。由上式可知,空载时 $R_L = \infty$。电压放大倍数 A_{ou} 为:$A_{ou} = \dfrac{u_o}{u_i} = -\beta \dfrac{R_c}{r_{be}}$

(2)输入电阻 R_i

$$R_i = \frac{u_i}{i_i} = \frac{i_i(R_{b1} /\!/ R_{b2} /\!/ r_{be})}{i_i} = R_{b1} /\!/ R_{b2} /\!/ r_{be}$$

(3)输出电阻 R_o

断开负载 R_L,$R_o = R_c$

【例题 7-2】 如图 7-10 所示电路,$\beta = 100$,$R_s = 1\,\text{k}\Omega$,$R_{b1} = 62\,\text{k}\Omega$,$R_{b2} = 20\,\text{k}\Omega$,$R_c = 3\,\text{k}\Omega$,$R_e = 1.5\,\text{k}\Omega$,$R_L = 5.6\,\text{k}\Omega$,$U_{CC} = 15\,\text{V}$,三极管为硅管。

(1)估算静态工作点。

(2)分别求出有、无 C_E 两种情况下的 A_u、R_i、R_o、A_{us}。

(3)若管子坏了,手头没有完全相同的管子,现用 $\beta = 50$ 的三极管来替换,其他参数不变,静态工作点是否变化?

解: (1)直流通路参看图 7-11 得

$$U_B = \frac{U_{CC} R_{b2}}{R_{b1} + R_{b2}} = \frac{15 \times 20}{62 \times 20} \approx 3.7(\text{V})$$

$$I_{CQ} \approx I_{EQ} = \frac{U_B - U_{BEQ}}{R_e} = \frac{3.7 - 0.7}{1.5} \approx 2(\text{mA})$$

$$I_{BQ} = \frac{I_{CQ}}{\beta} = \frac{2}{100} = 20(\mu\text{A})$$

$$U_{CEQ} = U_{CC} - I_{CQ}(R_c + R_e) = 15 - 2 \times (3 + 1.5) = 6(V)$$

(2)有、无 C_E 微变等效电路,如图 7-13 所示。

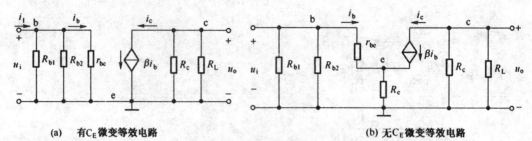

(a) 有C_E微变等效电路　　　　　　　　　　(b) 无C_E微变等效电路

图 7-13　分压偏置电路微变等效电路

① 有 C_E 的动态指标计算 $r_{be} = 300 + (1 + \beta)\dfrac{26\,\text{mV}}{I_{EQ}\,\text{mA}} = 300 + 101 \times \dfrac{26}{2} = 1.6(\text{k}\Omega)$

$$R_i = R_{b1} /\!/ R_{b2} /\!/ r_{be} = \frac{1}{(1/60) + (1/20) + (1 + 1.6)} \approx 1.4(\text{k}\Omega)$$

$$R_o = R_c = 3\,\text{k}\Omega$$

$$A_u = -\beta\frac{R_c /\!/ R_L}{r_{be}} = \frac{-100[(3 \times 5.6)/(3 + 5.6)]}{1.6} \approx -130$$

$$A_{us} = A_u \frac{R_i}{R_i + R_S} = -130 \times \frac{1.4}{1.4 + 1} = -76$$

② 无 C_E 的动态指标计算

输入电阻的求法:为了方便,先求 R_i',

$$R_i' = \frac{u_i}{i_b} = \frac{i_b r_{be} + (1 + \beta)i_b R_e}{i_b} = r_{be} + (1 + \beta)R_e$$

$$R_i = R_{b1} /\!/ R_{b2} /\!/ R_i' = R_{b1} /\!/ R_{b2} /\!/ [r_{be} + (1 + \beta)R_e]$$

$$= \frac{1}{(1/62) + (1/20) + 1/(1.6 + 101 \times 1.5)} \approx 13.8\,\text{k}\Omega$$

输出电阻 R_o 的求法:

将 R_L 断开,令 $u_s = 0$,则 $i_b = 0$,$\beta i_b = 0$,受控电流源相当于开路,输出端口的电阻为 $R_o = R_c = 3\,\text{k}\Omega$

$$A_u = \frac{u_o}{u_i} = \frac{-\beta i_b(R_c /\!/ R_L)}{I_b r_{be} + (1 + \beta)i_b R_e} = \frac{-\beta(R_c /\!/ R_L)}{r_{be} + (1 + \beta)R_e} = -\frac{100 \times (3 /\!/ 5.6)}{1.6 + 101 \times 1.5} \approx -1.3$$

$$A_{us} = A_u \frac{R_i}{R_i + R_S} = -1.3 \times \frac{13.8}{13.8 + 1} \approx -1.2$$

比较两种情况下的电压放大倍数 A_u 的值,可以看出差异很大。第二种情况下,由于微变等效电路中存在 R_e,使 A_u 下降。其原因是 u_i 有很大一部分压降降到 R_e 上,只有一小部分电压加到三极管的发射结上,故产生的 i_b 小,产生的 i_c 小,使 u_o 降低而造成的。而第一种情况下,仅直流通路中存在 R_e,起直流负反馈作用,稳定静态工作点。交流通路中 R_e 被旁路电容短路,即 R_e 不存在,输入信号 u_i 直接加到发射结上,故转换成的 i_c、u_o 较大,使得电压放大倍数 A_u 提高,满足电路具有较大放大能力的要求。通过分析,分压式偏置电路常在 R_e 的两端并接一个旁路电容 C_e,目的是提高电压放大倍数。

(3)当 $\beta = 50$,U_B、I_{CQ}、U_{CE} 与(1)相同,即与 β 值无关,故 $U_B = 3.7\,\text{V}$,$I_{CQ} \approx I_{EQ} = 2\,\text{mA}$,

$U_{CEQ}=6\,V$，静态工作点的 I_{CQ}、U_{CEQ} 不变。但是 $I_{BQ}=\dfrac{I_{CQ}}{\beta}=\dfrac{2}{50}=40\,mA$，而(1)中 $I_{BQ}=20$ μA，即基极电流随 β 而变。

此例说明，更换管子所引起的 β 变化，分压式偏置电路能够自动改变 I_{BQ}，以抵消对电路的影响，使静态工作点基本保持不变(指 I_{CQ}、U_{CEQ} 保持不变)，故分压式偏置电路具有稳定静态工作点的作用。

7.4　共集电极放大电路

前面讨论的共射极放大电路是常用的基本放大电路，本节讨论的共集电极放大电路也是一种应用广泛的放大电路。

7.4.1　共集电极电路组成

共集电极放大电路如图 7-14(a)所示，交流信号从基极输入，从发射极输出，故该电路又称射极输出器。从它的交流通路图 7-14(c)可看出，集电极为输入、输出的公共端，故称为共集电极放大电路(简称共集放大电路)。

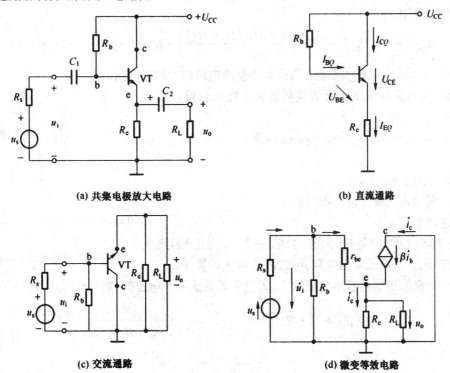

(a) 共集电极放大电路　　　　　　　　　(b) 直流通路

(c) 交流通路　　　　　　　　　(d) 微变等效电路

图 7-14　共集电极放大电路

7.4.2　共集电极电路分析

1. 静态分析

由图 7-14(b)所示的直流通路可得

$$U_{CC}=I_{BQ}R_b+U_{BEQ}+I_{EQ}R_e=I_{BQ}R_b+U_{BEQ}+(1+\beta)I_{BQ}R_e$$

所以
$$I_{BQ} = \frac{U_{CC} - U_{BEQ}}{R_b + (1 + \beta)R_e}$$

因为
$$U_{CC} = U_{CEQ} + I_{EQ}R_e$$

$$I_{EQ} = (1 + \beta)I_{BQ} \approx I_{CQ}$$

所以
$$U_{CEQ} = U_{CC} - (1 + \beta)I_{BQ}R_e$$

2. 动态分析

(1) 电压放大倍数 A_u

$$A_u = \frac{u_o}{u_i} = \frac{(1 + \beta)i_b(R_e /\!/ R_L)}{i_b r_{be} + (1 + \beta)i_b(R_e /\!/ R_L)} = \frac{(1 + \beta)(R_e /\!/ R_L)}{r_{be} + (1 + \beta)(R_e /\!/ R_L)}$$

因为一般有 $r_{be} \ll (1 + \beta)(R_e /\!/ R_L)$，所以 $A_u \approx 1$（小于且接近 1）

因为 $A_u = \frac{u_o}{u_i} \approx 1$，所以 $u_o \approx u_i$

特点：

电压放大倍数 $A_u \approx 1$，说明射极输出器无电压放大作用，但有电流和功率放大作用。

$u_o \approx u_i$，说明输出电压与输入电压的幅值近似相等，且相位相同。因为输出电压跟随输入电压变化，故共集电极电路又称为射极跟随器。

(2) 输入电阻 r_i

$$r_i = R_b /\!/ \left(\frac{u_i}{i_b}\right) = R_b /\!/ \left[\frac{i_b r_{be} + (1 + \beta)i_b(R_e /\!/ R_L)}{i_b}\right] = R_b /\!/ [r_{be} + (1 + \beta)(R_e /\!/ R_L)]$$

式中 $(1 + \beta)(R_e /\!/ R_L)$ 可理解为折算到基极电路的发射极电阻。

共集放大电路与前面学习的共射放大电路比较可以得出

以下结论：

因为 $r_{i(共射)} = R_b /\!/ r_{be} \approx r_{be}$　$r_{i(共集)} = R_b /\!/ [r_{be} + (1 + \beta)(R_e /\!/ R_D)] \gg r_{be}$

所以 $r_{i(共集)} \gg r_{i(共射)}$。

特点：射极输出器的输入电阻高。

(3) 输出电阻 r_o

如图 7-15 所示为计算输出电阻电路。一般 r_o 为几十欧至几

百欧，比较小，为了降低输出电阻，可选用 β 较大的管子。

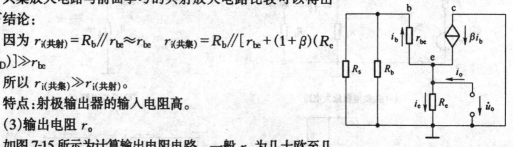

图 7-15　计算输出电阻电路

特点：射极输出器的输出电阻很小，若把它等效成一个电压源，则具有恒压输出特性。

$$i_o = i_b + \beta i_b + (1 + \beta)i_b = \frac{u_o}{r_{be} + R_s /\!/ R_b} + \frac{\beta u_o}{r_{be} + R_s /\!/ R_b} + \frac{u_o}{R_e}$$

$$i_b = \frac{u_o}{r_{be} + R_s /\!/ R_b}$$

$$r_o = \frac{u_o}{i_o} = \frac{R_e[r_{be} + (R_s /\!/ R_b)]}{(1 + \beta)R_e + [r_{be} + (R_s /\!/ R_b)]}$$

$$(1 + \beta)R_r \gg [r_{be} + (R_s /\!/ R_b)]$$

$$r_o \approx \frac{r_{be} + R_s /\!/ R_b}{\beta}$$

例 7-3　如图 7-14 (a) 所示共集电极放大电路，$R_b = 500\,\text{k}\Omega$，$R_e = 4.7\,\text{k}\Omega$，$R_L = 4.7\,\text{k}\Omega$，$\beta =$

$100, U_{CC} = 15\,V, R_s = 10\,k\Omega$，管子为硅管。试求：

(1)静态工作点。

(2)计算 A_u、r_i、r_o。

(3)若将负载 R_L 断开，再计算 A_{ou}。

解： (1) $I_{BQ} = \dfrac{U_{CC} - U_{BEQ}}{R_b + (1+\beta)R_e} = \dfrac{15 - 0.7}{500 + 101 \times 4.7} = 0.014\,(\text{mA})$

$$I_{CQ} = \beta I_{BQ} \approx I_{EQ} = 100 \times 0.014 = 1.4\,(\text{mA})$$

$$U_{CEQ} = U_{CC} - I_{EQ}R_e \approx 15 - 1.4 \times 4.7 = 8.4\,(\text{V})$$

(2) $r_{be} = 300 + (1+\beta)\dfrac{26\,\text{mV}}{I_{EQ}\,\text{mA}} = 300 + 101 \times \dfrac{26}{1.4} = 2.2\,(\text{k}\Omega)$

$$A_u = \frac{(1+\beta)(R_e /\!/ R_L)}{r_{be} + (1+\beta)(R_e /\!/ R_L)} = \frac{101 \times (4.7 /\!/ 4.7)}{2.2 + 101 \times (4.7 /\!/ 4.7)} = 0.99$$

$$r_i = R_b /\!/ [r_{be} + (1+\beta)(R_e /\!/ R_L)] = 500 /\!/ [2.2 + 101 \times (4.7 /\!/ 4.7)] = 162\,(\text{k}\Omega)$$

$$r_o \approx \frac{R_s + r_{be}}{1+\beta} = \frac{10 + 2.2}{101} = 119\,(\Omega)$$

(3) $A_{ou} = \dfrac{(1+\beta)R_e}{r_{be} + (1+\beta)R_e} = \dfrac{101 \times 4.7}{2.2 + 101 \times 4.7} = 0.995$

通过计算，可以看出负载 R_L 由 4.7 kΩ 变到无穷大(开路)时，A_u 基本不变，在输入信号 u_i 一定下，u_o 也基本不变，说明射极输出器带载能力强。

7.4.3 射极输出器的特点及应用

虽然射极输出器的电压放大倍数略小于 1，但输出电流是基极电流的 $(1+\beta)$ 倍。它不但具有电流放大和功率放大的作用，而且具有输入电阻高、输出电阻低的特点。

由于射极输出器输入电阻高，向信号源汲取的电流小，对信号源影响也小，因而一般用它作输入级。又由于它的输出电阻小，负载能力强，当放大器接入的负载变化时，可保持输出电压稳定，适用于多级放大电路。同时它还可作为中间隔离级。在多级共射极放大电路耦合中，往往存在着前级输出电阻大，后级输入电阻小而造成的耦合中的信号损失，使得放大倍数下降。利用射极输出器输入电阻大、输出电阻小的特点，可与输入电阻小的共射极电路配合，将其接入两级共射极放大电路之间，在隔离前后级的同时，起到阻抗匹配的作用。

基本放大电路共有三种组态，前面分析了共射极放大电路和共集电极放大电路，还有一种是共基极电路，为了便于读者学习，现将三种组态放大电路性能参数列于表 7-1，以便进行比较。

表 7-1 三种组态放大电路性能参数的比较

	共射极放大电路	共集电极放大电路	共基极放大电路
放大电路			

续上表

	共射极放大电路	共集电极放大电路	共基极放大电路
A_u	$A_u = -\dfrac{\beta R'_L}{r_{be}}$ 有电压放大作用， u_o 与 u_i 反相位	$A_u = \dfrac{(1+\beta)R_e /\!/ R_L}{r_{be} + (1+\beta)R_e /\!/ R_L}$ 无电压放大作用， u_o 与 u_i 同相位	$A_u = \dfrac{\beta R_c /\!/ R_L}{r_{be}}$ 有电压放大作用， u_o 与 u_i 同相位
r_i	$r_i = R_b /\!/ r_{be}$ 输入电阻中	$r_i = R_b /\!/ [r_{be} + (1+\beta)R_e /\!/ R_L]$ 输入电阻大	$r_i = R_e /\!/ \dfrac{r_{be}}{1+\beta}$ 输入电阻小
r_o	$r_o \approx R_c$ 输出电阻中	$r_o = R_e /\!/ \dfrac{r_{be} + R_S /\!/ R_b}{1+\beta}$ 输出电阻小	$r_o \approx R_c$ 输出电阻大
应用	多级放大电路的中间级，实现电压、电流的放大	多级放大的输入级、输出级或缓冲级	高频放大电路和恒流源电路

7.5 多级放大电路

前面讲过的基本放大电路，其电压放大倍数一般只能达到几十到几百。然而在实际工作中，放大电路所得到的信号往往都非常微弱，要将其放大到能推动负载工作的程度，仅通过单级放大电路放大，达不到实际要求，则必须通过多个单级放大电路连续多次放大，才可满足实际要求。

多级放大电路的组成可用图 7-16 所示的框图来表示。其中，输入级与中间级的主要作用是实现电压放大，输出级的主要作用是功率放大，以推动负载工作。

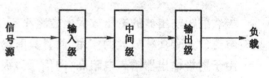

图 7-16 多级放大电路的结构框图

7.5.1 级间耦合方式

多级放大电路是将各单级放大电路连接起来，这种级间连接方式称为耦合。要求前级的输出信号通过耦合不失真地传输到后级的输入端。常见的耦合方式有阻容耦合、变压器耦合及直接耦合三种形式。

1. 阻容耦合

阻容耦合是利用电容器作为耦合元件将前级和后级连接起来。这个电容器称为耦合电容，如图 7-17 所示。第一级的输出信号通过电容器 C_2 和第二级的输入端相连接。

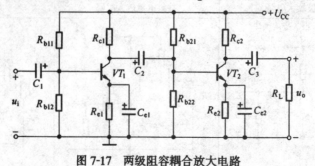

图 7-17 两级阻容耦合放大电路

(1)优点:前级和后级直流通路彼此隔开,每一级的静态工件点相互独立,互不影响。便于分析和设计电路。因此,阻容耦合在多级交流放大电路中得到了广泛应用。

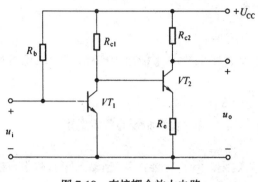

图7-18　直接耦合放大电路

(2)缺点:信号在通过耦合电容加到下一级时会大幅衰减,对直流信号(或变化缓慢的信号)很难传输。在集成电路里制造大电容很困难,不利于集成化。所以,阻容耦合只适用于分立元件组成的电路。

2. 直接耦合

为了避免电容对缓慢变化的信号在传输过程中带来的不良影响,也可以把级与级之间直接用导线连接起来,这种连接方式称为直接耦合。其电路如图7-18所示。

(1)优点:既可以放大交流信号,也可以放大直流和变化非常缓慢的信号;电路简单,便于集成,所以集成电路中多采用这种耦合方式。

(2)缺点:存在着各级静态工作点相互牵制和零点漂移这两个问题。

3. 变压器耦合

放大电路级与级之间通过变压器连接的方式称为变压器耦合。变压器耦合常用在功率放大电路中。其电路如图7-19所示。

(1)优点:由于变压器不能传输直流信号,且有隔直作用,因此各级静态工作点相互独立,互不影响。变压器在传输信号的同时还能够进行阻抗、电压、电流的变换。

(2)缺点:体积大、笨重,不能实现集成化应用。

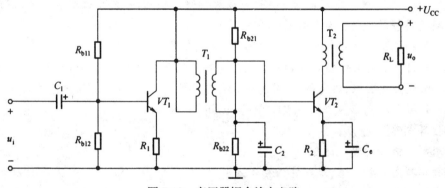

图7-19　变压器耦合放大电路

7.5.2　两级阻容耦合放大电路的分析

1. 静态分析

由于耦合电容取值较大,具有"通交、隔直"的作用,使两级放大电路的直流通路各自独立、互不影响。因此,各级的静态工作点分别单独计算。

2. 动态分析

(1)电压放大倍数

设 A_{u1} 为第一级放大电路的电压放大倍数,A_{u2} 为第二级放大电路的电压放大倍数。根据

电压放大倍数的定义式 $$A_u = \frac{u_o}{u_i}$$

由于 $$u_o = A_{u2}u_{i2} \quad u_{i2} = u_{o1} \quad u_{o1} = A_{u1}u_{i1}$$

故 $$A_u = \frac{u_o}{u_i} = A_{u1}A_{u2}$$

此式说明两级放大电路的总电压放大倍数等于各级电压放大倍数的乘积,这个结论可推广到 n 级放大电路的电压放大倍数为

$$A_u = A_{u1}A_{u2}\cdots A_{un}$$

需强调的是,在计算 A_{u1}、A_{u2} 时,必须将后级的输入电阻当作前级的负载电阻。

(2)输入电阻

多级放大电路的输入电阻,就是输入级的输入电阻。计算时要注意:当输入级为共集电极放大电路时,要考虑第二级的输入电阻作为前级负载时对输入电阻的影响。

(3)输出电阻

多级放大电路的输出电阻就是输出级的输出电阻。计算时要注意:当输出级为共集电极放大电路时,要考虑其前级对输出电阻的影响。

练 习 题

7-1 由于放大电路输入的是交流量,故三极管各电极电流方向总是变化着的。这句话对吗? 为什么?

7-2 要使放大电路处于放大状态应遵循的基本原则是什么?

7-3 如图 7-20 所示为固定偏置共射极放大电路。输入 u_i 为正弦交流信号,试问输出电压 u_o 出现了怎样的失真? 如何调整偏置电阻 R_b 才能减小此失真?

7-4 共发射极放大器中的集电极电阻 R_c 起的作用是什么?

7-5 如何画放大电路的直流和交流通路? 直流通路和交流通路的作用?

7-6 比较共发射极、共集电极、共基极放大电路的特点,并说出各自的主要用途。

7-7 如图 7-21 分压式工作点稳定电路,已知 $\beta = 60$。

(1)估算电路的 Q 点;

(2)求解三极管的输入电阻 r_{be};

(3)画出微变等效电路,求解电压放大倍数 A_u;

(4)求解电路的输入电阻 r_i 及输出电阻 r_o。

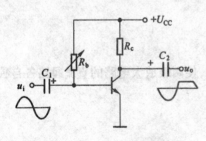

图 7-20 习题 7-3 图

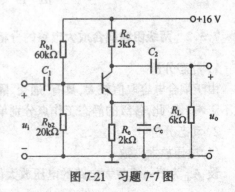

图 7-21 习题 7-7 图

第8章

集成运算放大器及其应用

本章主要介绍集成运算放大器的输入级电路形式差动放大电路负反馈的概念,集成运算放大器的内部电路组成、性能指标以及应用等。要求掌握差动放大电路的构成特点,正确理解共模抑制比的概念;掌握反馈的定义以及各种组态、作用;了解集成运算放大器的基本组成部分以及电路特点,掌握运放的线性以及非线性应用等。

8.1 差动放大电路

8.1.1 直接耦合放大器存在的问题

在一些超低频及直流放大电路中,放大电路的级间耦合方式必须采用直接耦合方式。另外,在集成电路中,制作大容量的电容是比较困难的,因此各级电路间的耦合都采用直接耦合方式。直接耦合电路能放大交流信号又能放大直流信号,具有相当好的低频特性,所以又常称为直流放大器。

在直接耦合放大器中,由于级与级之间无隔直电容,因此各级的静态工作点相互影响,给电路的设计和调整带来很大麻烦。另外若将直接耦合放大器的输入端短路($u_i = 0$),理论上讲,输出端应保持某个固定值不变。然而,实际情况并非如此,在电源电压波动、元器件参数变化,尤其是环境温度变化时,输出电压往往偏离初始静态值,出现了缓慢的、无规则的漂移,这种现象称为零点漂移或温度漂移,简称零漂或温漂。

温漂是直接耦合放大器所存在的严重问题,也是直流放大器必须克服的问题。实用中常采用多种补偿措施来抑制温漂,其中最有效的方法是使用差动放大电路。

8.1.2 差动放大电路

1. 电路的组成

图 8-1 为典型差动放大电路,它是由两个完全对称的共发射极电路组成的。该电路以中心线形成对称电路,晶体管 VT_1 和 VT_2 采用对管。电源为用双路对称电源,三极管的集电极经 R_c 接 U_{CC},发射极经电阻接 $-U_{EE}$。电路中两管集电极负载电阻的阻值相等,两基极电阻阻值相等,输入信号 u_{i1} 和 u_{i2} 分别加在两管的基极上,输出电压 u_o 从两管的集电极输出。这种连接方式称为双端输入、双端输出方式。

当输入信号电压 $u_{i1} = u_{i2} = 0$,即差动放大电路处于静态时,由于电路的对称性,两晶体管的集电极

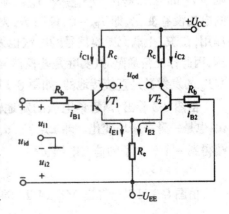

图 8-1 差放电路的基本结构

电流相等, $I_{c1} = I_{c2}$, 集电极电位相等, 则 $V_{c1} = V_{c2}$, 因而使输出电压 $u_o = V_{c1} - V_{c2} = 0$。显然该电路具备抑制零点漂移的能力。

2. 静态工作点的计算

图 8-2 中, 静态时 $u_{i1} = 0$, $u_{i2} = 0$, 电阻 R_e 上流过两倍的发射极电流, 可先列电压方程式, 再求出 I_{BQ}:

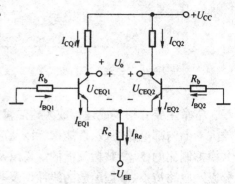

$$U_{EE} = I_{BQ}R_b + U_{BE} + 2(\beta + 1)I_{BQ}R_e$$

则

$$I_{BQ} = \frac{U_{EE} - U_{BE}}{R_b + 2(\beta + 1)R_e}$$

电路设计时, 一般都使 $2(\beta + 1)R_e \gg R_b$, 则

$$I_{BQ} \approx \frac{U_{EE} - U_{BE}}{2(\beta + 1)R_e}$$

所以 $\quad I_{CQ} \approx I_{EQ} = (\beta + 1)I_{BQ} = \dfrac{U_{EE} - U_{BE}}{2R_e}$

图 8-2　直流通路

$$U_{CEQ} \approx U_{CC} + U_{EE} - I_{CQ}(R_c + 2R_e)$$

从 I_{CQ} 的表达式中看出, U_{EE} 远大于 U_{BE}, 则 $I_{CQ} \approx U_{EE}/2R_e$, 表明温度变化对静态影响很小, 同时设计的电路是对称的, 即使 I_{CQ} 有一点变化, 总有 $V_{C1Q} = V_{C2Q}$, 则 $V_{C1Q} - V_{C2Q}$ 总等于零, 使得静态时输出电压总保持在零的状态, 有很强的抑制零点漂移的能力。

3. 差模输入时的电路工作原理

在差动放大电路两管的基极输入端上分别加上幅度相等, 相位相反的电压时, 叫差模输入方式。图 8-1 中 $u_{i1} = -u_{i2}$, 两个输入信号的差称为差模信号 u_{id}。

即:

$$u_{id} = u_{i1} - u_{i2}$$

在图 8-1 中, 可明显看出 u_{id} 与 u_{i1}、u_{i2} 的关系为:

$$u_{id} = 2u_{i1} = -2u_{i2}; u_{i1} = \frac{u_{id}}{2}; u_{i2} = -\frac{u_{id}}{2}$$

差模信号是放大电路有用的输入信号。

图 8-1 电路中, 在输入差模信号 u_{id} 时, 由于电路的对称性, 使得 VT_1 和 VT_2 两管的电流为一增一减的状态, 而且增减的幅度相同。如果 VT_1 的电流增大, 则 VT_2 的电流减小, 即 $i_{c1} = -i_{c2}$。显然, 此时 R_e 上的电流没有变化, 即 $i_{Re} = 0$, 说明 R_e 对差模信号没有作用, 在 R_e 上既无差模信号的电流也无差模信号的电压, 因此作交流通路时(实际是差模信号通路), VT_1 和 VT_2 的发射极是直接接地的, 如图 8-3 所示。

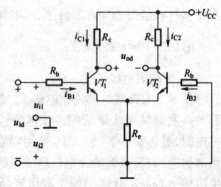

由图 8-3 看出, 两管集电极的对地输出电压 u_{o1} 和 u_{o2} 也是一升一降地变化。即 $u_{o1} = -u_{o2}$。从而在输出端得到一个放大了的输出电压 u_o。

图 8-3　差模输入时的交流通道

$$u_o = u_{o1} - u_{o2} = 2u_{o1}$$

由图 8-3 可以计算出 VT_1、VT_2 的输出电压分别为:

VT_1 的输出电压：
$$u_{o1} = \frac{-\beta R_c u_{id}}{2(R_b + r_{be})}$$

VT_2 的输出电压：
$$u_{o2} = \frac{\beta R_c u_{id}}{2(R_b + r_{be})}$$

则差动放大电路的双端输出电压为：

$$u_o = u_{o1} - u_{o2} = \frac{-\beta R_c u_{id}}{R_b + r_{be}}$$

因此,其差模电压放大倍数为

$$A_{ud} = \frac{u_o}{u_{id}} = \frac{-\beta R_c}{R_b + r_{be}}$$

很明显,上式说明,该电压放大倍数与单管共射放大电路的电压放大倍数相等。

差模输入电阻为：
$$r_{id} = 2(r_{be} + R_b)$$

输出电阻为：
$$r_o = 2R_c$$

4. 共模输入信号与共模抑制比 K_{CMR}

在差动放大器两输入端同时输入一对极性相同、幅度相同的信号叫共模输入方式。定义共模信号 u_{ic} 为两个输入信号的算术平均值,即：

$$u_{ic} = \frac{u_{i1} + u_{i2}}{2}$$

此时的输出电压叫 u_{oc}。共模输入信号属于干扰信号,当温度变化使三极管电流同时变化时,也属于共模输入的干扰信号。

共模输入时,由于两管的发射极电流同时以同方向同幅度流经 R_e,则 R_e 上产生较强的负反馈,阻止两管的电流变化,如电流上升时,则两管的发射极电位 V_E 上升,使两管的导通电流下降,阻止了电流的上升,使 I_c 基本不变,则两管的集电极电位 V_c 也基本不变。同时由于电路的对称性,两管的 V_c 微小变化是同方向的。所以 u_{oc} 在理论上应等于零。但由于元件参数的分散性,往往使电路不绝对对称,则 u_{oc} 会有微小的数值。

从以上分析看出,R_e 对共模信号起到了深度负反馈作用,有效地抑制了共模信号,同时当温度变化使两管的静态电流变化时,R_e 同样起到了深度负反馈作用,有效抑制了零点漂移。

我们用 $A_{uc} = \frac{u_{oc}}{u_{ic}}$ 表示共模电压放大倍数,A_{uc} 越小表示电路抑制温漂能力越好。

上述分析可知,差动放大电路的 A_{ud} 是有用信号的放大倍数,当然大一些好;A_{uc} 是干扰信号的放大倍数,表明温漂的程度,应该越小越好。但一般 A_{ud} 大,容易使 A_{uc} 也大,所以通常用一个综合指标来衡量,即共模抑制比,记作 K_{CMR}。它定义为：

$$K_{CMR} = \left| \frac{A_{ud}}{A_{uc}} \right|$$

K_{CMR} 值越大,表明电路抑制共模信号的性能越好。在工程上,常用分贝表示为：

$$K_{CMR} = 20\lg\left| \frac{A_{ud}}{A_{uc}} \right| \quad (dB)$$

共模抑制比是差动放大器的一个重要技术指标。应当注意,输入的共模信号幅度不能太大,否则将破坏电路对共模信号的抑制能力。

8.1.3　具有恒流源的差动放大电路

通过对带 R_e 的差动式放大电路的分析可知,R_e 越大,K_{CMR} 越大,但增大 R_e,相应的 U_{EE}

也要增大。显然,使用过高的 U_{EE} 是不合适的。此外,R_e 直流能耗也相应增大。所以,靠增大 R_e 来提高共模抑制比是不现实的。设想,在不增大 U_{EE} 时,如果 $R_e \rightarrow \infty$,$A_c \rightarrow 0$,则 $K_{CMR} \rightarrow \infty$,这是最理想的。为解决这个问题,用恒流源电路来代替 R_e。从晶体管的输出特性可以看出,在放大区的很大范围内 I_C 基本上取决于 I_B 的值($I_C = \beta I_B$)而与 U_{CE} 的大小无关。这相当于一个内阻很大的电流源。要实现这种恒流特性,可利用分压式工作点稳定电路构成的单管放大电路来代替 R_e。电路如图 8-4 所示。VT_3 管采用分压式偏置电路,无论 VT_1、VT_2 管有无信号输入,I_{b3} 恒定,I_{c3} 恒定,所以 VT_3 称为恒流管。

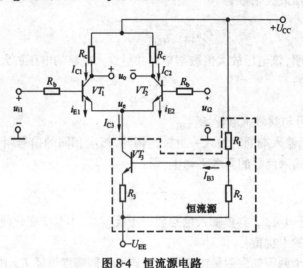

图 8-4 恒流源电路

图中由于 $I_{c1} + I_{c2} \approx I_{c3}$,若 I_{c3} 为恒定值,则 I_{c1} 和 I_{c2} 也基本上为恒定。所以由这种方式组成的四种差动放大电路温漂都会更小。

8.2 负反馈放大电路

8.2.1 负反馈的基本概念与组态

把放大电路输出的信号再返回到输入端,称为反馈。反馈后不外乎有两种结果:一种是使输出信号增强,这叫正反馈;另一种是使输出信号减弱,这叫负反馈。显然,负反馈使电路的输出电压下降,放大倍数下降,但它可以使电路的稳定性提高,这是非常重要的。因此,几乎所有的放大电路都加有负反馈。

1. 反馈放大器的结构

放大电路不加反馈电路的状态叫开环状态,加入反馈电路后叫闭环状态,所以反馈放大电路由基本放大器和反馈网络构成,其框图结构如图 8-5 所示。图中用 X 表示电压或电流信号。X_s 是信号源送给放大电路的输入信号,X_f 是反馈网络的输出信号,X_i 是净输入信号。(通常情况下应考虑频率特性,以上参数应该用

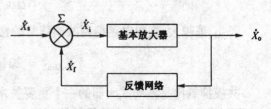

图 8-5 反馈放大器方框图

复数表示,本节为了便于分析讨论,暂设它们为实数)。

框图中的箭头方向表示信号的传递方向。基本放大器在未加反馈网络时信号从输入到输

出并单向传递,即开环状态。加上反馈网络后,信号传递方向构成环状结构,即为闭环状态。

设放大器的开环放大倍数为 A,闭环放大倍数为 A_f,反馈系数为 F,则框图中各参数有以下关系:

放大器的开环放大倍数: $A = \dfrac{X_o}{X_i}$

反馈网络的反馈系数: $F = \dfrac{X_f}{X_o}$

放大器的闭环放大倍数: $A_f = \dfrac{X_o}{X_s}$

2.直流反馈与交流反馈的判别

根据反馈信号的交直流性质,反馈可分为直流反馈与交流反馈,如果只在放大器的直流通路中存在的反馈叫直流反馈。显然,直流反馈只反馈直流分量,仅影响静态性能。只在放大器交流通路中存在的反馈叫交流反馈。而交流反馈仅影响动态性能,只反馈交流分量。当然,不少放大器中交流反馈和直流反馈同时存在。

判断反馈电路属于直流反馈还是交流反馈,可分别画出直流通路和交流通路进行判断。

3.正反馈与负反馈的判别

判断反馈电路是正反馈还是负反馈,有效的方法是采用瞬间极性法,即设电路输入端某个时刻输入电压的极性为正(也可设为负),然后逐级确定输出电压的极性。在放大电路中,三极管的集电极与基极是反相的,其他电阻及耦合电容都认为不会改变相位。各点极性可在电路中用(+)或(−)表示,最后若判断出反馈电压的极性与输入电压的极性相同,则为正反馈,反之为负反馈。

对于运算放大器电路,极性就更容易判断,即反相输入端与输出端反相,同相输入端与输出端同相。

4.输出信号取样方式的判别及输入端信号叠加方式的判别

(1)根据反馈网络入口是取自输出电压还是取自输出电流,可分为电压反馈和电流反馈。设放大器的输出电压为零,即假定输出电压短路,若反馈消失,则属于电压反馈;否则,把输出电压短路后,反馈依然存在,则属于电流反馈,如图 8-6 所示。

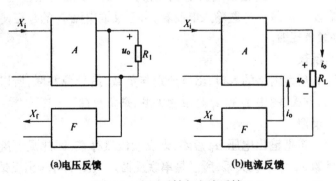

(a)电压反馈   (b)电流反馈

图 8-6 电压反馈与电流反馈

(2)根据反馈输出信号与放大电路输入信号的叠加方式分为串联反馈和并联反馈。把放大器的输入信号源假定短路(包括内阻),若反馈依然存在,则属于串联反馈;信号源短路后,反馈消失,说明反馈是并联反馈。也可以看输入端的信号是电压叠加方式还是电流叠加方式,若是电压叠加就为串联反馈,若采用电流叠加就为并联反馈,如图 8-7 图所示。

5.负反馈放大器的四种组态

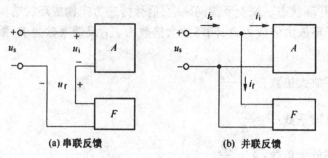

(a) 串联反馈　　　　　　　　　(b) 并联反馈

图 8-7　串联反馈和并联反馈

如前所述,反馈有两种采样方式和两种叠加方式,因此可组成四种组态:电压串联、电压并联、电流串联和电流并联。

(1)电压串联负反馈

如图 8-8(a)所示,正极性的 u_s 和 u_f 分别加在运算放大器的两个输入端,它们的极性是相反的,所以属于负反馈。反馈网络的输入信号就是放大电路的输出电压 u_o,采样对象为输出电压 u_o,显然,若将 u_o 短路则反馈消失,因此为电压反馈;反馈网络的输出信号 u_f 与信号源 u_s 为电压叠加关系,假设将 u_s 短路,则反馈信号 u_f 依然存在,所以是电压串联负反馈。

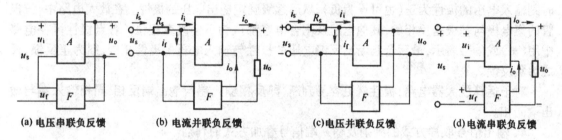

(a) 电压串联负反馈　　(b) 电流并联负反馈　　(c)电压并联负反馈　　(d)电流串联负反馈

图 8-8　负反馈放大器的四种组态

(2)电流并联负反馈

如图 8-8(b)所示,放大电路输出端为电流反馈;反馈网络的输出信号与信号源是并联关系,所以是电流并联反馈从放大电路输入电流看,由于反馈电流 i_f 的存在使输入电流 i_s 减小,故该电路是电流并联负反馈。

(3)电压并联负反馈

如图 8-8(c)所示,反馈网络的入口、出口分别与负载、信号源并联,所以是电压并联反馈。并联反馈为电流叠加方式,图中 i_f 和 i_s 是反相关系,是负反馈。

(4)电流串联负反馈

如图 8-8(d)所示,若把输出电压 u_o 短路,则反馈依然存在,因此是电流反馈;反馈网络的输出信号 u_f 与信号源 u_s 为串联关系,所以是串联反馈。从图中可看出反馈信号 u_f 使净输入信号减小,因此该电路是电流串联负反馈放大电路。

根据以上分析,可以看出采用电压负反馈可以稳定电路的输出电压。因为在信号源电压 u_i 不变时,由于各种情况引起放大器的输出电压 u_o 变化时,比如 u_o 上升时,由于反馈网络的输入信号是取自 u_o,则反馈网络输出信号(电压 u_f 或电流 i_f)增大,即反馈信号增强。因为是负反馈,则净输入信号减弱。输出电压 u_o 下降。电路经过这种自动调整方式最终使输出电压稳定。反之亦然。

同理,电流负反馈的特点是可以稳定电路的输出电流。在信号源电压 u_i 不变的情况下,若由于各种干扰使放大器的输出电流 i_o 变化时,则电路中的反馈电流 i_f(或电压 u_f)将随 i_o 同向变化。因为是负反馈,则放大器的净输入信号将朝相反方向变化,最终使放大电路的输出电流 i_o 反向变化,从而稳定了输出电流。

8.2.2　闭环放大倍数的计算与分析

如图 8-9 所示,在负反馈状态下, X_f 与 X_s 反相,则 $X_i = X_s - X_f$;即: $X_s = X_i + X_f$,根据框图中的关系有:

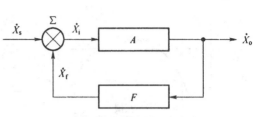

$$A_f = \frac{X_o}{X_s} = \frac{X_o/X_i}{X_s/X_i} = \frac{A}{\dfrac{X_i + X_f}{X_i}} = \frac{A}{1 + AF}$$

图 8-9　负反馈电路框图

该式表明 $|A_f|$ 为 $|A|$ 的 $\dfrac{1}{|1 + A_f|}$。 $|1 + AF|$ 为"反馈深度",其值越大,则反馈越深。它影响着放大电路的各种参数,也反映了影响程度。

$|1 + AF| > 1$ 时为负反馈;由于 $|A_f| < |A|$,说明引入反馈后放大倍数下降。

$|1 + AF| < 1$ 时为正反馈;由于 $|A_f| > |A|$,表明引入反馈后放大倍数增加,但这种情况下电路不稳定。

当 $1 + AF = 0$ 时,则 $AF = -1$,此时 $|A_f| \to \infty$,意味着在放大器输入信号为零时,也会有输出信号,这时放大器处于自激振荡状态,形成振荡器。

当 $|AF| \gg 1$ 时,系统为深度负反馈,在深度负反馈时: $A_f \approx \dfrac{A}{AF} = \dfrac{1}{F}$。

该式表明:放大电路引入深度负反馈后,闭环增益只和反馈系数 F 有关,而与基本放大电路的电子元件参数无关,因反馈网络一般是线性元件构成的,所以 F 几乎不受环境温度等因素影响,从而放大电路的工作也是很稳定的。这是负反馈的重要特点。

8.2.3　负反馈对电路的影响

在放大器中引入负反馈,会导致放大倍数的降低,但是可换来放大器性能的多方面改善,因此,几乎所有的放大电路中都加有负反馈,以提高放大器的性能。

1. 提高放大倍数的稳定性

放大器开环工作时,在环境温度变化、元件参数变化、电源电压波动以及负载变动等多种情况下,都会使电路参数有所改变,从而使开环放大倍数 A 变化。

前面已经分析过,若加入深度负反馈,使放大器成为闭环工作状态,则其闭环放大倍数为 $A_f \approx \dfrac{A}{AF} = \dfrac{1}{F}$,与基本放大器的内部参数无关。 F 是反馈系数,一般由电阻电容等线性元件构成,几乎和温度无关,显然 A_f 是稳定的。

2. 展宽通频带

如图 8-10 所示,放大倍数 A 是频率 f 的函数,当输入信号的频率超出通频带范围以外时,放大倍数将随之下降。由图可见闭环放大倍数的相对变化量比开环放大倍数的相对变化量小。因此加入负反馈后,放大器的通频带会展宽。

3. 减小非线性失真

　　如图 8-11(a)所示,由于非线性因素,使输出信号的正半周幅值大于负半周的幅值,加入负反馈后,反馈信号 X_f 的波形与输出信号 X_o 的波形相似,也是正半周幅度大,负半周幅度小,由于是负反馈,则净输入信号 X_i 带有相反的失真,即正半周幅值小,负半周幅值大。这种带有预失真的净输入信号,经过放大器放大以后,必然使非线性失真得到一定程度的矫正,输出波形接近对称,如图 8-11 (b)所示。不过引入负反馈只能减小放大器的非线性失真,而不能完全消除非线性失真。

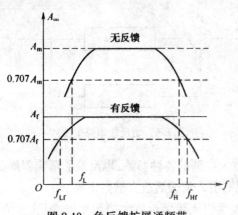

图 8-10　负反馈扩展通频带

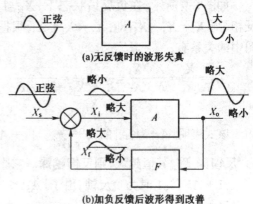

图 8-11　负反馈减小非线性失真

4. 改变输入电阻和输出电阻

采用串联负反馈可以提高输入电阻,如图 8-12 所示。

采用并联负反馈可以降低输入电阻,如图 8-13 所示。

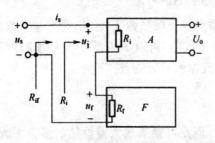

图 8-12　串联负反馈

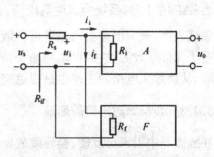

图 8-13　并联负反馈

采用电压负反馈可以降低输出电阻,如图 8-14 所示。

采用电流负反馈可以使输出电阻增大,如图 8-15 所示。

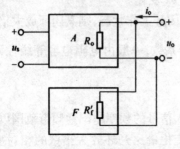

图 8-14　电压负反馈

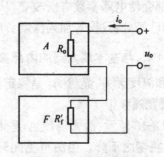

图 8-15　电流负反馈

8.3　集成运算放大器

上一章所讨论的放大电路,都是由单个元件连接起来的电路,称为分立元件电路。随着科学技术的迅速发展,要求电子电路所完成的功能越来越多,其复杂程度也不断增加。元件数目的庞杂,给分立元件电路应用带来极大的问题:元器件数目增多必将导致设备的体积、重量、电能消耗增大;焊点太多,必然造成设备故障率提高。为解决上述问题,人们研制出了集成电路(Integrated Circuits 缩写为 IC)。所谓集成电路就是通过一定的制造工艺将晶体管、场效应管、二极管、电阻和电容等各种分立元件及它们之间的连线所构成的完整电路制作在同一块半导体(单晶硅)芯片上,并根据需要引出一定的管脚,从而形成一个完整的具有一定功能的电路。

根据电路功能的不同,集成电路可分为线性集成电路和数字集成电路两大类。线性集成电路又叫模拟集成电路,它包括很多种集成器,比如集成运算放大器、集成功率放大器和集成稳压器等。其中集成运算放大电路(简称集成运放或运放)是线性集成电路中发展最早、应用最广泛的电路,早期主要用于数值运算,故称运算放大电路。随着集成技术的飞速发展,集成运放的性能不断提高,其应用领域远远超出了数学运算的范围。在自动控制、仪表、测量等领域,集成运放都发挥着十分重要的作用。

8.3.1　集成运算放大器内部电路简介

集成运算放大器的型号类型很多,内部电路也各有差异,但它们的基本组成是相同的。运算放大器实质上是一个多级直接耦合的高增益放大器,主要由输入级、中间放大级、输出级和偏置电路四部分构成,如图8-16 所示。

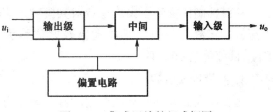

图 8-16　集成运放的组成框图

1. 输入级

输入级是决定电路性能的关键一级,通常由一个高性能的双端差动式放大电路组成。输入级要求输入电阻高、差模电压放大倍数大、共模抑止比大、静态电流小等,利用差动放大电路的对称特性来提高整个电路的共模抑止比和电路性能。

2. 中间级

中间级是整个集成运算放大器的主放大器,其主要作用是提供足够大的电压放大倍数,故而也称电压放大级。在集成运放中,通常采用复合管的共发射极电路作为中间级电路。

3. 输出级

输出级的主要作用是输出足够的电流以满足负载的需要,同时还需要有较低的输出电阻和较高的输入电阻,以起到将放大级和负载隔离的作用。

4. 偏置电路

偏置电路的作用是为各级提供合适的工作电流,一般由各种恒流源电路组成。

8.3.2　集成运算放大器的外形与符号

目前常用的双列直插式集成运算放大器型号有 μA 741(8 脚)、LM324(14 脚)等,采用陶瓷或塑料封装,其外引线排列如图 8-17 所示。集成运算放大器的电路符号如图 8-18 所示。

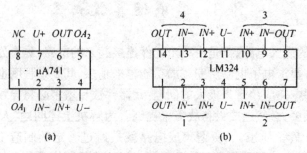

图 8-17 集成运放 μA741 和 LM324 的管脚排列

8.3.3 集成运算放大器的主要参数

集成运算放大器的特性参数是评价运放性能优劣的依据,对合理地使用集成运放非常重要。

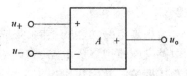

图 8-18 集成运算
放大器的电路符号

1. 开环差模电压放大倍数 A_{ud}

A_{ud} 是指集成运放在开环(无外加反馈)的情况下的差模

电压放大倍数,即:$A_{ud} = \dfrac{u_o}{u_{id}}$。对于集成运放而言,希望 A_{ud} 大且稳定。目前高增益集成运放的 A_{ud} 可高达 10^7 倍,即 140 dB。

2. 共模抑制比 K_{CMR}

共模抑制比反映了集成运放对共模输入信号的抑制能力,其定义同差动放大电路,即差模电压放大倍数与共模电压放大倍数之比称为共模抑制比。K_{CMR} 愈大愈好,高质量运放的 K_{CMR} 目前可达 160 dB。

3. 差模输入电阻 r_{id}

运算放大器开环时从两个差动输入端之间看进去的等效交流电阻,称为差模输入电阻,表示为 r_{id}。r_{id} 的大小反映了集成运放输入端向差模输入信号源索取电流的大小。要求 r_{id} 愈大愈好,一般集成运放 r_{id} 为几百千欧~几兆欧,故输入级常采用场效应管来提高输入电阻 r_{id}。

4. 输出电阻 r_{od}

从集成运放的输出端和地之间看进去的等效交流电阻,称为运放的输出电阻,记为 r_{od}。r_{od} 的大小反映了集成运放在小信号输出时的带负载能力。

5. 最大共模输入电压 U_{icmax}

集成运放输入端所加的共模电压超过一定幅度时,运放就会失去差模放大的能力。集成运放 μA 741 的最大共模输入电压为 15 V。

6. 最大差模输入电压 U_{idmax}

运放两输入端间所能承受的最大差模电压值。超过时差放电路会使其中某一三极管出现反向击穿,损坏电路。集成运放 μA 741 的最大差模输入电压为 30 V。

7. 最大输出电压 U_{opp}

运算放大器输出的最大不失真电压的峰值叫最大输出电压。一般情况下该值略小于电源电压。

8. 输入失调电压 U_{Io}

当运放的差动输入级不完全对称时,则输入电压为零而输出电压不为零。必须在输入端加上一定的补偿电压,才能使输出电压为零,该电压就叫输入失调电压 U_{Io}。显然,它的数值越小越好。理想运放的 U_{Io} 为零。

9. 转换速率 S_R

它是运放在大信号情况下工作的重要参数,表示运放在输入信号变化过快时,输出电压的变化率受到一定的限制。它定义为集成运放在大信号条件下输出电压的最大变化率,

即:
$$S_R = \left| \frac{du_o}{dt} \right|_{max}$$

转换速率又称摆率。说明只有当输入信号的变化率小于运放的转换速率 S_R 时,集成运放的输出电压才能随输入信号按线性变化,波形不失真。S_R 越大表示运放的高频性能越好。一般运放的 S_R 在 $100\,V/\mu s$ 以下,高速的可达 $1\,000\,V/\mu s$ 以上。

10. 集成运放的极限参数

(1)电源电压

$\mu A741$: $\pm 22\,V$。

$\mu A741C$: $\pm 18\,V$。

(2)允许功耗 P_D

Y-8 型: $500\,mW$。C-14 型:$670\,mW$。C-8 型: $310\,mW$。

(3)差模输入电压 U_D: $\pm 30\,V$。

(4)共模输入电压 U_C: $\pm 15\,V$。

(5)储存温度: $-65 \sim +125\,℃$。

(6)工作温度范围: $-55 \sim +125\,℃$。

(7)外引线温度(焊接时间 60 s):$300\,℃$。

集成运放的种类很多,这里仅将集成运放 $\mu A741$ 的参数列入表8-1中,以便参考。集成运放除通用型外,还有高输入阻抗、低漂移、低功耗、高速、高压和大功率等专用型集成运放。它们各有特点,因而也就各有其用途。

表 8-1　集成运放 μA741 在常温下的电参数表
（电源电压 ±15 V,温度 25℃）

参数名称		参数符号	测试条件	最小	典型	最大	单位
输入失调电压		U_{IO}	$R_S \leqslant 10\,k\Omega$		1.0	5.0	mV
输入失调电流		I_{IO}			20	200	nA
输入偏置电流		I_{IB}			80	500	nA
差模输入电阻		r_{id}		0.3	2.0		MΩ
输入电容		C_i			1.4		pF
输入失调电压调整范围		U_{IOR}			± 15		mV
差模电压增益		A_{ud}	$R_L \geqslant 2\,k\Omega$, $U_O \geqslant \pm 10\,V$	500000	200000		V/V
输出电阻		r_o			75		Ω
输出短路电流		I_{OS}			25		mA
电源电流		I_S			1.7	2.8	mA
功耗		P_C			50	85	mW
瞬态响应 (单位增益)	上升时间	t_r	$U_i = 20\,mV$;$R_L = 2\,k\Omega$, $C_L \leqslant 100\,pF$		0.3		μs
	过冲	$K(V)$			5.0%		
转换速率		S_R	$R_L \geqslant 2\,k\Omega$		0.5		V/μs

8.3.4　理想运算放大器的特点

为了简化分析过程,通常把集成运放理想化。利用理想运放分析电路时,由于集成运放接近于理想运放,所以造成的误差很小。即

开环电压放大倍数 $A_{uo} \to \infty$;

差模输入电阻 $r_{id} \to \infty$;

开环输出电阻 $r_o \to \infty$;

共模抑制比 $K_{CMR} \to \infty$。

图 8-19 表示输入电压和输出电压之间关系的特性曲线称为传输特性,从传输特性曲线看,集成运算放大器的工作区域可分为线性放大区域(也称线性区)和饱和区域(也称非线性区)。

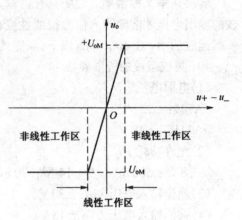

当运算放大器工作在线性区时,u_o 和 $(u_+ - u_-)$ 是线性关系,即

$$u_o = A_{uo}(u_+ - u_-)$$

这时运算放大器是一个线性元件。由于它的放大倍数很高,即使输入电压为毫伏级,也足以使电路饱和,其饱和电压值为 $+U_{oM}$ 或 $-U_{oM}$,接近电源电压。

运算放大器工作在线性区时,分析依据有两条:

图 8-19　运放的传输特性曲线

1. 虚断

由于运算放大器的差模输入电阻 $r_{id} \to \infty$,故可认为两个输入端的输入电流为零,即

$$i_+ \approx i_1 \approx 0$$

这种由于集成电路内部输入电阻无穷大而使输入电流为零的现象我们称之为"虚断"。

2. 虚短

由于运算放大器的开环电压放大倍数 $A_{uo} \to \infty$,而输出电压是一有限数值,故:

$$u_+ - u_- = \frac{u_o}{A_{uo}} \approx 0 \quad 即 \quad u_+ \approx u_-$$

由于集成开环放大倍数为无穷大,与其放大时的输出电压相比,同、反相的输入电压差值可以忽略不计,同、反相输入电压相等,我们称这种现象为"虚短"。

"虚断"和"虚短"在集成运算放大电路分析中很有用的概念。

运算放大器工作在饱和区时,输出电压不能用 $u_o = A_{uo}(u_+ - u_-)$ 计算,输出电压只有两种可能,即 $+U_{oM}$ 或 $-U_{oM}$。当 $u_+ > u_-$ 时,$u_o = +U_{oM}$;当 $u_+ < u_-$ 时,$u_o = -U_{oM}$。

8.4　集成运放的线性应用

利用集成运放在线性区工作的特点,根据输入电压和输出电压关系,外加不同的反馈网络可以实现多种数学运算。输入信号电压和输出信号电压的关系 $u_o = f(u_i)$,可以模拟成数学运算关系 $y = f(x)$,所以信号运算统称为模拟运算。尽管数字计算机的发展在许多方面替代了模拟计算机,但在物理量的测量、自动调节系统、测量仪表系统、模拟运算等领域仍得到了广泛应用。

8.4.1 比例运算电路

1. 反相比例运算电路

当输入信号从反相输入端输入时,输出信号与输入信号相位相反,这样运算电路就构成了反相比例运算电路,如图 8-20 所示。

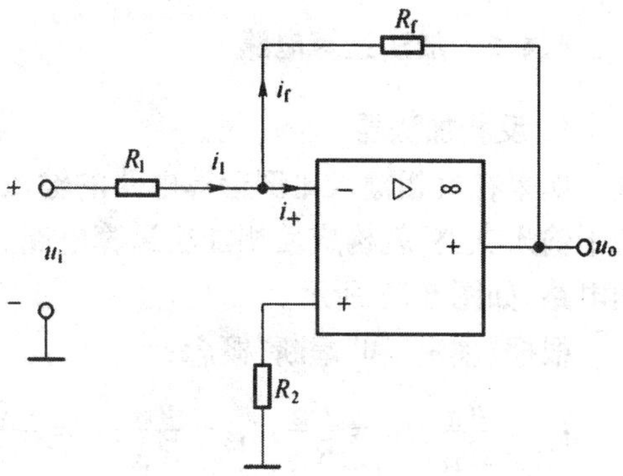

根据集成运算电路的"虚断"和"虚短"可得:

$$i_1 = \frac{u_i - u_-}{R_1} = \frac{u_i}{R_1}$$

可得:

$$i_f = \frac{u_- - u_o}{R_f} = -\frac{u_o}{R_f}$$

由此得出:

$$u_o = -\frac{R_f}{R_1} u_i$$

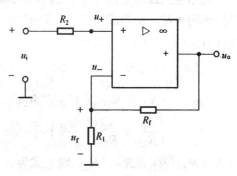

图 8-20 反相比例运算电路

该电路的闭环电压放大倍数为:$A_{uf} = \dfrac{u_o}{u_i} = -\dfrac{R_f}{R_1}$

上式表明,电路的电压放大倍数只与外围电阻有关,而与运放电路本身无关;这就保证了放大电路放大倍数的精确和稳定;当 R_f 无穷大(开环)时,放大倍数也为无穷大。式中的"−"号表示输出电压的相位与输入电压的相位相反。

图中的 R_2 为平衡电阻,$R_2 = R_1 /\!/ R_f$,其作用是消除静态电流对输出电压的影响。

所谓平衡电阻是指运放两个输入端的对地电阻必须相等,才能保证差放输入电路的对称,能很好地抑制共模信号和零点漂移。运算放大器在使用中都应按这个原则设置电阻值。

2. 同相比例运算电路

如果输入信号从同相输入端引入,运放电路就成了同相比例运算放大电路,如图 8-21 所示。

根据理想运算放大器的特性:

$$u_- \approx u_+ = u_i \quad i_1 \approx i_f$$

得:

$$i_1 = \frac{u_-}{R_1} = -\frac{u_i}{R_1}$$

$$i_f = \frac{u_- - u_o}{R_f} = \frac{u_i - u_o}{R_f}$$

因而:

$$u_o = \left(1 + \frac{R_f}{R_1}\right) u_i$$

$$A_{uf} = \frac{u_o}{u_i} = 1 + \frac{R_f}{R_1}$$

图 8-21 同相比例运算电路

上式表明该电路的比例系数也只和电阻有关,所以工作状态稳定。输出电压与输入电压同相,比例系数大于等于 1,称该电路为同相比例运算电路。

同相比例电路中,当 $R_1 = \infty$ 或 $R_f = 0$ 时,电路的电压放大倍数为 1,这时就成了电压跟随器,如图 8-22 所示。其输入电阻为无穷大,对信号源几乎无任何影响。输出电

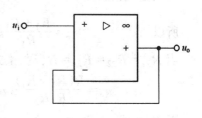

图 8-22 电压跟随器电路

阻为零,为一理想恒压源。所以带负载能力特别
强。它比射极输出器的跟随效果好得多,可以作
为各种电路的输入级、中间级和缓冲级等。

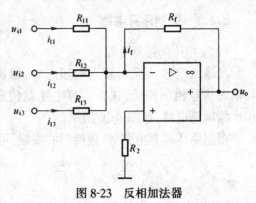

8.4.2 加法运算电路

1. 反相加法器

如果在反相输入比例运算电路的输入端增加
若干输入支路,就构成反相加法运算电路,也称求
和电路,如图 8-23 所示。

图 8-23　反相加法器

根据"虚短"和"虚断"概念:

$$i_{11} = \frac{u_{i1}}{R_{11}}; i_{12} = \frac{u_{i2}}{R_{12}}; i_{13} = \frac{u_{i3}}{R_{13}}; i_f = -\frac{u_o}{R_f} = i_{11} + i_{12} + i_{13}$$

由上列各式可得: $u_o = -\left(\frac{R_f}{R_{11}}u_{i1} + \frac{R_f}{R_{12}}u_{i2} + \frac{R_f}{R_{13}}u_{i3}\right)$

当 $R_{11} = R_{12} = R_{13} = R_1$ 时,上式为: $u_o = -\frac{R_f}{R_1}(u_{i1} + u_{i2} + u_{i3})$

当 $R_1 = R_f$ 时,则: $u_o = -(u_{i1} + u_{i2} + u_{i3})$

由上列三式可知,加法运算电路也与运算放大电路本身的参数无关,只要电阻值精确,就
可保证加法运算的精度和稳定性。另外反相加法电路中无共模输入信号(即 $u_+ = u_- = 0$),
抗干扰能力强,因此应用广泛。

平衡电阻 R_2 的取值: $R_2 = R_{11} /\!/ R_{12} /\!/ R_{13}$。

2. 同相加法运算

同相输入加法电路如图 8-24 所示,输入信
号加到同相端。由集成运放的"虚断"($i_- = 0$)
可得: $i_{21} + i_{22} + i_{23} = i_3$;即:

$$\frac{u_{i1} - u_+}{R_{21}} + \frac{u_{i2} - u_+}{R_{22}} + \frac{u_{i3} - u_+}{R_{23}} = \frac{u_+}{R_3}$$

$$u_+ = (R_3 /\!/ R_{21} /\!/ R_{22} /\!/ R_{23})$$

$$\left(\frac{u_{i1}}{R_{21}} + \frac{u_{i2}}{R_{22}} + \frac{u_{i3}}{R_{23}}\right)$$

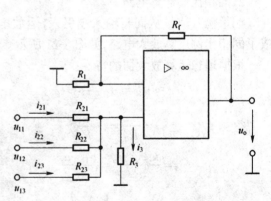

令 $R = R_3 /\!/ R_{21} /\!/ R_{22} /\!/ R_{23}$,则上式为:

$$u_+ = R\left(\frac{u_{i1}}{R_{21}} + \frac{u_{i2}}{R_{22}} + \frac{u_{i3}}{R_{23}}\right)$$

图 8-24　同相输入加法电路

又根据"虚短"($u_+ = u_-$)可得: $u_+ = \frac{R_1 u_o}{R_1 + R_f}$

所以　　　　　$u_o = \frac{R_1 + R_f}{R_1}u_+ = \frac{R(R_1 + R_f)}{R_1}\left(\frac{u_{i1}}{R_{21}} + \frac{u_{i2}}{R_{22}} + \frac{u_{i3}}{R_{23}}\right)$

当 $R_{21} = R_{22} = R_{23} = R_3$ 时,上式为:

$$u_o = \frac{R(R_1 + R_f)}{R_1 R_3}(u_{i1} + u_{i2} + u_{i3}) = \frac{(R_1 + R_f)}{4R_1}(u_{i1} + u_{i2} + u_{i3})$$

当 $R_f = 3R_1$ 时, $u_o = u_{i1} + u_{i2} + u_{i3}$

可见,同相加法器的输出和输入同相,但同相加法电路中存在共模输入电压(即 u_+ 和 u_- 不等于零),因此不如反向输入加法器应用普遍。

8.4.3 减法运算电路

减法运算电路可以用加法器构成,也可以利用差动式电路实现。

1. 利用反相信号求和以实现减法运算

【例8-1】 设计一个加减法运算电路,使其实现数学运算,$Y = X_1 + 2X_2 - 5X_3 - X_4$。

解:此题的电路模式应为 $u_o = u_{i1} + 2u_{i2} - 5u_{i3} - u_{i4}$,利用两个反相加法器可以实现加减法运算,电路如图8-25所示。

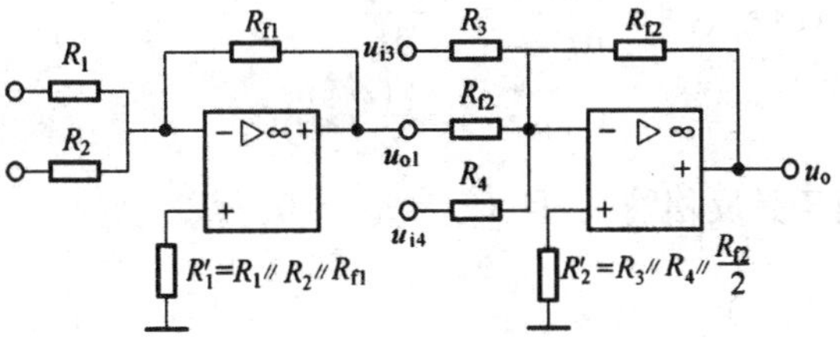

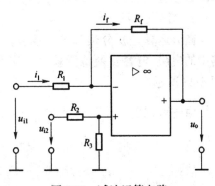

$$u_{o1} = \frac{R_{f1}}{R_1}u_{i1} - \frac{R_{f1}}{R_2}u_{i2}$$

$$u_o = -\frac{R_{f2}}{R_{f2}}u_{o1} - \frac{R_{f2}}{R_3}u_{i3} - \frac{R_{f2}}{R_4}u_{i4}$$

$$= \frac{R_{f1}}{R_1}u_{i1} + \frac{R_{f1}}{R_2}u_{i2} - \frac{R_{f2}}{R_3}u_{i3} - \frac{R_{f2}}{R_4}u_{i4}$$

图8-25 加减法运算电路

如果取 $R_{f1} = R_{f2} = 10\,\text{k}\Omega$,

则 $R_1 = 10\,\text{k}\Omega, R_2 = 5\,\text{k}\Omega$ $R_3 = 2\,\text{k}\Omega, R_4 = 10\,\text{k}\Omega, R'_1 = R_1 /\!/ R_2 /\!/ R_{f1}, R'_2 = R_3 /\!/ R_4 /\!/ R_{f2}/2$。

2. 利用差动式电路以实现减法运算

如果运算放大器的同、反相输入端都有信号输入,就构成差动输入的运算放大电路,如图8-26所示,它可以实现减法运算功能。根据"虚断"(即 $i_+ = i_- = 0$),由图可得:

$$u_- = u_{i1} - i_1 R_1 = u_{i1} - \frac{u_{i1} - u_o}{R_1 + R_f} \cdot R_1 \qquad u_+ = \frac{u_{i2}}{R_2 + R_3} \cdot R_3$$

又据"虚短"概念 $u_- \approx u_+$,故从上列两式可得:

$$u_{i1} - \frac{u_{i1} - u_o}{R_1 + R_f} \cdot R_1 = \frac{u_{i2}}{R_2 + R_3} \cdot R_3$$

图8-26 减法运算电路

则:
$$u_o = \left(1 + \frac{R_f}{R_1}\right)\frac{R_3}{R_2 + R_3}u_{i2} - \frac{R_f}{R_1}u_{i1}$$

当 $R_1 = R_2$ 且 $R_F = R_3$ 时,上式可化为:

$$u_o = \frac{R_f}{R_1}(u_{i2} - u_{i1})$$

上式表示,输出电压 u_o 与两个输入电压的差成正比。

当 $R_f = R_1$ 时,则得:$u_o = u_{i2} - u_{i1}$。

上式表示当电阻选得适当时,输出电压为两输入电压的差。

8.4.4 积分、微分运算

1. 积分运算

积分运算是模拟计算机中的基本单元电路,数学模式为 $y = K\int X \mathrm{d}t$;电路模式为 $u = K\int u_i \mathrm{d}t$,该电路如图 8-27 所示。

在反相输入式放大电路中,将反馈电阻 R_f 换成电容器 C ,就成了积分运算电路。

根据电流的定义,可得电容上的电流为: $i_C = \dfrac{\mathrm{d}q}{\mathrm{d}t}$,

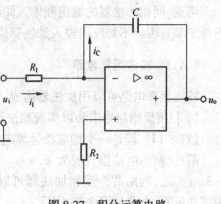

由此得 $i_C = \dfrac{\mathrm{d}(Cu_C)}{\mathrm{d}t} = C\dfrac{\mathrm{d}u_C}{\mathrm{d}t}$

$$u_C = \frac{1}{C}\int i_C \mathrm{d}t$$

图 8-27　积分运算电路

由于是反相输入,且 $u_+ = u_- = 0$,所以有:

$$i_1 = i_f = \frac{U_i}{R_1} = i_C$$

$$u_C = \frac{q}{C} = \frac{1}{C}\int i_C \mathrm{d}t$$

$$u_o = -u_C = -\frac{1}{C}\int i_f \mathrm{d}t = -\frac{1}{R_1 C}\int u_i \mathrm{d}t$$

上式表明 u_o 与 u_i 的积分成比例,式中的负号表示两者相位相反, $R_1 C$ 称为积分时间常数。

2. 微分运算

微分运算是积分运算的逆运算。将积分运算电路中的电阻、电容互换位置就可以实现微分运算,如图 8-28 所示。

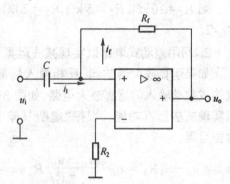

由图可列出: $i_1 = C\dfrac{\mathrm{d}u_C}{\mathrm{d}t} = C\dfrac{\mathrm{d}u_1}{\mathrm{d}t}$

$$u_o = -i_f R_f = -i_1 R_f$$

故: $u_o = -R_f C\dfrac{\mathrm{d}u_i}{\mathrm{d}t}$

图 8-28　微分运算电路

8.5　集成运放的非线性应用

集成运放应用在非线性区时,处于开环或正反馈状态下。这一点与运放的线性应用有着明显不同。运放在非线性应用状态下,同相端与反相端上的信号电压大小不等,因此"虚短"的概念不再成立。当同相端电压 u_+ 大于反相端电压 u_- 时,输出端电压等于 $+U_{oM}$;反之等于 $-U_{oM}$ 。由于运放的输入电阻很大,所以输入端的信号电流仍可视为零,即非线性应用下的运放仍具有"虚断"的特点。

8.5.1　单门限电压比较器

1. 非零电压比较器

图 8-29(a)所示电路为简单的单门限电压比较器。图中,反相输入端接输入信号 u_i ,同相

输入端接基准电压 U_R。集成运放处于开环工作状态,当 $u_i < U_R$ 时,输出为高电位 $+U_{oM}$,当 $u_i > U_R$ 时,输出为低电位 $-U_{oM}$,其传输特性如图 8-29(b)所示。

由图可见,只要输入电压相对于基准电压 U_R 发生微小的正负变化时,输出电压 u_o 就在负的最大值到正的最大值之间作相应地变化。

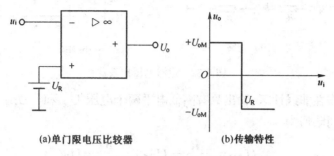

(a)单门限电压比较器　　(b)传输特性

图 8-29　单门限电压比较器及其传输特性

2. 过零电压比较器

当单门限电压比较器的基准电压 $U_R = 0$ 时,如图 8-30 所示。输入电压每经过一次零值,输出电压就要产生一次跃变。这时的单门限比较器称为过零比较器。

过零比较器也可以用于波形变换。

例如,如图 8-31 所示的比较器的输入电压 u_i 是正弦波信号,若 $U_R = 0$,则每过零一次,输出状态就要翻转一次,如图所示。对于图 8-30 所示电压比较器,若 $U_R = 0$,当 u_i 在正半周时,由于 $u_i > 0$,则 $u_o = -U_{oM}$,负半周时 $u_i < 0$,则 $u_o = +U_{oM}$

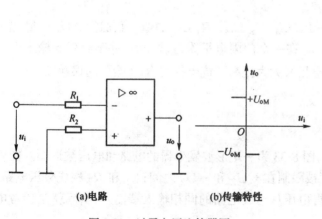

(a)电路　　(b)传输特性

图 8-30　过零电压比较器图

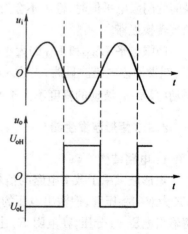

图 8-31　过零比较器的输入输出电压波形

3.5.2　迟滞电压比较器

单限电压比较器存在的问题是,当输入信号在 U_R 处上下波动时,输出电压会出现多次翻转。采用迟滞电压比较器可以消除这种现象。迟滞电压比较器如图 8-32 所示。

该电路的同相输入端电压 U_+,由 u_o 和 U_R 共同决定,根据叠加原理有

$$U_+ = \frac{R_1}{R_1 + R_f} u_o + \frac{R_f}{R_1 + R_f} U_R$$

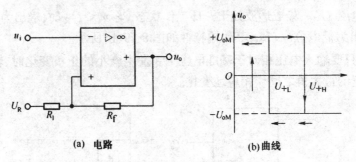

(a) 电路　　　　　　(b) 曲线

图 8-32　迟滞电压比较器

由于运放工作在非线性区,输出只有高低电平两个电压 U_{oM} 和 $-U_{oM}$,因此当输出电压为 U_{oM} 时,U_+ 的上门限值为

$$U_{+H} = \frac{R_1}{R_1 + R_f} U_{oM} + \frac{R_f}{R_1 + R_f} U_R$$

输出电压为 U_{oL} 时,U_+ 的下门限值为

$$U_{+L} = \frac{R_1}{R_1 + R_f} (-U_{oM}) + \frac{R_f}{R_1 + R_f} U_R$$

这种比较器在两种状态下,有各自的门限电平。对应于 U_{oH} 有高门限电平 U_{+H},对应于 U_{oL} 有低门限电平 U_{+L}。

迟滞电压比较器的特点是,当输入信号发生变化且通过门限电平时,输出电压会发生翻转,门限电平也随之变换到另一个门限电平。当输入电压反向变化而通过导致刚才翻转那一瞬间的门限电平值时,输出不会发生翻转,直到 u_i 继续变化到另一个门限电平时,才能翻转,出现转换迟滞。

门限电平 U_{+H} 和 U_{oL} 的大小取决于 U_{oM}、U_R 以及 R_1、R_f 的值。我们把 $\Delta U_R = U_{+H} - U_{oL}$ 叫做回差电压。显然,当输入电压 u_i 在一个门限电平附近波动时,并不会引起输出电压抖动(只要 u_i 波动的幅度不大于回差电压),大大提高了抗干扰能力,不会引起误触发。

8.5.3　矩形波发生器

1. 电路结构

矩形波常用于数字电路的信号源,图 8-33 为一矩形波发生器的电路和电压波形图。图中 VZ 为双向稳压管,使输出电压的幅度被限制在 $+U_Z$ 和 $-U_Z$ 之间;R_1 和 R_2 构成分压电路,将输出电压 u_o 分压,在电阻 R_2 上分得电压从运放电路的同相输入端输入,实际就是参考电压 U_R,由分压原理可得:$U_R = \dfrac{R_2}{R_1 + R_2} \cdot U_Z$

R_f 和 C 构成充放电电路,电容器两端电压 u_C 从反向输入端输入,u_C 和 U_R 的极性和大小决定了输出电压的极性。R_3 为限流电阻。

2. 振荡原理

设 $t = 0$ 时,$u_o = +U_Z$,电容器 C 上电压 $u_C = -U_R = -U_Z \cdot R_2/(R_1 + R_2)$。则 u_o 正电压经 R_F 给 C 充电,充电电流 $I_充$ 如图所示,u_C 按指数曲线(这里用斜线近似表示)上升。当 $u_C \geqslant U_R$ 时,输出电压从 $+U_Z$ 跳到 $-U_Z$,这时,电容器放电,u_C 下降,当 $u_C \leqslant U_R$ 时,输出电压再次跳跃,从 $-U_Z$ 跳到 $+U_Z$。这样循环往复,电路产生自激振荡,输出电压波形为矩形波。

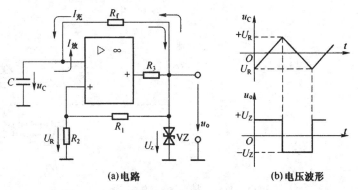

(a)电路　　　　　　(b)电压波形

图 8-33　矩形波发生器

波形如图 8-33(b)所示。

3. 振荡周期和频率

u_C 上的充放电电压在 $-U_R$ 到 $+U_R$ 之间变化,根据电容的充放电规律可推出电路的振荡周期公式为:

$$T = 2R_f C \ln(1 + 2\frac{R_2}{R_1}) \quad \text{则} : f = \frac{1}{T}$$

若选择 $R_2 = 0.859R_1$,则振荡周期可简化为:

$$T = 2R_f C \qquad f = \frac{1}{2R_f C}$$

练　习　题

8-1　集成运放一般由哪几部分组成,各部分的作用如何?

8-2　理想运放的主要条件有哪些?

8-3　集成运算放大器为什么要选用“差放”的电路形式?

8-4　负反馈有哪些组态,各有什么作用?

8-5　当输入电压从足够低逐渐增大到足够高的过程中,单门限电压比较器和滞回电压比较器的输出电压各变化几次?

8-6　求图 8-34 所示电路的 u_o 与 u_i 的运算关系式。

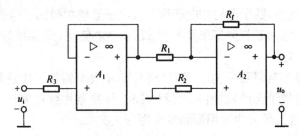

图 8-34　习题 8-6 用图

第9章

数字电路基础

9.1 基础知识

9.1.1 模拟信号和数字信号

电子电路中的信号可以分为两大类:模拟信号和数字信号。

模拟信号——时间连续和幅值上均连续的信号。

数字信号——时间上和幅值上均是离散的信号。如电子表的秒信号、生产流水线上记录零件个数的计数信号等。这些信号的变化发生在一系列离散的瞬间,其值也是离散的。

数字信号只有两个离散值,常用数字 0 和 1 来表示。注意,这里的 0 和 1 没有大小之分,只代表两种对立的状态,称为逻辑 0 和逻辑 1,也称为二值数字逻辑。

1. 数字电路的概念

传递与处理数字信号的电子电路称为数字电路。

2. 数字电路特点

(1)数字电路是以二进制数字逻辑为基础的,只有 0 和 1 两个基本数字,易于用电路来实现,比如可用二极管、三极管的导通与截止这两个对立的状态来表示数字信号的逻辑 0 和逻辑 1。

(2)数字电路组成的数字系统工作可靠,精度较高,抗干扰能力强,它可以通过整形很方便地去除叠加于传输信号上的噪声与干扰,还可以利用差错控制技术对传输信号进行查错和纠错。

(3)数字电路不仅能完成数值运算,而且能进行逻辑判断和运算,这在控制系统中是不可缺少的。

(4)数字信息便于长期保存,比如可将数字信息存入磁盘、光盘等长期保存。

(5)数字集成电路产品系列多、通用性强、成本低。

由于具有一系列优点,数字电路在电子设备或电子系统中得到了越来越广泛的应用,计算机、计算器、电视机、音响系统、视频记录设备、光碟、长途电信及卫星系统等,都采用了数字系统。

3. 数字电路的分类

按集成度分类:数字电路可分为小规模(SSI,每片数十器件)、中规模(MSI,每片数百器件)、大规模(LSI,每片数千器件)和超大规模(VLSI,每片器件数目大于 1 万)数字集成电路。集成电路从应用的角度又可分为通用型和专用型两大类型。

9.1.2 数制与码制

1. 数制

(1)几种常用的计数体制

a．十进制(Decimal) 通常以 D 表示

数码为:0～9;基数是 10。

运算规律:逢十进一,即:9+1=10。

权展开式:如$(29.04)_D = 2×10^1 + 9×10^0 + 0×10^{-1} + 4×10^{-2} = (29.04)_D$

b．二进制(Binary)通常以 B 表示

数码为:0、1;基数是 2。

运算规律:逢二进一,即:1+1=10。

权展开式:如$(101.1)_B = 1×2^2 + 0×2^1 + 1×2^0 + 1×2^{-1} = (5.5)_D$

c．八进制(Octal),以 O 表示

数码为:0～7;基数是 8。

运算规律:逢八进一,即:7+1=10。

权展开式:如$(27.04)_O = 2×8^1 + 7×8^0 + 0×8^{-1} + 4×8^{-2} = (23.25)_D$

d．十六进制(Hexadecimal),以 H 表示

数码为:0～9、A～F;基数是 16。

运算规律:逢十六进一,即:F+1=10。

权展开式:如$(D8.A)_H = 13×16^1 + 8×16^0 + 10×16^{-1} = (216.625)_D$

(2)不同数制之间的相互转换

a．N 进制转换成十进制:

将 N 进制数按权位展开再求和即可

【例 9-1】　将二进制数$(10011.101)_B$转换成十进制数

解:$(10011.101)_B = 1×2^4 + 0×2^3 + 0×2^2 + 1×2^1 + 1×2^0 + 1×2^{-1} + 0×2^{-2} + 1×2^{-3} = (19.625)_D$

b．十进制转换成 N 进制

可用"除 N 取余"法将十进制的整数部分转换成 N 进制。

【例 9-2】　数$(23)_D$转换成二进制数。

解:根据"除 2 取余"法的原理,按如下步骤转换:

```
2 | 23    ……余 1    b₀  ↑  读
2 | 11    ……余 1    b₁  |  取
2 | 5     ……余 1    b₂  |  次
2 | 2     ……余 0    b₃  |  序
2 | 1     ……余 1    b₄  |
      0
```

则　$(23)_D = (10111)_B$

可用"乘 N 取整"的方法将任何十进制数的纯小数部分转换成 N 进制数。

【例 9-3】　将十进制数$(0.562)_D$转换成误差 ε 不大于 2^{-6} 的二进制数。

解:用"乘 2 取整"法,按如下步骤转换取整

$$0.562×2 = 1.124 ……1……b_{-1}$$
$$0.124×2 = 0.248 ……0……b_{-2}$$

$$0.248 \times 2 = 0.496 \cdots 0 \cdots b_{-3}$$
$$0.496 \times 2 = 0.992 \cdots 0 \cdots b_{-4}$$
$$0.992 \times 2 = 1.984 \cdots 1 \cdots b_{-5}$$

由于最后的小数 $0.984 > 0.5$，根据"四舍五入"的原则，b_{-6} 应为 1。因此

$$(0.562)_D = (0.100011)_B$$

其误差 $\varepsilon < 2^{-6}$。

c. 二进制转换成十六进制

由于十六进制基数为 16，而 $16 = 2^4$，因此，4 位二进制数就相当于 1 位十六进制数。因此，可用"4 位分组"法将二进制数化为十六进制数。

【例 9-4】　将二进制数 $(1001101.100111)_B$ 转换成十六进制数

解：$(1001101.100111)_B = (0100\ 1101.1001\ 1100)_B = (4D.9C)_H$

同理，若将二进制数转换为八进制数，可将二进制数分为 3 位一组，再将每组的 3 位二进制数转换成一位 8 进制数即可。

d. 十六进制转换成二进制

由于每位十六进制数对应于 4 位二进制数，因此，十六进制数转换成二进制数，只要将每一位变成 4 位二进制数，按位的高低依次排列即可。

【例 9-5】　将十六进制数 $(6E.3A5)_H$ 转换成二进制数。

解：$(6E.3A5)_H = (110\ 1110.0011\ 1010\ 0101)_B$

同理，若将八进制数转换为二进制数，只需将每一位变成 3 位二进制数，按位的高低依次排列即可。

2. 码制

由于数字系统是以二值数字逻辑为基础的，因此数字系统中的信息（包括数值、文字、控制命令等）都是用一定位数的二进制码表示的，这个二进制码称为代码。

(1) 二—十进制码

BCD 码——用二进制代码来表示十进制的 0～9 十个数，又称二—十进制码。

要用二进制代码来表示十进制的 0～9 十个数，至少要用 4 位二进制数。4 位二进制数有 16 种组合，可从这 16 种组合中选择 10 种组合分别来表示十进制的 0～9 十个数。选哪 10 种组合，有多种方案，这就形成了不同的 BCD 码。具有一定规律的常用的 BCD 码见表 9-1。

表 9-1　常用 BCD 码

十进制数	8421 码	2421 码	5421 码	余三码
0	0000	0000	0000	0011
1	0001	0001	0001	0100
2	0010	0010	0010	0101
3	0011	0011	0011	0110
4	0100	0100	0100	0111
5	0101	1011	1000	1000
6	0110	1100	1001	1001
7	0111	1101	1010	1010
8	1000	1110	1011	1011
9	1001	1111	1100	1100
位权	8 4 2 1 $b_3 b_2 b_1 b_0$	2 4 2 1 $b_3 b_2 b_1 b_0$	5 4 2 1 $b_3 b_2 b_1 b_0$	无权

注意,BCD 码用 4 位二进制码表示的只是十进制数的一位。如果是多位十进制数,应先将每一位十进制数用 BCD 码表示,然后组合起来。

【例 9-6】 将十进制数 $(83)_D$ 分别用 8421 码、2421 码表示。

解: 由表 9-1 可得

$$(83)_D = (1000\ 0011)_{8421}$$

$$(83)_D = (1110\ 0011)_{2421}$$

(2)可靠性代码

还有一种常用的四位无权码叫格雷码,其编码如表 9-2 所示。这种码看似无规律,其实它是按照"相邻性"编码的,即相邻两码之间只有一位数字不同。格雷码常用于模拟量的转换中,当模拟量发生微小变化而可能引起数字量发生变化时,格雷码仅改变 1 位,这样与其他码同时改变两位或多位的情况相比更为可靠,可减少出错的可能性。

表 9-2　格　雷　码

十进制数	$G_3 G_2 G_1 G_0$	十进制数	$G_3 G_2 G_1 G_0$
0	0 0 0 0	8	1 1 0 0
1	0 0 0 1	9	1 1 0 1
2	0 0 1 1	10	1 1 1 1
3	0 0 1 0	11	1 1 1 0
4	0 1 1 0	12	1 0 1 0
5	0 1 1 1	13	1 0 1 1
6	0 1 0 1	14	1 0 0 1
7	0 1 0 0	15	1 0 0 0

9.2　逻辑门运算

数字电路实现的是逻辑关系。逻辑关系是指某事物的条件(或原因)与结果之间的关系。

9.2.1　基本逻辑门运算

逻辑代数中只有三种基本运算:与、或、非。

1. 与运算

与运算——只有当决定一件事情的条件全部具备之后,这件事情才会发生。我们把这种因果关系称为与逻辑。

(1)如果用二值逻辑 0 和 1 来表示,并设 1 表示开关闭合或灯亮;0 表示开关不闭合或灯不亮,则得到如图 9-1(c)所示的表格,称为逻辑真值表。

所谓逻辑真值表,就是将逻辑变量(用字母 A、B、C…来表示)的各种可能的取值和相应的函数值 L 排列在一起所组成的表。

(2)若用逻辑表达式来描述,则可写为

$$L = A \cdot B$$

与运算的规则为:"输入有 0,输出为 0;输入全 1,输出为 1",即: $0 \cdot 0 = 0$　$0 \cdot 1 = 0$　$1 \cdot 0 = 0$　$1 \cdot 1 = 1$

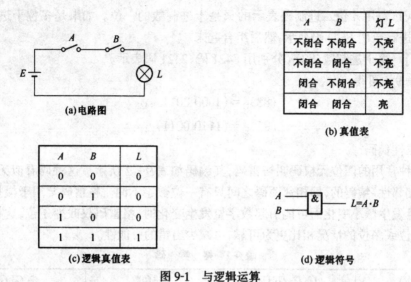

图 9-1　与逻辑运算

(3)在数字电路中能实现与运算的电路称为与门电路,其逻辑符号如图 9-1(d)所示。

与运算可以推广到多变量:$L = A \cdot B \cdot C \cdots$

2. 或运算

或运算——当决定一件事情的几个条件中,只要有一个或一个以上条件具备,这件事情就会发生。我们把这种因果关系称为或逻辑。

或运算的真值表如图 9-2(b)所示,逻辑真值表如图 9-2(c)所示。若用逻辑表达式来描述,则可写为

$$L = A + B$$

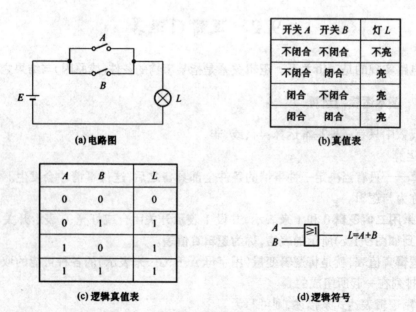

图 9-2　或逻辑运算

或运算的规则为:"输入有 1,输出为 1;输入全 0,输出为 0",即:$0+0=0$　$0+1=1$　$1+0=1$　$1+1=1$

在数字电路中能实现或运算的电路称为或门电路,其逻辑符号如图9-2(d)所示。或运算也可以推广到多变量: $L = A + B + C + \cdots$

3. 非运算

非运算——某事情发生与否,仅取决于一个条件,而且是对该条件的否定。即条件具备时事情不发生;条件不具备时事情才发生。

例如图9-3(a)所示的电路,当开关 A 闭合时,灯不亮;而当 A 不闭合时,灯亮。其真值表如图9-3(b)所示,逻辑真值表如图9-3(c)所示。若用逻辑表达式来描述,则可写为: $L = \overline{A}$

非运算的规则为: $\overline{0} = 1$; $\overline{1} = 0$ 。

在数字电路中实现非运算的电路称为非门电路,其逻辑符号如图9-3(d)所示。

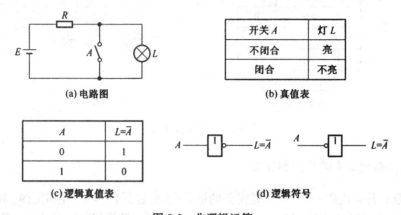

(a)电路图	(b)真值表

开关 A	灯 L
不闭合	亮
闭合	不亮

A	$L=\overline{A}$
0	1
1	0

(c)逻辑真值表　　　　(d)逻辑符号

图9-3　非逻辑运算

9.2.2　复合逻辑门运算

任何复杂的逻辑运算都可以由这三种基本逻辑运算组合而成。在实际应用中为了减少逻辑门的数目,使数字电路的设计更方便,还常常使用其他几种常用逻辑运算。

1. 与非

与非是由与运算和非运算组合而成,如图9-4所示。

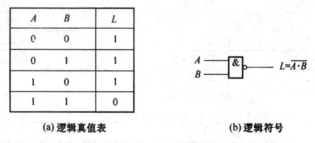

A	B	L
0	0	1
0	1	1
1	0	1
1	1	0

(a)逻辑真值表　　　　(b)逻辑符号

$L = \overline{A \cdot B}$

图9-4　与非逻辑运算

2. 或非

或非是由或运算和非运算组合而成,如图9-5所示。

3. 异或

异或是一种二变量逻辑运算,当两个变量取值相同时,逻辑函数值为0;当两个变量取值不同时,逻辑函数值为1,如图9-6所示。

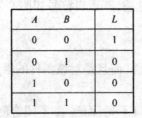

A	B	L
0	0	1
0	1	0
1	0	0
1	1	0

(a)逻辑真值表

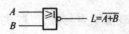

$L = \overline{A + B}$

(b)逻辑符号

图 9-5 或非逻辑运算

A	B	L
0	0	0
0	1	1
1	0	1
1	1	0

(a)逻辑真值表

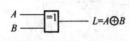

$L = A \oplus B$

(b)逻辑符号

图 9-6 异或逻辑运算

9.2.3　逻辑代数中的公式和化简

逻辑代数和普通代数一样,有一套完整的运算规则,包括公理、定理和定律,用它们对逻辑函数式进行处理,可以完成对电路的化简、变换、分析与设计,逻辑代数基本公式如表 9-3 所示。

1．逻辑代数的基本公式

表 9-3　逻辑代数的基本公式

名称	公式 1	公式 2
0－1 律	$A \cdot 1 = A$ $A \cdot 0 = 0$	$A + 0 = A$ $A + 1 = 1$
互补律	$A\overline{A} = 0$	$A + \overline{A} = 1$
重叠律	$AA = A$	$A + A = A$
交换律	$AB = BA$	$A + B = B + A$
结合律	$A(BC) = (AB)C$	$A + (B + C) = (A + B) + C$
分配律	$A(B + C) = AB + AC$	$A + BC = (A + B)(A + C)$
反演律	$\overline{AB} = \overline{A} + \overline{B}$	$\overline{A + B} = \overline{A} \cdot \overline{B}$
吸收律	$A(A + B) = A$ $A(\overline{A} + B) = AB$ $(A + B)(\overline{A} + C)(B + C) = (A + B)(\overline{A} + C)$	$A + AB = A$ $A + \overline{A}B = A + B$ $AB + \overline{A}C + BC = AB + \overline{A}C$
对合律	$\overline{\overline{A}} = A$	

表 9-3 中略为复杂的公式可用其他更简单的公式来证明。

【例 9-7】　证明吸收律 $A + \overline{A}B = A + B$

证:$A + \overline{A}B = A(B + \overline{B}) + \overline{A}B = AB + A\overline{B} + \overline{A}B = AB + AB + A\overline{B} + \overline{A}B$

$\qquad = A(B + \overline{B}) + B(A + \overline{A}) = A + B$

表中的公式还可以用真值表来证明,即检验等式两边函数的真值表是否一致。

【例 9-8】　用真值表证明反演律 $\overline{AB} = \overline{A} + \overline{B}$ 和 $\overline{A + B} = \overline{A} \cdot \overline{B}$

证:分别列出两公式等号两边函数的真值表即可得证,如表 9-4 和表 9-5 所示。

表 9-4　证明 $\overline{AB} = \overline{A} + \overline{B}$

A	B	$\overline{AB}$	$\overline{A} + \overline{B}$
0	0	1	1
0	1	1	1
1	0	1	1
1	1	0	0

表 9-5　证明 $\overline{A + B} = \overline{A} \cdot \overline{B}$

A	B	$\overline{A + B}$	$\overline{A} \cdot \overline{B}$
0	0	1	1
0	1	0	0
1	0	0	0
1	1	0	0

反演律又称摩根定律,是非常重要又非常有用的公式,它经常用于逻辑函数的变换,以下是它的两个变形公式,也是常用的。

$$AB = \overline{\overline{A} + \overline{B}} \qquad A + B = \overline{\overline{A} \cdot \overline{B}}$$

2. 逻辑代数的常用公式和化简

利用逻辑函数的基本公式和常用公式可以将复杂的逻辑函数化简为简单的逻辑函数,这种化简方法称为公式法化简。

各常用公式如下,并给出各式的简单证明。

(1) $A + A \cdot B = A$

证: $A + A \cdot B = A \cdot (1 + B) = A \cdot 1 = A$

(2) $A \cdot B + A \cdot \overline{B} = A$

证: $A \cdot B + A \cdot \overline{B} = A(B + \overline{B}) = A \cdot 1 = A$

(3) $A + \overline{A} \cdot B = A + B$

证: $A + \overline{A} \cdot B = A + AB + \overline{A} \cdot B = A + (A + \overline{A})B = A + B$

3. 逻辑代数的基本规则

(1) 代入规则

代入规则的基本内容是:对于任何一个逻辑等式,以某个逻辑变量或逻辑函数同时取代等式两端任何一个逻辑变量后,等式依然成立。

利用代入规则可以方便地扩展公式。例如,在反演律 $\overline{AB} = \overline{A} + \overline{B}$ 中用 BC 去代替等式中的 B,则新的等式仍成立:

$$\overline{ABC} = \overline{A} + \overline{BC} = \overline{A} + \overline{B} + \overline{C}$$

(2) 对偶规则

将一个逻辑函数 L 进行下列变换:

$$\cdot \to +, + \to \cdot$$
$$0 \to 1, 1 \to 0$$

所得新函数表达式叫做 L 的对偶式,用 L' 表示。

对偶规则的基本内容是:如果两个逻辑函数表达式相等,那么它们的对偶式也一定相等。

利用对偶规则可以帮助我们减少公式的记忆量。例如,表 9-3 中的公式 1 和公式 2 就互为对偶,只需记住一边的公式就可以了。因为利用对偶规则,不难得出另一边的公式。

(3) 反演规则

将一个逻辑函数 L 进行下列变换:

$$\cdot \to +, + \to \cdot$$
$$0 \to 1, 1 \to 0$$
$$原变量 \to 反变量$$
$$反变量 \to 原变量$$

所得新函数表达式叫做 L 的反函数,用 $\overline{L}$ 表示。

利用反演规则,可以非常方便地求得一个函数的反函数

【例 9-9】 求函数 $L = \overline{A}C + B\overline{D}$ 的反函数

解: $\overline{L} = (A + \overline{C}) \cdot (\overline{B} + D)$

【例 9-10】 求函数 $L = A \cdot B + \overline{C + \overline{D}}$ 的反函数

解: $\overline{L} = \overline{A} + \overline{B} \cdot \overline{\overline{C} \cdot D}$

在应用反演规则求反函数时要注意以下两点:

①保持运算的优先顺序不变,必要时加括号表明,如例 9-9。

②变换中,几个变量(一个以上)的公共非号保持不变,如例 9-10。

9.3 组合逻辑电路的分析和设计

组合逻辑电路是数字电路中最常见的逻辑电路,其特点是电路无记忆功能,即电路任一时刻的输出状态仅取决于该时刻各输入状态的组合,而与电路的原输出状态无关,电路结构无反馈回路。

9.3.1 组合逻辑电路的分析

1. 分析组合逻辑电路一般要经过以下步骤:

逻辑图——逻辑函数——最简表达式——真值表——功能

2. 逻辑函数的建立

描述逻辑关系的函数称为逻辑函数,前面讨论的与、或、非、与非、或非、异或都是逻辑函数。逻辑函数是从生活和生产实践中抽象出来的,但是只有那些能明确地用"是"或"否"作出回答的事物,才能定义为逻辑函数。

3. 逻辑函数的表示方法

一个逻辑函数常有四种表示方法,即真值表、函数表达式、逻辑图和卡诺图。这里只介绍前三种。

(1)真值表

真值表是将输入逻辑变量的各种可能取值和相应的函数值排列在一起而组成的表格。为避免遗漏,各变量的取值组合应按照二进制递增的次序排列。真值表和函数表达式可以互相转换。

(2)函数表达式

函数表达式就是由逻辑变量和"与"、"或"、"非"三种运算符所构成的表达式。

由真值表可以转换为函数"与-或"表达式,方法为:在真值表中依次找出函数值等于1的对应的输入变量组合,此组合中变量值为1的写成原变量,变量值为0的写成反变量,再把写出来的各个原变量或反变量相乘。这样,对应于函数值为1的每一个变量组合就可以写成一个乘积项。然后,把这些乘积项相加,就得到相应的函数表达式了。

反之,由表达式也可以转换成真值表,方法为:画出真值表的表格,将变量及变量的所有取值组合按照二进制递增的次序列入表格左边,然后按照表达式,依次对变量的各种取值组合进行运算,求出相应的函数值,填入表格右边对应的位置,即得真值表。

(3)逻辑图

逻辑图就是由逻辑符号及它们之间的连线而构成的图形。

由函数表达式可以画出其相应的逻辑图。反之,由逻辑图也可写出函数表达式。

【例 9-11】　分析如下组合逻辑电路的功能

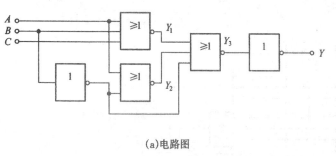

A	B	C	Y
0	0	0	1
0	0	1	1
0	1	0	1
0	1	1	1
1	0	0	1
1	0	1	1
1	1	0	1
1	1	1	0

(a)电路图　　　　　　　　　　　(b)真值表

图 9-7　例 9-11 电路图

解:

$$Y_1 = \overline{A + B + C}$$

$$Y_2 = \overline{A + \overline{B}}$$

$$Y_3 = \overline{Y_1 + Y_2 + \overline{B}} = \overline{Y_1} \cdot \overline{Y_2} \cdot B = (A + B + C) \cdot (A + \overline{B}) \cdot B = AB$$

$$Y = \overline{Y_3} = \overline{AB}$$

真值表:如图 9-7(b)所示。

功能:判断 A、B、C 是否全 1,全 1 结果为 0,否则结果为 1。

9.3.2　组合逻辑函数的设计

设计组合逻辑电路一般要经过以下步骤:

实际问题—真值表—函数表达式—最简表达式—逻辑图

【例 9-12】　三个人表决一件事情,结果按"少数服从多数"的原则决定,试设计该组合逻辑电路。

解:第一步:设置自变量和因变量。将三人的意见设置为自变量 A、B、C,并规定只能有同意或不同意两种意见。将表决结果设置为因变量 L,显然也只有通过和不通过两个情况。

第二步:状态赋值。对于自变量 A、B、C,设:同意为逻辑"1",不同意为逻辑"0"。对于因变量 L,设:事情通过为逻辑"1",没通过为逻辑"0"。

第三步:根据题义及上述规定列出函数的真值表如表 9-6 所示。

表 9-6　例 9-12 真值表

A	B	C	L	A	B	C	L
0	0	0	0	1	0	0	0
0	0	1	0	1	0	1	1
0	1	0	0	1	1	0	1
0	1	1	1	1	1	1	1

由真值表可以看出,当自变量 A、B、C 取确定值后,因变量 L 的值就完全确定了。所以,L 就是 A、B、C 的函数。A、B、C 常称为输入逻辑变量,L 称为输出逻辑变量。

一般地说,若输入逻辑变量 A、B、C…的取值确定以后,输出逻辑变量 L 的值也唯一地确定了,就称 L 是 A、B、C…的逻辑函数,写作:

$$L = f(A, B, C \cdots)$$

从真值表中可写出此函数的与或逻辑表达式：

$$L = \overline{A}BC + A\overline{B}C + AB\overline{C} + ABC$$

画出逻辑电路如图 9-8 所示。

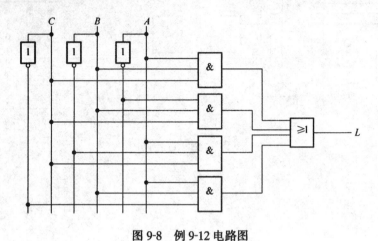

图 9-8   例 9-12 电路图

9.4   译 码 器

9.4.1   概   述

译码是将输入的一组代码译成与之相对应的信号输出。能完成这种功能的逻辑电路称为译码器，若译码器有 n 个输入信号，表示输入有 2^n 种编码组合，每一个组合都可称为输入最小项，则有 2^n 个最小项。输出线有 M 条，则 $M \leqslant 2^n$。当在输入端出现某种编码时，经译码后，相应的唯一一条输出线为有效电平，而其余的输出线为无效电平(与有效电平相反)。若 $M = 2^n$，则称为全译码；反之，$M < 2^n$，则称为部分译码。

译码器种类很多，有二进制译码器和显示译码器等。

9.4.2   二进制译码器

二进制译码器有 2 线 − 4 线译码器、3 线 − 8 线译码器和 4 线 − 16 线译码器等。下面以 3 位二进制译码器为例，介绍其原理。

1. 三位二进制译码器

(1)列出译码器的真值表，输入三位代码 $A_2A_1A_0$，共有 $2^3 = 8$ 种组合，$A_2A_1A_0 = 000 \sim 111$。每一种组合对应一个输出，根据输出与输入之间的逻辑关系，可列出真值表。如果要求译码器输出高电平有效，真值表如表 9-7(a)所示；如果要求译码器输出低电平有效，真值表如表 9-7(b)所示。

(2)在低电平有效的全译码电路中，输出共有 8 条线($\overline{Y_7} \sim \overline{Y_0}$)，根据真值表 9-7(b)可写出各输出的逻辑函数表达式，输出函数分别为：

$$\overline{Y_0} = \overline{\overline{A_2}\,\overline{A_1}\,\overline{A_0}} \qquad \overline{Y_1} = \overline{\overline{A_2}\,\overline{A_1}A_0} \qquad \overline{Y_2} = \overline{\overline{A_2}A_1\overline{A_0}} \qquad \overline{Y_3} = \overline{\overline{A_2}A_1A_0}$$

$$\overline{Y_4} = \overline{A_2\overline{A_1}\,\overline{A_0}} \qquad \overline{Y_5} = \overline{A_2\overline{A_1}A_0} \qquad \overline{Y_6} = \overline{A_2A_1\overline{A_0}} \qquad \overline{Y_7} = \overline{A_2A_1A_0}$$

表 9-7(a)　高电平有效的 3 位二进制译码器真值表

输　入			输　　出							
A_2	A_1	A_0	Y_0	Y_1	Y_2	Y_3	Y_4	Y_5	Y_6	Y_7
0	0	0	1	0	0	0	0	0	0	0
0	0	1	0	1	0	0	0	0	0	0
0	1	0	0	0	1	0	0	0	0	0
0	1	1	0	0	0	1	0	0	0	0
1	0	0	0	0	0	0	1	0	0	0
1	0	1	0	0	0	0	0	1	0	0
1	1	0	0	0	0	0	0	0	1	0
1	1	1	0	0	0	0	0	0	0	1

表 9-7(b)　低电平有效的 3 位二进制译码器真值表

输　入			输　　出							
A_2	A_1	A_0	$\overline{Y_0}$	$\overline{Y_1}$	$\overline{Y_2}$	$\overline{Y_3}$	$\overline{Y_4}$	$\overline{Y_5}$	$\overline{Y_6}$	$\overline{Y_7}$
0	0	0	0	1	1	1	1	1	1	1
0	0	1	1	0	1	1	1	1	1	1
0	1	0	1	1	0	1	1	1	1	1
0	1	1	1	1	1	0	1	1	1	1
1	0	0	1	1	1	1	0	1	1	1
1	0	1	1	1	1	1	1	0	1	1
1	1	0	1	1	1	1	1	1	0	1
1	1	1	1	1	1	1	1	1	1	0

(3)根据逻辑表达式可画出逻辑电路图如图 9-9(a) 所示。图中增加了使能端 ST_A、$\overline{ST_B}$、$\overline{ST_C}$。选通端 $EN = ST_A \overline{(\overline{ST_B} + \overline{ST_C})}$。当 $ST_A = 1$，$\overline{ST_B} = \overline{ST_C} = 0$ 时，$EN = 1$，允许译码器工作，否则，禁止译码。此电路也就是 74LS138 集成译码器的内部逻辑电路。译码输入为 $A_2A_1A_0$，输出端为$(\overline{Y_7} - \overline{Y_0})$，低电平有效。例如，$A_2A_1A_0 = 000$ 时，$\overline{Y_0} = 0$，而其余未被译中的输出线$(\overline{Y_7} - \overline{Y_1})$均为高电平，其功能见表 9-8。外引线排列如图 9-9(b)所示。

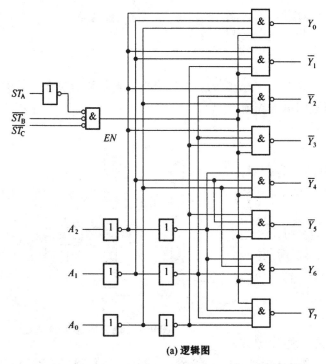

(a) 逻辑图　　　　　　　　　　(b) 外引线排列图

图 9-9　3 线-8 线译码器 74LS138

表 9-8　74LS138 的功能表

输　　入					输　　出							
ST_A	$\overline{ST_B}+\overline{ST_C}$	A_2	A_1	A_0	$\overline{Y_0}$	$\overline{Y_1}$	$\overline{Y_2}$	$\overline{Y_3}$	$\overline{Y_4}$	$\overline{Y_5}$	$\overline{Y_6}$	$\overline{Y_7}$
1	0	0	0	0	0	1	1	1	1	1	1	1
1	0	0	0	1	1	0	1	1	1	1	1	1

输　　入					输　　　出							
ST_A	$\overline{ST_B}+\overline{ST_C}$	A_2	A_1	A_0	$\overline{Y_0}$	$\overline{Y_1}$	$\overline{Y_2}$	$\overline{Y_3}$	$\overline{Y_4}$	$\overline{Y_5}$	$\overline{Y_6}$	$\overline{Y_7}$
1	0	0	1	0	1	1	0	1	1	1	1	1
1	0	0	1	1	1	1	1	0	1	1	1	1
1	0	1	0	0	1	1	1	1	0	1	1	1
1	0	1	0	1	1	1	1	1	1	0	1	1
1	0	1	1	0	1	1	1	1	1	1	0	1
1	0	1	1	1	1	1	1	1	1	1	1	0
0	X	X	X	X	1	1	1	1	1	1	1	1
X	1	X	X	X	1	1	1	1	1	1	1	1

2. 74LS138 应用

74LS138 译码器的应用很广,如在微型计算机中用 74LS138 作为地址译码器使用;用译码器输出($\overline{Y_7}\sim\overline{Y_1}$)控制存储器或 I/O 接口芯片的片选端;用来实现组合逻辑函数等。

(1)用 74LS138 译码器实现逻辑函数

【例 9-13】 试用 74LS138 实现函数 $F=\overline{A}BC+A\overline{B}\,\overline{C}+AB\overline{C}$

解:将变量 A、B、C 分别接到 74LS138 的三个输入端 A_2、A_1、A_0,则有:

$$F=\overline{A}BC+A\overline{B}\,\overline{C}+AB\overline{C}=\overline{A_2}A_1A_0+A_2\,\overline{A_1}\,\overline{A_0}+A_2A_1\,\overline{A_0}$$

$$=Y_3+Y_4+Y_6=\overline{\overline{Y_3}\cdot\overline{Y_4}\cdot\overline{Y_6}}$$

逻辑图如图 9-10 所示。

可见,用译码器来实现组合逻辑函数是十分简便的。可先求出逻辑函数所包含的最小项,再将译码器对应的最小项输出端通过门电路组合起来,就可以实现逻辑函数。

(2)用 74LS138 扩展成 4 线-16 线译码器

用 3 线-8 线译码器扩展成 4 线-16 线译码器,4 条输入线 D_3、D_2、D_1、D_0 中的 D_2、D_1、D_0 接到 74LS138 的三个输入端 A_2、A_1、A_0,利用 74LS138 的使能端扩展 D_3 如图 9-11 所示。当 $D_3=0$ 时,使芯片(1)工作;而当 $D_3=1$ 时,使芯片(2)工作。所以,D_3 分别控制(1)的 $\overline{ST_B}$、$\overline{ST_C}$ 端(令 $ST_A=1$)和(2)的 ST_A 端(令 $\overline{ST_B}=\overline{ST_C}=0$)。

二进制译码器除上述用途外,还可用作脉冲分配器、数据分配器等。目前市场上有 74139/74LS139(2 线-4 线译码器)、74138/74LS138(3 线-8 线译码器)、74154/74LS154(4 线-16 线译码器)、CC4514(4 线-16 线译码器,输出高电平有效)、CC4515(4 线-16 线译码器,输出低电平有效)等集成译码器可供选用。

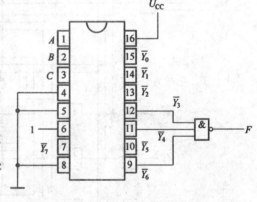

图 9-10　例 9-13 逻辑图

9.4.3　显示译码器

在数字系统中,经常需要将数字、文字和符号的二进制编码翻译并显示出来,以便直接观察。由于显示器件和显示方式不同,其译码电路也不同。显示器件有半导体数码管(LED)和

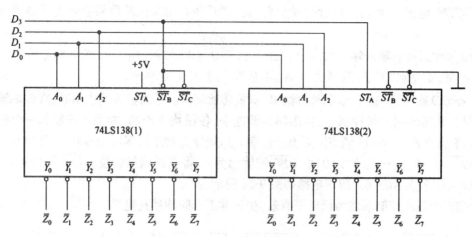

图 9-11　用 2 片 74LS138 扩展成 4 线-16 线译码器

荧光数码管等,目前荧光数码管在数字系统中用得比较少。

1. 半导体数码管(LED)

半导体数码管是用发光二极管组成的字形显示器件。发光二极管是用磷、砷化镓等半导体材料制成。发光二极管的工作电压为 1.5~3 V,工作电流为几毫安到十几毫安,颜色丰富(有红、绿、黄及双色等),寿命长。

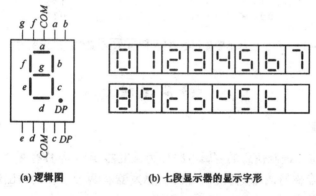

(a) 逻辑图 　　　　　(b) 七段显示器的显示字形

图 9-12　二—十进制译码器的逻辑图

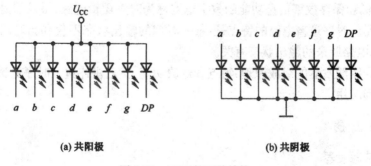

(a) 共阳极 　　　　　(b) 共阴极

图 9-13　LED 的两种结构

2. 七段字形译码器

七段字形译码器中 $\overline{LT}$ 为灯测试输入端:当 $\overline{LT} = 0$ 且 $\overline{BI} = 1$(无效)时,无论 A_3、A_2、A_1、

A_0 为何状态,输出均为1,数码管七段全亮,显示"8"字。用来检验数码管的七段是否能正常工作。

$\overline{RBI}$ 为动态灭0输入端:当 $\overline{LT}=1$,$\overline{BI}=1$,$\overline{RBI}=0$ 时,若 $A_3 \sim A_0$ 为0000,则此时 a~g 均为低电平,不显示"0"字;但如 $A_3 \sim A_0$ 不全为0时,仍照常显示。

$\overline{BI}/\overline{RBO}$ 是"灭灯输入/动态灭灯输出"双重功能端口。作为输入端使用时,在该端输入低电平,则不论其他端为何种状态,输出均为低电平,各段均为消隐;如果在该端加一个控制脉冲,则各字将按控制脉冲的频率闪烁显示数字。该端作为动态灭零输出端时,用作串行灭零输出,当 $\overline{RBI}=0$ 且 $A_3 \sim A_0$ 均为0时,$\overline{RBO}$ 端输出为0,将它送到相邻位的 $\overline{RBI}$ 作为灭零信号,可以熄灭不希望显示的0。应用电路如图9-14所示。

上述三个输入控制端均为低电平有效,在正常工作时均接高电平。

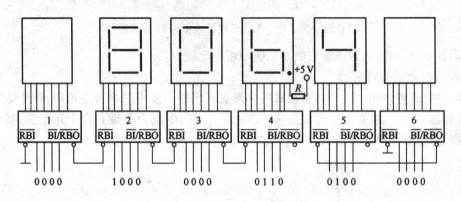

图9-14　六位混合小数显示电路(利用$\overline{BI}/\overline{RBO}$实现消隐无用的"0")

9.5　时序逻辑电路

9.5.1　概　述

1. 能够存储一位二进制信息的逻辑电路称为触发器,触发器具有两个特点:

(1)具有两个能自保持的稳定状态0和1。触发器有两个互补的输出端 Q、$\overline{Q}$,触发器的状态指的是 Q 端的状态。

(2)在输入信号的作用下,可以从一个稳定状态转换到另一个稳定状态。

2. 具有记忆和保存数字信息功能的数字电路称为时序逻辑电路,触发器是构成时序逻辑电路的基本单元。时序逻辑电路的特点是:某一时刻的输出状态不仅和当时的输入状态组合有关,而且还与电路原来的输出状态有关。

本节首先介绍触发器的组成原理、特点和逻辑功能,然后讲述典型时序逻辑电路寄存器和计数器的原理和应用。

9.5.2　触　发　器

1. 基本 RS 触发器

(1)电路结构

由两个与非门的输入输出端交叉耦合。它与组合电路的根本区别在于,电路中有反馈线。它有两个输入端 $\overline{R}$、$\overline{S}$,有两个输出端 Q、$\overline{Q}$。一般情况下,Q、$\overline{Q}$ 是互补的。

定义:当 $Q=1,\bar{Q}=0$ 时,称为触发器的 1 状态;

当 $Q=0,\bar{Q}=1$ 时,称为触发器的 0 状态。

RS 触发器逻辑功能表如表 9-9 所示。

表 9-9 逻 辑 功 能 表

$\bar{R}$	$\bar{S}$	Q^n	Q^{n+1}	功能说明	$\bar{R}$	$\bar{S}$	Q^n	Q^{n+1}	功能说明
0	0	0	×	不稳定状态	1	0	0	1	置1(置位)
0	0	1	×		1	0	1	1	
0	1	0	0	置0(复位)	1	1	0	0	保持原状态
0	1	1	0		1	1	1	1	

可见,触发器的新状态 Q^{n+1}(也称次态)不仅与输入状态有关,也与触发器原来的状态 Q^n(也称现态或初态)有关。

(2)特点

① 有两个互补的输出端 Q、$\bar{Q}$,有两个稳态 0、1。

②有复位($Q=0$)、置位($Q=1$)、保持原状态三种功能。

③$\bar{R}$ 为复位端,$\bar{S}$ 为置位端,该电路为低电平有效。

(3)波形分析

【例 9-14】 用与非门组成的基本 RS 触发器如图 9-15(a)所示,设输出初始状态为 0,已知输入 $\bar{R}$、$\bar{S}$ 的波形图如图 9-16,画出输出 Q、$\bar{Q}$ 的波形图。

解:由表 9-9 可画出输出 Q、$\bar{Q}$ 的波形,如图 9-16 所示。

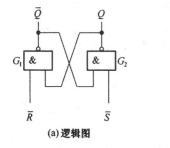 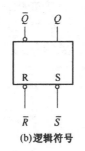 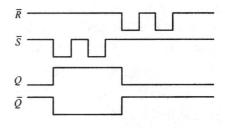

(a)逻辑图　　　　(b)逻辑符号

图 9-15 与非门组成的基本 RS 触发器　　　　图 9-16 例 9-14 波形图

2. 同步 RS 触发器

具有时钟脉冲控制的触发器,其状态的改变与时钟脉冲同步,所以称为同步触发器。

(1)电路结构

图 9-17(a)电路由两部分组成:门 G_1、G_2 组成基本 RS 触发器,与非门 G_3、G_4 组成输入控制门电路,控制端信号 CP 由一个标准脉冲信号源提供。

(2)逻辑功能分析

同步 RS 触发器状态表如表 9-10 所示。

当 $CP=0$ 时,控制门 G_3、G_4 关闭,不管 R 端和 S 端的信号如何变化,G_3、G_4 门都输出 1。这时,触发器的状态保持不变。

当 $CP=1$ 时,G_3、G_4 打开,R、S 信号通过门 G_3、G_4 反相后加到 G_1 和 G_2 组成的基本 RS 触发器上,使输出 Q 和 $\bar{Q}$ 的状态跟随输入状态的变化而改变。

由表 9-10 状态表可以看出,同步 RS 触发器的状态转换分别由 R、S 和 CP 控制,其中,

R、S 控制状态转换的结果,即转换为何种次态;CP 控制状态转换的时刻,即何时发生转换。

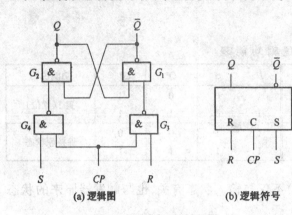

图 9-17　同步 RS 触发器

表 9-10　同步 RS 触发器的状态表

CP	R	S	Q^n	Q^{n+1}	功　能
0	×	×	×	Q^n	$Q^{n+1}=Q^n$ 保持
1	0	0	0	0	$Q^{n+1}=Q^n$ 保持
1	0	0	1	1	
1	0	1	0	1	$Q^{n+1}=1$ 置 1
1	0	1	1	1	
1	1	0	0	0	$Q^{n+1}=0$ 置 0
1	1	0	1	0	
1	1	1	0	×	不允许
1	1	1	1	×	

【例 9-15】 同步 RS 触发器如图 9-17(b)所示,设初始状态为 0,已知输入 R、S 的波形图如图 9-18,画出输出 Q、$\bar{Q}$ 的波形图。

解:Q、$\bar{Q}$ 的波形如图 9-18 所示。

(3)同步触发器存在空翻的问题

时序逻辑电路增加时钟脉冲的目的是为了统一电路动作的节拍。对触发器而言,在一个时钟脉冲作用下,要求触发器的状态只能翻转一次。而同步触发器在一个时钟周期的整个高电平期间($CP=1$),如果 R、S 端输入信号多次发生变化,可能引起输出端状态翻转两次或两次以上,时钟失去控制作用,这种现象称为"空翻"。空翻是一种有害的现象,要避免"空翻"现象,则要求在时钟脉冲作用期间,不允许输入信号(R、S)发生变化;另外,必须要求 CP 的脉宽不能太大,显然,

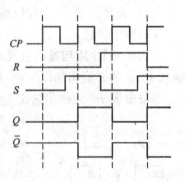

图 9-18　例 9-15 波形图

这种要求是较为苛刻的。为了克服空翻现象,需对触发器电路作进一步改进,进而产生了边沿型、主从型等各类触发器。

3.触发器逻辑功能描述方法

(1)特性方程

触发器次态 Q^{n+1} 与输入状态 R、S 及现态 Q^n 之间逻辑关系的最简逻辑表达式称为触发器的特性方程。

根据表 9-10 可写出同步 RS 触发器 Q^{n+1} 的与或表达式,即特性方程为:

$$Q^{n+1}=\overline{R}SQ^n+\overline{R}SQ^n+\overline{R}\,\overline{S}\,\overline{Q^n}$$

(2)激励表

同步 RS 触发器激励表如表 9-11 所示。

由此可见,激励表是状态表和特性方程的另一种表现形式。其中"×"表示 0、1 均可。

(3)状态转换图

状态转换图是描述触发器的状态转换关系及转换条件的图形,它表示出触发器从一个状态变化到另一个状态或保持原状态不变时,对输入信号的要求。它形象地表示了在 CP 控制下触发器状态转换规律。

同步 RS 触发器的状态转换图如图 9-19 所示。

表9-11　同步 RS 触发器的激励表

Q^n	$\rightarrow$	Q^{n+1}	R	S
0		0	×	0
0		1	0	1
1		0	1	0
1		1	0	×

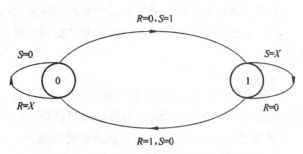

图9-19　同步 RS 触发器的状态转换图

图中两圆圈分别代表触发器的两种状态,箭头代表状态转换方向,箭头线旁边标注的是输入信号取值,表明转换条件。

(4)时序图(波形图)

触发器的功能也可以用输入、输出波形图直观地表现出来。反映时钟脉冲 CP、输入信号 R、S 及触发器状态 Q 对应关系的工作波形图叫时序图。图 9-18 所示为同步 RS 触发器的一波形图。

综上所述,描写触发器逻辑功能的方法主要有状态表、特性方程、激励表、状态转换图和波形图(又称时序图)等五种。它们之间可以相互转换。

4.边沿触发器

在时钟脉冲上升沿或下降沿触发的触发器,称为边沿型触发器。

常用的有 JK、D、T、T′触发器。

(1)JK 触发器

JK 触发器的逻辑功能表如表 9-12 所示,逻辑符号如图 9-20 所示。此为下降沿触发。

表9-12　逻 辑 功 能 表

J	K	Q^n	Q^{n+1}	功能说明	J	K	Q^n	Q^{n+1}	功能说明
0	0	0	0	保持	1	0	0	1	置1
0	0	0	1		1	0	1	1	
0	1	0	0	置0	1	1	0	1	翻转
0	1	1	0		1	1	1	0	

【例9-16】　JK 触发器的初始状态为0,已知输入 J、K 的波形图如图 9-21,画出输出 Q 的波形图。

解:如图 9-21 所示。

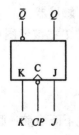

图9-20　逻辑符号

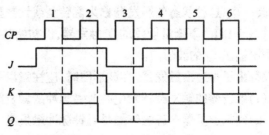

图9-21　例 9-16 波形图

在画波形图时,应注意以下两点:

①触发器的触发翻转发生在时钟脉冲的触发沿(这里是下降沿)。

②判断触发器次态的依据是时钟脉冲触发沿前一瞬间(这里是下降沿前一瞬间)输入端的状态。

(2)D 触发器

D 触发器是在 JK 触发器输入端通过一个非门将 J、K 两输入端相连构成一个 D 输入端,其结构图如图 9-22(a)所示,D 触发器的逻辑符号如图 9-22(b)所示。此为上升沿触发。按照 JK 触发器的功能表,可知 D 触发器的逻辑功能为:

当 $D=0$ 时,$Q=0$　触发器为置 0 功能;

当 $D=1$ 时,$Q=1$　触发器为置 1 功能。

【例 9-17】　上升沿触发的 D 触发器,如图 9-22(b)所示。设初始状态为 0,已知输入 D 的波形图如图 9-23 所示,画出输出 Q 的波形图。

解:由于是边沿触发器,在波形图时,应注意以下两点:

①触发器的触发翻转发生在时钟脉冲的触发沿(这里是上升沿);

②判断触发器次态的依据是时钟脉冲触发沿前一瞬间(这里是上升沿前一瞬间)输入端 D 的状态,即得到输出端 Q 的状态。

可画出输出端 Q 的波形图如图 9-23 所示。

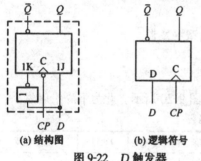

(a) 结构图　　　　(b) 逻辑符号

图 9-22　D 触发器

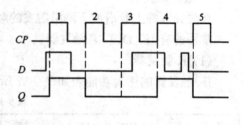

图 9-23　例 9-17 波形图

(3)T 触发器和 T′触发器

将 JK 触发器的 J 输入端和 K 输入端直接相连作为 T 输入端,就构成了 T 触发器。结构图如图 9-24(a)所示。T 触发器的逻辑符号如图 9-24(b)所示。此为下降沿触发。按照 JK 触发器的功能表,可知 T 触发器的逻辑功能为:

当 $T=0$ 时,$J=K=0$ 触发器为"保持"功能;

当 $T=1$ 时,$J=K=1$ 触发器为"翻转"功能。即触发器每输入一个时钟脉冲 CP,触发器便翻转一次,这种状态的触发器称为翻转型或计数型触发器,也称 T′触发器。

【例 9-18】　下降沿触发的 T 触发器,设初始状态为 0,已知输入 T 的波形图如图 9-25 所示,画出输出 Q 的波形图。

解:由于是边沿触发器,在波形图时,应注意以下两点:

(1)触发器的触发翻转发生在时钟脉冲的触发沿(这里是下降沿)

(2)判断触发器次态的依据是时钟脉冲触发沿前一瞬间(这里是下降沿前一瞬间)输入端 T 的状态,即得到输出端 Q 的状态。可画出输出端 Q 的波形图如图 9-25 所示。

5.触发器的逻辑符号

实用的集成触发器种类繁多,各种功能的触发器又具有不同的电路结构。因而,对于一般

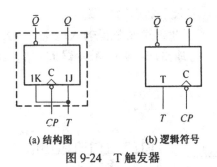

(a) 结构图　　　(b) 逻辑符号

图9-24　T触发器

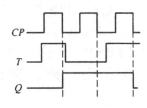

图9-25　例9-18波形图

使用者来说,熟悉集成触发器的逻辑符号的定义规律对分析电路功能和实际应用是有帮助的。现将各种触发器的逻辑符号列于表9-13中。鉴于目前器件手册及部分教科书中仍采用惯用符号,因此将惯用符号和本书采用的新标准符号一起列出,以便对照。

从表9-13中可看出:触发器逻辑符号中 CP 端加">"(或"∧"),表示为边沿触发;CP 端加入">"且有"o"表示下降沿触发,不加"o"表示上升沿触发。不加">"(或"∧")表示电平触发;不加">"(或"∧")且有"o"表示低电平触发,不加">"(或"∧")且无"o"表示高电平触发则表示电平触发。

表9-13　触发器的逻辑符号

触发器类型	基本 RS 触发器	高电平触发的同步 RS 触发器	下降沿触发的 JK 触发器	上升沿触发的 D 触发器	下降沿触发的 T 触发器
惯用符号	$\bar{R}$　$\bar{S}$	R　CP　S	K　CP　J	D　CP	T　CP
新标准符号	$\bar{R}$　$\bar{S}$	R　CP　S	K　CP　J	D　CP	T　CP

9.5.3 寄存器

1. 数码寄存器

数码寄存器——存储二进制数码的时序电路组件,它具有接收和寄存二进制数码的逻辑功能。前面介绍的各种触发器,就是可以存储一位二进制数的寄存器,用 n 个触发器就可以存储 n 位二进制数。

图9-26(a)所示是由 D 触发器组成的 4 位集成寄存器 74LS175 的逻辑电路图,其引脚图如图9-26(b)所示。其中,R_D 是异步清零控制端,低电平有效。$D_0 \sim D_3$ 是并行数据输入端,

CP 为时钟脉冲端，$Q_0 \sim Q_3$ 是并行数据输出端，$\overline{Q_0} \sim \overline{Q_3}$ 是反码数据输出端。

该电路的数码接收过程为：将需要存储的四位二进制数码送到数据输入端 $D_0 \sim D_3$，在 CP 端送一个时钟脉冲，脉冲上升沿作用后，四位数码并行地出现在四个触发器 Q_0 端。集成寄存器 74LS175 的功能如表 9-14 所示。

它可实现异步清零、数码寄存、数码保持功能。

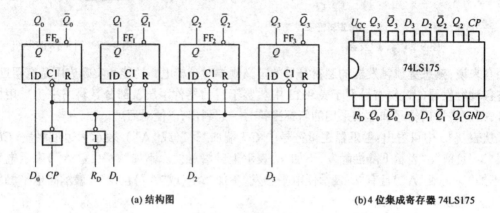

(a) 结构图　　　　　　　　　　(b) 4 位集成寄存器 74LS175

图 9-26　4 位数码寄存器

表 9-14　74LS175 的功能表

清零	时钟	输		入		输		出		工作模式
R_D	CP	D_0	D_1	D_2	D_3	Q_0	Q_1	Q_2	Q_3	
0	×	×	×	×	×	0	0	0	0	异步清零
1	↑	D_0	D_1	D_2	D_3	D_0	D_1	D_2	D_3	数码寄存
1	1	×	×	×	×	保		持		数据保持
1	0	×	×	×	×	保		持		数据保持

2. 移位寄存器

移位寄存器不但可以寄存数码，而且在脉冲作用下，寄存器中的数码可根据需要向左或向右移动。移位寄存器是数字系统和计算机中应用很广泛的基本逻辑部件。

(1) 单向移位寄存器——4 位右移寄存器

设移位寄存器的初始状态为 0000，串行输入数码 $D_1 = 1101$，从高位到低位依次输入。在 4 个移位脉冲作用后，输入的 4 位串行数码 1101 全部存入了寄存器中。结构图如图 9-27 所示，时序图如图 9-28 所示，电路的状态表如表 9-15 所示。

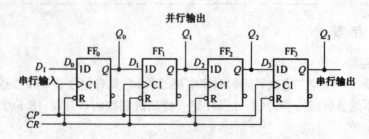

图 9-27　D 触发器组成的 4 位右移寄存器

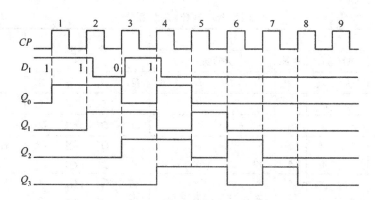

图 9-28　右移寄存器的时序图

表 9-15　右移寄存器的状态表

移位脉冲	输入数码	输　　出			
CP	D_1	Q_0	Q_1	Q_2	Q_3
0	×	0	0	0	0
1	1	1	0	0	0
2	1	1	1	0	0
3	0	0	1	1	0
4	1	1	0	1	1

　　移位寄存器中的数码可由 Q_3、Q_2、Q_1 和 Q_0 并行输出，也可从 Q_3 串行输出。串行输出时，要继续输入 4 个移位脉冲，才能将寄存器中存放的 4 位数码 1101 依次输出。图 9-28 中第 5 到第 8 个 CP 脉冲及所对应的 Q_3、Q_2、Q_1、Q_0 波形，就是将 4 位数码 1101 串行输出的过程。所以，移位寄存器具有串行输入-并行输出和串行输入-串行输出两种工作方式。

　　读者可自行研究 4 位左移寄存器。

　　(2) 双向移位寄存器

　　将右移寄存器左移寄存器组合起来，并引入一控制端 S 便构成既可左移又可右移的双向移位寄存器。具体电路不再叙述。

　　3. 集成移位寄存器 74194

　　74194 是由四个触发器组成的功能很强的四位移位寄存器，逻辑功能示意图如图 9-29(a) 所示，引脚图如图 9-29(b) 所示，其功能表如表 9-16 所示。从功能表中可以看出 74194 具有如下功能。

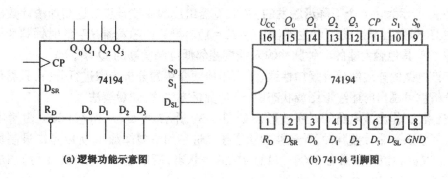

(a) 逻辑功能示意图　　　　　　　　(b) 74194 引脚图

图 9-29　集成移位寄存器 74194

表 9-16　74194 的功能表

输　入										输　出				工作模式
清零	控制		串行输入		时钟	并行输入								
R_D	S_1	S_0	D_{SL}	D_{SR}	CP	D_0	D_1	D_2	D_3	Q_0	Q_1	Q_2	Q_3	
0	×	×	×	×	×	×	×	×	×	0	0	0	0	异步清零
1	0	0	×	×	×	×	×	×	×	Q_0^n	Q_1^n	Q_2^n	Q_3^n	保　持
1	0	1	×	1	↑	×	×	×	×	1	Q_1^n	Q_2^n	Q_3^n	右移 D_{SR}串行输入
1	0	1	×	0	↑	×	×	×	×	0	Q_1^n	Q_2^n	Q_3^n	Q_2 为串行输出
1	1	0	1	×	↑	×	×	×	×	Q_0^n	Q_1^n	Q_2^n	1	左移 D_{SL}串行输入
1	1	0	0	×	↑	×	×	×	×	Q_0^n	Q_1^n	Q_2^n	0	Q_2 为串行输出
1	1	1	×	×	↑	D_0	D_1	D_2	D_3	D_0	D_1	D_2	D_3	并行置数

(1)异步清零。当 $R_D=0$ 时即刻清零,与其他输入状态及 CP 无关。

(2)S_1、S_0 是控制输入端。当 $R_D=1$ 时 74194 有如下 4 种工作方式:

①当 $S_1S_0=00$ 时,不论有无 CP 到来,各触发器状态不变,为保持工作状态。

②当 $S_1S_0=01$ 时,在 CP 的上升沿作用下,实现右移(上移)操作,流向是 $D_{SR}→Q_0→Q_1$ $→Q_2→Q_3$。

③当 $S_1S_0=10$ 时,在 CP 的上升沿作用下,实现左移(下移)操作,流向是 $D_{SL}→Q_3→Q_2$ $→Q_1→Q_0$。

④当 $S_1S_0=11$ 时,在 CP 的上升沿作用下,实现置数操作: $D_0→Q_0$,$D_1→Q_1$,$D_2→Q_2$, $D_3→Q_3$。

9.5.4　计　数　器

计数器的概念:用以统计输入脉冲 CP 个数的电路。

计数器的分类:

按计数进制可分为二进制计数器和非二进制计数器。非二进制计数器中最典型的是十进制计数器。

按数字的增减趋势可分为加法计数器、减法计数器和可逆计数器。

按计数器中触发器翻转是否与计数脉冲同步分为同步计数器和异步计数器。

1. 二进制异步计数器

(1)二进制异步加法计数器

图 9-30 所示为由 4 个下降沿触发的 JK 触发器组成的 4 位异步二进制加法计数器的逻辑图。图中 JK 触发器都接成 T′触发器(即 $J=K=1$)。最低位触发器FF$_0$ 的时钟脉冲输入端接计数脉冲 CP,其他触发器的时钟脉冲输入端接相邻低位触发器的 Q 端。

由于该电路的连线简单且规律性强,无须用前面介绍的分析步骤进行分析,只需作简单的观察与分析就可画出时序波形图或状态图,这种分析方法称为"观察法"。

用"观察法"作出该电路的时序波形图如图 9-31 所示,可见,从初态 0000(由清零脉冲所置)开始,每输入一个计数脉冲,计数器的状态按二进制加法规律加 1,所以是二进制加法计数器(4 位)。又因为该计数器有 0000～1111 共 16 个状态,所以也称 16 进制(1 位)加法计数器或模 16($M=16$)加法计数器。

如时序图 9-31 所示,Q_0、Q_1、Q_2、Q_3 的周期分别是计数脉冲(CP)周期的 2 倍、4 倍、8

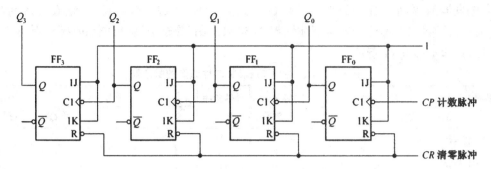

图 9-30　由 JK 触发器组成的 4 位异步二进制加法计数器的逻辑图

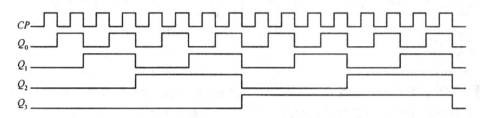

图 9-31　4 位异步二进制计数器时序图

倍、16 倍,也就是说,Q_0、Q_1、Q_2、Q_3 分别对 CP 波形进行了二分频、四分频、八分频、十六分频,因而计数器也可作为分频器。

异步二进制计数器结构简单,改变级联触发器的个数,可以很方便地改变二进制计数器的位数,n 个触发器构成 n 位二进制计数器或模 2^n 计数器,或 2^n 分频器。

(2)二进制异步减法计数器

将图 9-30 所示电路中 FF_1、FF_2、FF_3 的时钟脉冲输入端改接到相邻低位触发器的 $\overline{Q}$ 端就可构成二进制异步减法计数器,在二进制异步计数器中,高位触发器的状态翻转必须在相邻触发器产生进位信号(加计数)或借位信号(减计数)之后才能实现,所以异步计数器的工作速度较低。为了提高计数速度,可采用同步计数器。

2. 二进制同步计数器

(1)二进制同步加法计数器

由 4 个 JK 触发器组成的 4 位同步二进制加法计数器的逻辑图如图 9-32 所示。图中各触发器的时钟脉冲输入端接同一计数脉冲 CP,显然,这是一个同步时序电路。

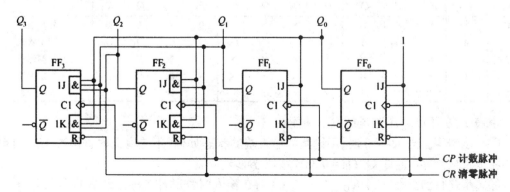

图 9-32　4 位同步二进制加法计数器的逻辑图

各触发器的驱动方程分别为：$J_0 = K_0 = 1$，$J_1 = K_1 = Q_0$，$J_2 = K_2 = Q_0Q_1$，$J_3 = K_3 = Q_0Q_1Q_2$，由于该电路的驱动方程规律性较强，也只需用"观察法"就可画出时序波形图或状态表。其状态表如表 9-17 所示。

表 9-17　4 位同步二进制加法计数器的状态表

计数脉冲序号	电 路 状 态				等效十进制数	计数脉冲序号	电 路 状 态				等效十进制数
	Q_3	Q_2	Q_1	Q_0			Q_3	Q_2	Q_1	Q_0	
0	0	0	0	0	0	9	1	0	0	1	9
1	0	0	0	1	1	10	1	0	1	0	10
2	0	0	1	0	2	11	1	0	1	1	11
3	0	0	1	1	3	12	1	1	0	0	12
4	0	1	0	0	4	13	1	1	0	1	13
5	0	1	0	1	5	14	1	1	1	0	14
6	0	1	1	0	6	15	1	1	1	1	15
7	0	1	1	1	7	16	0	0	0	0	0
8	1	0	0	0	8						

由于同步计数器的计数脉冲 CP 同时接到各位触发器的时钟脉冲输入端，当计数脉冲到来时，应该翻转的触发器同时翻转，所以速度比异步计数器高，但电路结构比异步计数器复杂。

(2)二进制同步减法计数器

4 位二进制同步减法计数器，分析其翻转规律并与 4 位二进制同步加法计数器相比较，很容易看出，只要将图 9-32 所示电路的各触发器的驱动方程改为：

$$J_0 = K_0 = 1 \qquad J_1 = K_1 = \overline{Q_0} \qquad J_2 = K_2 = \overline{Q_0Q_1} \qquad J_3 = K_3 = \overline{Q_0Q_1Q_2}$$

就构成了 4 位二进制同步减法计数器。

(3)二进制同步可逆计数器

既能作加计数又能作减计数的计数器称为可逆计数器。将前面介绍的 4 位二进制同步加法计数器和减法计数器合并起开，并引入一加/减控制信号 X 便构成 4 位二进制同步可逆计数器。具体电路不再叙述。

3. 集成二进制计数器

集成计数器属中规模集成电路，一般分为同步计数器和异步计数器两大类。

(1)4 位二进制同步加法计数器 74161

表 9-18　74161 的功能表

清零	预置	使能		时钟	预置数据输入				输出				工作模式
R_D	L_D	EP	ET	CP	D_3	D_2	D_1	D_0	Q_3	Q_2	Q_1	Q_0	
0	×	×	×	×	×	×	×	×	0	0	0	0	异步清零
1	0	×	×	↑	D_3	D_2	D_1	D_0	D_3	D_2	D_1	D_0	同步置数
1	1	0	×	×	×	×	×	×	保　　持				数据保持
1	1	×	0	×	×	×	×	×	保　　持				数据保持
1	1	1	1	↑	×	×	×	×	计　　数				加法计数

由表 9-18 可知，74161 具有以下功能：

①异步清零。当 $R_D = 0$ 时，不论其他输入端的状态如何，不论有无时钟脉冲 CP，计数器输出将被直接置零（$Q_3Q_2Q_1Q_0 = 0000$），称为异步清零。

②同步并行预置数。当 $R_D = 1$、$L_D = 0$ 时，在输入时钟脉冲 CP 上升沿的作用下，并行输入端的数据 $D_3D_2D_1D_0$ 被置入计数器的输出端，即 $Q_3Q_2Q_1Q_0 = D_3D_2D_1D_0$。由于这个操

作要与 CP 上升沿同步,所以称为同步预置数。

③计数。当 $R_D = L_D = EP = ET = 1$ 时,在 CP 端输入计数脉冲,计数器进行二进制加法计数。

④保持。当 $R_D = L_D = 1$,且 $EP \cdot ET = 0$,即两个使能端中有 0 时,则计数器保持原来的状态不变。

74161 引脚图如图 9-33 所示。

(2)二一五一十进制异步加法计数器 74290

由表 9-19 可知,74290 具有以下功能:

①异步清零。当复位输入端 $R_{0(1)} = R_{0(2)} = 1$,且置位输入 $R_{9(1)} \cdot R_{9(2)} = 0$ 时,不论有无时钟脉冲 CP,计数器输出将被直接置零。

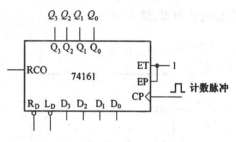

图 9-33 74161 引脚图

表 9-19 74290 的功能表

复位输入		置位输入		时钟	输出				工作模式
$R_{0(1)}$	$R_{0(2)}$	$R_{9(1)}$	$R_{9(2)}$	CP	Q_3	Q_2	Q_1	Q_0	
1	1	0	×	×	0	0	0	0	异步清零
1	1	×	0	×	0	0	0	0	
×	×	1	1	×	1	0	0	1	异步置数
0	×	0	×	↓	计		数		加法计数
0	×	×	0	↓	计		数		
×	0	0	×	↓	计		数		
×	0	×	0	↓	计		数		

②异步置数。当置位输入 $R_{9(1)} = R_{9(2)} = 1$ 时,无论其他输入端状态如何,计数器输出将被直接置9(即 $Q_3 Q_2 Q_1 Q_0 = 1001$)。

③计数。当 $R_{0(1)} \cdot R_{0(2)} = 0$,且 $R_{9(1)} \cdot R_{9(2)} = 0$ 时,在计数脉冲(下降沿)作用下,进行二-五-十进制加法计数。若只使用输出 Q_0 和配套输入 CP_1,则为二进制计数器;若使用 $Q_3 Q_2 Q_1$ 和配套输入 CP_2,则为五进制计数器;若将同时使用 $Q_3 Q_2 Q_1 Q_0$,则为十进制计数器。可分为8421BCD码十进制计数器和5421BCD码十进制计数器,具体连接方法如图9-34所示。

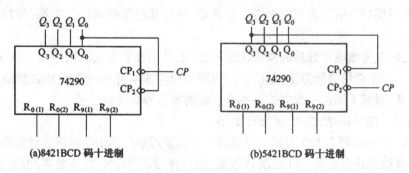

(a)8421BCD 码十进制   (b)5421BCD 码十进制

图 9-34 74290 接线图

4. 集成计数器的应用

(1)计数器的级联

两个模 N 计数器级联,可实现 $N \times N$ 的计数器。

图 9-35 是用两片 4 位二进制加法计数器 74161 采用同步级联方式构成的 8 位二进制同步加法计数器,模为 $16 \times 16 = 256$。

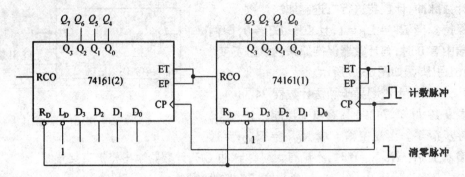

图 9-35　74161 同步级联组成 8 位二进制加法计数器

有的集成计数器没有进位/借位输出端,这时可根据具体情况,用计数器的输出信号 Q_3、Q_2、Q_1、Q_0 产生一个进位/借位。如用两片二—五—十进制异步加法计数器 74290 采用异步级联方式组成的二位 8421BCD 码十进制加法计数器如图 9-36 所示,模为 $10 \times 10 = 100$。

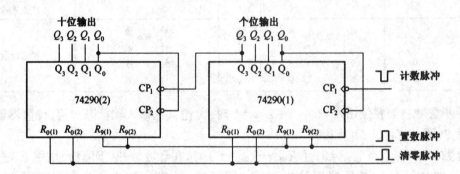

图 9-36　74290 异步级联组成 100 进制计数器

(2)组成任意进制计数器

市场上能买到的集成计数器一般为二进制和 8421BCD 码十进制计数器,如果需要其他进制的计数器,可用现有的二进制或十进制计数器,利用其清零端或预置数端,外加适当的门电路连接而成。

综上所述,改变集成计数器的模可用清零法,也可用预置数法。清零法比较简单,预置数法比较灵活。但不管用哪种方法,都应首先搞清所用集成组件的清零端或预置端是异步还是同步工作方式,根据不同的工作方式选择合适的清零信号或预置信号。

【例 9-19】 用 74161 组成 48 进制计数器。

解:因为 $N = 48$,而 74160 为模 10 计数器,所以要用两片 74160 构成此计数器。先将两芯片采用同步级联方式连接成 100 进制计数器,然后再借助 74160 异步清零功能,在输入第 48 个计数脉冲后,计数器输出状态为 0100 1000 时,高位片(2)的 Q_2 和低位片(1)的 Q_3 同时为 1,使与非门输出 0,加到两芯片异步清零端上,使计数器立即返回 0000 0000 状态,状态 0100 1000 仅在极短的瞬间出现,为过渡状态,这样,就组成了 48 进制计数器,其逻辑电路如图 9-37 所示。

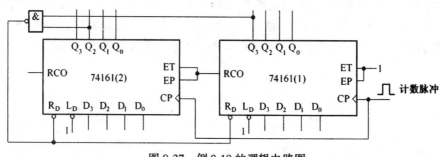

图 9-37 例 9-19 的逻辑电路图

9.6 脉冲产生与脉冲转换电路

9.6.1 概 述

在数字系统中,矩形脉冲作为时钟信号控制和协调着整个数字系统的工作,所以时钟脉冲的好坏直接关系整个系统能否正常工作,实际矩形波信号如图 9-38 所示。其特征主要由以下几个参数来表述。

1. 矩形波信号的参数

U_m——脉冲幅度,脉冲电压最大值。

t_w——脉冲宽度,从脉冲前沿上升到 $0.5U_m$ 开始到脉冲后沿下降到 $0.5U_m$ 为止的一段时间。

t_r——上升时间,脉冲前沿从 $0.1U_m$ 上升到 $0.9U_m$ 所需的时间。

t_f——下降时间,脉冲后沿从 $0.9U_m$ 上升到 $0.1U_m$ 所需的时间。

T——脉冲周期,在周期性脉冲序列中,两个相邻脉冲间的时间间隔。

f——脉冲频率,单位时间内脉冲重复的次数。

q——占空比,脉冲宽度和脉冲周期的比值。

理想的矩形脉冲波参数如下:$t_r = t_f = 0$,t_w、U_m 和 T 也是稳定的。

实际的矩形脉冲波 t_r 和 t_f 都不等于 0,t_w、U_m 和 T 也受很多因素影响而不稳定。

2. 获取矩形脉冲波形(时钟)的途径有两种:

(1)用多谐振荡器直接产生。

(2)用整形电路把已有的周期性变化的波形整形产生。

9.6.2 集成 555 定时器

555 定时器是中规模集成时间基准电路,可以方便地构成各种脉冲电路。由于其

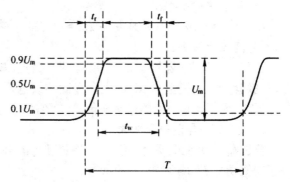

图 9-38 常见的脉冲图形

使用灵活方便、外接元件少,因而在波形的产生与变换、工业自动控制、定时、报警、家用电器等领域得到了广泛应用。

1. 555 定时器的电路结构

555 定时器主要由分压器、电压比较器 C_1 和 C_2、基本 RS 触发器以及集电极开路输出的泄放开关 VT 等几部分组成。图 9-39 是 TTL 单定时器 5G555 的逻辑图和外引线端子排列图以及双定时器 5G556 的外引线端子排列图。图中标注的阿拉伯数字为器件外部引线端子的序号。

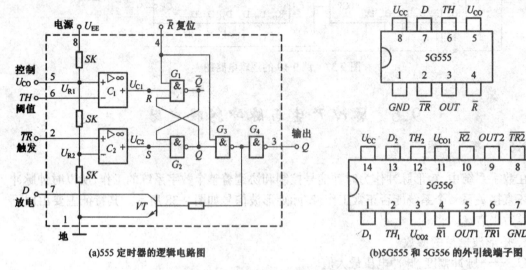

(a)555 定时器的逻辑电路图　　　　　　　(b)5G555 和 5G556 的外引线端子图

图 9-39·555 定时器电路结构和芯片外端子排列图

(1)分压器

由 3 个 5 kΩ 的电阻串联构成分压器,为电压比较器 C_1 和 C_2 提供参考电压。在控制电压输入端 U_{CO} 悬空时,$U_{R1} = \frac{2}{3} U_{CC}$,$U_{R2} = \frac{1}{3} U_{CC}$。

(2)电压比较器

由两个高增益运算放大器构成电压比较器 C_1 和 C_2,当运放同相输入电压大于反相输入电压时输出为高电平 1;当运放的同相输入电压小于反相输入电压时输出为低电平 0。两个比较器的输出 u_{C1}、u_{C2} 分别作为基本 RS 触发器的复位端 R 和置位端 S 输入信号。

(3)基本 RS 触发器

由与非门 G_1 和 G_2 组成基本 RS 触发器。该触发器为低电平输入有效。

(4)泄放开关 VT

当基本 RS 触发器置 1 时,三极管 VT 截止;基本 RS 触发器置 0 时,三极管 VT 导通;因此,三极管 VT 是受基本 RS 触发器控制的放电开关。

另外,为了提高电路的带负载能力,在输出端设置了缓冲门 G_3。

2. 555 定时器的逻辑功能

复位端 $\overline{R}$ 为低电平时,使 555 强制复位,输出 $Q = 0$;当 $\overline{R}$ 端为高电平时,Q 输出状态取决于阈值端 TH 和触发端 $\overline{TR}$ 的状态。

当 $TH > \frac{2}{3} U_{CC}$,$\overline{TR} > \frac{1}{3} U_{CC}$ 时,比较器 C_1 的输出 $u_{C1} = 0$,比较器 C_2 的输出 $u_{C2} = 1$,基本 RS 触发器被置 0,输出 $Q = 0$。

当 $TH < \frac{2}{3} U_{CC}$,$\overline{TR} > \frac{1}{3} U_{CC}$ 时,比较器 C_1 的输出 $u_{C1} = 1$,比较器 C_2 的输出 $u_{C2} = 1$,基

本 RS 触发器实现保持功能。

当 $TH < \frac{2}{3}U_{CC}$，$\overline{TR} < \frac{1}{3}U_{CC}$ 时，比较器 C_1 的输出 $u_{C1} = 1$，比较器 C_2 的输出 $u_{C2} = 0$，基本 RS 触发器被置 1，输出 $Q = 1$。555 定时器的逻辑功能表如表 9-20 所示。

表 9-20 555 定时器的逻辑功能表

输 入			输 出	
TH	$\overline{TR}$	$\bar{R}$	Q	VT
×	×	0	0	导通
$>2/3U_{CC}$	$>1/3U_{CC}$	1	0	导通
$<2/3U_{CC}$	$>1/3U_{CC}$	1	保持不变	保持不变
$<2/3U_{CC}$	$<1/3U_{CC}$	1	1	截止

表中×代表任意状态。控制电压端 U_{CO} 若外加电压，可改变两个比较器的参考电压，此时 $U_{R1} = U_{CO}$，$U_{R2} = U_{CO}$，如果不需外加控制电压，为避免引入干扰，通常通过一个 $0.01\,\mu F$ 的电容接地。

9.6.3 施密特触发器

将 555 定时器的 TH 端和 $\overline{TR}$ 端连接在一起，就组成了施密特触发器，如图 9-40(a)所示。

1. 特点

电平触发：触发信号 u_i 可以是变化缓慢的模拟信号，u_i 达某一电平值时，输出电压 u_o 突变。u_o 为脉冲信号。

正向阈值电平 U_{T+}：u_i 上升时，引起 u_o 突变时对应的 u_i 值。

负向阈值电平 U_{T-}：u_i 下降时，引起 u_o 突变时对应的 u_i 值。

【例 9-20】 施密特触发器如图 9-40(a)所示，输入信号 u_i 如图 9-40(b)所示，画出输出信号波形。

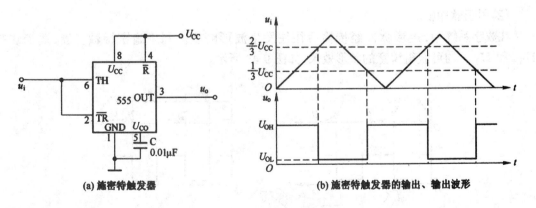

(a) 施密特触发器   (b) 施密特触发器的输出、输出波形

图 9-40 施密特触发器

阈值电平 U_{T+}、U_{T-} 可调电路，如图 9-41 所示。

2. 施密特触发器的应用

(1)用于波形变换

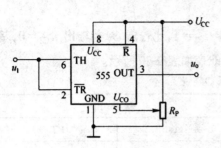

(a) 阈值电平 U_{T+}、U_{T-} 可调的施密特触发器

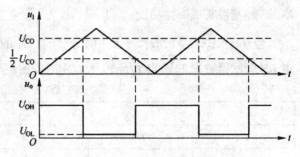

(b) 阈值电平 U_{T+}、U_{T-} 可调施密特触发器的输入、输出波形

图 9-41 阈值电平 U_{T+}、U_{T-} 可调施密特触发器

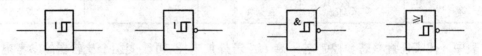

图 9-42 施密特触发器逻辑符号

将周期性模拟信号变换成周期矩形波,如图 9-43 所示。

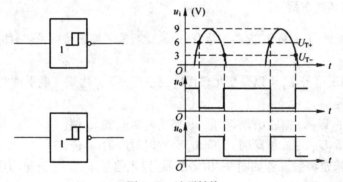

图 9-43 波形转换

(2)用于脉冲整形

在数字系统中,矩形脉冲经传输后往往发生波形畸变。利用施密特触发器,适当选择 U_{T+} 和 U_{T-},均可获得满意的整形效果,如图 9-44 所示。

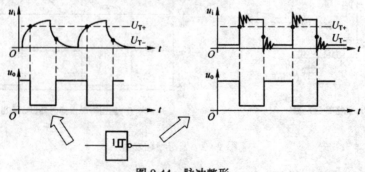

图 9-44 脉冲整形

(3)用于脉冲鉴幅

利用施密特触发器输出状态依赖于输入信号幅值的特点,若将回差电压设置为零,可实现

幅值鉴别功能。如将一系列幅度各异的脉冲加到施密特触发器输入端时,只有那些幅度大于 U_{T+} 的脉冲会产生输出信号,如图 9-45 所示。

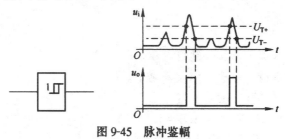

图 9-45　脉冲鉴幅

9.6.4　多谐振荡器

1. 电路结构:由 555 定时器构成的多谐振荡器如图 9-46(a)所示,可见,此电路不需外加输入信号 u_i。

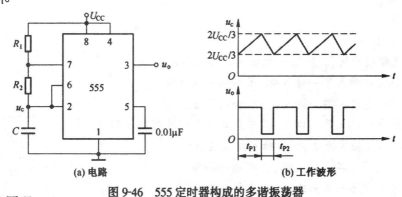

(a) 电路　　　　　　　　　(b) 工作波形

图 9-46　555 定时器构成的多谐振荡器

2. 工作原理

接通 U_{CC} 后,U_{CC} 经 R_1 和 R_2 对 C 充电。当 U_C 上升到 $2U_{CC}/3$ 时,$u_o=0$,T 导通,D 相当于接地,C 通过 R_2 和 T 放电,U_C 下降。当 U_C 下降到 $U_{CC}/3$ 时,u_o 又由 0 变为 1,T 截止,D 相当于与地断开,U_{CC} 又经 R_1 和 R_2 对 C 充电。如此重复上述过程,在输出端 u_o 产生了连续的矩形脉冲。

一、填空题

1.$(1101.01)_B=($＿＿＿$)_D=($＿＿＿$)_H$。

2.$(8A)_H=($＿＿＿$)_B=($＿＿＿$)_D$。

3.在逻辑代数中,有＿＿＿、＿＿＿、＿＿＿三种基本逻辑运算。

4.“只有当一件事的几个条件全部具有之后,这件事才发生”,这种关系称为＿＿＿逻辑;“当一件事的几个条件中只要有一个得到满足,这件事就会发生”,这种关系称为＿＿＿逻辑。

5.组合逻辑电路的特点是:任意时刻的＿＿＿＿＿状态仅取决于该时刻＿＿＿＿＿的状态,而与信号作用前电路的＿＿＿＿＿＿。

6.施密特触发器的主要应用有＿＿＿＿＿＿、＿＿＿＿＿、＿＿＿＿＿。

7. 单稳态触发器有两个工作状态 ＿＿＿＿＿＿＿＿＿、＿＿＿＿＿＿＿＿＿，其中＿＿＿＿＿＿态是暂时的。

二、判断题

1. TTL 与非门输入端可以接任意值电阻。（　　）
2. TTL 与非门多余输入端子可以接高电平。（　　）
3. 因为 $A+AB=A$ 所以 $AB=0$。（　　）
4. 因为 $A(A+B)=A$，所以 $A+B=1$（　　）
5. 由 555 定时器可以构成施密特触发器。（　　）

三、选择题

1. 欲将与非门作反相器使用，其多余输入端接法错误的是（　　）。
A. 接高电平
B. 接低电平
C. 并联使用
2. 欲将或非门作反相器使用，其输入端接法不对的是（　　）。
A. 将逻辑变量接入某一输入端，多余端子接电源
B. 将逻辑变量接入某一输入端，多余端子接地
C. 将逻辑变量接入某一输入端，多余与输入端子并联使用
3. 异或门作反相器使用时，其输入端接法为（　　）。
A. 将逻辑变量接某一输入端，多余端子接地
B. 将逻辑变量接入某一输入端，多余端接高电平
C. 将逻辑变量接入某一输入端，多余端子并联使用
4. 下列四种电路都可以由集成定时器来完成，试问哪一个电路不需要任何元件即可构成（　　）。
A. 多谐振荡器　　B. 单稳态触发器　　C. 施密特触发器　　D. 锯齿波发生器

四、分析题

1. 用红、黄、绿三个指示灯表示三台设备的工作情况：绿灯亮表示全部正常；红灯亮表示有一台不正常；黄灯亮表示两台不正常；红、黄灯全亮表示三台都不正常。列出控制电路真值表，写出各灯点亮时的逻辑函数表达式，并选用合适的集成电路来实现。

2. 设初始状态 $Q_1=Q_2=0$，试画出在 CP 和 D 信号作用下 Q_1Q_2 端的波形。

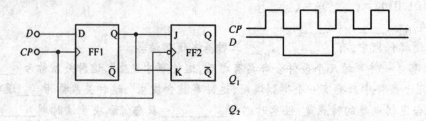

第10章

直流稳压电源

电子电路中,通常都需要电压稳定的直流电源供电,虽然有时可以用化学电池作为直流电源,但大多数情况是利用电网提供的交流电经过转换而得到直流电源的,本章介绍这种直流电源的组成和工作原理。

10.1 直流电源的组成

10.1.1 直流稳压电源的组成

本章介绍的是单相小功率(通常在1000 W以下)直流电源,它把有效值为220 V、频率50 Hz的交流电压转换成幅值稳定的直流电压,同时提供一定的直流电流,这个转换一般由电源变压器、整流电路、滤波电路、稳压电路几个部分来实现,如图10-1所示。下面是经过每个电路转换之后的波形。

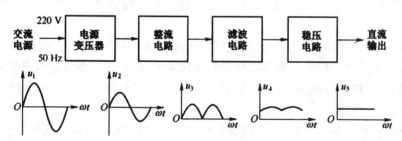

图10-1 直流稳压电源的组成框图

1. 电源变压器

由于所需的直流电压比起电网的交流电压在数值上相比相差较大,因此利用变压器降压得到比较合适的交流电压再进行转换。也有些电源利用其他方式进行降压,而不用变压器。

2. 整流电路

经过变压后的交流电通过整流电路变成了单方向的直流电。但是这种直流电幅值变化很大,如果作为电源给电子电路供电时,电路的工作状态也会随之变化而影响性能,我们把这种直流电称为脉动大的直流电。

3. 滤波电路

将脉动大的直流电处理成平滑的脉动小的直流电,需要利用滤波电路将其中的交流成分滤掉,只留下直流成分,显然,这里需要利用截止频率低于整流输出电压基波频率的低通滤波电路。

4. 稳压电路

经过滤波电路之后就可以得到较平滑的直流电,一般情况下可以充当某些电子电路的电源。但是此时的电压值还受到电网电压波动和负载变化的影响。这样的直流电源是不稳定的。因此又增加了稳压电路,最后得到基本不受外界影响的、稳定的直流电。

10.1.2　直流稳压电源的分类

直流稳压电源分为线性稳压电源和非线性稳压电源两大类。线性电源按稳压方式分为参数稳压电源和反馈调整型稳压电源。参数稳压电源电路简单,主要是利用元件的非线性实现稳压。比如,一只电阻和一只稳压二极管即构成参数稳压器。反馈调整型稳压电源具有负反馈闭环,是闭环自动调整系统,它的优点是技术成熟,性能优良、稳定,设计与制造简单。缺点是体积大,效率低。非线性电源主要是指开关电源,开关电源的分类方法多种多样,按激励方式分,有自激式和它激式。按调制方式分,有保持开关工作频率不变,控制导通脉冲宽度的称为脉宽调制型(PWM);也有保持开关导通时间不变,改变工作频率类型的称为频率调制型(PFM);还有宽度和频率均改变的称为混合型。按开关管电流工作方式分,有开关型变换器和谐振型变换器,前者是用晶体管开关把直流变成方波或准方波的高频交流,后者是将晶体管开关连接在 LC 谐振电路上,开关电流不是方波而是正弦波或准正弦波。按使用开关管的类型还可以分为有晶体管和可控硅型。

本章我们首先讨论单相小功率直流稳压电源各部分电路的组成、工作原理和性能。然后介绍集成稳压电路和开关电源。

10.2　整 流 电 路

经过变压器降压后的交流电通过整流电路变成了单方向的直流电,把这种直流电称为脉动大的直流电,完成这一任务主要靠二极管的单向导电性,因此二极管是构成整流电路的关键元件。常用的整流电路有单相半波、全波、桥式和倍压整流几种。本节主要分析单相半波和单相桥式整流电路的性能,最后简单介绍倍压整流。

分析整流电路时,为简单起见,二极管用理想模型来处理,即正向导通电阻为零,反向电阻为无穷大。

10.2.1　单相半波整流电路

如图 10-2(a)所示为单向半波整流电路。图中 u_2 为电源变压器次级电压,其幅度一般较大,为几伏以上,R_L 是要求直流供电的负载电阻。

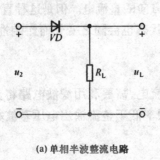

(a) 单相半波整流电路　　　　(b) 单相半波整流电路的波形图

图　10-2

1．工作原理

设电源变压器次级电压

$$u_2 = \sqrt{2}\,U_2\sin\omega t$$

由于二极管具有单向导电性，当 u_2 为正半周时，二极管正偏导通，理想情况下，R_L 两端电压 u_L 和 u_2 相等，当 u_2 为负半周时，二极管反偏截止，输出 $u_L = 0$。输出波形如图 10-2(b) 所示。

2．电路的主要参数

(1) 输出电压的平均值 U_L

$$U_L = \frac{1}{2\pi}\int_0^\pi u_L \mathrm{d}(\omega t) = 0.45U_2$$

(2) 流过负载 R_L 的电流 I_L

$$I_L = \frac{U_L}{R_L} = \frac{0.45U_2}{R_L}$$

(3) 整流管的整流电流平均值 I_V

流过二极管的电流平均值和负载电流相等，即

$$I_V = I_L$$

(4) 整流管的反向峰值电压 U_{RM}

二极管最大反向电压，按其截止时所承受的反向峰压

$$U_{RM} = \sqrt{2}\,U_2$$

单相半波整流电路结构简单，但利用率低，一般只适用于整流电流较小或对脉动要求不严的直流设备。

【例 10-1】　单相半波整流电路如图 10-2(a) 所示，已知负载电阻为 $500\,\Omega$，要求整流输出的直流电压为 $4.5\,\mathrm{V}$，试选择整流二极管。

解：负载工作电流为：

$$I_L = \frac{U_L}{R_L} = \frac{4.5\,\mathrm{V}}{500\,\Omega} = 9(\mathrm{mA})$$

通过二极管的平均整流电流为 $I_V = I_L = 9(\mathrm{mA})$。

二极管承受的最高反向峰值电压 $U_{RM} = \sqrt{2}\,U_2 \approx 3.14U_L = 14:13(\mathrm{V})$。

为安全使用，选用整流二极管应该留有余量，查阅晶体管手册，选用 2AP2 二极管，其最大整流电流为 $16\,\mathrm{mA}$，最高反向工作电压为 $30\,\mathrm{V}$。

10.2.2　单相桥式整流电路

如图 10-3 所示为单相桥式整流电路。图中 T 为电源变压器，它的作用是将交流电网电压 u_1 变成整流电路要求的交流电压 u_2，R_L 是要求直流供电的负载电阻，四个二极管 VD_1、VD_2、VD_3、VD_4 构成电桥的形式，所以称为桥式整流电路。

1．工作原理

设电源变压器次级电压

$$u_2 = \sqrt{2}\,U_2\sin\omega t$$

其波形如图 10-4(a) 所示。

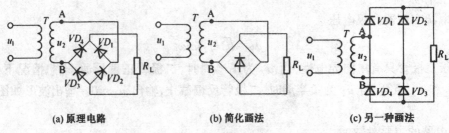

(a) 原理电路　　　　　(b) 简化画法　　　　(c) 另一种画法

图 10-3　单相桥式整流电路

在 u_2 正半周，A 端为正，B 端为负。二极管 VD_1、VD_3 正偏导通，VD_2、VD_4 反偏截止，电流通路为 $A \rightarrow VD_1 \rightarrow R_L \rightarrow VD_3 \rightarrow B$，负载 R_L 上电流方向自上而下；在 u_2 负半周，A 端为负，B 端为正，二极管 VD_2、VD_4 正偏导通，VD_1、VD_3 反偏截止，电流通路是 $B \rightarrow VD_4 \rightarrow R_L \rightarrow VD_2 \rightarrow A$。同样，$R_L$ 上电流方向自上而下。由此可见，在交流电压的正负半周，都有同一个方向的电流通过 R_L 从而达到整流的目的。四个二极管中，两个一组轮流导通，在负载上得全波脉动的直流电压和电流，如图 10-4(b)、(c)所示。

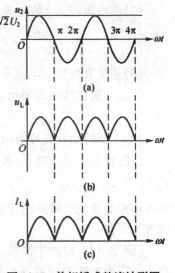

图 10-4　单相桥式整流波形图

2. 电路的主要参数

(1)输出电压的平均值 U_L

$$U_L = \frac{1}{\pi} \int_0^\pi u_L \mathrm{d}(\omega t) = 0.9 U_2$$

(2)流过负载 R_L 的电流 I_L

$$I_L = \frac{U_L}{R_L} = \frac{0.9 U_2}{R_L}$$

(3)每个整流管的整流电流平均值 I_V

桥式整流中，每只二极管只有半周是导通的，流过二极管的电流平均值为负载电流的一半，即

$$I_V = \frac{1}{2} I_L$$

(4)每个整流管的反向峰值电压 U_{RM}

二极管最大反向电压，按其截止时所承受的反向峰压

$$U_{RM} = \sqrt{2} U_2 \approx 1.57 U_L$$

【例 10-2】　设计一个单相桥式整流电路，要求输出电压为 120 V，电流为 3 A。试求整流变压器次级绕组的电压，并选择合适的整流二极管。

解:(1)根据单相桥式整流电路公式得

$$U_2 = \frac{U_L}{0.9} = \frac{120}{0.9} \approx 133(\mathrm{V})$$

流过二极管的平均电流：　$I_V = \frac{1}{2} I_L = \frac{1}{2} \times 3 = 1.5(\mathrm{A})$

二极管承受的最大反向电压：$U_{RM} = \sqrt{2} U_2 \approx \sqrt{2} \times 133 = 187.5(\mathrm{V})$

故可选 2CZ56E 型二极管四只，其最大整流电流为 3 A，最大反压为 300 V。

桥式整流电路的优点是输出电压高，纹波较小，管子所承受的最大反向电压低.同时因电源变压器在正负半周内都有电流供给负载,电源变压器得到了充分的利用,效率较高。因此,这种电路在半导体整流电路中得到了广泛的应用。电路的缺点是二极管用的较多,但目前市场上已经有桥堆出售,常见的有 QL 系列。

10.2.3　倍压整流

在电子电路中,有时需要很高的工作电压。而变压器次级电压又受到限制不能提高的情况下,可以采用倍压整流电路,较为方便的实现升压目的。这种电路常用来提供电压高、电流小的直流电压,如供给电子示波器或电视显像管的高压。当电源电压为正半周,变压器次级上端为正,下端为负,二极管 VD_1 导通,VD_2 截止,电容 C_1 被充电,其值可充到 $\sqrt{2}U_2$(U_2 为 u_2 的有效值)。

当电源电压为负半周,变压器次级上端为负下端为正,二极管 VD_1 截止,VD_2 导通,电容 C_2 被充电,其充电电压系变压器次级电压与电容 C_1 电压之和。如果电容 C_1 的容量足够大,则电容 C_1 上电压可充至 $2\sqrt{2}U_2$,为一般整流电路输出电压的两倍。

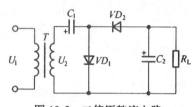

图 10-5　二倍压整流电路

以上分析是不接负载的情况。如果接上负载,当负载电流较大时,变压器次级电压和电容 C_1 上电压串联起来对 C_2 充电时,C_1 上的电压就会发生显著的变化(逐渐降低),C_2 上的充电电压就会达不到 $2\sqrt{2}U_2$,输出电压也就达不到二倍压,且负载电流越大,这种现象越严重。也可说这种整流电路适用小电流的情况。作为估算,电容与其两端等效负载电阻的乘积(RC 时间常数),应等于交流电压一个周期的 5 倍以上。

10.3　滤波电路

经过整流输出的电压脉动较大,包含多种频率的交流成分。远不能满足大多数电子设备对电源的要求。为了滤除或抑制交流分量以获得平滑的直流电压,必须设置滤波电路。滤波电路接在整流电路后面,一般由电容、电感以及电阻等元件组成。

10.3.1　电容滤波

如图 10-6 所示为桥式整流电容滤波电路,在负载两端并联一个电容,这个电容叫做滤波电容。电容是一个能储存电荷的元件,在电容量不变时要改变两端电压就必须改变两端电荷,而电荷改变的速度,取决于充放电的时间常数。常数越大,电荷改变越慢,则电压变化也越慢,即交流分量越小,也就是滤除了交流分量,这就是电容滤波的原理。

1. 工作原理

(1)在不接电容 C 时,为单相桥式整流电路,其输出电压波形如图 10-7(a)所示。

(2)接上电容器 C 后,在输入电压 u_2 正半周;二极管 VD_1、VD_3 在正向电压作用下导通,VD_2、VD_4 反偏截止,整流电流分为两路,一路向负载 R_L 供电,另一路向 C 充电,如图 10-6 (a)所示。因充电回路电阻很小,充电时间常数很小,C 被迅速充电,如图 10-7(b)中的 Oa 段。到 a 点时,电容器上电压 $u_c \approx \sqrt{2}U_2$,极性上正下负。经过 a 点后,u_2 按正常规律迅速下降,而电容器上电压不能突变,此后 $u_2 < u_c$,二极管 VD_1、VD_3 受反向电压作用截止。电容 C 经

R_L 放电,放电回路如图 10-6(b)所示。放电时间和放电时间常数 $\tau_{放} = R_L C$ 有关,如图 10-7(b)中 ab 段所示。此过程中,u_2 负半周到来,未装电容 C 时,二极管 VD_2、VD_4 导通,但此时 $u_c > u_2$,迫使 VD_2、VD_4 反偏截止,直到 b 点以后 u_2 上升到大于 u_c 时,VD_2、VD_4 才导通,同时 C 再度充电至 $u_c \approx \sqrt{2} U_2$,如图 10-7(b)中 bc 段。而后,u_2 又按是正弦规律下降,当 $u_2 < u_c$ 时,VD_2、VD_4 反偏截止,电容器又经 R_L 放电。电容器 C 如此反复地充放电,负载上便得到近似于锯齿波的输出电压。

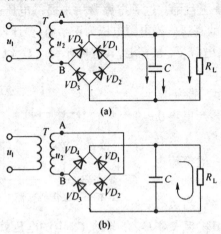

图 10-6　单相桥式整流电容滤波电路　　　　图 10-7　单相桥式整流电容滤波波形

(3)如果不接入负载 R_L:设电容器两端初始电压为零,接入交流电源后,当 u_2 为正半周时,u_2 通过二极管 VD_1、VD_3 向电容器充电,电容器很快被充电到交流电压 u_2 的最大值,使 $u_c \approx \sqrt{2} U_2$,由于电容器没有放电回路,故输出电压保持在 $\sqrt{2} U_2$,输出为一个恒定的直流。输出电压的平均值约为 $1.4 U_2$。

2. 电路的主要参数

(1)输出电压的确定

此时负载两端电压可近似认为在 $1.4 U_2$ 和 $0.9 U_2$ 之间,额定情况下

$$U_L = 1.2 U_2$$

(2)电容量的确定

我们知道,电容 C 越大,电容放电时间常数 $\tau = R_L C$ 越大,负载波形越平滑。一般情况下,桥式整流可按式

$$C \geqslant (3 \sim 5) \frac{T}{2 R_L}$$

来选择 C 的大小,式中 T 为交流电周期。

(3)电容器耐压值的选定

电容器耐压应大于 $\sqrt{2} U_2$,通常取 $(1.5 \sim 2) U_2$。

(4)负载上的平均电流

$$I_L = \frac{U_L}{R_L} = \frac{1.2 U_2}{R_L}$$

【例 10-3】　桥式整流电容滤波电路,要求输出直流电压 30 V,电流 0.5 A,试选择滤波电

容的规格,并确定最大耐压值。(交流电源 220 V,50 Hz)

解:由 $C \geqslant (3 \sim 5) \dfrac{T}{2R_L}$

$$C \geqslant \frac{5T}{2R_L} = 5 \times \frac{0.02}{2 \times 30/0.5} \approx 830 \times 10^{-6}(\text{F}) = 830 \times 10^{-6}(\text{F}) = 830\,(\mu\text{F})$$

其中:
$$T = \frac{1}{f} = \frac{1}{50} = 0.02(\text{s})$$

$$R_L = \frac{U_L}{I_L} = \frac{30}{0.5} = 60(\Omega)$$

取电容标准值 $1\,000\,\mu\text{F}$

$$U_2 = \frac{U_L}{1.2} = \frac{30}{1.2} = 25(\text{V})$$

电容耐压为 $(1.5 \sim 2)U_2 = (1.5 \sim 2) \times 25 = (37.5 \sim 50)\text{V}$

最后确定选 $1\,000\,\mu\text{F}/50\,\text{V}$ 的电解电容器一只。

10.3.2　电感滤波

电容滤波在大电流工作时滤波效果较差,当一些电气设备需要脉动小,输出电流大的直流电时,往往采用电感滤波电路,如图 10-8 所示。

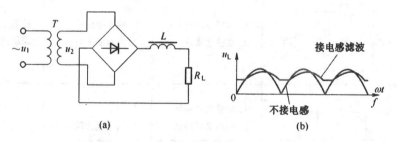

图 10-8　单相桥式整流电感滤波电路

电感元件具有通直流阻碍交流的作用,整流输出的电压中直流分量几乎全部加在负载上,交流分量几乎全部降落在电感元件上,负载上的交流分量很小。这样,经过电感元件滤波,负载两端的输出电压脉动程度大大减小。

不仅如此,当负载变化引起输出电流变化时,电感线圈也能抑制负载电流的变化,这是因为电感线圈的自感电动势总是阻碍电流的变化。

所以,电感滤波适用于大功率整流设备和负载电流变化大的场合。

一般来说,电感越大滤波效果越好,滤波电感常取几亨到几十亨。有的整流电路的负载是电机线圈、继电器线圈等电感性负载,就如同串入了一个电感滤波器一样,负载本身能起到平滑脉动电流的作用,这样可以不另加滤波器。

10.3.3　复式滤波

为了进一步提高滤波效果,减少输出电压的脉动成分,常将电容滤波和电感滤波组合成复式滤波电路。常用的有 LC 滤波器、RC 滤波器等,其电路及特点和使用场合归纳在表 10-1 中,以供参考。

表 10-1 各种滤波电路的比较

形式	电路	优点	缺点	使用场合
电容滤波		1. 输出电压高 2. 在小电流时滤波效果较好	电源接通瞬间因充电电流很大,整流管要承受很大正向浪涌电流	负载电流较小的场合
电感滤波		1. 负载能力较好 2. 对变动的负载滤波效果较好 3. 整流管不会受到浪涌电流的损害	1. 负载电流大时扼流圈铁芯要很大才能有较好的滤波作用 2. 电感的反电动势可能击穿半导体器件	适宜于负载变动大、负载电流大的场合
T 型滤波		1. 输出电流较大 2. 负载能力较好 3. 滤波效果好	电感线圈体积大、成本高	适宜于负载变动大、负载电流较大的场合
π 型 LC滤波		1. 输出电压高 2. 滤波效果好	1. 输出电流较小 2. 负载能力差	适宜于负载电流较小、要求稳定的场合
π 型 RC滤波		1. 滤波效果较好 2. 结构简单经济 3. 能兼起降压限流作用	1. 输出电流较小 2. 负载能力差	适宜于负载电流小的场合

10.4 稳压电路

交流电经过整流滤波之后变成较平滑的直流电压,但是负载电压是不稳定的。电网电压的变化或负载的变化都会引起输出电压的波动,要获得稳定的直流输出电压,必须在滤波之后再加上稳压电路。

10.4.1 稳压管稳压电路

1. 稳压管

在第 6 章中我们已经介绍了稳压二极管,稳压管是一种特殊的半导体二极管,工作在反向击穿区,使用时必须正极接电源的负极,其负极接电源的正极,二极管的反向击穿并不一定意味着管子损坏,只要限制流过二极管的反向电流就能使二极管不至于过热而烧坏,而且在反向击穿状态下,二极管两端电压变化很小,具有恒压性能,稳压管正是利用这一点来实现稳压作用的,第 6 章介绍了稳压管的伏安特性曲线,稳压管工作时,流过它的反向电流在 I_{Zmax} 和 I_{Zmix} 范围内变化。

2. 稳压管的主要参数

(1)稳定电压 U_Z

U_Z 指稳压管的反向击穿后稳定工作的电压值,因稳压管型号不同而不同。即使是同一型号的稳压管,由于制造工艺的原因,U_Z 的值也可能不一样。一般情况下,U_Z 值在 3~300 V 之间。

(2)稳定电流 I_Z

I_Z 指稳定管正常工作时的参考电流值。电流低于此值时,稳压效果略差;电流高于此值时,只要不超过额定功耗还可以正常工作,而且电流越大,稳压效果越好,但是管子的功耗要增加,因此 I_Z 不要太大。

图 10-9 稳压管符号

(3)动态电阻 r_Z

r_Z 是稳压管两端的电压和通过稳压管的电流两者变化量之比。r_Z 随工作电流不同而变化,电流越大,r_Z 越小,稳压性能越好。

(4)最大耗散功率 P_{ZM}。

P_{ZM} 指稳压管正常工作时,不发生热击穿所允许耗散的最大功率,其值近似等于 U_Z 与 I_{ZM} 的乘积。

(5)温度系数 α

α 是反映稳压管的温度稳定性的参数,其值定义为温度变化 1℃时稳定电压变化的百分数,α 越小,温度稳定性越好。硅稳压管 U_Z 低于 4 V 时具有负温度系数;高于 7 V 时具有正温度系数;而在 4~7 V 之间时,温度系数最小。

3. 稳压管稳压电路的工作原理

图 10-10 所示为硅稳压管稳压电路。

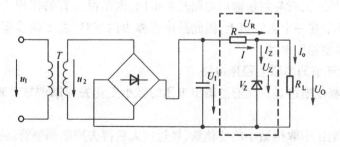

图 10-10 硅稳压管稳压电路

引起输出电压不稳定的原因主要是两个:一是电源电压的波动,二是负载电流的变化。稳压管对这两种影响都有抑制作用。

当交流电源电压变化引起 U_I 升高时,起初 U_o 随着升高。由稳压管的特性曲线可知,随着 U_o 的上升(即 U_Z 上升),稳压管电流 I_Z 将显著增加,R 上电流 I 增大导致 R 上电压降 U_R 也增大。根据 $U_o = U_I - U_R$ 的关系,只要参数选择适当,U_R 的增大可以基本抵消 U_I 的升高,使输出电压基本保持不变,上述过程可以表示为:

$$U_I \uparrow \rightarrow U_o(U_Z) \uparrow \rightarrow I_Z \uparrow \rightarrow I \uparrow \rightarrow U_R \uparrow \rightarrow U_o \downarrow$$

反之,当 U_I 下降引起 U_o 降低时,调节过程与上相反。

当负载变化时电流 I_o 在一定范围内变化而引起输出电压变化时,同样会由于稳压管电流 I_Z 的补偿作用,使 U_o 基本保持不变。其过程描述如下:

$$I_o\uparrow \to I\uparrow \to U_R\uparrow \to U_o\downarrow \to I_Z\downarrow \to I\downarrow \to U_R\downarrow \to U_o\uparrow$$

综上所述,由于稳压管和负载并联,稳压管总要限制 U_o 的变化,所以能稳定输出直流电压 U_o,这种稳压电路也称为并联型稳压电路。

10.4.2 串联型稳压电路

1. 基本调整管稳压电路

从稳压管的工作原理可知,稳压管是靠改变它所取的电流来进行调节的,在电网电压不变时,负载电流的变化也就是稳压管电流的调节范围。要想扩大电流的变化范围怎么办呢,最简单的办法是利用放大电路。下面我们来介绍这个电路,电路结构如图 10-11 所示。

图 10-11 中 U_I 是经整流滤波后的输入电压,晶体管 VT 为调整管,V_Z 为硅稳压管,用来稳定 VT 的基极电位 V_B,作为稳压电路的基准电压;R 既是稳压管的限流电阻,又是 T 的偏置电阻。从电路可以看出,负载电流的变化范围扩大为 $(1+\beta)\Delta I_Z$,而 U_O 仍基本为稳定值。

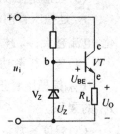

图 10-11　基本调整管稳压电路

电路的稳压过程如下:

若电网电压变动或负载电阻变化使输出电压 U_O 升高,由于基极电位 V_B 被稳压管稳住不变,由图 10-11 可知 $U_{BE}=V_B-V_E$,这样 U_O 升高时,U_{BE} 必然减小,T 发射极电流 I_E 减小,晶体管管压降 U_{CE} 增大,促使输出电压 U_O 下降,达到输出电压保持不变的目的。上述稳压过程可表示如下:

$$U_O\uparrow \to U_{BE}\downarrow \to I_B\downarrow \to I_E\downarrow \to U_{CE}\uparrow \to U_o\downarrow$$

这个电路从形式上看与射极输出电路是类似的,但是晶体管的作用不是放大而是作为调节器,即将 U_O 调节在一个固定值上,因此晶体管称为调节管,由于调节管与负载是串联的关系,所以称为串联型稳压电路。

2. 带有放大环节的串联型稳压电路

基本调整管稳压电路是直接通过输出电压的微小变化去控制调整管来达到稳压的目的,其稳压效果不好。

若先从输出电压中取得微小的变化量,经过放大后再去控制调整管,就可大大提高稳压效果,其电路如图 10-12 所示。

(1)电路组成

该电路由四个基本部分组成,其框图如图 10-13 所示。

由分压电阻 R_1、R_2、R_P 组成采样电路,从输出端对 U_O 进行分压,取出一部分作为取样电压给比较放大电路。而由稳压管 V_Z 和限流电阻 R_3 组成基准电压电路,提供一个稳定性较高的直流电压 U_Z,作为调整、比较的标准。比较放大电路由晶体管 VT_1 和 R_4 构成,其作用是将采样电路采集的电压与基准电压 U_Z 进行比较并放大,再控制三极管 VT_2 的基极电位,推动电压调整环节工作。电压调整环节由工作于放大状态的晶体管 VT_2 构成,它的作用是在比较放大电路的推动下改变调整环节的压降,使输出电压稳定。

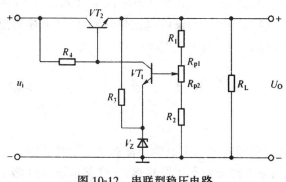

图 10-12　串联型稳压电路

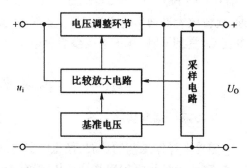

图 10-13　串联型稳压电路框图

(2)稳压过程

假设 U_O 因输入电压波动或负载变化而增大时,则经采样电路获得的采样电压也增大,而基准电压 U_Z 不变,所以采样放大管 VT_1 的输入电压 U_{BE1} 增大,VT_1 管基极电流 I_{B1} 增大,经放大后,VT_1 的集电极电流 I_{C1} 也增大,导致 VT_1 的集电极电位 U_{C1} 下降,VT_2 管基极电位 U_{B2} 也下降,I_{B2} 减小,I_{C2} 减小,U_{CE2} 增大,使输出电压 U_O 下降,补偿了 U_O 的升高,从而保证输出电压 U_O 基本不变。这一调节过程可表示为:

$$U_I\uparrow \rightarrow U_O\uparrow \rightarrow U_{BE1}\uparrow \rightarrow I_{B1}\uparrow \rightarrow I_{C1}\uparrow \rightarrow U_{C1}$$

$$U_O\downarrow \leftarrow U_{CE2}\uparrow \leftarrow I_{C2}\downarrow \leftarrow I_{B2}\downarrow \leftarrow U_{B2}\downarrow$$

同理,当 U_O 降低时,通过电路的反馈作用也会使 U_O 保持基本不变。

在串联型稳压电路的工作过程中,要求调整管始终处于放大状态,通过调整管的电流大于负载电流,因此必须选用适当的大功率管作为调整管,并安装散热装置。也可以采用复合管做调整管,在不需要大基极电流的情况下获得较大的输出电流。

调节 R_P 滑动端,可以调节输出电压的大小,输出电压 U_O 的调节范围为:

$$U_{Omax}\approx \frac{R_1+R_2+R_p}{R_2}U_Z$$

$$U_{Omin}\approx \frac{R_1+R_2+R_p}{R_2+R_p}U_Z$$

串联型稳压电路的比较放大电路还可以用集成运放来组成。由于集成运放的放大倍数高,输入电流极小,提高了稳压电路的稳定性,因而应用越来越广泛。

3. 稳压电路的过载保护措施

稳压电路不仅要输出一定数值的电压,还要输出一定数值的电流,在串联型稳压电路中,负载电流全部流过调整管。当输出电流过大或输出短路时,会使调整管电流过大而损坏,所以需要对调整管加以保护,必须设置过载保护电路。保护电路有限流型和截止型两种。限流保护的思想是当调整管电流超过一定限度时,对它的基极电流进行分流,以限制调整管的发射极电流不至于太大。下面仅介绍限流型保护电路,如图 10-14 所示。

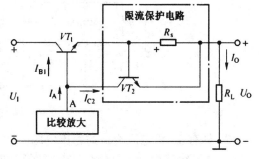

图 10-14　限流型保护电路

图中 R_S 为检测电阻。正常工作时,负载电流 I_O 在 R_S 上的压降小于 VT_2 导通电压

U_{BE2}，VT_2 截止，稳压电路正常工作。当负载电流 I_O 过大超过允许值时，U_{RS}增大使 VT_2 导通，比较放大器输出电流被 VT_2 分流，使流入调整管 VT_1 基极的电流受到限制，从而使输出电流 I_O 受到限制，保护了调整管及整个电路。使电流不至于过大。

10.5 集成稳压电路和开关电源

10.5.1 集成稳压电路

随着半导体工艺的发展，稳压电路也制成了集成器件。集成稳压器有几种类型。以工作方式来分，可分为：(1)串联型稳压电路，是指调整元件与负载串联相接的，在集成稳压电路中绝大多数是这种类型；(2)并联型稳压电路，是指调整元件与负载并联相接的(如稳压管稳压电路)；(3)开关型稳压电路，这种电路的调整元件工作在开关状态，通过调整开关的时间来稳定输出。以输出电压来分，可分为：(1)固定式稳压电路，这类电路输出电压是预先调整好的，在使用中一般不需要也不能进行调整；(2)可调式稳压电路，这类电路可通过外接元件使输出电压在较大范围内进行调节，以适应不同的需要。在这里我们介绍两种常用的串联型集成稳压电路，W7800 系列和 W7900 系列三端稳压器。这类产品具有使用方便，性能稳定、价格低廉的特点，目前得到了广泛的应用。

W7800 系列(又称为 W78 系列)输出固定的正电压，有 5 V、6 V、9 V、12 V、15 V、18 V、24 V 几种。它们型号的后两位数字就表示输出电压值。比如 W7805 的输出电压为 5V，其他类推。同类型的产品还有 W78M00 系列、W78L00 系列等。

W7900 系列输出固定的负电压，其参数与 W7800 系列基本相同。

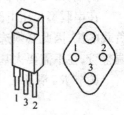

三端稳压器的外形和管脚排列如图 10-15 所示，按管脚编号，W7800 系列的管脚 1 为输入端，2 为输出端，3 为公共端；W7900 系列的管脚 3 为输入端，2 为输出端，1 为公共端。

下面我们以 W7800 系列和 W7900 系列产品为例介绍几种实用的电路。

图 10-15 三端稳压器外形

1．基本应用电路

基本应用电路结构使用时如图 10-16 所示，三端稳压器接在整流滤波电路之后。电路中接入电容是为了防止稳压器产生高频自激振荡和抑制电路引入的高频干扰。

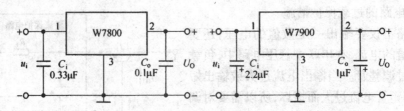

图 10-16 输出固定电压的稳压电路

2．具有正、负电压输出的稳压电源

在电子线路中，常需要将 W7800 系列和 W7900 系列组合连接，同时输出正、负电压的双向直流稳压电源，电路如图 10-17 所示。

当需要正、负两组电源输出时，还可以用接线如图 10-18 所示的电路。由图可见，这种用

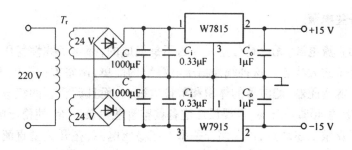

图 10-17 正、负电压同时输出的电路

正、负集成稳压器构成的正负两组电源,不仅稳压器具有公共接地端,而且它们的整流部分也是公共的。

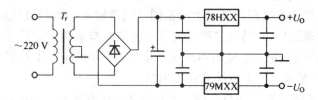

图 10-18 用 7800 系列和 7900 系列单片稳压器组成的正、负双电源

仅用 7800 系列正压稳压器也能构成正负两组电源,接法如图 10-19 所示,这时需两个独立的变压器绕组,作为负电源的正压稳压器需将输出端接地,原公共接地端作为输出端。

3. 扩展输出电压电路

如果需要高于三端稳压器的输出电压,可采用如图 10-20 的扩展输出电压电路,其输出电压可以由式 $U_o \approx \left(1 + \dfrac{R_2}{R_1}\right) U_{XX} + I_Q R_2$ 计算,U_{XX} 为三端稳压器 78××的标称输出电压,R_1 上电压为 U_{XX},产生的电流 $I_{R1} = U_{XX}/R_1$,在 R_1、R_2 串联电路上产生的压降为 $\left(1 + \dfrac{R_2}{R_1}\right) U_{XX}$,$I_Q R_2$ 为稳压器静态工作电流在 R_2 上产生的压降。

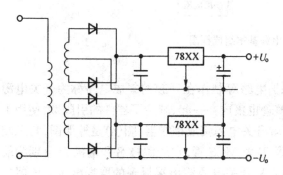

图 10-19 用两块 7800 系列单片正集成
稳压器组成的正负双电源

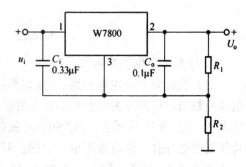

图 10-20 扩展输出电压电路

一般 $I_{R1} > 5 I_Q$,I_Q 约为几毫安,当 $I_{R1} \gg I_Q$,即 R_1、R_2 较小时,则有 $U_O \approx \left(1 + \dfrac{R_2}{R_1}\right) U_{XX}$,即输出电压仅与 R_1、R_2、U_{XX} 有关,上述电路的缺点是,当稳压电路输入电压变化时,I_Q 也发生变化,所以扩大输出电压后,该电路稳压精度会降低。

10.5.2　开关电源

以上所讲的直流电源,无论是分立元件的还是集成的,都属于线性稳压电源,调整管在稳压过程中始终处于放大状态。这种线性稳压电源结构简单,调整方便。但通常都需要体积大而笨重的工频电源变压器,滤波器的体积和重量也很大,而且调整管的集电极损耗相当大,电源效率较低,一般为 40%～60%,还要设法配备调整管散热装置等,使稳压电源在结构上显得庞大笨重。为了克服上述缺点,可采用开关型直流稳压电源,在开关型直流稳压电源(简称开关电源)中,调整管工作在开关状态,即调整管主要工作在导通和截止两种状态,管耗主要发生在状态转换过程中,电源效率得到提高,开关电源由于体积小、重量轻。已成为小型化、轻量化、高效率的新型电源。

1. 开关电源的基本组成和工作原理

图 10-21 所示为开关电源的基本组成框图。交流输入电压经过线路滤波器,隔除电网与开关电源之间的杂波互扰,并通过二极管进行一次整流与电容滤波后变为直流电压。此直流电压加到开关调整管上,变为断续的矩形脉冲电压,再由高频变压器变成所需幅度的脉冲电压,经过二次整流与滤波平滑后变为直流输出电压。

图 10-21 中开关调整管是一只工作在饱和和截止状态下的大功率高反压三极管。当调整管饱和导通时,有大电流通过,但其饱和管压降很小,因而管耗不大;当调整管截止时,尽管管压降大,但通过电流很小,管耗很小,所以它的调整效率高。控制电路的输出脉冲 U_c 用来控制调整管的工作状态,使调整管在饱和与截止两种状态之间反复转换,并根据电网电压及负载电流的变动改变导通和截止的时间比,就可以做到既能稳压又减少调整管的功率损耗。

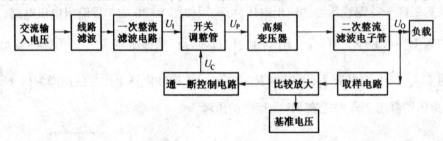

图 10-21　开关电源基本组成框图

2. 开关电源集成控制器

把开关电源中的控制回路、电压调整和保护电路等制作在一起的集成电路称为开关电源集成控制器。有些开关电源控制器把开关调整管也集成在一起,减少了器件的引脚数,使用十分方便。图 10-22 所示为 TOP Switch 系列三端开关电源集成控制器,图(a)是外形图,与三端稳压器相似,图(b)是内部组成方框图。开关管 T 为 MOS 管,它的源极 S 和漏极 D 分别为端子 2 和端子 3。端子 1 称为控制端 C,用以输入从开关电源输出端得到的取样电压。该器件的基本工作原理是用输入取样电压与内部的基准电压(5.7 V)进行比较,并通过脉宽调制(PWM)比较器控制开关管导通时间来稳定输出电压。该器件的各种保护作用是通过关断调整管 VT 来达到的。

开关电源的稳压不如线性稳压,纹波电压大。对电子设备的干扰较大,而且电路比较复杂,对元器件要求较高。在稳定性要求高且电流较小的电源组中可以加线性集成稳压器。

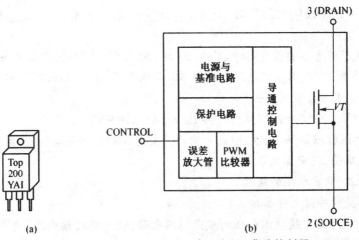

(a)　　　　　(b)

图 10-22　TOP Switch 系列三端开关电源集成控制器

10-1　单相半波整流电路中,已知负载 $R_1 = 100\,\Omega$,电源电压 $U_1 = 220\,\text{V}$,输出直流电压 $U_o = 12\,\text{V}$ 试求:

(1)负载电流有多大?

(2)所需整流管参数为多少?

(3)变压器变比为多大?

10-2　一单相桥式整流电路,变压器副边电压有效值为 75 V,负载电阻为 100 Ω,试计算该电路的直流输出电压和直流输出电流,并选择二极管。

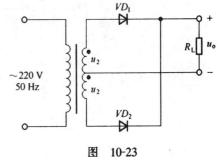

图　10-23

10-3　电路如图 10-23 所示,变压器副边电压有效值为 $2U_2$。

(1)画出 u_2、u_{D1} 和 u_0 的波形;

(2)求出输出电压平均值 $U_{o(AV)}$ 和输出电流平均值 $I_{L(AV)}$ 的表达式;

(3)求出二极管的平均电流 $I_{D(AV)}$ 和所承受的最大反向电压 U_{rmax} 的表达式。

10-4　电路如图 10-24 所示。

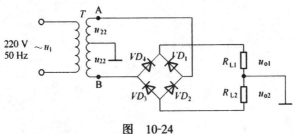

图　10-24

(1)分别标出 u_{o1} 和 u_{o2} 对地的极性;

(2)u_{o1}、u_{o2} 分别是半波整流还是全波整流?

(3)当 $U_{21} = U_{22} = 20\,\text{V}$ 时,$U_{O1(AV)}$ 和 $U_{O2(AV)}$ 各为多少?

(4)当 $U_{21}=18\,\text{V}$，$U_{22}=22\,\text{V}$ 时，画出 u_{O1}、u_{O2}的波形；并求出 $U_{O1(AV)}$ 和 $U_{O2(AV)}$各为多少？

10-5　桥式整流电容滤波电路中，已知 $R_L=100\,\Omega$，$C=100\,\mu\text{F}$，用交流电压表测得变压器次级电压有效值为 $20\,\text{V}$，用直流电压表测得 R_L 两端电压 U_O。如出现下列情况，试分析哪些是合理的，哪些表明出了故障，并分析原因。

(1)$U_O=28\,\text{V}$；(2)$U_O=24\,\text{V}$；(3)$U_O=18\,\text{V}$；(4)$U_O=9\,\text{V}$。

10-6　用集成稳压器 W79XX，组成一输出为负电压的稳压电路，要求输出电压值为 $15\,\text{V}$。

(1)画出电路图，说明稳压器型号。

(2)标出输入、输出电压的极性。

(3)标出相关的外围元件参数。

10-7　图 10-20 是扩展输出电压的集成稳压电路，能不能改动电路，使之成为输出电压大小可调节的集成稳压电路，试画出改动后的电路图。

10-8　某稳压电源如图 10-25 所示。

(1)试标出输出电压的极性并计算 U_o 大小。

(2)电容器的极性应如何连接？试在图上标出来。

(3)如果把稳压管 V_Z 反接，后果如何？（设 $U_Z=18\,\text{V}$）

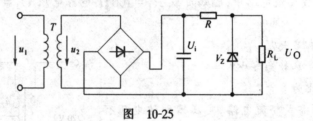

图　10-25

第11章

晶闸管电路

11.1 可控整流电路

11.1.1 单相半波可控整流电路

1. 电路组成

图 11-1(a)是电阻性负载的单相半波可控硅整流电路。它由电源变压器 T、晶闸管 V 和负载 R_L 组成，图中晶闸管的触发电路未画出，图 11-1(b)是其工作波形。

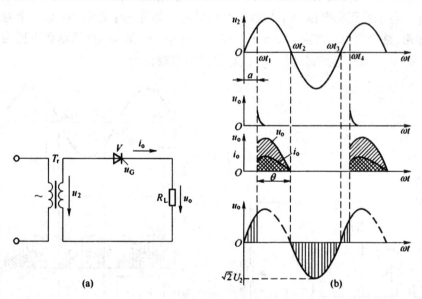

(a)   (b)

图 11-1 单相半波可控硅整流电路及工作波形

2. 工作原理

在图 11-1(b)中，由晶闸管特性可知，当电源电压 u_2 为正半周，即上正下负时，晶闸管承受正向电压，这时只要在晶闸管的控制极加上触发信号 u_G，晶闸管即可导通。如在 ωt_1 处给晶闸管加触发电压，晶闸管便立即导通，导通后管压降很小，若忽略不计，则 u_2 电压要通过晶闸管全部加于负载 R_L 上输出，并有电流 i_o 流过负载。

3. 电路参数计算

输出电压平均值 $U_{o(av)}$。由图 11-1(b)中的 u_o 波形可得输出电压平均值为

$$U_{o(av)} = \frac{1}{2\pi}\int_a^\pi \sqrt{2}\,U_2\sin\omega t\,\mathrm{d}(\omega t) \approx 0.45 U_2 \frac{1 + \cos\alpha}{2}$$

式中的 U_2 为变压器次级电压有效值。

输出电流平均值 $I_{o(av)}$

$$I_{o(av)} = \frac{U_{o(av)}}{R_L} = 0.45\frac{U_2}{R_L} \cdot \frac{1+\cos\alpha}{2}$$

晶闸管承受的最高反向电压 U_{TM} 为：$U_{TM} = \sqrt{2}\,U_2$

输出电压有效值（即均方根）为

$$U = \sqrt{\frac{1}{2\pi}\int_a^\pi (\sqrt{2}\,U_2\sin\omega t)^2\mathrm{d}(\omega t)} = U_2\sqrt{\frac{1}{4\pi}\sin 2\alpha + \frac{\pi-\alpha}{2\pi}}$$

负载电流有效值为

$$I = \frac{U}{R_L} = \frac{U_2}{R_L}\sqrt{\frac{1}{4\pi}\sin 2\alpha + \frac{\pi-\alpha}{2\pi}}$$

11.1.2 单相桥式可控硅整流电路

1. 工作原理

图 11-2(a) 是电阻性负载的单相桥式可控硅整流电路。当电源电压 u_2 为正半周，即上正下负时，V_1、V_{D2} 承受正向电压，V_1 被触发即可导通。如在 ωt_1 处给 V_1 加一个触发脉冲，则 V_1、VD_2 导通，整流电流的方向为 $a\rightarrow V_1\rightarrow R_L\rightarrow VD_2\rightarrow b$，至 ωt_2 处因电源电压为零，晶闸管自行关断。在 V_1、VD_2 导通时，因 V_2、VD_1 受反压而截止。

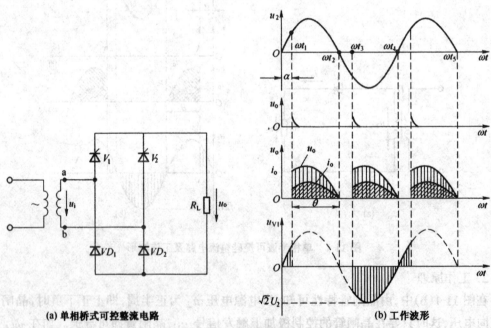

(a) 单相桥式可控整流电路   (b) 工作波形

图 11-2　单相桥式可控硅整流电路及波形

在电源电压 u_2 为负半周，即上负下正时，V_2、VD_1 受正向电压，V_2 被触发即可导通。如在 ωt_3 处给 V_2 加一个触发脉冲，则 V_2、VD_1 立即导通，整流电流的方向为 $b\rightarrow V_2\rightarrow R_L\rightarrow VD_1\rightarrow a$，至 ωt_4 处因电源电压为零，晶闸管自行关断。在 V_2、VD_1 导通时，V_1、VD_2 因受反压而截止。其工作波形如图 11-2(b) 所示。

2. 电路参数的计算

输出电压平均值 $U_{o(av)}$。由图 11-2(b)中的 u_o 波形可得输出电压平均值为

$$U_{o(av)} = \frac{1}{\pi}\int_a^\pi \sqrt{2}\,U_2\sin\omega t\,\mathrm{d}(\omega t) \approx 0.9U_2\frac{1+\cos\alpha}{2}$$

输出电流平均值为 $I_{o(av)}$

$$I_{o(av)} = \frac{U_{o(av)}}{R_L} = 0.9\frac{U_2}{R_L}\times\frac{1+\cos\alpha}{2}$$

流过每个晶闸管和整流二极管的电流平均值为

$$I_{T(av)} = I_{D(av)} = \frac{1}{2}I_{o(av)}$$

晶闸管和整流二极管承受的最高反向电压为

$$U_{TM} = U_{DM} = \sqrt{2}\,U_2$$

11.2　晶闸管的触发电路

从第 6 章晶闸管知识可以知道晶闸管导通除了需要在它的阳极和阴极之间加正向电压外,还必须在控制极与阴极之间加一定的正向触发电压,这种触发电压可由触发电路来提供。由于晶闸管一旦导通后,控制极就失去控制作用,因此触发电压一般是持续时间较短的脉冲信号,称为触发脉冲或触发信号。当然,也可以用正弦波交流电压和直流电压作为触发信号。

11.2.1　单结管振荡器

1. 电路组成

图 11-3(a)所示为单结管张弛振荡器的电路图,图 11-3(b)是其工作波形。由图 11-3(a)可知,电路中单结管外接定时电阻 R_e、电容 C、负载电阻 R_1 和温度补偿电阻 R_2。

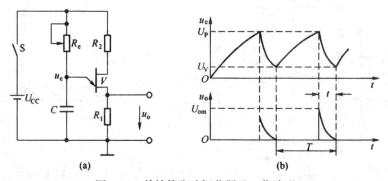

图 11-3　单结管张弛振荡器及工作波形

2. 工作原理

在图 11-3(a)中,当电源电压接通后,U_{CC} 将通过 R_e 对电容 C 充电、使电容电压 u_C(也就是单结管发射极电压 U_e)逐渐升高。由第 6 章单结晶体管的特性可知,当 u_e 升高到峰点电压 U_P 时,单结管导通,此时 R_{b1} 迅速减小,电容电压 u_C 通过 PN 结向 R_1 放电。由于放电时间常数很小,放电很快结束,使得电容电压很快降低。当 u_e 降低到单结管的谷点电压 U_V 时(此时因经 R_e 流入的电流也小于 I_V),单结管阻断。以后电源 U_{CC} 又通过 R_e 对电容 C 充电,重复以上过程。就可以得到它的工作波形如图 11-3(b)所示。

3．元件参数选择

根据电路可知,当发射极电压被充到 $u_e = U_P$ 时,如所选电阻 R_e 太大,发射极电流 i_e 不能大于 i_P,则单结管不能导通。同理,当发射极电压 U_e 下降到 U_V 时,如所选电阻 R_e 太小,则 I_e 不能小于 I_V,也不能由导通转为截止而产生振荡,根据电路可算得

$$\frac{U_{CC} - U_P}{I_P} > R_e > \frac{U_{CC} - U_V}{I_V}$$

11.2.2　单结晶体管同步触发电路

1．电路组成及工作原理

电路如图 11-4(a)所示,图中下半部分为主回路,是一单相半控桥式整流电路。上半部分为单结晶体管触发电路。T 为同步变压器,它的初级线圈与可控桥路均接在 220 V 交流电源上,次级线圈得到同频率的交流电压,经单相桥式整流,变成脉动直流电压 U_{AD},再经稳压管削波变成梯形波电压 U_{BD}。此电压为单结管触发电路的工作电压,加削波环节的目的首先是起到稳压作用,使单结管输出的脉冲幅值不受交流电源波动的影响,提高了脉冲的稳定性;其次,经过削波后,可提高交流同步电压的幅值,增加梯形波的陡度,扩大移相范围。由于主、触回路接在同一交流电源上,起到了很好的同步作用,当电源电压过零时,振荡自动停止,故电容每次充电时,总是从电压的零点开始,这样就将保证了脉冲与主电路可控硅阳极电压同步。

在每个周期内的第一个脉冲为触发脉冲,其余的脉冲没有作用。调整电位器 R_P,使触发脉冲移相,改变控制角 α。电路中各点波形如图 11-4(b)所示。

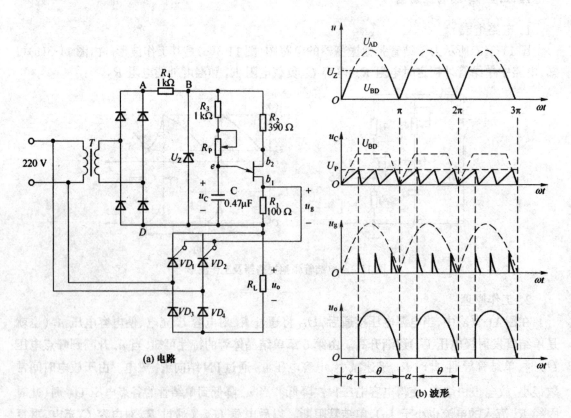

(a) 电路　　　　　　　　　　　　　　　(b) 波形

图 11-4　单结晶体管同步触发电路

2. 对触发电路的要求

为了保证可靠地触发,对触发电路的要求是:

(1)触发脉冲上升沿要陡,以保证触发时刻的准确。

(2)触发脉冲电压幅度必须满足要求,一般为 4～10 V。

(3)触发脉冲要有足够的宽度,以保证可靠触发。

(4)为避免误导通,不触发时,触发输出的漏电压小于 0.2 V。

(5) 触发脉冲必须与主电路的交流电源同步,以保证晶闸管在每个周期的同一时刻触发。图 11-4(a)将主、触回路接在同一电源上,实现了同步的要求。

练 习 题

11-1 有一电阻性负载单相桥式可控整流电路,它需要的直流电压为 0～60 V,直流电流为 0～10 A。试计算变压器次级电压的有效值并选择整流二极管和晶闸管。

11-2 一单相桥式可控硅整流电路,电阻性负载 $R_L = 5\,\Omega$,电源电压 $U_2 = 220\,V$,晶闸管的控制角 $\alpha = 60°$。试求:(1)输出直流电压;(2)选择整流二极管和晶闸管。

11-3 图 11-5 所示是一个什么电路? 由几部分构成? A 点、B 点、C 点为何种电压波形? 调节 R_p 的大小对 D 点的输出信号有何影响?

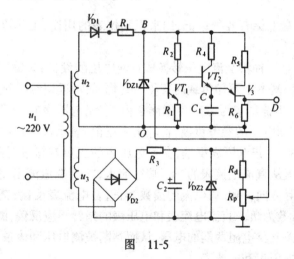

图 11-5

第三篇 实　　验

实验一　直流电路的认识实验

一、实验目的

1. 熟悉电工实验室概况,学习安全操作规程。
2. 学会识别电工仪表的表盘标记。
3. 初步学会简单电路的连接。
4. 掌握直流稳压电源、直流电流表、直流电压表的正确使用。

二、实验原理与说明

1. 电工仪表的表盘上标有各种标记,用来识别仪表的用途、工作原理等各项技术特征和使用方法。

2. 直流稳压电源是一种将交流电压转换成直流电压的设备,其输出电压在一定范围内连续可调。由于输出电压基本上不随负载的变化而变化,故可近似看成理想电压源。

3. 针对直流电压、电流的参考方向表示测量值:直流电压表的"+"端钮接被测电压的参考正极,"-"端钮接被测电压的参考负极,若电压表正偏,表示该电压的参考方向与实际方向一致,该电压的读数为正;若电压表反偏,交换电压表的正负端钮进行测试,该电压的读数为负。按参考方向使电流从直流电流表的"+"端钮流入,"-"端钮流出,若电流表正偏,表示该电流的参考方向与实际方向一致,该电流的读数为正;若电流表反偏,交换电流表的正负端钮进行测试,该电流的读数为负。直流电流表和电压表的指针不应反偏,测量前应先用直流电压表的高量限挡测量某条支路电阻两端的电压,从而判断被测电压和该条支路电流的实际方向,然后再正确使用直流电压表和电流表。

三、实验仪器设备

1. 直流稳压电源　　　　　1台
2. 直流电压表　　　　　　1台
3. 直流毫安表　　　　　　1台
4. 电阻　　　　　　　　　2台

四、实验内容与步骤

1. 指导教师介绍实验室概况和安全操作规程。
2. 观察各种仪表的表盘标记;找出直流电压表和直流电流表;说出各仪表表面主要标记

的含义,并将直流电压表、电流表表盘的主要标记记入表 S1-1 中。

3. 直流稳压电源、直流电压表、直流电流表的使用

(2)学生练习使用直流稳压电源:仔细观察直流稳压电源的面板,了解各旋钮的作用,并将它们置于合适的位置。打开电源开关,调节输出电压旋钮,观察面板上电压表读数的变化,体会如何调节稳压电源的输出电压。注意:直流电压表应并接在被测电路的两端。仪表的极性连接要正确,"+"极应接高电位端,"-"极应接低电位端。

表　S1-1

直流 电压表	表面标记					
	标记含义					
直流 电流表	表面标记					
	标记含义					

(3)按图 S1-1 接线,将直流稳压电源输出电压调至 $U = $ _____ V,两电阻的取值分别为 $R_1 = $ _____ Ω,$R_2 = $ _____ Ω,用直流电压表分别测量 U、U_1、U_2,将测量结果记入表 S1-2 中。

(4)按图 S1-2 接线,将直流稳压电源输出电压调至 $U = $ _____ V,两电阻的取值同(3),用直流毫安表分别测量 I、I_1、I_2,将测量结果记入表 S1-2 中。注意:直流电流表应串接在被测电路中,切不可与电路并联。

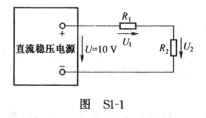

图　S1-1

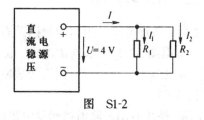

图　S1-2

表　S1-2

项　　目	U (V)	U_1 (V)	U_2 (V)	I (mA)	I_1 (mA)	I_2 (mA)
直流电压表						
直流电流表						

五、结果分析与思考

1. 归纳直流稳压电源使用方法。

2. 总结直流电压表、直流电流表使用时的注意事项,及针对直流电压,电流的参考方向如何表示其测量值。

3. 在实验中如有异常的响声、气味或触电现象,你认为应该如何处理?

实验二　直流电阻、电压、电流的测量

一、实验目的

1．学习使用万用表测量电阻和直流电压。
2．进一步熟练电路的连接及电压表、电流表的使用。
3．加深对 KCL、KVL 的理解。

二、实验仪器设备

1．直流稳压电源　　　　　1台
2．1.5 V 的干电池　　　　 2节
3．直流毫安表　　　　　　1台
4．直流电压表　　　　　　1台
5．万用表　　　　　　　　1台
6．电阻　　　　　　　　　3只

三、实验内容与步骤

由指导教师介绍万用表欧姆挡及直流电压挡的使用方法。

1．根据图 S2-1 所示被测电路，取 $R_1 =$ ＿＿＿＿ Ω, $R_2 =$ ＿＿＿＿ Ω, R_3 ＿＿＿＿ Ω, $U_{S1} =$
＿＿＿＿ V, $U_{S2} =$ ＿＿＿＿ V。用万用表欧姆挡和直流电压挡分别测量 R_1、R_2、R_3、U_{S1}、U_{S2}，计入表 S2-1 中。

注意：使用万用表欧姆挡测量电阻时，倍率的选择应尽量使指针指在欧姆中心值附近，每换一次倍率，都要先进行欧姆调零，再进行测量。测电阻时两手不能同时接触表棒的金属部分，更不能在电阻带电的情况下进行测量。读数时视线要与刻度盘垂直，读数乘以所选倍率即为所测电阻值。

表　S2-1

测量对象	$R_1(\Omega)$	$R_2(\Omega)$	$R_3(\Omega)$	测量对象	U_{S1}	U_{S2}
标称值				电压表测量结果		
测量值				万用表测量结果		

2．按图 S2-1 接线。

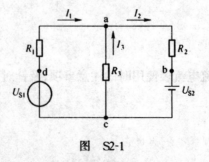

图　S2-1

3．用直流电压表和万用表直流电压挡分别测量电压 U_{ac}、U_{cd}、U_{da}、U_{ab}、U_{bc}，记入表 S2-2 中。注意：应根据各电压的参考方向，正确判断填写表中各量的正负号。

表　S2-2

测量对象	$U_{ac}(V)$	$U_{cd}(V)$	$U_{da}(V)$	$U_{ab}(V)$	$U_{bc}(V)$
电压表测量结果					
万用表测量结果					

4. 根据所测的各段电压,判断各支路电流的实际流向,然后用直流毫安表分别测量 I_1、I_2、I_3,记入表 S2-3 中。注意:直流电流表一定要串接在电路中。

表　S2-3

测量对象	$I_1(mA)$	$I_2(mA)$	$I_3(mA)$
测量结果			

五、结果分析与思考

1. 针对 abcda 回路,用 KVL 检验所测的各段电压,如有误差,解释造成误差的原因。

2. 针对节点 a,用 KCL 检验所测的电流,如有误差,解释造成误差的原因。

实验三　直流电路的故障检查

一、实验目的

1. 掌握电位测量的方法,进一步熟练万用表的使用。
2. 加深对电压与电位关系的理解。
3. 初步学会用测量电阻的方法检查故障。
4. 初步学会用测量电压和电位的方法检查故障。

二、实验原理与说明

1. 电位的测量

测直流电路中某点的电位,应将万用表的转换开关置于直流电压挡合适的量限,黑表笔接参考点,红表笔接被测量点,如果指针正偏,被测点电位的读数为正值;如果指针反偏,交换红黑表笔,再进行测量,被测点电位的读数为负值。

2. 故障检查

故障的形式有电路接线错误、断线、短路、接触不良,元器件或仪表选择使用不恰当等。当电路出现故障时,应立即切断电源进行检查。

检查故障的一般方法有:

(1)检查线路接线是否正确,仪表规格与量限、元件的参数(包括额定电压、额定电流、额定功率)及电源电压的大小选择是否正确。

(2)用万用表欧姆挡检查故障时,应先切断电源,根据故障现象,大致判断故障区段。用万用表欧姆挡检查该区段各元件、导线、连接点是否断开,各器件是否短路。一般来说,如果某无源二端网络中有开路处,该网络两端测出的电阻值比正常值大;如果某无源二端网络中有短路处,该网络测出的电阻值比正常值小。

(3)用万用表直流电压挡检查故障时,应先检查电源电压是否正确,如果电源电压正确,接通电源,再逐点测量各点对所选参考点的电位(或逐渐测量各段的电压)。一般来说,如果串联电路中的某一点开路,则开路点以前的电位相等,开路点以后的电位相等,但开路点前后的电位不相等;如果电路中的某一段短路,则两短路点间的电压为零(或两短路点的电位相等),而其余各段电压不为零。

三、实验仪器设备

1. 直流稳压电源　　　　　　　1 台
2. 万用表　　　　　　　　　　1 台
3. 电阻　　　　　　　　　　　5 只

四、实验内容与步骤

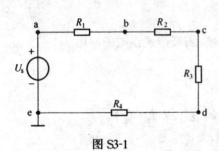

图 S3-1

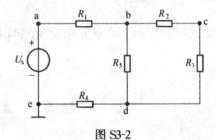

图 S3-2

1. 按图 S3-1 接线,U_S = ＿＿＿＿ V,R_1 = ＿＿＿＿ Ω,R_2 = ＿＿＿＿ Ω,R_3 = ＿＿＿＿ Ω,R_4 = ＿＿＿＿ Ω。根据表 S3-1 中所拟的项目,用万用表的直流电压挡分别测量以 e 为参考点时各点的电位及各段电压,测量结果记入表 S3-1 中。注意:直流稳压电源的输出端不能短路。

2. 将图 S3-1 中 c 点开路,重测各点电位及各段电压,记入表 S3-1 中。

3. 将图 S3-1 中 b、c 两点短路,重测各点电位及各段电压,记入表 S3-1 中。

表 S3-1

项 目	φ_a(V)	φ_b(V)	φ_c(V)	φ_d(V)	U_{ab}(V)	U_{bc}(V)	U_{cd}(V)	U_{dc}(V)
正常								
c 点开路								
b、c 短路								

4. 在图 S3-1 电路中的 b、d 两点间接一电阻 R_5 = ＿＿＿＿ Ω,如图 S3-2 所示。分别测量电路正常时表 S3-2 中以 e 点为参考点时各点的电位及各段电压,并记入表 S3-2 中。

5. 将图 S3-2 中的 c 点开路,重测各点电位及各段电压,记入表 S3-2 中。

6. 将图 S3-2 中的 b、c 短路,重测各点电位及各段电压,记入表 S3-2 中。

表 S3-2

项 目	φ_a(V)	φ_b(V)	φ_c(V)	φ_d(V)	U_{ab}(V)	U_{bd}(V)	U_{de}(V)	U_{bc}(V)	U_{cd}(V)
正 常									
c 点开路									
bc 短路									

7. 撤去图 S3-2 中所示的电源,用万用表的欧姆挡分别测量正常情况下、c 点开路、bc 短路时 ae 间的电阻值,记入表 S3-3 中。

表　S3-3

项　　目	正　　常	c 点开路	bc 短路
$R_{ae}(\Omega)$			

五、结果分析与思考

1. 根据实验数据,说明当某段串联电路发生开路故障时,该段电路中各段电压或各点的电位有何变化?

2. 根据实验数据,说明当某段串联电路发生短路故障时,该段电路中各段电压或各点的电位有何变化?

3. 根据实验数据,说明当某无源二端网络中有开路处时,该网络的等效电阻有何变化?

4. 根据实验数据,说明当某无源二端网络中有短路处时,该网络的等效电阻有何变化?

5. 根据实验数据,总结出电路中两点的电压与这两点电位的关系?

实验四　直流单、双臂电桥及兆欧表的使用

一、实验目的

1. 进一步熟悉万用表欧姆挡的使用。
2. 学会使用直流单、双臂电桥测量中、低值电阻。
3. 学会使用兆欧表测量绝缘电阻。

二、实验仪器设备

1. 万用表　　　　　　　　　　1台

2．直流单臂电桥　　　　　　　　　1台

3．直流双臂电桥　　　　　　　　　1台

4．兆欧表　　　　　　　　　　　　1台

5．碳膜电阻　　　　　　　　　　　3只

6．二极管　　　　　　　　　　　　1只

7．外附分流器　　　　　　　　　　1只

8．单相变压器　　　　　　　　　　1台

三、实验内容与步骤

1．用万用表测量中值电阻。

按表 S4-1 中所拟的项目进行测量,并将欧姆挡倍率、欧姆标尺读数和测量结果记入表 S4-1中。注意:在用万用表欧姆挡测二极管正反向电阻时,倍率宜选用"×100"或"×1 k";其"+"插孔接的是表内电池的负极;万用表用完后置交流电压最高挡或空挡。

表 S4-1

被测电阻	碳膜电阻 $R_1 = $ _____(Ω)	碳膜电阻 $R_2 = $ _____(Ω)	碳膜电阻 $R_3 = $ _____(Ω)	变压器高压侧线圈	二极管正向电阻	二极管反向电阻
欧姆挡倍率						
欧姆标尺读数(Ω)						
测量结果(Ω)						

2．用直流单臂电桥测量中值电阻。

按表 S4-2 中所拟的项目进行测量,并将各臂读数及测量结果记入表 S4-2 中。注意:用电桥测量时,连接导线应选较粗的导线,连接要可靠。通电时,先按电源按钮,后按检流计按钮,检流计按钮采用试探性点击,测量时间要尽量短;测量完毕应先断检流计按钮,后断电源按钮。

表 S4-2

被 测 电 阻	碳膜电阻 $R_1 = $ _____(Ω)	碳膜电阻 $R_2 = $ _____(Ω)	碳膜电阻 $R_3 = $ _____(Ω)
比率臂读数(倍率)			
比较臂读数(Ω)			
测量结果(Ω)			

3．用直流双臂电桥测量低值电阻。

按表 S4-3 中所拟的项目进行测量,并将各臂读数及测量结果记入表 S4-3 中。

表 S4-3

被 测 电 阻	外附分流器电阻	连接导线的电阻
比率臂读数		
比较臂读数(Ω)		
测量结果(Ω)		

4．用兆欧表测量高值电阻(绝缘电阻)。

按表 S4-4 中所拟的项目进行测量。测量时手摇发电机手柄应由慢渐快摇至 120 r/min 左右,再读取测量数据,并将测量结果记入表 S4-4 中。注意:用兆欧表测量时,应选用两条独立的引线,不宜选用绞线。

表 S4-4

被测绝缘电阻	高、低压线圈之间	高压线圈对机壳之间	低压线圈对机壳之间
测量结果(MΩ)			

四、结果分析与思考

1. 如果用万用表欧姆挡的同一倍率(如×1)分别测量几十、几百、几千欧的电阻结果怎样? 若测量一阻值约 40 Ω 的电阻应如何选择倍率?

2. 用直流单、双臂电桥测量电阻时,为什么要选择适当的桥臂比率?

3. 用兆欧表测量绝缘电阻时,引线为什么不能绞在一起?

实验五   正弦交流电路的认识实验

一、实验目的

1. 熟悉实验室工频电源的配置。
2. 学会正确使用调压器和试电笔。
3. 学会使用万用表交流电压挡。
4. 学会使用交流电流表和交流电压表。

二、实验仪器设备

1. 单相调压器	1台
2. 交流电流表	1台
3. 交流电压表	1台
4. 万用表	1台
5. 灯泡(220 V、25 W)	1台
6. 试电笔(普通型)	1支

三、实验设备简介

1. 调压器

调压器是一种可改变工频正弦电压大小的常用设备。其外形和原理电路如图 S5-1(a)和(b)所示,图中 A、X 是输入端,接工频正弦交流电压 220 V,a、x 是输出端,接负载电路。调压器的初级绕组的一部分兼作次级绕组,可近似看成理想变压器。

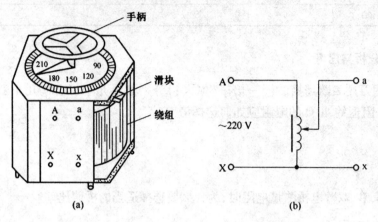

图　S5-1

使用方法:

(1)使用前先将手柄逆时针旋至零位。

(2)将输入端 A、X 接工频正弦交流电源 220 V,a、x 端作输出端接入负载电路中,X、x 作为公共端接零线,切不可接错。

(3)合上电源,顺时针慢慢调节手柄,使其输出电压为所需电压值。

注意事项:

(1)输入、输出端不可接反,零线应接在公共端上。

(2)输入、输出的电压、电流均不得超过其额定值。

(3)使用完毕后,应将手柄调回零位,然后断开电源。

2．试电笔

试电笔是用来检查导体是否带电或区分电源火线和零线的工具,一般测量范围为 $100\sim500$ V。结构及测试工作原理如图 S5-2 所示。使用时手按金属笔帽,将金属笔尖与被检查的导体接触,使人体、大地、试电笔构成一个回路。若被测导体对地电压达到氖泡的起辉电压,氖泡发光,则该导体带电或为火线,氖泡亮度越大,说明被测导体对地电位差越大。若氖泡不发光,则可能是被测导体电压不高、不带电、导体为零线或未构成回路。

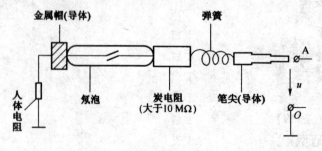

图　S5-2

注意事项:

(1)使用前一定要确认试电笔完好无损,否则会给人以假象,造成人身伤害。

(2)使用时人体一定要与大地可靠接触。

(3)不能用普通试电笔测高电压(500 V以上)。

四、实验内容与步骤

在认真听取指导教师介绍电工实验室工频电源的配置后进行实验。

1．指导教师对照实物讲解试电笔、调压器、万用表交流电压挡、交流电压表和交流电流表的正确使用方法。

2．用试电笔测量配电板上各个接线柱和插座孔,判别火线和零线。

3．用万用表交流电压挡的相应量限测量配电板上各接线柱之间的电压。

4．按图 S5-3 接线,接通电源,将试电笔接触 a 点,慢慢地调节调压器,使其输出电压逐渐增加,观察试电笔何时开始发光,并读出试电笔开始发光时电压表和电流表的读数记入表 S5-1 中。继续增大输出电压,观察试电笔氖泡亮度的变化,当调压器输出电压最大时,读出电压表和电流表的读数,将测量数据记入表 S5-1 中。

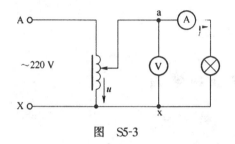

图　S5-3

表　S5-1

项　　目	电压表读数(V)	电流表读数(A)
试电笔刚发光		
调压器输出电压最大		

5．同频率正弦量的加减

(1)按图 S5-4(a)所示电路接线,其中 $U = \underline{\hspace{1.5cm}}$ V,$R = \underline{\hspace{1.5cm}}$ Ω,$C \underline{\hspace{1.5cm}}$ μF,经检查无误后,接通电源,根据表 S5-2 中所拟项目进行测量,将测量数据记入表中。

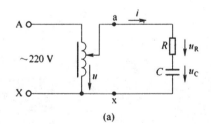
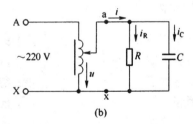

(a)　　　　　　　　　　　　　　　　(b)

图　S5-4

表　S5-2

U(V)	U_R(V)	U_C(V)	I(mA)

(2)按图 S5-4(b)所示电路接线,其中 $U = \underline{\hspace{1.5cm}}$ V,$R = \underline{\hspace{1.5cm}}$ Ω,$C = \underline{\hspace{1.5cm}}$ μF,经检查无误后,接通电源,根据表 S5-3 中所拟项目进行测量,将数据记入表中。

表　S5-3

U(V)	I_R(mA)	I_C(mA)	I(mA)

五、结果分析与思考

1. 有人站在木梯上修灯,用试电笔测试后,氖泡不发光或发出微弱的光,这时能说明导体没电吗? 为什么?

2. 解释图 S5-4(a)电路中,为什么 $U \neq U_R + U_C$?

3. 解释图 S5-4(b)电路中,为什么 $I \neq I_R + I_C$?

实验六　示波器的使用

一、实验目的

1. 初步认识示波器面板各旋钮、按键的功能。
2. 学习使用示波器观测信号波形。
3. 熟悉信号发生器的面板上各开关、旋钮、按键的作用及使用方法。

二、实验设备

1. 双踪示波器　　　　　1台
2. 信号发生器　　　　　1台
3. 电子毫伏表　　　　　1台
4. 电阻箱　　　　　　　1台
5. 可变电容箱　　　　　1台

三、实验说明

示波器是一种信号图形的观察和测量仪器,既可以观察信号波形,还可以进行信号的幅值、频率、相位及其他物理量的测量。示波器荧光屏的 Y 轴刻度尺配合垂直衰减开关,可以读出信号的幅值;荧光屏的 X 轴刻度尺配合水平扫描开关,可以读出信号的周期。为了完成对不同波形、不同要求的信号观察和测量,示波器还有一些其他的按键、开关和调节旋钮,其作用和使用方法在实验中练习并掌握。

四、实验内容与步骤

指导教师结合信号发生器、示波器面板上各旋钮、开关、按键的作用和使用方法演示讲解。

1. 准备工作

(1)示波器开机前,先将面板上的"Y"轴移位旋钮、"X"轴移位旋钮、"辉度"、"聚焦"旋钮置于中间位置。

(2)接通电源开关,电源指示灯亮,稍候预热,屏幕上出现水平光迹,分别调节"辉度"、"聚焦"旋钮、"Y1"、"Y2"、"X"轴移位旋钮,使光迹清晰,亮度适中,并与水平标尺平行。注意:示波器辉度不宜过亮,旋钮调节不宜过猛。

2. 观测一路信号波形

(1)观察信号发生器面板的布局,了解各开关、旋钮、按键的作用。

(2)接通信号发生器电源开关,选择输出"正弦"波形信号,使其有效值为 2 V,频率为 500 Hz。

(3)用示波器专用电缆线将信号发生器输出电压信号接至示波器的"Y1"输入端,将触发源选择按键置于"内"触发,"内触发电源"置于"Y1","垂直方式"置于"Y1","触发方式"选择"自动"。这时若信号波形不稳定,可调节"电平"旋钮使波形稳定。

(4)根据荧光屏上波形显示情况,将"水平扫描微调"旋钮顺时针方向旋到头至"校准"位置,调节"水平扫描"开关,使荧光屏上显示 2～3 个周期的信号波形。测算频率、周期,将数据记入表 S6-1 中。

(5)调节"垂直衰减微调"旋钮顺时针方向旋到头至"校准"位置,调节"垂直衰减"开关至 1 V/DIV 位置。然后,调节信号发生器"幅值调节"旋钮,使波形峰-峰值占满 4 格。测算电压峰-峰值、最大值、有效值,将数据记入表 S6-1 中。

表　S6-1

项　　目	f	T	U_{P-P}	U_m	U
测量数据					

(6)将信号发生器输出波形分别调为"三角波"、"锯齿波"、"矩形波",用示波器进行观察比较。

3. 观察两路信号波形

(1)按图 S6-1 接线,接通信号发生器电源,选择输出"正弦"波形信号,使其有效值为 2 V,频率为 500 Hz。取 $R = 100\ \Omega$,$C = 4\ \mu F$。

(2)用示波器专用电缆线将信号发生器输出电压信号 u_{ax} 接至示波器的"Y1"输入端,将电阻电压信号 u_{bx} 接至示波器的"Y2"输入端,将触发源选择按键置于"内"触发,"内触发电源"置于"Y2","垂直方式"置于"断续","触发方式"选择"自动"。然后,调节"Y1 垂直衰减"和"Y2 垂直衰减"开关均至 1 V/DIV 位置,调节"Y1 移位"和"Y2 移位"旋钮使两个波形垂直居中。观察两信号波形及相位关系。若信号波形不稳定,可调节"电平"旋钮使波形稳定。

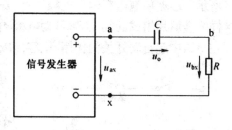

图　S6-1

(3)分别改变 R、C 和信号源频率,观察分析信号波形的变化情况。

五、现象分析与思考

1. 示波器面板上"SEC/DIV"和"VOLTS/DIV"旋钮的含义及作用是什么?

2. 若荧光屏上出现下列情况:①波形幅值过小;②只出现一条垂直亮线;③出现十几个周期的波形;④波形自左向右移动。应如何调节出2~3个周期的稳定清晰波形?

实验七   日光灯电路及功率因数的提高

一、实验目的

1. 了解日光灯的工作原理,学会日光灯电路的接线。
2. 学会功率表的正确接线与读数。
3. 学习提高功率因数的方法,了解其意义。

二、实验原理与说明

1. 日光灯电路的组成

日光灯电路由灯管、镇流器和启辉器三个主要部分组成,如图 S7-1 所示。

(1)灯管是内壁涂有荧光粉的玻璃管,两端各有一组灯丝接在两个管脚上,灯丝上涂有在热状态下易发射电子的氧化物——电子粉。灯管内充有惰性气体和微量水银。

(2)镇流器是一个铁芯线圈。在日光灯启动时,它产生一个瞬间高电压,这个高电压与电源电压一起,加在灯管两端,使灯管点燃。日光灯点燃后它起分压作用,限制电路中的电流。

(3)启辉器主要由一个充有氖气的小玻璃泡2和与之并联的纸质电容器1组成,如图 S7-2 所示。小玻璃泡内有两个电极,一个是固定电极3(静触头),另一个是由两片热膨胀系数不一样的金属片组成的倒 U 形可动电极4(动触头)。灯管工作时,两电极处于断开状态。启辉器在电路中起自动开关的作用,电容能减少电极断开时的火花。

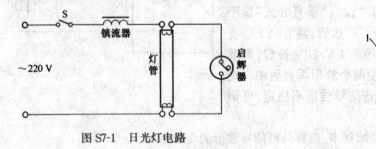

图 S7-1   日光灯电路

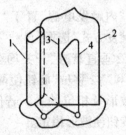

图 S7-2   启辉器

1—纸质电容;2—玻璃泡;3—固定电极;4—可动电极

2. 日光灯电路工作原理与说明

当日光灯电路刚接通电源时,电源电压全部加在启辉器两端,使启辉器两电极间产生辉光放电。此时,动触头受热膨胀与静触头接触,电源、镇流器、启辉器灯丝串联构成电流通路,使灯丝预热而发射电子。启辉器两电极接触后,辉光放电即结束,动触片变冷又恢复原状,使电路瞬间断开,在镇流器两端产生一个很高的自感电压,该电压与电源电压一起加在灯管两端,导致灯管内的气体电离而放电,灯丝发射的电子定向移动,水银受热产生的大量紫外线激发荧光粉使灯管发光。灯管点燃后由电源、镇流器、灯管组成日光灯工作时的电流通路。此时,灯管两端的电压较低,约 110 V 左右,与灯管并联的启辉器(其额定电压为 220 V)不能再次动作。

需要指出的是普通日光灯有两个缺点:(1) 电压较低时,不能被点亮。普通日光灯的工作电压为交流 220 V,一般说来,当电压低于 180~190 V 时(因启辉器的质量有差别),普通日光灯就不能被点亮。(2) 耗能较大。普通日光灯中有一个铁芯线圈——镇流器,在电路中具有限流作用,当日光灯正常工作时,镇流器分压约为 150~170 V,耗能约 8 W,使 40 W 的日光灯实际耗能 48 W 左右,同时镇流器的存在也使得日光灯电路功率因数比较低。

近年来生产的电子日光灯消除了普通日光灯的上述两个缺点,具有功耗低、省电、功率因数大于 0.85、启动电压低(一般来说电压在 130 V 左右能启动)、无噪声、启动快等优点。这是因为电子日光灯中没有镇流器,减少了日光灯的损耗,同时电子日光灯采用电子线路产生高频振荡电流,使得日光灯在较低电源电压时得以启动。

3. 提高功率因数的意义

日光灯电路可以等效成 RL 串联电路,其功率因数 $\cos\varphi$ 较低,一般在 0.4 左右。在日光灯电路两端并联一个适当的电容,由于电容能向感性负载提供一部分无功功率,因此可减少供电线路上的电流,提高电路的功率因数。从而减小供电线路上的能量损耗和电压降落,提高了供电效率和供电质量。

三、实验仪器设备

1. 日光灯元器件　　　　　　　1 套
2. 功率表　　　　　　　　　　1 只
3. 交流电流表　　　　　　　　1 台
4. 交流电压表　　　　　　　　1 台
5. 单相调压器　　　　　　　　1 台
6. 电容器　　　　　　　　　　3 只

四、实验内容与步骤

按图 S7-3 接线,经检查确认无误后,方可进行实验。

1. 测定日光灯电路的电压、电流和功率。

(1)测定日光灯最低启燃电压

断开 S_1、S_2、S_3,将调压器输出电压从零逐渐调高,当日光灯刚启燃时,测量日光灯的启燃电压 U_{aX}、灯管两端电压 U_R,镇流器两端电压 U_L,电路电流 I 及有功功率 P。将测量数据记入表 S7-1 中。注意:功率表的正确接线及量限的选择。本实验可采用电流插孔配合测量。应在日光灯点燃后,再将电流表接入电路测量电流,以保护电流表。

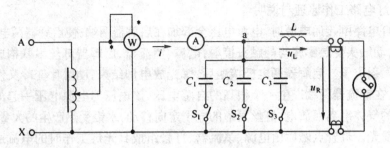

图 S7-3　日光灯实验电路

(2)调节调压器的输出电压,使 $U_{aX}=220\,\mathrm{V}$,测量日光灯正常工作时灯管两端电压 U_R,镇流器两端电压 U_L,电路电流 I 及有功功率 P。将测量数据记入表 S7-1 中。

(3)断开电源,计算日光灯启燃时和正常工作时的电路功率因数。将数据记入表 S7-1 中。

2.提高日光灯电路的功率因数

(1)仍按图 S7-3 接线,使日光灯正常工作(保持 $U_{aX}=220\,\mathrm{V}$)。闭合开关 S_1,将电容 $C_1=\underline{\qquad}\,\mu\mathrm{F}$ 并入日光灯电路。测量灯管两端电压 U_R、镇流器两端电压 U_L、电路电流 I 及有功功率 P。将测量值记入表 S7-1 中。

(2)再闭合开关 S_2,将电容 $C_2=\underline{\qquad}\,\mu\mathrm{F}$ 并入日光灯电路,测量电路灯管两端电压 U_R、镇流器两端电压 U_L、电路电流 I、电路有功功率 P。将测量数据记入表 S7-1 中。

(3)再闭合开关 S_3,将电容 $C_3=\underline{\qquad}\,\mu\mathrm{F}$ 并入日光灯电路,测量电路灯管两端电压 U_R、镇流器两端电压 U_L、电路电流 I、电路有功功率 P。将测量数据记入表 S7-1 中。

(4)断开电源,计算出电容 C 为不同值时电路的功率因数 $\cos\varphi$。将数据记入表 S7-1 中。

注意:实验结束后,将电容器短接放电。

表　S7-1

项　　目	测量数据					计算结果
	$U_{aX}(\mathrm{V})$	$U_R(\mathrm{V})$	$U_L(\mathrm{V})$	$I(\mathrm{A})$	$P(\mathrm{W})$	$\cos\varphi$
日光灯启燃						
日光灯正常工作						
并联电容 $C_1=\underline{\quad}\,\mu\mathrm{F}$						
并联电容 $C_2=\underline{\quad}\,\mu\mathrm{F}$						
并联电容 $C_3=\underline{\quad}\,\mu\mathrm{F}$						

五、结果分析与思考

1.日光灯点亮后,启辉器还起作用吗? 如果没有启辉器,是否可以用其他方法临时代替?

2.日光灯电路并入电容后一定能提高功率因数吗? 提高感性负载的功率因数有何意义?

3. 日光灯电路的功率因数提高以后,日光灯的亮度有没有变化?

实验八　单相电度表的认识实验

一、实验目的

1. 学会单相电度表的接线,观察电度表的潜动。
2. 学会用单相电度表测算负载的有功功率及功率因数,并校验电度表。
3. 测量电度表的起动功率及观察电度表铝盘反转。

二、实验原理与说明

1. 用单相电度表测算负载功率。

将电度表常数 $C[\text{r}/(\text{kW·h})]$ 按式(S8-1)换算成 $A(\text{W·s/r})$

$$A = \frac{1\,000 \times 3\,600}{C}(\text{W·s/r}) \qquad (\text{S8-1})$$

用秒表测出电度表铝盘转一圈所用的时间 T(或 10 圈平均),即可按式(S8-2)算出负载的功率 P 为

$$P = \frac{A}{T} = \frac{1\,000 \times 3\,600}{C \times T}(\text{W}) \qquad (\text{S8-2})$$

2. 用单相电度表测算负载功率因数

$$\cos\varphi = \frac{P}{U \times I} = \frac{1\,000 \times 3\,600}{C \times T \times U \times T} \qquad (\text{S8-3})$$

式中　C——电度表常数,$\text{r}/(\text{kW·h})$;

$\quad\;\; T$——电度表铝盘转一圈所用时间,s/r;

$\quad\;\; U$——负载电压,V;

$\quad\;\; I$——负载电流,A。

三、实验仪器设备

1. 单相调压器　　　　　　　1台
2. 交流电流表　　　　　　　1台
3. 交流电压表　　　　　　　1台
4. 功率表　　　　　　　　　1台
5. 单相电度表　　　　　　　1台
6. 白炽灯　　　　　　　　　1只(或一组
7. 日光灯　　　　　　　　　1套
8. 秒表　　　　　　　　　　1只

四、实验内容与步骤

1. 观察电度表潜动

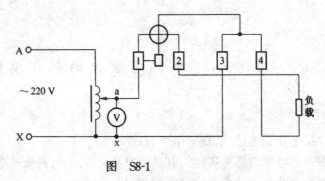

图　S8-1

按图 S8-1 接线,调节调压器输出电压为电度表额定电压,断开负载,使电流线圈回路电流为零,观察电度表有无潜动。注意:电度表应立式放置。

2. 测算负载功率、功率因数及校验电度表

(1)按图 S8-1 接线,调节调压器的输出电压为 220 V,用交流电流表和功率表配合电流插座测量白炽灯负载的电流 I 和有功功率 P_c,记入表 S8-1 中。去掉电流表和功率表,用秒表分别记录电度表铝盘转一圈所需时间 T(或 10 圈平均),按式(S8-2)和式(S8-3)算出白炽灯的有功功率 P_j 和功率因数 $\cos\varphi$,记入表 S8-1 中。

根据公式

$$\gamma = \frac{P_j - P_c}{P_j} \times 100\%$$

计算电度表的相对误差,记入表 S8-1 中。

(2)将白炽灯改换为日光灯,测算同(1),测算数据记入表 S8-1 中。

表　S8-1

电度表型号:		电度表常数 C:		额定电压 U_N:		额定电流 I_N:	
负载	测量数据				测算结果		
	U(V)	I(A)	T(s)	P_C(W)	P_j(W)	$\cos\varphi$	γ
白炽灯	220						
日光灯	220						

3. 测量电度表的起动功率及观察电度表铝盘反转。

(1)按图 S8-1 接线,负载为白炽灯,将调压器的输出电压由零逐渐调高,同时观察电度表铝盘的转动。当电度表铝盘开始转动时,接入功率表,测出铝盘开始转动时的最小功率。若功率表指针偏转角度过小,也可用电压表和毫安表通过测量电压、电流来测算起动功率。记下 $P_Q = _____$ W。

(2)在图 S8-1 的实验电路中,使负载为白炽灯。将电度表的电流线圈反接(1、2 接线对调),调节调压器的输出电压为 220 V,观察铝盘反转。注意:切不可将 2、3 接线对调或 1、4 接线对调,否则将烧毁电度表或电源。

五、结果分析与思考

1. 根据测算出的相对误差 γ，分析说明你所使用的电度表测出的用电量比实际用电量是偏大还是偏小？

2. 某电度表铭牌上所标额定电流为 5(10) A，其实际工作电流不能超过多少安？

实验九　三相星形负载电路

一、实验目的

1. 掌握三相负载作星形连接的接线方法。
2. 验证在对称三相星形电路中 $U_1 = \sqrt{3} U_P$。
3. 掌握三相电路有功功率的测量方法。
4. 了解中线的作用。
5. 学会使用相序器测定三相电源的相序。

二、实验原理与说明

1. 三相负载作星形连接时 $I_i = I_P$。在三相三线制星形电路中，若负载对称，$U_i = \sqrt{3} U_P$，$\dot{U}_{N'N} = 0$，负载相电压对称；若负载不对称，$U_i \neq \sqrt{3} U_p$，$\dot{U}_{N'N} \neq 0$，各负载相电压不对称，从而使负载的工作状态不正常。所以在不对称三相三线制星形电路中，应加上中线以迫使 $\dot{U}_{N'N} = 0$，从而保证各相负载电压对称，使各相负载均能正常工作。

2. 用单相功率表测量三相负载的有功功率。

对称三相负载一般用"一表法"测量，即用一块单相功率表测出一相负载的功率，再乘以 3 即得三相负载的总功率。

一般三相三线制负载，无论对称还是不对称，均可用"两表法"测量，三相负载的总功率为两块功率表读数的代数和。

不对称三相四线制负载，需用"三表法"测量，即用三块单相功率表测出每相负载的功率，三相负载的总功率就是三只功率表的读数之和。本次实验用"两表法"测量三相三线制负载的总功率。

3. 三相电源相序的测定：在三相三线制星形不对称电路中，因负载中性点位移，各相负载电压不对称，利用这一特点做成相序器，如图 S9-1 所示（$X_C = R$）。设电容所接的一相为 A 相，则灯亮的一相为 B 相，灯暗的一相为 C 相。

注意：本次实验电压较高，注意安全。电路若需要重新接

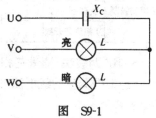

图　S9-1

线,应断电后再接线。

三、实验仪器设备

1. 三相调压器　　　　　　1台
2. 相序器　　　　　　　　1只
3. 交流电流表　　　　　　1台
4. 万用表　　　　　　　　1台
5. 单相功率表　　　　　　2台
6. 三相电灯负载电路板　　1套

四、实验内容与步骤

1. 用相序器测量三相电源的相序。

2. 按图 S9-2 接线,仔细检查,确认无误后,调节三相调压器使电路线电压为 380 V。

3. 三相四线制电路电压、电流的测量

(1)用万用表交流电压挡分别测量三相负载对称、不对称、A 相负载开路三种情况下各线电压、相电压,测量数据记入表 S9-1 中。同时观察各相灯泡的亮度。

(2)将交流电流表分别串联在各相负载和中线上,测量在以上三种情况下各相电流和中线电流。测量数据记入表 S9-1 中。

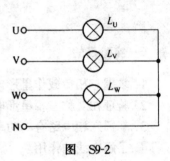

图　S9-2

4. 三相三线制电路电压、电流的测量

(1)撤掉中线。

(2)用万用表交流电压挡分别测量三相负载对称、不对称、A 相负载开路三种情况下各相电压、线电压及中点间电压 $U_{N'N}$,测量数据记入表 S9-1 中。同时观察各相灯泡的亮度。

(3)将交流电流表分别串联在各相负载上,测量在以上三种情况下各相电流,测量数据记入表 S9-1 中。

表　S9-1

项　目		U_{UV} (V)	U_{VW} (V)	U_{WU} (V)	U(V)	U(V)	U(V)	U(V)	I_U(A)	I_V(A)	I_W(A)	I_N(A)
三相四线制	负载对称											
	负载不对称											
	U 相负载开路											
三相三线制	负载对称											
	负载不对称											
	U 相负载开路											

5. 用"两表法"测量三相三线制负载的功率。

(1)根据测量的线电流和线电压值正确选择功率表电流线圈量限和电压线圈量限,按图 S9-3 接线。

(2)分别测量三相负载对称、不对称情况下的有功功率,将测量数据和计算结果记入表

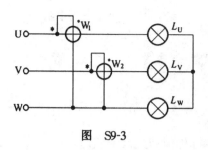

图　S9-3

S9-2中。

表　S9-2

项　目		测量数据		计算结果
		P_1(W)	P_2(W)	$P = P_1 + P_2$(W)
三相三线制	负载对称			
	负载不对称			

五、结果分析与思考

1．根据实验数据说明 $U_L = \sqrt{3} U_P$，在什么情况下成立？

2．根据观察到的现象及实验数据，说明中线的作用。

3．总结用"两表法"测量三相三线制负载有功功率的接线规则。

实验十　常用电子元器件的识别

一、实验目的

1．了解常用电子元器件的性能、主要技术指标、用途等。
2．掌握用色标法读取色环电阻标称值及其允许偏差的方法。
3．学习使用万用表检测电阻、电容、电感的方法。
4．学习使用万用表判断二极管、三极管的类型和管脚，估测三极管放大倍数的方法。

二、实验仪器及设备

1．万用表　　　　　　　　　　　　1台

2. 模拟电子实验系统   1 台

3. 稳压电源   1 台

4. 各类电阻、电容、二极管、三极管   若干只

三、预习要求

1. 常用器件的技术指标。

2. 读出待测色环电阻的标称值和允许偏差值。

    五色环电阻   棕、绿、黑、棕、棕   蓝、灰、黑、金、红

    四色环电阻   棕、黑、红、金   黄、紫、橙、银

3. 复习二极管和三极管的工作原理。写出 2AP9、2CP10、1N4001、3DG6、3AX81 的全称。

4. 预习用万用表判断二极管、三极管类型和管脚的方法。

四、实验原理

电子元件是构成电子电路的基本材料,熟悉各种电子元件的性能及其测试方法,了解其用途等对完成电子电路的设计、安装和调试十分重要。

电阻器、电位器、电容器、电感器、二极管、三极管是电子电路中应用最多的元件。

1. 电阻器

(1) 种类

电阻器的种类较多,按制作的材料不同,可分为合成(实芯)电阻器、碳膜电阻器、金属膜电阻器、线绕电阻器。碳膜电阻器具有较好的稳定性(指电压、温度的变化对阻值的影响较小),而且适用于高频工作;金属膜电阻器各方面的性能均优于碳膜电阻器,其缺点是售价较高;线绕电阻器的最大优点是阻值精确、功率范围大,但是它不适用于高频工作。合成电阻目前已用的较少。

除上述电阻器以外,还有一类特殊用途的电阻器——光敏、气敏、压(力)敏、(电)压敏、热敏电阻器等,它们的阻值随着外界光线的强弱、某种气体浓度的高低、压力的大小、电压的高低、温度的高低而变化。

(2) 性能测量

电阻器的类别及其主要技术参数的数值一般都标注在它的外表面上。当其参数标志因某种原因而脱落或欲知道其精确阻值时,就需要进行测量。

对于常用的碳膜电阻器、金属膜电阻器以及线绕电阻器的阻值,可用普通万用电表的电阻挡直接测量。

(3)用途

在电路中多用来分压、分流、阻抗匹配、限流、滤波(与电容结合)等。

2. 电位器

(1) 种类

根据所用材料的不同,电位器可分为线绕电位器和非线绕电位器两大类;根据结构的不同,电位器 又可分为单圈电位器、多圈电位器,单连、双连和多连电位器,在这些电位器中,又分为带开关电位器、锁紧和非锁紧型电位器等;根据调节方式的不同,电位器还可分为旋转式电位器和直滑式电位器两种类型。

(2)性能测量

　　具体检测时,可以先测量一下它的阻值,即两端片之间的阻值应等于其标称值,然后再测量它的中心端片与电阻体的接触情况。这时万用表仍工作在电阻挡上,将一只表笔接电位器的中心焊片,另一只表笔接其余两端片中的任意一个。慢慢将其转柄从一个极端位置旋转到另一个极端位置,其阻值应从零(或标称值)连续变化到标称值(或零)。整个旋转过程中,表针不应有任何跳动现象。在电位器转柄的旋转过程中,应感觉平滑,不应有过松或过紧现象,也不应出现响声。

　　(3)用途

　　广泛应用于各种电子电路、电子仪器和家用电器产品中。

　　3．电容器

　　(1)种类

　　电容器的种类较多,按介质不同可分为纸介电容器、有机薄膜电容器、涤纶电容器、瓷介电容器、玻璃釉电容器、云母电容器、电解电容器等;按结构不同可分为固定电容器、可变电容器、微调(俗称半可变)电容器等。

　　(2)电解电容器性能测量

　　对电解电容器的性能测量,最主要的是容量和漏电流的测量。对正、负极标志脱落的电容器,还应进行极性判别。

　　利用万用表测量电解电容器的漏电流时,可用万用表电阻阻(一般用 $R \times 1k$ 挡)测电阻的方法来估测,黑表笔应接电容器的"＋"极,红表笔接电容器的"－"极。此时表针迅速向右摆动,然后慢慢退回。待不动时指示的电阻值越大表示漏电流越小。此时的电阻值就是电容器的漏电阻,一般应大于几百到几千欧。对存放时间很久的电容器,测量时间应大于半分钟,或者采取贮能措施(即先加低电压,经一定时间后,再逐渐加至额定电压)后再进行测量。若指针向右摆动后不再摆回,说明电容器已击穿;若指针根本不向右摆,说明电容器内部断路或电解质已干涸而失去容量。

　　上述测量电容器漏电的方法,还可以用来鉴别电容器的正、负极和估计其容量大小。对失掉正、负极标志的电解电容器,可先假定某极为"＋"极,让其与万用电表的黑表笔相接,另一个电极与万用电表的红表笔相接,同时观察并记住表针向右摆的幅度;将电容放电后,两只表笔对调重新测量。在两次测量中,若表针最后停留的摆动幅度较小,则说明该次对其正、负极的假设是对的,对某些铝壳电容器来说,其外壳为负极,中间的电极为正极。

　　一般说来,电解电容器的实际容量与其标称容量差别较大,特别是放置时间较久或使用时间较长的电容器,要用万用电表准确地测量出其电容量,是难以做到的,只能比较出它们的相对大小。方法是测电容器的充电电流,接线方法与测漏电流时相同。表针向右摆动的最大幅度越大,其容量也越大。对相同型号的电解电容器,体积越大,其电容量越大,而且耐压越高。

　　(3)用途

　　电容器是一种储能元件,具有储存电能的作用,在电路中多用来滤波、隔直、交流耦合、交流旁路及与电感元件组成振荡回路等。

　　4．电感器

　　(1)种类

　　常用的电感器有固定电感器、微调电感器、色码电感器等。变压器、阻流圈、振荡线圈、偏转线圈、天线线圈、中周、继电器以及延迟线和磁头等,都属电感器种类。它们在电路中各起不同的作用,但在通电后都具有储存磁能的特征。

(2) 电感器性能的测量

一般用 Q 表或电容电感表测电感器的电感量。用万用表电阻挡检查线圈的好坏,若电阻无限大则该线圈已断路,不能使用。

(3) 用途

电感器具有阻交流通直流的特性,广泛应用于调谐、振荡、耦合、匹配、滤波等电路中。

5. 半导体分立器件

(1)半导体二极管

①分类

半导体二极管(以下简称二极管)是内部具有一个 PN 结,外部具有两个电极的一种半导体器件。二极管有多种类型,按制作的材料不同,分为锗二极管和硅二极管;按制作工艺不同,分为面结型二极管、点接触型二极管;按用途不同,又可分为整流二极管、检波二极管、稳压二极管、变容二极管、光敏二极管等。

②普通二极管的检测

对二极管进行检测,主要是鉴别它的正、负极性及其单向导电性能。

测量二极管的正、反向电阻

通常小功率锗二极管的正向电阻值为 $300 \sim 500\,\Omega$,硅管为 $1\,k\Omega$(或更大些)。锗管反向电阻为几十千欧,硅管反向电阻在 $500\,k\Omega$ 以上(大功率二极管的数值要小得多)。正反向电阻的差值越大越好。

判别二极管极性

根据二极管正向电阻小,反向电阻大的特点可判别二极管的极性。将万用表拨到欧姆挡(一般用 $R \times 100$ 或 $R \times 1k$ 挡,不要用 $R \times 1$ 挡或 $R \times 10k$ 挡,因为 $R \times 1$ 挡使用的电流太大,容易烧坏管子,而 $R \times 10k$ 挡使用的电压太高,可能击穿管子),表棒分别与二极管的两极相连,测出两个阻值,在测得阻值较小的一次测量中,与黑表棒相接的一端就是二极管的正极。同理在测得阻值较大的一次测量中,与黑表棒相接的一端就是二极管的负极。如果测得的反向电阻很小,说明二极管内部已短路;若正向电阻很大,则说明二极管内部已断路。在这两种情况下二极管就不能使用了。

判别二极管管型

因为硅二极管的正向压降一般为 $0.6 \sim 0.7\,V$,锗二极管的正向压降为 $0.1 \sim 0.3\,V$,所以通过测量二极管的正向导通电压,就可以判别被测二极管是硅管还是锗管。方法是:在干电池(1.5V)或稳压电源的一端串一个电阻(约 $1\,k\Omega$),同时二极管按正向接法与电阻相连接,使二极管正向导通,然后用万用表的直流电压挡测量二极管两端的管压降 U_D,如果测到的 U_D 为 $0.6 \sim 0.7\,V$ 则为硅管,如果测到的 U_D 为 $0.1 \sim 0.3\,V$ 就是锗管。

(2) 半导体三极管

①分类

三极管的种类较多,按使用的半导体材料不同,可分为锗三极管和硅三极管两类。目前国产锗三极管多为 PNP 型,硅三极管多为 NPN 型;按制作工艺不同,可分为扩散管、合金管等;按功率不同,可分为小功率管、中功率管和大功率管;按工作频率不同,可分为低频管、高频管和超高频管;按用途不同,又可分为放大管和开关管等。另外,每一种三极管中,又有多种型号,以区别其性能。在电子设备中,比较常用的是小功率的硅管和锗管。

②用万用表判别管脚和管型的方法

用万用表判别管脚的根据是:把晶体管的结构看成是两个背靠背的 PN 结,如图 S10-1 所示,对 NPN 管 来说,基极是两个结的公共阳极,对 PNP 管来说,基极是两个结的公共阴极。

NPN管:　　c —|◁—•—◁|— 　e
　　　　　　　　　　 |
　　　　　　　　　　 b

PNP管:　　c —|▷—•—▷|— e
　　　　　　　　　　 |
　　　　　　　　　　 b

图　S10-1

判断三极管的基极

对于功率在 1 W 以下的中小功率管,可用万用表的 R×100 或 R×1 k 档测量,对于功率在 1 W 以上的大功率管,可用万用表的 R×1 或 R×10 k 挡测量。

用黑表棒接触某一管脚,用红表棒分别接触另两个管脚,如表头读数都很小,则与黑表棒接触的那一管脚是基极,同时可知此三极管为 NPN 型。若用红表棒接触某一管脚,而用黑表棒分别接触另两个管脚,表头读数同样都很小时,则与红表棒接触的那一管脚是基极,同时可知此三极管为 PNP 型。用上述方法既判定了晶体三极管的基极,又判别了三极管的类型。

判断三极管发射极和集电极

以 NPN 型三极管为例,确定基极后,假定其余的两只脚中的一只是集电极,将黑表棒接到此脚上,红表棒则接到假定的发射极上。用手指把假设的集电极和已测出的基极捏起来(但不要相碰),看表针指示,并记下此阻值的读数。然后再作相反假设,即把原来假设为集电极的脚假设为发射极。作同样的测试并记下此阻值的读数。比较两次读数的大小,若前者阻值较小,说明前者的假设是对的,那么黑表棒接的一只脚就是集电极,剩下的一只脚便是发射极。

若需判别是 PNP 型晶体三极管,仍用上述方法,但必须把表棒极性对调一下。

③用万用表估测电流放大系数 β

将万用表拨到相应电阻挡按管型将万用表表棒接到对应的极上(对 NPN 型管,黑笔接集电极,红笔接发射极,对 PNP 型管黑笔接发射极,红笔接集电极)。测量发射极和集电极之间的电阻,再用手捏着基极和集电极,观察表针摆动幅度大小。摆动越大,则阻值越大。手捏在极与极之间等于给三极管提供了基极电流 I_b,I_b 的大小和手的潮湿程度有关。也可接一只 50 ~100 kΩ 的电阻来代替手捏的方法进行测试。

一般的万用表具备测 β 的功能,将晶体管插入测试孔中就可以从表头刻度盘上直读 β 值。若依此法来判别发射极和集电极也很容易,只要将 e、c 脚对调一下,在表针偏转较大的那一次测量中,从万用表插孔旁的标记就可以直接辨别出晶体管的发射极和集电极。

五、实验内容

1. 电阻器和电位器的识别

(1)在元件盒中分别取出一个 5 色环电阻和一个 4 色环电阻,记下色标并读出该色环电阻的标称阻值及允许偏差,记录于表 S10-1 中。用万用表测量其阻值。

表　S10-1

色环	标称值	允许偏差	测量值	相对误差

(2)在元件盒中取出一个电位器,读出其标称值。用万用表测量其阻值并观测其最大阻值 R_{max} 和最小阻值 R_{min}。

思考题:为什么每次测量电阻值之前需调好万用表的零点? 测量电阻值时为什么不能用双手同时捏住电阻器两端?

2.电容器识别

(1)在元件盒中取出 $10\,\mu F$ 和 $100\,\mu F$ 两只电解电容,记下其耐压值和容量标称值。

(2)用万用表判定电解电容的极性、漏电阻及质量。

按实验原理中的检测方法,判断电解电容的极性及质量,把测量结果记于表 S10-2 中。

注意在交换表笔进行第二次测量时,应先将电容两极短路一下,然后再测,防止电容器内积存的电荷经万用表放电,烧坏表头。

表 S10-2

电容值	万用表挡位	耐压值	漏电电阻值	质量

3.电感器的识别

(1)在元件盒中取出电感器,读出该电感的标称值及允许偏差。

(2)用万用表电阻挡测量电感器的损耗电阻,把以上识别与测量的结果填入表 S10-3 中。

表 S10-3

色环	电感标称值	允许偏差	损耗电阻

4.二极管极性、正、反向电阻的测量、管型和质量的识别

(1)在元件盒中取出两只不同型号的二极管,用万用表鉴别二极管的极性。

(2)将万用表拨到 R×100 或 R×1k 电阻挡,测量上列二极管的正、反向电阻,并判断其性能好坏,把以上测量结果填入表 S8-4 中。

(3)按图 S10-3 接线,稳压电源输出调至 $1.5\,V$,判别二极管的管型(硅管或锗管)。

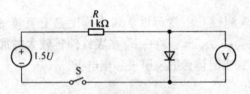

图 S10-3 二极管管型判别接线图

图 S10-4

表 S10-4

阻值 ＼ 型号	正向电阻	反向电阻	正向压降	管型	质量差别

5. 三极管类型、管脚的判别与 β 值估测

在元件盒中取出 3DG6B 和 3AX31B 型三极管,根据实验原理介绍的方法进行如下测量:

(1)类型判别(判别三极管是 PNP 型还是 NPN 型),并确定基极 b。

(2)判断三极管集电极 c 和发射极 e,估测三极管的 β 值大小。

把以上测量结果填入表 S10-5 中,在图 S10-4 中标出管脚名称。

表　S10-5

三极管	类型	β 值
3DG6B		
3AX31B		

6. 熟悉集成运算放大器管脚排列

在元件盒中取出集成运算放大器 LM741,按实验原理中介绍的方法,掌握集成运算放大器管脚的排列。(画图表示)

六、实验报告

1. 列出各组实验数据表格,回答思考题。

2. 写出判别、测量常用电子元件中出现的问题和解决的办法。

3. 通过本次实验,掌握了什么实验技能? 将感受总结出来。

实验十一　单管交流放大电路

一、实验目的

1. 熟悉电子元器件和模拟电路实验箱。

2. 掌握放大电路静态工作点的调试方法及其对放大电路性能的影响。

3. 学习测量放大电路 Q 点,A_u 的方法,了解共射极电路特性。

4. 学习放大电路的动态性能。

二、实验仪器及设备

1. 模拟电路实验系统　　　　　　1台

2. 示波器　　　　　　　　　　　1台

3. 信号发生器　　　　　　　　　1台

4. 数字万用表　　　　　　　　　1台

三、预习要求

1. 三极管及单管放大电路工作原理。

2. 放大电路静态和动态测量方法。

四、实验内容及步骤

1. 装接电路与简单测量

(1)用万用表判断实验箱上三极管 VT 的极性和好坏,电解电容 C 的极性和好坏。

(2)按图 S11-1 所示,连接电路(注意:接线前先测量 +12 V 电源,关断电源后再连线),将 R_p 的阻值调到最大位置。

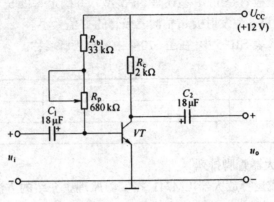

图 S11-1　单管基本放大电路

2. 静态测量与调整

(1)接线完毕仔细检查,确定无误后接通电源。改变 R_p,记录 I_C 分别为 2 mA、3 mA、4 mA、5 mA 时三极管 VT 的 β 值。

注意:I_B 和 I_C 的测量和计算方法

① 测 I_B 和 I_C 一般可用间接测量法。即通过测 U_C 和 U_B,计算出 I_B 和 I_C(注意图 S11-2 中 I_B 为支路电流)。此法虽不直观,但操作较简单,建议初学者采用。

②直接测量法,即将微安表和毫安表直接串联在基极(集电极)中测量。

此法直观,但操作不当容易损坏器件和仪表。不建议初学者采用。

(2)按图 S11-2 接线。调整 R_p 使 $U_E = 2.2$ V,计算并填表 S11-1。

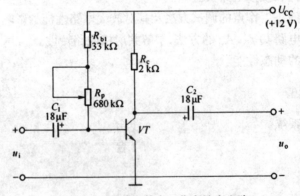

图 S11-2　稳定静态工作点放大电路

表　S11-1

实　测		实测计算	
U_{BE}(V)	U_{CE}(V)	$I_B(\mu A)$	I_C(mA)

3. 动态研究

(1)按图 S11-3 所示电路接线,调 R_b 使 U_c 为 6 V。

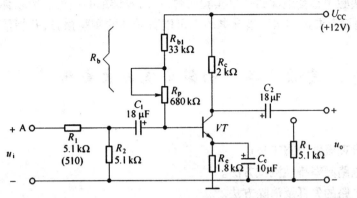

图 S11-3　小信号放大电路

(2)将信号发生器的输出信号调到 $f=1\,kHz$，U_{p-p} 为 $500\,mV$。接至放大电路的 A 点，经过 R_1、R_2 如衰减(100 倍)，u_i 点得到 $5\,mV$ 的小信号，观察 u_i 和 u_o 端波形，并比较相位。

(3)信号源频率不变，逐渐加大信号源幅度，观察 u_o 不失真时的最大值并填表 S11-2。

表　S11-2

实　　测		实测计算	估　　算
$U_i(mV)$	$U_o(V)$	A_u	A_u

(4)保持 $U_i=5\,mV$ 不变，空载时调 U_c 到 $6\,V$，放大电路接入负载 R_L，按表 S11-3 中给定不同参数的情况下测量 U_i 和 U_o。并将计算结果填入表 S11-3 中。

表　S11-3

给定参数		实　　测		实测计算	估算
$R_c(k\Omega)$	$R_L(k\Omega)$	$U_i(mV)$	$U_o(mV)$	A_u	A_u
5	5				
5	2				
2	5				

(5)$U_i=5\,mV$($R_c=5.1\,k\Omega$ 断开负载 R_L)，减小 R_p，使 $U_c<4\,V$，可观察到(u_o 波形)饱和失真；增大 R_p，使 $U_c>9\,V$，将 R_1 由 $5.1\,k\Omega$ 改为 $510\,\Omega$(即：使 $U_i=50\,mV$)，可观察到(u_o 波形)截止失真，将测量结果填入表 S11-4。

表　S11-4

R_p	U_b	U_c	U_c	输出波形情况
小				
合适				
大				

五、实验报告

1.注明你所完成的实验内容和思考题，简述相应的基本结论。

2．选择你在实验中感受最深的一个实验内容，写出较详细的报告。要求你能够使一个懂得电子电路原理但没有看过本实验指导书的人可以看懂你的实验报告，并相信你实验中得出的基本结论。

实验十二　两级交流放大电路

一、实验目的

1．掌握如何合理设置静态工作点。
2．学会放大电路频率特性测试方法。
3．了解放大电路的失真及消除方法。

二、实验仪器及设备

1．模拟电路实验系统　　　　　　　　　　　　1台
2．双踪示波器　　　　　　　　　　　　　　　1台
3．数字万用表　　　　　　　　　　　　　　　1台
4．信号发生器　　　　　　　　　　　　　　　1台

三、预习要求

1．复习教材多级放大电路内容及频率响应特性测量方法。
2．分析图 S12-1 两级交流放大电路。初步估计测试内容的变化范围。

四、实验内容

实验电路见图 S12-1。

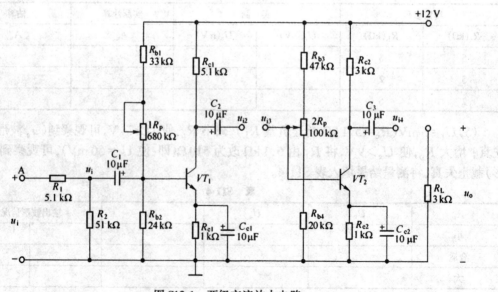

图 S12-1　两级交流放大电路

1．设置静态工作点
(1)按图接线，注意接线尽可能短。

(2)静态工作点设置:要求第二级在输出波形不失真的前提下幅值尽量大,第一级为增加信噪比,工作点尽可能低。

(3)在输入端 A 输入频率为 1 kHz,U_{p-p} 为 50 mV 的交流信号(一般采用实验箱上加衰减的办法,即信号源用一个较大的信号。例如 100 mV,在实验板上经 100∶1 衰减电阻衰减,降为 1 mV),使 U_{i1} 为 0.5 mV,调整工作点使输出信号不失真(通常 U_C 调在 6 V 左右)。

注意:如发现有寄生振荡,可采用以下措施消除:

①重新布线,尽可能走线短。

②可在三极管 eb 间加几皮法到几百皮法的电容。

③信号源与放大电路用屏蔽线连接。

2.按表 S12-1 要求测量并计算,注意测静态工作点时应断开输入信号。

表　S12-1

	静态工作点						输入/输出电压 (mV)			电压放大倍数		
	第一级			第二级						第 1 级	第 2 级	整体
	U_{C1}	U_{B1}	U_{E1}	U_{C2}	U_{B2}	U_{E2}	U_i	U_{o1}	U_{o2}	A_{u1}	A_{u2}	A_u
空载												
负载												

3.接入负载电阻 $R_L = 3\,k\Omega$,按表 S12-1 测量并计算,比较实验内容 2,3 的结果。

4.测两级放大电路的频率特性

(1)将放大器负载断开,先将输入信号频率调到 1 kHz,幅度调到使输出幅度最大而不失真。

(2)保持输入信号幅度不变,改变频率,按表 S12-2 测量并记录(或自拟表格)。

(3)接上负载、重复上述实验。

表　S12-2

	f(Hz)	50	500	1 k	5 k	10 k	50 k	70 k	80 k	90 k	100 k	110 k	120 k
U_o	$R_L = \infty$												
	$R_L = 3\,k\Omega$												

五、实验报告

1.整理实验数据,分析实验结果。

2.画出实验电路的频率特性简图,标出 f_H 和 f_L。

3.写出增加频率范围的方法。

实验十三　射极输出器

一、实验目的

1.掌握射极跟随电路的特性及测量方法。

2.进一步学习放大电路各项参数测量方法。

二、实验仪器及设备

1. 模拟电路实验系统。　　　　　　　1台
2. 双踪示波器。　　　　　　　　　　1台
3. 数字万用表。　　　　　　　　　　1台
4. 信号发生器。　　　　　　　　　　1台

三、预习要求

1. 参照教材有关章节内容,熟悉射极跟随电路原理及特点。
2. 根据图 S13-1 元器件参数,估算静态工作点。画交直流负载线。

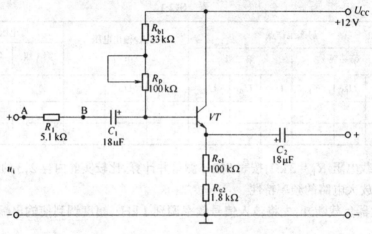

图 S13-1　射极输出器电路图

四、实验内容与步骤

1. 按图 S13-1 电路接线。
2. 直流工作点的调整。

将电源 +12 V 接上,在 B 点加 $f = 1$ kHz 正弦波信号,输出端用示波器监视,反复调节 R 及信号源输出幅度,使输出幅度在示波器屏幕上得到一个最大不失真波形,然后断开输入信号,用万用表测量晶体管各级对地的电位。即为该放大器静态工作点,将所测数据填入表 S13-1。

表　S13-1

$U_E(V)$	$U_B(V)$	$U_C(V)$	$I_e = \dfrac{U_E}{R_E}$

3. 测量电压放大倍数 A_V

接入负载 $R = 1$ kΩ。在 B 点加入 $f = 1$ kHz 正弦波信号。调输入信号幅度(此时偏置电位器 R 不能再旋动),用示波器观察,在输出最大不失真情况下测 u_i 和 u_L 值,将所测数据填入表 S13-2 中。

表　S13-2

U_i(V)	U_L(V)	$A_u = \dfrac{U_L}{U_i}$

4．测量输出电阻 R。

在 B 点加入 $f=1\,kHz$ 正弦波信号，$U_i=100\,mV$ 右，加负载 $R(2\,k\Omega)$时，用示波器观察输出波形，测空载时输出电压 $U_0(R_L=\infty)$，加负载时输出电压($R=2\,k\Omega$)的值。

则
$$R_o = \left(\frac{U_o}{U_L}-1\right)R_L$$

将所测数据填入表 S13-3 中。

表　S13-3

U_o(mV)	U_L(mV)	$R_o = \left(\dfrac{U_o}{U_L}-1\right)R_L$

5．测量放大电路输入电阻 R_i（采用换算法）

在输入端串入 $5\,k\Omega$ 电阻，A 点加入 $f=1\,kHz$ 的正弦波信号，用示波器观察输出波形，用毫伏表分别测 A、B 点对地电位 U_s、U_i。则：

$$R_i = \frac{U_i}{U_s-U_i}\cdot R = \frac{R}{\dfrac{U_s}{U_i}-1}\quad 将测量数据填入表 S13-4。$$

表　S13-4

U_s(V)	U_i(V)	$R_i = \dfrac{R}{U_s/U_i-1}$

6．测射极跟随电路的跟随特性并测量输出电压峰峰值 U_{op-p}。

接入负载 $R_L=2\,k\Omega$，在 B 点加入 $f=1\,kHz$ 的正弦波信号，逐点增大输入信号幅度 U_i 用示波器监视输出端，在波形不失真时，测对应的 U_L 值，计算出 A_u 并用示波器测量输出电压的峰峰值 U_{op-p}，与电压表（读）测的对应输出电压有效值比较，将所测数据填入表 S13-5。

表　S13-5

	1	2	3	4
U_i				
U_L				
U_{op-p}				
A_V				

五、实验报告

1．绘出实验原理电路图，标明实验的元件参数值。

2．整理实验数据及说明实验中出现的各种现象。得出有关的结论；画出必要的波形及曲线。

3．将实验结果与理论计算比较，分析产生误差的原因。

实验十四　　比例求和运算电路

一、实验目的

1．掌握用集成运算放大电路组成比例、求和电路的特点及性能。
2．学会上述电路的测试和分析方法。

二、实验仪器及设备

1．模拟电路实验系统　　　　　　　　　　1台
2．双踪示波器　　　　　　　　　　　　　1台
3．数字万用表　　　　　　　　　　　　　1台
4．信号发生器　　　　　　　　　　　　　1台

三、预习要求

1．计算表 S14-1 中的 U_o 和 A_f。
2．估算表 S14-3 的理论值。
3．估算表 S14-4、表 S14-5 中的理论值，计算表 S14-6 中的 U_o 值，计算表 S14-7 中的 U_o 值

四、实验内容

1．电压跟随电路实验电路如图 S14-1 所示。
按表 S14-1 内容实验并测量记录。

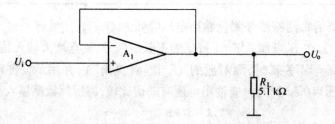

图 S14-1　电压跟随电路

表　S14-1

	U_i(V)	−2	−0.5	0	+0.5	1
U_o(V)	$R_L = \infty$					
	$R_L = 5\,k\Omega$					

2．反相比例放大电路
实验电路如图 S14-2 所示。
按表 S14-2 内容实验并测量记录。

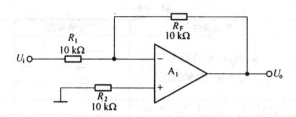

图 S14-2　反相比例运算电路

表　S14-2

直流输入电压 U_i(mV)		30	100	300	1 000	3 000
输入电压 U_o	理论估算 (mV)					
	实际值 (mV)					
	误差					

按表 S14-3 要求实验并测量记录。

表　S14-3

	测试条件	理论估算值	实测值
$\triangle U_o$			
$\triangle U_{AB}$	R_L 开路,直流输入信		
$\triangle U_{R2}$	号 U_i 由 0 变为 800 mV		
$\triangle U_{R1}$			
$\triangle U_{OL}$	R_L 由开路变为 5 kΩ,U_i = 800 mV		

3. 同相比例放大电路电路如图 S14-3 所示

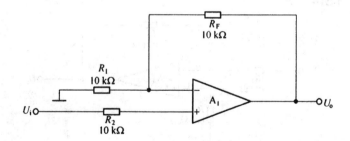

图 S14-3　同相比例运算电路

(1) 按表 S14-4 和表 S14-5 实验测量并记录。

(2) 测出电路的上限截止频率。

表　S14-4

直流输入电压 U_i(mV)		30	100	300	1 000	3 000
输入电压 U_o	理论估算 (mV)					
	实际值 (mV)					
	误差					

表 S14-5

	测试条件	理论估算值	实测值
$\triangle U_o$	R_L 开路, 直流输入信号 U_i 由 0 变为 800 mV		
$\triangle U_{AB}$			
$\triangle U_{R2}$			
$\triangle U_{R1}$			
$\triangle U_{OL}$	R_L 由开路变为 5 kΩ, $U_i=800$ mV		

4. 反相求和放大电路

实验电路如图 S14-4 所示。

按表 S14-6 内容进行实验测量, 并与预习计算比较。

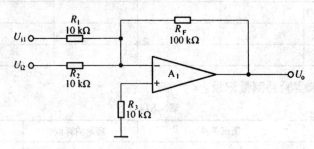

图 S14-4　反相求和放大电路

表　S14-6

U_{i1}(V)	0.3	−0.3
U_{i2}(V)	0.2	0.2
U_o(V)		

5. 双端输入求和放大电路

实验电路为图 S14-5 所示。

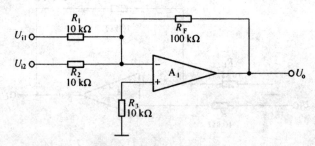

图 S14-5　双端输入求和电路

表　S14-7

U_{i1}(V)	1	2	0.2
U_{i2}(V)	0.5	1.8	−0.2
U_o(V)			

按表 S14-7 要求实验并测量记录。

五、实验报告

1. 总结本实验中 5 种运算电路的特点及性能。

2. 分析理论计算与实验结果误差的原因。

实验十五　电压比较电路

一、实验目的

1. 掌握比较电路的电路构成及特点。
2. 学会测试比较电路的方法。

二、实验仪器设备

1. 模拟电路实验系统　　　　　　　　1台
2. 双踪示波器　　　　　　　　　　　1台
3. 数字万用表　　　　　　　　　　　1台
4. 信号发生器　　　　　　　　　　　1台

三、预习要求

1. 分析图 S15-1 电路,回答以下问题。
(1)比较电路是否要调零? 原因何在?
(2)比较电路两个输入端电阻是否要求对称? 为什么?
(3)运放两个输入端电位差如何估计?
2. 分析图 S15-2 电路,计算:
(1)使 U_o 由 $+U_{om}$ 变为 $-U_{om}$ 的 U_i 临界值。
(2)使 U_o 由 $-U_{om}$ 变为 $+U_{om}$ 的 U_i 临界值。
(3)若由 U_i 输入有效值为 1V 正弦波,试画出 U_i—U_o,波形图。
3. 分析图 S15-3 电路,重复 2 的各步。
4. 按实习内容准备记录表格及记录波形的坐标纸。

四、实验内容

1. 过零比较电路
实验电路如图 S15-1 所示。

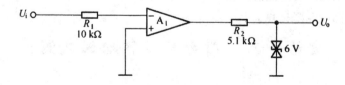

图 S15-1　过零比较器

(1)按图接线 U_i 悬空时测 U_o 电压。
(2)U_i 输入 500Hz 有效值为 1V 的正弦波,观察 U_i—U_o 波形并记录。
(3)改变 U_i 幅值,观察 U_o 变化。
2. 反相滞回比较电路
实验电路如图 S15-2 所示。
(1)按图接线。并将 R_F 调为 100kΩ,U_i 接直流电压源,测出 U_o 由 $+U_{om}$~$-U_{om}$ 时 U_i

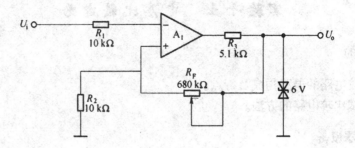

图 S15-2　反相滞回比较器

的临界值。

(2)同上,U_o 由 $-U_{om} \sim +U_{om}$。

(3)U_i 接 500 Hz 有效值 1 V 的正弦信号,观察并记录 U_i—U_o 波形。

(4)将电路中 R_F 调为 200 kΩ,重复上述实验。

3.同相滞回比较电路。

实验电路为图 S15-3 所示。

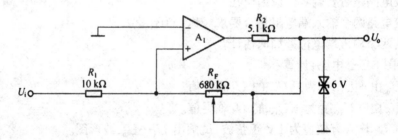

图 S15-3　同相滞回比较器

(1)参照(2)自拟实验步骤及方法。

(2)将结果与(2)相比较。

五、实验报告

1.整理实验数据及波形图,并与预习计算值比较。

2.总结几种比较电路特点。

实验十六　门电路逻辑功能及测试

一、实验目的

1.熟悉基本门电路逻辑功能。

2.熟悉数字电路实验系统及示波器的使用方法。

二、实验仪器及设备

1.双踪示波器　　　　　　　　　　　　　　　　1台

2.数字电路实验系统　　　　　　　　　　　　　1台

3. 74LS00   2 输入端四与非门   2 片
    74LS20   4 输入端双与非门   1 片
    74LS86   2 输入端四异或门   1 片
    74LS04   六反相器   1 片

三、预习要求

1. 复习门电路工作原理及相应逻辑表达式。
2. 熟悉所用集成电路的功能及各引线位置和用途。
3. 了解双踪示波器使用方法。

四、实验内容

实验前先检查实验电源是否正常。然后选择实验用的集成电路,按自己设计的实验接线接好连线,特别注意 U_{cc} 地线不能接错。线接好后经实验指导教师检查无误后方可通电实验。

1. 测试门电路逻辑功能

(1)选用 4 输入双与非门 74LS20 一只,插入对应的插座,按图 S16-1 接线。图中输入端接逻辑电平开关输出插孔 $S_1 \sim S_4$,输出端接电平显示二极管($L_0 \sim L_{12}$ 任意一个)。

(2)将电平开关按表 S16-1 所示状态进行变化,分别测出输出端对应的逻辑状态及输出电压。

表 S16-1

输	入			输	出
1	2	4	5	Y	电压(V)
H	H	H	H		
L	H	H	H		
L	L	H	H		
L	L	L	H		
L	L	L	L		

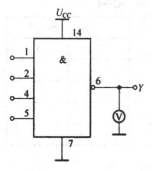

图 S16-1

2. 异或门逻辑功能测试

(1)选 2 输入端四异或门电路 74LS86。按图 S16-2 接线,输入端 1、2、4、5 接电平开关,输出端 A、B、Y 接电平显示发光二极管。

(2)输入信号按表 S16-2 中顺序变化,观测 A、B、Y 的状态,将结果填入表中。

3. 逻辑电路的逻辑关系

(1)用 74LS00 按图 S16-3、S16-4 接线,将输入输出关系分别填入表 S16-3、S16-4 中。

(2)写出上面两个电路的逻辑表达式。

4. 逻辑门传输延迟时间的测量

用反相器(非门)按图 16-5 接线,输入 200 kHz 连续脉冲,用双踪示波器观测输入、输出相位差,计算每个门平均传输延迟时间的 t_{pd} 值。

5. 利用与非门控制输出

表 S16-2

输	入			输	出		
1	2	4	5	A	B	Y	Y(V)
L	L	L	L				
H	L	L	L				
H	H	L	L				
H	H	H	L				
H	H	H	H				
L	H	L	H				

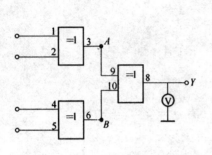

图 S16-2

表 S16-3

输	入	输 出
A	B	Y
L	L	
L	H	
H	L	
H	H	

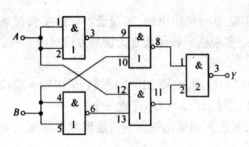

图 S16-3

表 S16-4

输	入	输	出
A	B	Y	Z
L	L		
L	H		
H	L		
H	H		

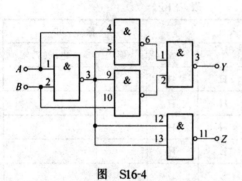

图 S16-4

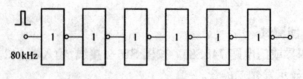

80 kHz

图 S16-5

用一片 74LS00 按图 S16-6 接线,S 端接任一逻辑电平开关,用示波器观察 S 端对输出脉冲的控制作用。

6. 用与非门组成其他门电路并测试验证

(1)组成或非门。

用一片 2 输入端 4 与非门组成或非门。

$$Y = \overline{A + B} = \overline{A}\,\overline{B}$$

画出电路图,测试并填写表 S16-5。

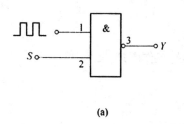

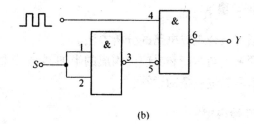

图　S16-6

(2)组成异或门

①将异或门表达式转化为与非形式表达式。

②画出逻辑电路图。

③测试并填写表 S16-6。

表　S16-5

输　　入		输　　出
A	B	Y
0	0	
0	1	
1	0	
1	1	

表　S16-6

输　　入		输　　出
A	B	Y
0	0	
0	1	
1	0	
1	1	

五、实验报告

1. 按各步骤要求填表并画出逻辑图。

2. 回答问题:

(1)怎样判断门电路逻辑功能是否正常?

(2)与非门一个输入端接连续脉冲,其余端什么状态时允许脉冲通过? 什么状态时禁止脉冲通过?

(3)异或门又称可控反相门,为什么?

实验十七　组合逻辑电路的设计和测试

一、实验目的

1. 掌握组合逻辑电路的功能测试。

2. 验证半加器和全加器的逻辑功能。学会二进制数的运算规律。

二、实验仪器及设备

1. 数字电路实验系统		1台
2. 万用表		1台
3. 74LS00	2输入端4与非门三片	3片
74LS86	2输入端4异或门片	1片
74LS54	4组输入与或非门	1片

三、预习要求

1. 预习组合逻辑电路的分析方法。
2. 预习用与非门和异或门构成的半加器、全加器的工作原理。
3. 学习二进制数的运算。

四、实验内容

1. 组合逻辑电路功能测试。

(1) 用 2 片 74LS00 组成图 S17-1 所示逻辑电路。为便于接线和检查，在图中要注明芯片编号及各引脚序号。

(2) 图中 A、B、C 接逻辑开关，Y_1、Y_2 接发光二极管显示。

(3) 按表 S17-1 改变 A、B、C 的状态，测 Y_1、Y_2 的状态并填表。写出 Y_1、Y_2 的逻辑表达式。

(4) 将实验结果与理论值进行比较。

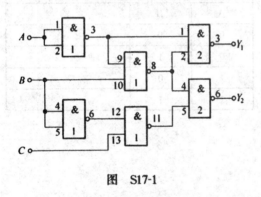

图 S17-1

表 S17-1

输 入			输 出	
A	B	C	Y_1	Y_2
0	0	0		
0	0	1		
0	1	1		
1	1	1		
1	1	0		
1	0	0		
1	0	1		
0	1	0		

2. 测试用异或门(74LS86)和与非门组成的半加器的逻辑功能。

根据半加器的逻辑表达式可知，半加器 Y 是 A、B 的异或，而进位 Z 是 A、B 相与，故半加器可用一个集成异或门和 2 个与非门组成，如图 S17-2。

(1) 在逻辑仪上用异或门和与非门接成上述电路。A、B 接电平开关，Y、Z 接电平显示。

(2) 按表 S17-2 要求改变 A、B 状态，观测 Y、Z 的状态并填表。

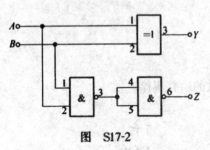

图 S17-2

表 S17-2

输入端	A	0	1	0	1
	B	0	0	1	1
输出端	Y				
	Z				

3. 测试全加器的逻辑功能。

(1) 写出图 S17-3 电路的逻辑表达式。

(2) 根据逻辑表达式列真值表。

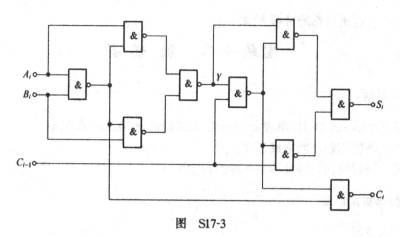

图　S17-3

(3)根据真值表画逻辑函数 S_i、C_i 的卡诺图。

$$Y = \qquad\qquad S_i = \qquad\qquad C_i =$$

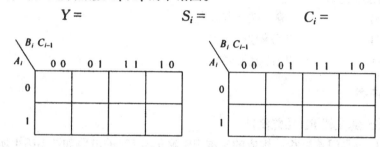

(4)按原理图选择与非门接线并进行测试,将测试结果制表,并与上表进行比较看逻辑功能是否一致。

4.测试用异或门、与或非门和非门组成的全加器的逻辑功能。

全加器可以用两个半加器和两个与门及一个或门组成。在实验中,常用两个异或门、一个与或非门和一个非门实现。

(1)画出用异或门、与或非门和非门实现全加器的逻辑电路图,写出逻辑表达式。

(2)用异或门、与或非门和非门,按自己画出的图接线。接线时注意与或非门中不用的与门输入端应接地。

(3)按表 S17-4 的要求观测 S_i 和 C_i 的状态变化情况,并填表。

表　S17-3

A_i	B_i	C_{i-1}	Y	S_i	C_i
0	0	0			
0	1	0			
1	0	0			
1	1	0			
0	0	1			
0	1	1			
1	0	1			
1	1	1			

表　S17-4

A_i	B_i	C_{i-1}	S_i	C_i
0	0	0		
0	0	1		
0	1	0		
0	1	1		
1	0	0		
1	0	1		
1	1	0		
1	1	1		

五、实验报告

1.整理实验数据、图表并对实验结果进行分析讨论。

2．总结组合逻辑电路的分析方法。

实验十八　触发器

一、实验目的

1．熟悉并掌握 RS、D、JK 触发器的构成、工作原理和功能测试方法。
2．学会正确使用触发器集成芯片。
3．了解不同逻辑功能触发器相互转换的方法。

二、实验器材及设备

1．双踪示波器　　　　　　　　　　　　　　　　1 台
2．数字电路实验系统　　　　　　　　　　　　　1 台
3．74LS00　　　2 输入端 4 与非门　　　　　　　1 片
　　74LS74　　　双 D 触发器　　　　　　　　　1 片
　　74LS112　　双 JK 触发器　　　　　　　　　1 片

三、实验内容

1．基本 RS 解发器 FF 功能测试

两个 TTL 与非门首尾相接构成的基本 RS 触发器 FF 的电路如图 S18-1 所示。

(1)试按表 S18-1 的顺序在 $\overline{Sd}$、$\overline{Rd}$ 端加信号，观察并记录 FF 的 $\overline{Q}$、Q 端的状态，将结果填入下表 S18-1 中，并说明在上述各种输入状态下，FF 执行的功能是什么？

表　S18-1

$\overline{Sd}$	$\overline{Rd}$	Q	$\overline{Q}$	逻辑功能
0	1			
1	1			
1	0			
1	1			

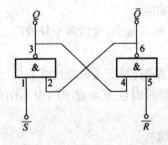

图 S18-1　基本 RS 触发器

(2) $\overline{Sd}$ 接低电平，$\overline{Rd}$ 端加脉冲。
(3) $\overline{Sd}$ 接高电平，$\overline{Rd}$ 端加脉冲。
(4) 令 $\overline{Rd} = \overline{Sd}$，$\overline{Rd}$ 端加脉冲。

观察并记录(2)、(3)、(4)各情况下，Q、$\overline{Q}$ 端的状态。从中总结出基本 RS 触发器的 Q、$\overline{Q}$ 端的状态改变和输入端 Sd、Rd 的关系。

(5) 当 $\overline{Sd}$、$\overline{Rd}$ 都接低电平时，观察 Q、$\overline{Q}$ 端的状态。当 $\overline{Sd}$，$\overline{Rd}$ 同时由低电平跳为高电平时，注意观察 Q、$\overline{Q}$ 端的状态。重复 3～5 次看 $\overline{Q}$、Q 端的状态是否相同，以正确理解"不定"状态的含义。

2．维持-阻塞型 D 触发器功能测试。双 D 型正边沿维持-阻塞型触发器 74LS74 的逻辑符号如图 S18-2 所示。

图中$\overline{Sd}$、$\overline{Rd}$分别为异步置1端和置0端(或称异步置位、复位端)。CP为时钟脉冲端。试按下面步骤做实验:

(1)分别在$\overline{Sd}$、$\overline{Rd}$端加低电平,观察并记录Q、$\overline{Q}$端的状态。

(2)令$\overline{Sd}$、$\overline{Rd}$端为高电平,D端分别接高,低电平,用点动脉冲作为CP,观察并记录当CP为0、↑、1、↓时Q端状态的变化。

(3)当$\overline{Sd}=\overline{Rd}=1$,$CP=0$(或$CP=1$),改变$D$端信号,观察$Q$端的状态是否变化? 整理上述实验数据,将结果填入表 S18-2 中。

(4)$\overline{Sd}=\overline{Rd}=1$,将$D$和$\overline{Q}$端相连,$CP$加连续脉冲,用双踪示波器观察并记录$Q$相对于$CP$的波形。

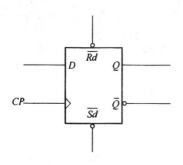

图 S18-2　D 触发器逻辑符号

表　S18-2

$\overline{Sd}$	$\overline{Rd}$	CP	D	Q^n	Q^{n+1}
0	1	X	X	0	
				1	
1	0	X	X	0	
				1	
1	1	↑	0	0	
				1	
1	1	↑	1	0	
				1	

3. 负边沿 JK 触发器功能测试

双 JK 负边沿触发器 74LS112 芯片的逻辑符号如图 S18-3 所示。

自拟实验步骤,测试其功能,并将结果填入表 S18-3 中。若令$J=K=1$时,CP端加连续脉冲,用双踪示波器观察$Q\sim CP$波形,并同 D FF 的 D 和 Q 端相连时观察到的 Q 端的波形相比较,有何异同点?

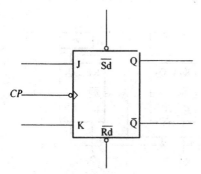

图 S18-3　JK 触发器逻辑符号

表　S18-3

$\overline{Sd}$	$\overline{Rd}$	CP	J	K	Q^n	Q^{n+1}
0	1	X	X	X	X	
1	0	X	X	X	X	
1	1	↓	0	X	0	
1	1	↓	1	X	0	
1	1	↓	X	0	1	
1	1	↓	X	1	1	

4. 触发器功能转换

(1)将 D 触发器和 JK 触发器转换成 T′触发器,列出表达式,画出实验电路图。

(2)接入连续脉冲,观察各触发器 CP 及 Q 端波形。比较两者关系。

(3)自拟实验表格并填写。

四、实验报告

1. 整理实验数据、图、表,并对实验结果进行分析讨论。

2．写出实验内容 3、4 的实验步骤及表达式。

3．画出实验 4 的电路图及相应表格。

4．总结各类触发器特点。

实验十九　寄存器及其应用

一、实验目的

通过实验进一步熟悉寄存器的工作原理,熟悉和了解寄存器芯片的功能、测试方法及其应用电路,能正确使用集成寄存器。

二、实验器材及设备

1．数字电路实验系统		1 台
2．74LS08	2 输入端四与门	2 片
74LS112	双 JK 触发器	2 片
74LS194	4 位双向移位寄存器	2 片

三、实验内容

1．四位数码寄存器

图 S19-1 为 JK 触发器组成的数码寄存器。该寄存器具有数码写入、寄存、读出和清除四种功能。图中,$\overline{CP}$ 为写脉冲,S 为读脉冲,RD 为清零信号。

(1)按图连线,CP 接单脉冲,$Q_3 \sim Q_0$、$Y_3 \sim Y_0$ 接发光二极管,其余输入端接逻辑开关。

(2)将 $D_3 D_2 D_1 D_0$ 置为 1010,先将 $Q_3 \sim Q_0$ 清零,再加时钟脉冲,S 分别置"0"、置"1",观察 $Q_3 \sim Q_0$、$Y_3 \sim Y_0$ 的状态。

(3)改变 $D_3 \sim D_0$ 的状态,重复上述实验,验证线路的数据寄存功能,并记录结果。

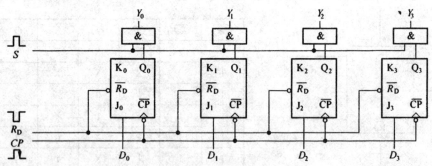

图 S19-1　四位数码寄存器

2．移位寄存器功能测试

4 位双向移位寄存器 74LS194 芯片的逻辑符号如图 S19-2 所示。

芯片功能表如图 S19-3 所示:

(1)具有 4 位并入/并出,串入/串出、并出结构。脉冲上升沿触发,可完成同步并入/并出、串入/并出、串出/左、右移位及保持四种功能。

(2)有直接清零端$\overline{RD}$。

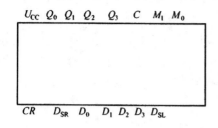

$\overline{CR}$	M_1	M_0	C	功能
0	×	×	×	清零:$Q_0Q_1Q_2Q_3=0000$
1	0	0	↑	保持
1	0	1	↑	右移:$D_{SR}{\to}Q_0{\to}Q_1{\to}Q_2{\to}Q_3$
1	1	0	↑	左移:$D_{SL}{\to}Q_3{\to}Q_2{\to}Q_1{\to}Q_0$
1	1	1	↑	并入:$Q_0Q_1Q_2Q_3=D_0D_1D_2D_3$

图 S19-2　　　　　　　　　　　　图 S19-3　74LS194 的功能表

图 S19-4 中 $D_0\sim D_3$ 为并行输入端;$Q_0\sim Q_3$ 为并行输出端;D_{SR}、D_{SL} 分别为右移、左移串行输入端;$\overline{RD}$为清零端;S_1、S_0 为工作状态控制端,其作用如下:

$S_1S_0=00$:保持;$S_1S_0=01$:右移操作;$S_1S_0=10$:左移操作;$S_1S_0=11$:并行送数。

熟悉各引脚功能,完成芯片接线,测试 74LS194 的功能,将结果填入表 S19-1 中。

表　S19-1

$\overline{RD}$	$S_1\ S_0$	$D_{SR}D_{SL}$	$D_0D_1D_2D_3$	CP	$Q_0Q_1Q_2Q_3$	工作状态
0	X X	X X	X X X X	X		
1	X X	X X	X X X X	0		
1	1 1	X X	$d_0d_1d_2d_3$	↑		
1	0 1	1 X	X X X X	↑		
1	0 1	0 X	X X X X	↑		
1	1 0	X 1	X X X X	↑		
1	1 0	X 0	X X X X	↑		
1	0 0	X X	X X X X	X		

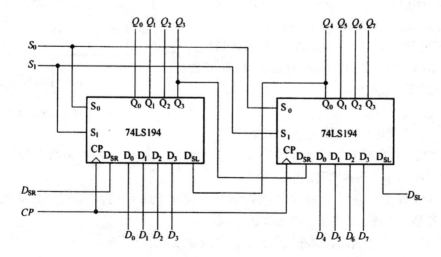

图 S19-4　8 位移位寄存器

3. 移位寄存器的应用

74LS194 芯片构成的 8 位移位寄存器

用两片 74LS194 芯片构成的 8 位移位寄存器电路如图 S19-4 所示。当 S_1S_0 的取值分别为 00,01,10,11 时逐一检测电路的功能,结果列成功能表的形式。

四、实验报告

1. 整理实验数据、图、表,并对实验结果进行分析讨论。
2. 总结移位寄存器的特点。

实验二十　集成计数器

一、实验目的

1. 熟悉集成计数器逻辑功能和各控制端作用。
2. 掌握集成计数器的使用方法。
3. 掌握集成计数器的扩展方法。

二、实验器材及设备

1. 双踪示波器	1 台
2. 数字电路实验系统	1 台
3.74LS90	2 片

三、实验内容及步骤

1. 集成计数器 74LS90 功能测试。

74LS90 是二—五—十进制异步加法计数器。逻辑简图如图 S20-1 所示。

74LS90 具有下述功能:

(1)直接置 0($R_{0(1)} \cdot R_{0(2)} = 1$)

(2)直接置 9($S_{9(1)} \cdot S_{9(2)} = 1$)

(3)二进制计数(CP_1 输入、QA 输出)

(4)五进制计数(CP_2 输入、QD、QC、QB 输出)

参照引脚图自行设计实验线路和步骤,测试上述功能,结果填入表 S20-1。

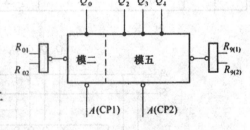

图 S20-1　74LS90 逻辑图

2. 计数器的级连

(1)将二、五进制计数器级连为十进制计数器

利用 74LS90 自有的二进制计数器和五进制计数器,通过级连可实现十进制计数。图 S20-2(A)、(B)所示为两种典型的连接方法。

画出连线图,按图接线,并将输出端接到数码显示器的相应输入端,用单脉冲作为输入脉冲验证设计是否正确。结果填入表 S20-2、表 S20-3。

(2)画出四位十进制计数器连接图并总结多级计数器连接规律。

3. 任意进制计数器设计方法。

采用脉冲反馈法(也称复位法或置位法),可用 74LS90 组成任意模(M)计数器。图 S20-3

是用74LS90实现模7计数器的两种方案。图(a)采用复位法,即计数计到M时异步清零。图(b)采用置位法,即计数计到M-1时异步置9。

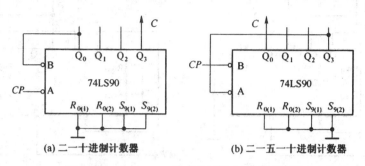

(a) 二一十进制计数器　　　　　(b) 二一五一十进制计数器

图 S20-2　由 74LS90 构成的两种十进制计数器

表 S20-1　功　能　表

$R_{0(1)}$	$R_{0(2)}$	$S_{9(1)}$	$S_{9(2)}$	输出
H	H	L	X	
H	H	X	L	
X	X	H	H	
X	L	X	L	
L	X	L	X	
L	X	X	L	
X	L	L	X	

表 S20-2　二一十进制

计数	输　　出			
	Q_3	Q_2	Q_1	Q_0
0				
1				
2				
3				
4				
5				
6				
7				
8				
9				
10				

表 S20-3　二一五一十进制

计数		0	1	2	3	4	5	6	7	8	9	10
输出	Q_3											
	Q_2											
	Q_1											
	Q_0											

将多片74LS90级连可实现十以上进制计数。图S20-4是实现四十五进制计数的一种方案。

(1)按图S20-4接线,并将输出接到显示器上验证。

(2)设计一个六十进制计数器并接线验证。

(3)画出上述实验各级同步波形。

四、实验报告

1. 画出每步实验的线路图,整理实验内容和各实验数据,画出相应的波形。

2. 总结集成计数器使用特点。

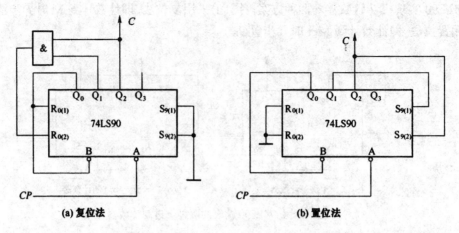

(a) 复位法　　　　　　　　　　　(b) 置位法

图 S20-3　利用 74LS90 实现七进制计数的方法

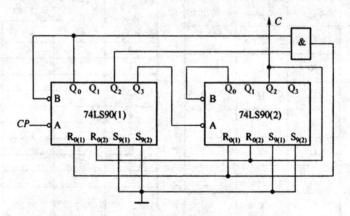

图 S20-4　用两片 74LS90 构成的四十五进制计数器

实验二十一　555 时基电路

一、实验目的

1. 熟悉 555 时基电路的结构和工作原理,掌握芯片的正确使用方法。

2. 学会分析和测试用 555 时基电路构成的多谐振荡器,单稳态触发器,施密特触发器等几种典型电路。

二、实验器材及设备

1. 双踪示波器		1 台
2. 数字电路实验系统		1 台
3. 时基电路	E555	2 片
二极管	1N4148	2 只
电位器	22 kΩ、1 kΩ	2 只
电阻、电容		若干只
扬声器		1 只

三、实验内容

本实验所用 555 时基电路芯片为 NE555,芯片的引脚如图 S19-1 所示,功能如表 S21-1 所示,功能简图如图 S21-2 所示。

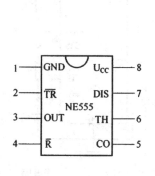

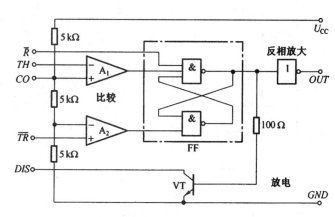

图 S21-1　556 引脚图　　　　　图 S21-2　时基电路功能简图

图中各管脚的功能简述如下:

TH:高电平触发端,当 TH 端电平大于 $2U_{CC}/3$ 时,输出 OUT 呈低电平,DIS 端导通。

$\overline{TR}$:低电平触发端,当 $\overline{TR}$ 端电平小于 $U_{CC}/3$ 时,OUT 端呈现低电平,DIS 端关断。

$\overline{R}$:复位端,$\overline{R}=0$,OUT 端输出低电平,DIS 端导通。

CO:控制电压端,CO 接不同的电压值可以改变 TH、$\overline{TR}$ 的触发电平值。

DIS:放电端,其导通或关断为 RC 回路提供了放电或充电的通路。

OUT:输出端。

表 S21-1　芯片的功能表

TH	$\overline{TR}$	$\overline{R}$	OUT	DIS
X	X	L	L	导通
$>U_{CC}2/3$	$>U_{CC}1/3$	H	L	导通
$<U_{CC}2/3$	$>U_{CC}1/3$	H	原状态	原状态
$<U_{CC}2/3$	$<U_{CC}1/3$	H	H	关断

时基电路使用说明:

555 定时器的电源电压范围较宽,可在 $+5\sim+16$ V 范围内使用(若为 CMOS 的 555 芯片,则电压范围在 $+3\sim+18$ V 内)。

电路的输出有缓冲器,因而有较强的带负载能力,双极性定时器最大的灌电流和拉电流都在 200 mA 左右,因而可直接推动 TTL 或 CMOS 电路中各种电路,包括能直接推动蜂鸣器等器件。

本实验所使用的电源电压 $U_{CC}=+5\,V$。

1.555 时基电路功能测试

(1)按图 S21-3 接线,可调电压取自电位器分压器,$\overline{R}$ 接逻辑电平开关,OUT 接发光二极管。

(2)按表 S21-1 逐项测试其功能并记录。

2.555 基电路构成的多谐振荡器

实验电路如图 S21-4 所示。

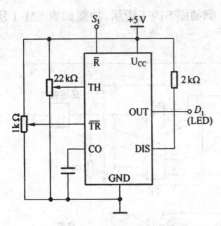

图 S21-3　测试接线图

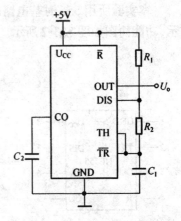

图 S21-4　多谐荡器电路

(1)按图接线。图中元件参数如下：

$$R_1 = 15 \text{ k}\Omega \qquad R_2 = 5.1 \text{ k}\Omega \qquad C_1 = 0.33 \,\mu\text{F} \qquad C_2 = 0.047 \,\mu\text{F}$$

(2)用示波器观察并测量 OUT 端波形的频率，同理论估算值比较，算出频率的相对误差值。

(3)若将电阻值改为 $R_1 = 15 \text{ k}\Omega, R_2 = 10 \text{ k}\Omega$，电容 C 不变，上述数据有何变化？

(4)根据上述电路的原理，充电回路的支路是 R_1、R_2、C_1，放电回路的支路是 R_2、C_1，将电路略作修改，增加一个电位器 R_W 和两个引导二极管，构成图 S21-5 所示的占空比可调的多谐振荡器。

其占空比 q 为：

$$q = \frac{R_1}{R_1 + R_2}$$

改变 R_W 的位置，可调节 q 值。合理选择元件参数(电位器选 22 kΩ)，使电路的占空比 q = 0.2，且正脉冲宽度为 0.2 ms。调试电路，测出所用元件的数值，估算电路的误差。

3.555 构成的单稳态触发器

实验电路如图 S21-6 所示。

(1)按图 S21-6 接线，图中 $R = 10 \text{ k}\Omega, C_1 = 0.01 \,\mu\text{F}, u_i$ 是频率约为 10 kHz 左右的方波时，用双踪示波器观察 OUT 端相对于 u_i 的波形，并测出输出脉冲的宽度 T_W。

(2)调节 u_i 的频率，分析并记录观察到的 OUT 端波形的变化。

(3)若想使 $T_W = 10 \,\mu\text{s}$，怎样调整电路？测出此时各有关参数值。

4.555 时基电路构成的 RS 触发器

(1)先令 CO 端悬空，调节 R、$\overline{S}$ 端的输入电平值，观察 u_0 的状态在什么时刻由 0 变 1，或由 1 变 0？测出 u_0 的状态切换时，R、$\overline{S}$ 端的电平值。

(2)若要保持 u_0 端的状态不变，用实验法测定 R、S 端应在什么电平范围内？整理实验数据，列成真值表的形式。和 RS 触发器比较：逻辑电平，功能等有何异同。

(3)若在 CO 端加直流电压 U_{CO}，并令 u_{CO} 分别为 2 V，4 V 时，测出此时 0 状态保持和切换时 R、S 端应加的电压值是多少？试用实验法测定。

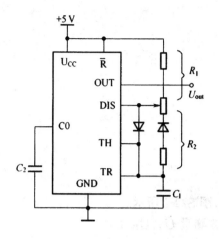

图 S21-5　占空比可调的多谐振荡器电路

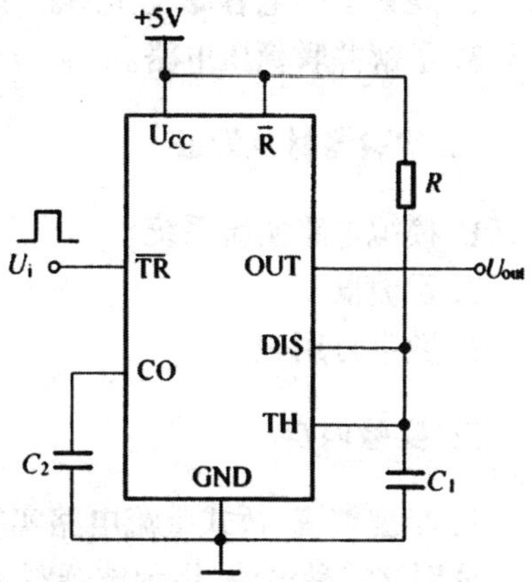

图 S21-6　单稳态触发器电路

应用电路：

图 S21-8 所示为两个 555 时基电路构成的救护车警铃电路。

(1)参考实验内容 2 确定图 S21-8 中未定元件参数。

(2)按图接线，先不接扬声器，用示波器观察输出波形并记录。

接上扬声器，调整参数到声响效果满意。

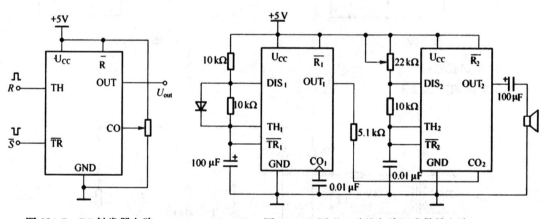

图 S21-7　RS 触发器电路　　　　图 S21-8　用 555 时基电路组成警铃电路

四、实验报告

1．按实验内容各步要求整理实验数据。

2．画出实验内容 3 和 5 中的相应波形。

3．画出实验内容 5 最终调试满意的电路图并标出各元件参数。

4．总结时基电路基本电路及使用方法。

实验二十二　整流滤波与并联稳压电路

一、实验目的

1．熟悉单相半波、全波、桥式整流电路。

2．观察了解电容滤波作用。

3．了解并联稳压电路。

二、实验器材及设备

1．模拟电路实验系统　　　　　　　1台

2．示波器　　　　　　　　　　　　1台

3．数字万用表　　　　　　　　　　1台

三、实验内容

1．半波整流、桥式整流电路实验电路分别如图 S22-1，图 S22-2 所示。

分别接二种电路，用示波器观察 U_2 及 U_L 的波形。并测量 U_2、U_D、U_L。

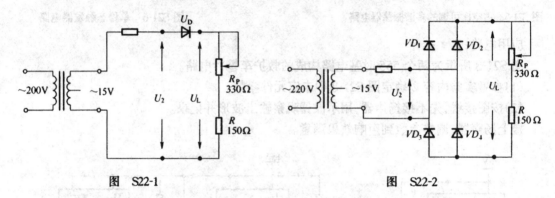

图　S22-1　　　　　　　　　　　图　S22-2

2．电容滤波电路

实验电路如图 S22-3

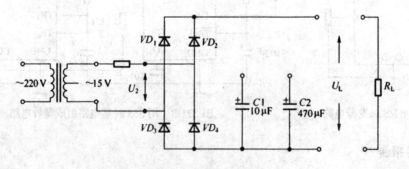

图 S22-3　电容滤波电路

(1)分别用不同电容接入电路，R_L 先不接，用示波器观察波形，用电压表测 U_L 并记录。

(2)接上 R_L，先用 $R_L=1\,k\Omega$，重复上述实验并记录。

(3)将 R_L 改为 $150\,\Omega$，重复上述实验。

3．并联稳压电路

实验电路如图 S22-4 所示。

(1)电源输入电压不变，负载变化时电路的稳压性能。

改变负载电阻 R_L 使负载电流 $I_L=5\,mA$、$10\,mA$、$15\,mA$ 分别测量 U_L、U_R、I_L、I_R，计算电源输出电阻。

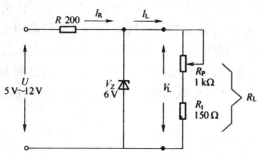

图 S22-4　并联稳压电路

表　S22-1

U_I(V)	U_L	I_R(mA)	I_L(mA)
10			
8			
9			
11			
12			

(2)负载不变,电源电压变化时电路的稳压性能。

用可调的直流电压变化模拟 220 V 电源电压变化,电路接入前将可调电源调到 10 V(模拟工作稳定时),然后分别调到 8 V、9 V、11 V、12 V(模拟工作不稳定时),按表 S22-1 内容测量填表,并计算稳压系数。

四、实验报告

1. 整理实验数据并按实验内容计算。

2. 图 S22-4 所示电路能输出电流最大为多少? 为获得更大电流应如何选用电路元器件及参数?

实验二十三　晶闸管可控整流电路

一、实验目的

1. 学习单结晶体管和晶闸管的简易测试方法。
2. 熟悉单结晶体管触发电路(阻容移相桥触发电路)的工作原理及调试方法。
3. 熟悉用单结晶体管触发电路控制晶闸管调压电路的方法。

二、实验器材及设备

1. ±5V、±12V 直流电源
2. 可调工频电源
3. 万用电表
4. 双踪示波器
5. 交流毫伏表
6. 直流电压表
7. 晶闸管 3CT3A　　　　　　　单结晶体管 BT33
　 二极管 IN4007×4　　　　　稳压管 IN4735
　 灯泡 12 V/0.1 A

三、实验原理

可控整流电路的作用是把交流电变换为电压值可以调节的直流电。图 S23-1 所示为单相半控桥式整流实验电路。主电路由负载 R_L(灯泡)和晶闸管 T_1 组成,触发电路为单结晶体管

T_2 及一些阻容元件构成的阻容移相桥触发电路。改变晶闸管 T_1 的导通角,便可调节主电路的可控输出整流电压单相半控桥式整流实验电路(或电流)的数值,这点可由灯泡负载的亮度变化看出。晶闸管导通角的大小决定于触发脉冲的频率 f,由公式可知,当单结晶体管的分压比 η(一般在 $0.5 \sim 0.8$ 之间)及电容 C 值固定时,则频率 f 大小由 R 决定,因此,通过调节电位器 R_w,使可以改变触发脉冲频率,主电路的输出电压也随之改变,从而达到可控调压的目的。

$$f = \frac{1}{RC}\ln\left(\frac{1}{1-\eta}\right)$$

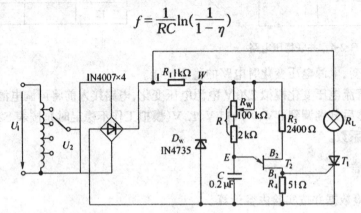

图 S23-1　单相半控桥式整流实验电路。

用万用电表的电阻挡(或用数字万用表二极管挡)可以对单结晶体管和晶闸管进行简易测试。

图 S23-2 为单结晶体管 BT33 管脚排列、结构图及电路符号。好的单结晶体管 PN 结正向电阻 R_{EB1}、R_{EB2} 均较小,且 R_{EB1} 稍大于 R_{EB2},PN 结的反向电阻 R_{B1E}、R_{B2E} 均应很大,根据所测阻值,即可判断出各管脚及管子的质量优劣。

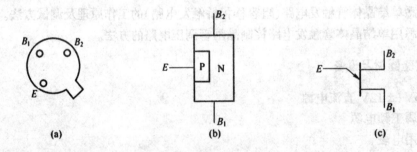

图 S23-2　单结晶体管 BT33 管脚排列、结构图及电路符号

图 S23-3 为晶闸管 3CT3A 管脚排列、结构图及电路符号。

晶闸管阳极(A)—阴极(K)及阳极(A)—门极(G)之间的正、反向电阻 R_{AK}、R_{KA}、R_{AG}、R_{GA} 均应很大,而 G—K 之间为一个 PN 结,PN 结正向电阻应较小,反向电阻应很大。

1. 单结晶体管的简易测试

用万用电表 $R \times 10\,\Omega$ 挡分别测量 EB_1、EB_2 间正、反向电阻,记入表 S23-1。

2. 晶闸管的简易测试

用万用电表 $R \times 1k$ 挡分别测量 A—K、A—G 间正、反向电阻;用 $R \times 10\,\Omega$ 挡测量 GK 间正、反向电阻,记入表 S23-2。

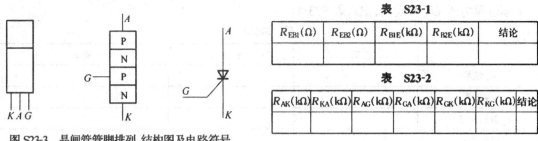

表　S23-1

$R_{EB1}(\Omega)$	$R_{EB2}(\Omega)$	$R_{B1E}(k\Omega)$	$R_{B2E}(k\Omega)$	结论

表　S23-2

$R_{AK}(k\Omega)$	$R_{KA}(k\Omega)$	$R_{AG}(k\Omega)$	$R_{GA}(k\Omega)$	$R_{GK}(k\Omega)$	$R_{KG}(k\Omega)$	结论

图 S23-3　晶闸管管脚排列、结构图及电路符号

3．晶闸管导通，关断条件测试

断开±12 V、±5 V 直流电源，按图 S23-4 连接实验电路。

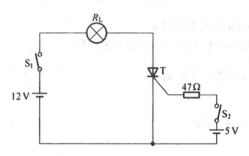

图 S23-4　晶闸管导通、关断条件测试

（1）晶闸管阳极加 12 V 正向电压，门极①开路，②加 5 V 正向电压，观察管子是否导通（导通时灯泡亮，关断时灯泡熄灭），管子导通后，③去掉 +5 V 门极电压，④反接门极电压（接 −5 V），观察管子是否继续导通。

（2）晶闸管导通后，①去掉 +12 V 阳极电压，②反接阳极电压（接 −12 V），观察管子是否关断。记录之。

4．晶闸管可控整流电路

按图 S23-1 连接实验电路。取可调工频电源 14 V 电压作为整流电路输入电压 u_2，电位器 R_W 置中间位置。

（1）单结晶体管触发电路

①断开主电路（把灯泡取下），接通工频电源，测量 U_2 值。用示波器依次观察并记录交流电压 u_2、整流输出电压 $u_1(I-0)$、削波电压 $u_W(W-0)$、锯齿波电压 $u_E(E-0)$、触发输出电压 $u_{B1}(B_1-0)$。记录波形时，注意各波形间对应关系，并标出电压幅度及时间。记入表 S23-3。

②改变移相电位器 R_W 阻值，观察 u_E 及 u_{B1} 波形的变化及 u_{B1} 的移相范围，记入表 S23-3。

表　S23-3

u_2	u_1	u_W	u_E	u_{B1}	移相范围

（2）可控整流电路

断开工频电源，接入负载灯泡 R_L，再接通工频电源，调节电位器 R_W，使电灯由暗到中等亮，再到最亮，用示波器观察晶闸管两端电压 u_{T1}、负载两端电压 u_L，并测量负载直流电压 U_L。

及工频电源电压 U_2 有效值,记入表 S23-4。

表　S23-4

	暗	较亮	最亮
u_L 波形			
u_T 波形			
导通角 θ			
U_L(V)			
U_2(V)			

五、实验总结

1. 总结晶闸管导通、关断的基本条件。

2. 画出实验中记录的波形(注意各波形间对应关系),并进行讨论。

3. 对实验数据 U_L 与理论计算数据 $U_L = 0.9U_2 \dfrac{1 + \cos\alpha}{2}$ 进行比较,并分析产生误差原因。

4. 分析实验中出现的异常现象。

参考文献

[1]　秦曾煌.电工学.北京:高等教育出版社,1998.
[2]　智强,李淑珍.电工基础.北京:化学工业出版社,2004.
[3]　曲素荣,索娜.电机及电力拖动.成都:西南交通大学出版社,2004.
[4]　焦阳.电工电子技术.北京:电子工业出版社,2006.
[5]　王鼎,王桂琴.电工电子技术.北京:机械工业出版社,2006.
[6]　刘子林.电机与电气控制.北京:电子工业出版社,2003.
[7]　张勇.电机拖动与控制.北京:机械工业出版社,2001.
[8]　李贤温.电工基础与技能.北京:电子工业出版社,2005.
[9]　陈宝生.电工电子基础.北京:化学工业出版社,2004.
[10]　曲素荣.电机及电力拖动.成都:西南交通大学出版社,2004.
[12]　任志锦.电机与电气控制.北京:机械工业出版社,2006.
[13]　张爱玲.电力拖动与控制.北京:机械工业出版社,2003.
[14]　康华光.电子技术基础(模拟部分).北京:高等教育出版社,2000.
[15]　康华光.电子技术基础(数字部分).北京:高等教育出版社,2000.
[16]　张惠敏.电子技术.北京:化学工业出版社,2002.
[17]　孙建设.模拟电子技术.北京:化学工业出版社,2002.
[18]　王瑞琴.刘素芳.模拟电子技术.北京:中国铁道出版社,2002 .
[19]　曾令琴.李伟.电工电子技术.北京:人民邮电出版社,2006.
[20]　路而红.虚拟电子实验室.北京:人民邮电出版社,2001.
[21]　吕国泰.电子技术.北京:高等教育出版社,2001.